U0153792

重讀臺灣

Anthropological Study of Taiwan
over the Last Century
Accomplishment and Prospects

人類學的視野

百年人類學回顧與前瞻

林淑蓉　陳中民　陳瑪玲　主編

中華民國一〇三年十二月

國立清華大學出版社
NATIONAL TSING HUA UNIVERSITY PRESS

此書即將出版之際，接獲林淑蓉教授猝逝的消息，令人錯愕、也心痛不已。「重讀臺灣：人類學的視野──百年人類學回顧與前瞻」學術研討會的籌辦與此書之出版，其中所展現的回顧與前瞻的主旨視野，正是淑蓉教授一身致力於人類學的研究與願景自己再為人類學投注心力之處。期冀這書的正式出版，能成為人類學界同仁與淑蓉教授共享的勉勵與視野，一起為人類學在臺灣的永續經營致力，以減彌淑蓉教授之憾。

僅以此書獻給林淑蓉教授。

陳中民　陳瑪玲

【主編簡介】

林淑蓉（Lin, Shu-Jung）

國立清華大學人類所教授兼所長。1993年從美國紐約州立大學（布法羅校區）取得人類學博士學位。主要研究專長為性別研究、精神疾病研究、中國西南少數民族侗族研究、身體研究，近年來亦進行有機農業研究。

陳中民（Chen, Chung-Min）

美國密西根州立大學人類學博士。專長為文化人類學、生態人類學。曾任美國俄亥俄州立大學東亞研究中心主任 (1980-1999)、人類學系主任 (1982-1990)。現任教於清華大學人類學研究所。

陳瑪玲（Chen, Maa-Ling）

國立臺灣大學人類學系教授，美國亞歷桑納州立大學人類學博士（1997年）。專長為考古學理論、空間分析、社會體系、史前陶器風格與成份分析、聚落型態。研究區域與時期為臺灣墾丁地區新石器時代與牡丹鄉排灣族舊社遺址。

重讀臺灣：人類學的視野
百年人類學回顧與前瞻

【目　錄】

第三篇　博物館與文化資產的人類學視野

導 論

林淑蓉、陳中民、陳瑪玲

　　人類學是一門研究領域廣而多元的學門，其所涵蓋的分支領域，包括考古學、文化／社會人類學、體質人類學、及語言人類學等。在國內人文社會科學各學門中，人類學的知識傳統有其特殊性與重要性，尤其是考古學、臺灣南島民族（即原住民族）研究、傳統漢人社區及社群研究等，已累積了相當豐富的研究成果。在研究議題上，人類學也與其他許多學門有所關連，例如歷史學、社會學、心理學、文化研究、博物館學、觀光與文化資產、醫學、生態、及人文地理學等，在理論與研究文獻上，常有相互採借、合作的機會，成為了人文社會科學領域中不可或缺的學門。

　　臺灣人類學學科的專業化，可以1949年作為主要的分界點。該年臺灣大學正式設立考古人類學系，並同時匯入了二大研究與教學傳統：日本殖民臺灣時所設立的研究傳統，及隨國民政府遷臺而移植於臺灣的研究傳統。由於此二傳統的匯入，使得臺灣人類學界在戰後的臺灣社會的復甦期中，即可在相當短的時間內，開始培養專業人才，並建立自己的學科專業特色。在戰後早期，學者們將他們在中國研究的經驗與方法移植到臺灣來，在民族學方面，建立以臺灣南島民族為主要的調查對象的田野研究傳統，之後，臺灣社會進入了經濟發展的階段，文化／社會人類學研究的題材，也從南島民族轉向了與自己密切相關的漢人社會研究，探討漢人早期的移民史、宗族與地方社會的發展過程、以及宗教及儀式行為等面向。到了 1980 年代臺灣政治解嚴前後，臺灣人類學也隨著當時的政治社會環境之發展與變遷，在教學與研究議題上開始調整、擴張，充分展現了人類學與臺灣社會發展的密切關係。一方面，人類學門開始探討新興的社會議題，但另一方面，則又企圖維繫傳統的學科特色。在二者之間擺盪之時，人類學的相關機構開始擴展，專業人才

也有小幅的成長，並開始發展與其他專業領域的互動與競爭。

在考古學方面，學者們在戰後早期將其在中國的發掘經驗，轉移到臺灣本地考古遺址的發掘探究，例如早期的大坌坑文化、圓山文化、長濱文化、十三行文化。到了 1980 年代早期隨著文化資產保存法的通過，臺灣考古學也在臺灣社會快速發展與建設下，開始蓬勃發展，並大量涉入文化資產的保存工作，例如卑南遺址的挖掘、以及後來配合遺址的保存而設立的國立臺灣史前文化博物館。進入世紀末，考古遺址的發掘數目與範圍急速增加，幾乎遍及全臺各地，考古學的調查與發掘與臺灣產業的擴張呈現出更密切的關係，其中又以南科遺址的大規模發掘工作最受重視。

除此之外，臺灣人類學的發展也與更為多元化的博物館之設立、數目的擴張十分相關。從大型的例如國立自然科學博物館的設立，以及經歷轉型的國立臺灣博物館，到以特殊教育與展示功能的國立臺灣史前文化博物館及臺北縣立十三行博物館，呈現出人類學門領域的逐漸擴展，以及臺灣社會文化環境的變遷。其後，在國家推動文化地方化的理念下，各縣市政府紛紛成立文化中心，以從事地方文化教育與傳承的工作，人類學不再停留在大學或博物館等專業機構內，漸漸地必須走入地方、瞭解地方，與地方社群有更多的互動。

人類學的百年發展，歷經在中國的發展及移植臺灣的傳統，雖然在國內仍屬於小學門，學界人數不多，但也累積了相當的研究成果。由於學科日趨專業化的當代，學者們多在各自領域上進行專業化的研究，已經少有學者能針對較大範圍的區域性研究課題做深入而完整的評析，或整合人類學的其他次領域學者來針對特定問題進行探討。繼 1950 年代的濁水溪流域的研究計畫之後，在 1980 末、1990 年代之後，人類學界與其相關學科結合，而有多個大型的整合型計畫出現，也逐漸凝聚出一些有意義的研究成果，但對於過去人類學百年的學術發展之理解，仍有必要持續深化個人領域的研究或以整合型研究計畫的方式進行探討。基於此，清華大學人類學研究所與臺灣大學人類學系在 2011 年 11 月 18、19 日於臺灣大學文學院會議廳合辦了「重讀臺灣：

人類學的視野——百年人類學回顧與前瞻」學術研討會。

　　該會的主旨，乃在提昇人類學在臺灣社會的能見度，二校合作舉辦人類學一百年的回顧與前瞻學術研討會，並配合「記錄文化：人類學家的足跡」全國巡迴展示，以研討會及展覽的方式來呈現臺灣人類學界百年來的學術成果。臺灣學術界對於臺灣史的討論，經常忽略了人類學者的觀點與貢獻，而有關當代臺灣社會議題，學界亦多引用社會學者的觀點與研究成果，使得人類學者的研究有被邊緣化的趨勢。在此研討會中，我們以人類學與臺灣社會的發展作為主軸，說明人類學界從過去一百年到當代，如何積極地以研究來參與臺灣社會發展的歷史與社會論述。我們將從二個面向來討論人類學與臺灣社會的發展關係：一方面，回顧這百年來臺灣人類學的發展歷史，尤其是人類學者如何經由學術研究來參與臺灣社會的發展歷程；另一方面，期許臺灣人類學能從回顧前人的研究成果中，思考人類學觀點與研究視野如何回饋當代臺灣社會在發展過程中所出現的問題與現象，以期能永續經營臺灣，並提昇人類學的學術研究視野。當時，此回顧與前瞻學術研討會，分為五個主題討論之：1. 考古學發展與歷史建構，從臺灣歷史、生態考古、科技考古、及體質人類學等面向來探討臺灣史的問題。2. 探討百年來臺灣族群意識的演變，包括對於族群概念的重新檢討、回顧百年來臺灣本地之平埔、客家及南島民族等族群意識的提昇與轉變等問題。3. 臺灣農村社會的蛻變，希望從農村經濟、宗教、當代社區總體營造與文化產業、及農民運動等不同方向來呈現臺灣社會蛻變的歷程。4. 博物館與文化資產的人類學視野，以當代相當受到重視的人類學的博物館研究與文化資產問題作為人類學應用面向的展現。5. 人類學與公共政策，則企圖呈現人類學家如何參與當代社會問題（例如殖民主義如何影響臺灣社會或當代的環境問題）的討論。然而，在論文集的出版過程中，或因作者個人的因素，或因文章性質與會議主旨不盡相符，編輯委員會不得不有所割捨，其中包括了親屬研究、傳統農村經濟、當代農民運動、平埔族研究、客家研究等論文，最後僅收錄了目前論文集所展現的九篇文章。

　　底下，編輯委員會分別就文化人類學與考古學部分，陳述我們對於臺灣人類學未來發展的幾點期許。

（一）文化人類學的發展與期許

　　回顧過去一百年來臺灣人類學與民族學的發展，可大約分成三個階段（此分期，請參閱黃樹民 (2011) 之文章，描述人類學與民族學百年發展簡介）：第一階段可稱之為「萌芽期」 (1911-1949)，此時期中國學術界開始接受歐、美、日人類學與民族學的概念、研究議題與研究方法，將之移植到中國境內，作為分析與解釋相關現象的框架，並做出一些修正。在臺灣，除了中國人類學的影響之外，日本殖民時期對於南島民族的調查與研究工作，也打下了戰後臺灣人類學與民族學的發展基礎。第二個階段可稱之為「復原期」(1949-1987)，其特色是 1949 年多位中國大陸之人類學與民族學者，隨國民政府遷移來臺後，將其在中國西南的少數民族研究及民族國家框架移植到臺灣，並開始在臺灣推動人類學與民族學的教學與研究工作，逐漸建置完整的大學及研究所教育。第三階段稱之為「多元發展期」（1987-至今），隨著臺灣政治的解嚴與開放，學術界對於社會參與的熱忱提升，反映在人類學與民族學研究議題的多元化，並跨越研究區域從以往以臺灣為基地的研究，延伸到中國及海外進行田野調查工作。

　　在過去，臺灣人類學的發展一直受到臺灣社會的政治經濟氛圍及社會思潮的發展與轉變所影響，以「人的文化」及「社群關係」作為探究的主軸，關注文化現象與結構關係的同與異（林淑蓉 2011），並將漢人社會研究與南島民族研究二分為二個截然不同的研究領域。亦即，漢人社會與文化及南島民族研究，經常是分屬於不同學者的研究專長，以致於在漢人社會研究方面以強調「社群研究」為主，而南島民族研究則常以早年日本學者在臺的調查為基礎，作為討論與釐清的框架來進行分析與修正。此趨勢一直延續到第三時期，政治解嚴後的臺灣學術界才有所轉變，開始跨越政治疆界到中國進行研究，而出現了如「臺灣與福建社會文化研究計畫」、「季風亞洲研究計畫」，人類學界也開始與其他相關領域的學者進行跨學科領域的對話，例如

「人觀」、「空間」、「時間與歷史」、「族群研究」、「客家文化」、「平埔族文化」、「物與物質文化」、「氣的文化與身體感研究」、以及「南島民族的分類與擴展：人類學、考古學、遺傳學、語言學的整合計畫」等等。從這樣的研究議題與研究區域的跨界與整合趨勢，讓我們重新思考本論文集的編輯出版，以及對於未來臺灣人類學界發展的幾點期許。

　　首先，我們認為文化人類學在過去由於受到臺灣的政治經濟氛圍影響，以致於在研究議題與領域上過於保守，少有學者能跨越漢人社會文化與南島民族研究二個領域的研究分隔，因而對於臺灣本土問題無法提供一個較為深入的理論與分析視野。在本論文集中，陳其南與林開世的文章，則企圖超越此種界線的分野，一篇以回顧從早期殖民臺灣的西方與日本學者，到當代國內與西方學界將臺灣南島民族研究納入其分析比較的範圍，跨越時間深度與學界討論的視野，的確有其重要的研究意義；而另一篇回顧族群概念與理論建構的文章，雖然沒有直接進入臺灣族群研究的回顧，卻引導我們重新思考臺灣學界的族群概念與理論問題，值得我們好好省思。張珣的文章雖仍在漢人社會研究框架下進行回顧，但也企圖跨越宗教人類學的研究侷限，而將國內的宗教與儀式展演研究也納入其回顧範圍，企圖跨越僅以人類學作為回顧的框架。其次，我們認為當代年輕學者十分關注新興議題與臺灣社會發展的脈動之關係，將全球化的視野與新興社區之理念結合。我們希望這樣的論文能與傳統臺灣農村研究進行比較。可惜的是，另一篇回顧傳統臺灣農村經濟的文章，由於作者個人因素，而未能收錄，以致於可作為對比傳統與當代農村社群研究的文章之理想並未在此論文集中達成。例如，呂欣怡的文章，提供了當代臺灣新興社區發展的研究範例，但似乎缺少了對於傳統農村經濟或社群研究的比較範例。由此思考，我們期許年輕學者能深化對於傳統臺灣社會的發展歷程之理解，以期豐富本土發展歷程的討論深度。最後，物質文化與博物館研究的興起或重獲重視，代表臺灣人類學已逐漸擺脫僅以整合性的族群或社群文化作為探討框架的研究視野，而開始將「物與人的關係」或博物館的展示所表達的政治經濟意涵納入其研究範疇中。童元昭的文章即以早期臺灣大學人類學系師生的田野考察與標本物件的記錄與蒐集作為基礎，企

圖讓我們理解早期臺灣人類學界在其發展過程中的研究課題之選定與如何培養後進的教育理念，可將之看成理解臺灣人類學界發展史的一篇文章。另一篇文章，王嵩山的「展演臺灣：博物館詮釋、文化再現與民族誌反思」則是一篇針對臺灣近年來博物館展示與展演所做的理論回顧。作者關注如何重新定位博物館文化展演意義的問題，從其文章中，我們看到了物件的展示文化與其所彰顯的意義，也逐漸脫離了缺乏人類學探究深度的可能性，而與殖民文化或國族主義的建構有關。臺灣人類學界也不再只是關注「社群文化」或「結構性關係」的分析框架，而博物館研究也因為人類學知識的引用，而豐富了其可探討的深度與研究意義。

（二）考古學的發展與期許

臺灣考古學的發展

　　人類學與考古學學科的創始在整個學術界中雖相較其他領域學科晚了許多，但因特殊的歷史脈絡（日治時的帝國殖民策略），卻使得民族學與考古學在臺灣的研究啟始得相當早；因此，考古學這門研究關乎有人類出現以來直至今日歷史的學問，在臺灣也生根、發展了百年，對臺灣歷史的重建，尤其是無文字記錄的那段長遠無人知的時期，建立了相當的貢獻。考古學的研究成果將臺灣人群的歷史視野往前延伸了幾萬年，跳脫了文字書寫的幾百年漢人歷史的錮舊框架，也賦予了她多元族群與不斷遷動變遷的豐富文化內涵的歷史本質。

　　有關臺灣地下出土遺物的最早記錄，可以追溯到明鄭時代，但是以現代考古學的方法來研究地下出土資料的，則是始於日治時期。日本學者栗野傳之丞在臺北市郊的芝山巖發現了一件石器；次年，伊能嘉矩和宮村榮一，在臺北市的圓山，發現了一處含有石器、骨器和陶器的貝塚。這兩個發現，使得人們開始注意到臺灣史前時代的存在，許多的日本學者也紛紛投入研究，包括鳥居龍藏、田中正太郎、森丑之助、鹿野忠雄和國分直一等，而開始了考古學對臺灣史前史的研究，臺灣考古學也因此有了發展濫觴（石璋如1954；張光直1954；連照美1988）。

1949 年（民國 38 年），隨著考古學者由中國大陸遷徙到臺灣，考古人類學系（後改為人類學系）在國立臺灣大學奉准成立，李濟教授擔任首任系主任，他不僅持續臺灣考古學的研究領域，更把研究地區延伸到東北亞、東南亞、大洋洲、非洲與南美洲等地。至此，臺大人類學系成為臺灣唯一的考古學研究教學機構，落實了考古學在臺灣的生根發展。其兼具學士班至博士班的訓練課程，強調考古學在研究與教學上都具學術專業性、國際性、區域性、地方性與應用性。另外，中央研究院歷史語言研究所考古組、考古學專題研究中心（2013 年併入前者）、臺北縣十三行博物館、臺中自然博物館、臺東國立史前博物館等機構的陸續建置，也同樣擔負了臺灣考古學的研究與發展成效，而後三個博物館更承載了公眾教育的職責。

臺灣考古學的發展綜合李光周、劉益昌、臧振華等人的論述（李光周1996a、1996b；劉益昌 2000；臧振華 1989），以及已發表的考古學相關文章與學生碩、博士論文的研究來看（陳瑪玲 2006），若由日治時期日本學者的研究起始為臺灣考古學發展的開端階段；戰後隨著大陸學者來臺建置學術機構、培育人才等進入一生根的階段；而隨著教學與研究機構的設置、研究與人才的輩出，落實了考古學的本土化發展，此時期臺灣考古學則是進入了開拓臺灣歷史視野的成長階段。若以研究方向與課題來看，有四個不同的發展階段（陳瑪玲 2011）：

(1) 1896 年至 1930 年代早期，以古器物、器物圖錄的研究為主要；即是專注在器物本身的分析、研究，主要是描述、討論器物的形態、紋飾風格、製作技術、製作背景、年代等。

(2) 1930 年代中期至 1960 年代早期，以遺址調查、發掘、整理為重，以器物的文化意義或起源與變遷、遺址的文化歸屬、與其他遺址、文化的親源或互動關係的討論為主。即是關注不同地區族群與文化間的親源關係、人群的遷移方向與路徑、文化的發展、傳播。例如臺灣最早的新石器時代文化（大坌坑文化），因與中國大陸都具有相似的粗繩紋陶器，而被認為有可能是由中國大陸遷移過來的。

(3) 1960 年代中期至 1970 年代早期，以人與環境相互之間的關係的研究為主要取向；即是重視研究人群如何適應環境，環境如何影響人群聚落的選擇、生業經濟活動、特殊文化特質的發展等。

(4) 1970 年代中期以後，則是學科本身發展的相關議題的討論與各類不同考古學議題成了研究的重點，如社會組織、空間分析、聚落形態與系統、器物製造技術、人與環境關係、貿易與社會經濟變遷、族群分類、臺灣史前文化與南島民族關係、原住民族舊社等。

臺灣考古學研究的成果與發展期許

　　誠如劉益昌的文章所論述，臺灣考古學的研究經由對史前、原史與歷史時期各階段的建構成果，為臺灣書寫出了更全貌與豐富的歷史。考古學歷經百年的發展，不但建構了臺灣史前到歷史時期的細緻發展歷程與序列，也揭示了史前住民的可能來源以及與大陸及周邊地區人群的往來互動、貿易的多樣與複雜關係，並且島內島外物質藉由人群的遷移與互動交替往返，營造了繁複的流通網絡，也顯露了外來物資在在地化過程中，在地文化自有的運作邏輯的本質。這樣的成果，如劉益昌所言，拓廣了臺灣史的視野與臺灣的意象、展現臺灣史中的海洋精神，也顯露了不斷遷動與互動、多元與多樣族群與文化的本質。然而這樣的成果在近年來由於臺灣種種的社會、政治的發展，臺灣史成了顯學的氛圍中，在一般學術界與大眾中的能見度仍是低的，因此在 1986 年張光直的呼籲後，仍有劉益昌之文的再次申論。省思此現象、探究其原因，或可考量考古學的發展須從二面向加強以突破瓶頸。其一為考古學的研究在文化序列與親緣關係的建構外，須積極進入其他文化社會面向議題的研究探討，以期能更深入建構史前文化內涵、並能與其他人文社會學科領域對話；另一為公眾教育的推廣，此不只是對一般大眾也包含學術界。

　　期許考古學未來發展須要在研究上跨出文化史與親緣關係的建構目標，進入其他文化社會面向種種議題的研究探討，如李匡悌的文章所強調的生態考古學的研究，分析討論人與環境間互動關係的討論是一；而社會與政治組織、結構等的建構在臺灣史前內涵上也是一直闕如的，而須積極推動進行研

究。究由淺探，考古學的文化史與親緣關係的論述，往往是其他學科無法與考古學科有所交集與對話的議題，因此其成果要得到關注與回應畢竟有限；若能積極跨入其他文化社會面向的分析探討，不只深化史前人群文化內涵的知識建構，同時能在這些議題上與其他學科領域交會與對談，對於被關注、能見度與對學術的貢獻的提升當是有所助益。然而例如以人與環境間互動關係為關注的生態取徑研究，早在 70 年代已由張光直的濁大計畫在臺灣推動，由上述的發展歷史也可看見，一些跨越文化史與親緣關係議題的研究也已在 80 年代有所起始，但這些卻未在臺灣考古學界匯集成果、深化與豐富史前的內涵、突顯考古學對學術的貢獻。回顧黃應貴在〈對臺灣考古學的回顧〉一文所指：就世界當代考古學的發展而言，臺灣考古學須提昇其在知識論上的特點和解釋能力，而要達到此目標，考古學家務須具備有關社會科學理論的認識和訓練（黃應貴 1997）。

檢視臺灣考古學的研究報告中，許多研究只停留在分類、描述或粗淺之生活方式的描述或推論上。即使偶有涉及到理論性的探討，也往往只流於行文中，而沒有真正與資料勾連而進入解釋的層次。例如，文化生態學取向的探討、亦即著重文化在環境中適應的過程，以及與環境互動關係的概念，自張光直先生所指導的濁大計劃引入後，學者們雖均表示應重視文化和環境二者間的關係，但由於缺少系統性的掌握，文化和環境多被視為二面向，只見獨立處理，而無互動關係的分析，理論和旨趣所涉及的相關變數，以及掌握這些變數的資料等均未能清晰、系統地分析、理清（陳瑪玲 2000）。因此，距離將考古學的研究提昇到一個解釋的層次尚有一大段距離。如李匡悌的生態取徑的考古學研究案例，強調了生態取徑以及探討人與環境間互動關係的重要性，但在分析上只有針對出土獸骨／水生動物遺留、貝類的種屬鑑定統計以及貝類採集的季節，而無分析討論不同時期貝類種類採集變化與環境的可能關係，無法回應文章所介紹的相關概念。

不同的理論、研究取徑與議題對考古學的研究而言，並非是衝突與矛盾，而應視作一種互補的效用。不同的理論、研究取徑適用於不同的研究主

題或不同的文化層面，旨在提供考古學研究更大的空間與可能性。Hodder 因對過程學派的反動，而發展了所謂的文化脈絡考古學。他批評過程學派太過強調功能的觀點而忽視了社會中的個人、歷史事件與過程、以及理念在文化行為脈絡中行使的意義。但他卻也承認過程學派與後過程學派的論點，對考古學的研究而言，並非是一種衝突而是各有所適。後過程學派的論點強調個人、歷史、理念與詮釋，適於研究有著詳細資料之歷史時期的社會研究。而過程學派的論點則適用於離當代較久遠的社會，如對打獵採集族群的社會結構，進行聚落模式、生業、經濟、及技術等主題與取向的研究 (Hodder 1999: 13)。總之，眾多理論、研究取徑與議題的發展，係在從不同面向思考、獲取可以互補的資訊，以能更完整地重建古代社會的面貌，擴大與增進對過去人類行為認識的潛能。

前瞻臺灣考古學的發展，研究若能跨入多元理論、研究取徑與議題的涉入，並能跨越理論到落實理論和旨趣所涉及的相關變數與資料的掌握、進行系統的分析與討論，當能更完整、豐富與深入地重建古代社會的面貌，擴大與增進對過去人類行為認識的潛能，提昇考古學在知識上的特點和解釋能力、以及與其他人文社會學科的對話，當能促進考古學與人類學在討論臺灣社會發展歷程與當代社會種種現象以及議題的參與與能見度。

另一方面，重視與積極從事由公眾教育中推廣考古學的工作，期冀大眾對考古學的認識能使考古學突破困境、增加其能見度；而如前所述，這不只是對一般大眾，也包含學術界。雖然對一般大眾的考古學推廣教育工作，幾個考古學相關的博物館如十三行博物館、自然科學博物館與史前博物館等，與一些考古學家都有相當的投入、也累積了相當的成果與績效。但因臺灣考古學在這方面的投入相對較晚，加上臺灣整個社會情境對於文化資產與歷史關注有限，這方面的工作尚需要有更長期的努力。而對學術界的「公眾教育」是未被意識到的一面，學界對考古學與其成果的陌生，是令人訝異的。而突破這種陌生，除上述論及的，考古學須在文化社會面向議題的研究上，有更深入的成果與知識建構，而能與其他人文社會學科領域對話。另，具公

共性議題上的參與，不管是被動或主動的，如陳叔倬一文所提到的，因由遺傳的研究討論族群起源問題而介入了因政治氛圍而燃起的族群認同議題、或研究倫理議題等，這些具公共性議題是最能突顯考古學與人類學學科的特性與貢獻，因此學者須考量能有所適時的關注與投入。但，相信這些面向的參與，要能展現學科的特性與貢獻，對於議題的回應，須建基在深厚的歷史與跨文化知識的累積、學科知識建構過程的回顧與省思上，而非是將其視為是個人功過論戰或個人學術成果展現的平臺。回顧臺灣考古學發展百年，她為臺灣提供了一個寬廣與深遠的歷史圖像，這樣的足跡本該是鮮明的，但卻是零散紛亂的，因此前瞻她的未來，須有更長遠與清晰的視野去營造一個步履前進的方向。

參考書目

石璋如

　　1954　圓山貝塚之發掘與發現。大陸雜誌 9 (2)：60-66。

李光周

　　1996a　考古學對其研究對象之解釋。刊於墾丁史前住民與文化，尹建中
　　　　　編，頁 1-16。臺北：稻香。

　　1996b　對於臺灣考古研究的若干認識。刊於墾丁史前住民與文化，尹建中
　　　　　編，頁 31-44。臺北：稻香。

林淑蓉

　　2011　戰後臺灣人類學的漢人社會研究：從跨界與整合談起。刊於海峽兩
　　　　　岸人文社會科學研究的回顧與展望 (1949-2009)，林建甫編，頁 73-
　　　　　126。臺北：臺大出版中心。

陳瑪玲

　　2000　試論臺灣考古學理論應用與系統性知識建立的問題。國立臺灣大學
　　　　　考古人類學刊 55：33-48。

　　2006　由《考古人類學刊》看考古學在臺灣的歷史留痕。國立臺灣大學考
　　　　　古人類學刊 66：3-24

　　2011　考古學百年。科學發展月刊 456：172-175。

張光直

　　1954　圓山發掘對臺灣史前研究之貢獻。大陸雜誌 9 (2)：36-41。

連照美

　　1988　臺北圓山遺址現況調查研究報告。臺北文獻（直字）83：1-48。

黃樹民

　　2011　總論：人類學與民族學百年學術發展。刊於人文百年、化成天下：
　　　　　中華民國百年人文大展文集，楊儒賓等主編，頁 253-262。新竹：
　　　　　國立清華大學出版社。

黃應貴

　　1997　對於臺灣考古（學）研究之我見：一個人類學者的觀點。考古人類

學刊 52：129-139。

臧振華

1989 臺灣史前史上的三個重要問題。臺灣大學考古人類學刊 45：85-106。

劉益昌

2000 臺灣考古研究的課題與省思。刊於學術史與方法學的省思──中央研究院歷史語言研究所七十周年研討會論文集，頁 249-262。臺北：中央研究院歷史語言研究所。

Hodder, Ian

1999 The Archaeological Process: An Introduction. Oxford: Blackwell.

第一篇

考古學發展與歷史建構

導　讀

陳瑪玲

　　這個單元的主題「考古學發展與歷史建構」有三篇文章，嘗試從臺灣歷史、生態考古學、以及體質人類學等面向來說明，考古學從過去一百年到當代，如何以研究臺灣史、探討其知識建構的問題，來參與臺灣社會的發展歷程與社會論述。並，期冀藉此提供考古學界同仁思考考古學觀點與研究視野如何能進一步發展、回饋當代臺灣社會在發展過程中所出現的問題與現象，以期能使臺灣永續經營，並提昇考古學與人類學的學術研究視野與在當代社會的能見度。三篇文章分別是劉益昌〈考古學視野的臺灣歷史〉；李匡悌〈生態學取向的考古學研究：臺南科學園區南關里東遺址的案例〉；陳叔倬〈百年體質人類學與臺灣社會的交會〉。

考古學視野的臺灣歷史——劉益昌

　　此篇文章作者以張光直先生多年前 (1986) 呼籲與提倡的：要將考古學的研究與復原的史前史加入臺灣的歷史書寫中，使臺灣的歷史深度能延伸而成為較全貌的歷史觀，作為論述的重點。其中強調考古學多年的研究成果，已言明臺灣這塊土地上早在史前就有人群居住與活動，以土地的角度而言，臺灣的歷史就非只是以漢人為中心所書寫出來的幾百年而已，而是上萬年的多族群的遷動、適應與互動的豐富歷史。長久以來以歷史學為主的視野視臺灣只是漢人與文字的歷史須加以打破、並加入考古學的研究結果，將時間深度拉長至史前，書寫出另一種具深濬與全貌視野的臺灣史。文中分別陳述了史前、原史與歷史等階段考古學研究成果的案例。史前時期的研究成果，展現了南島語族的人群在臺灣與周邊地區的遷徙與返還，編織了臺灣豐富與多元的文化內涵；原史時期的研究，將史前與文字歷史連繫了起來、將臺灣與大陸、早期原住民與漢人、Basay 人等的互動書寫入歷史中，成了外加的繁盛貿

易篇；歷史時期的研究則以麻豆古港的發現與考古學發掘成果顯露了文字歷史中的遺漏與不足處。文旨強調了考古學研究成果對人類、尤其臺灣歷史書寫，有其重要貢獻的地位。

生態學取向的臺灣史前史研究：一個臺南科學園區新石器時代早期的案例──李匡悌

整體而言，此篇文章作者試圖以實例說明生態取向的考古學研究旨在討論人群與環境間之互動關係，相較於其他研究取向能更清楚深入的說明史前社會文化的內涵與變遷過程。文章主要分成幾個部分：生態考古學研究與關鍵概念的介紹，以及實例分析。概念介紹部分，選擇了生態學取徑的考古學研究上的一些概念，如生物的適應、相對獨特的人類社會的文化特徵與適應的關係與其辨識、聚落的位置以及由覓食區所界定的領域、歲時季移的生業活動與資源的再分配網絡、社會形態的穩定與流變及其原因等加以介紹。實例分析部分，以新近開發的臺南科學園區所出土的遺留，藉由生態考古學取徑的研究分析，試圖獲取五千年前臺灣新石器時代早期，臺南地區的生態環境以及古代聚落的生活圖像，期冀藉此讓讀者理解此種分析，能更深入、正確且多面向的對臺灣史前文化有所理解。分析中對南關里東遺址大坌坑文化之三文化層的動物遺留進行種屬鑑定、件數與重量分析統計，呈現三文化層貝類在陸／淡水／海三類別的利用率變化；並且抽取 38 枚包括河口環境、潮間帶海貝與淡水貝在內的標本進行碳氧同位素分析，藉由重建其殼緣生長時的水體溫度以判別其可能被採集的季節。

百年體質人類學與臺灣社會的交會──陳叔倬

此文試圖以對三個議題的回顧與評析，呈現臺灣體質人類學如何在過去百年的發展中具有社會公共性，與當代社會一些議題的發展有所交會。議題一檢視了日治時期特定政治策略與社會結構，如何影響了臺灣日治時期體質人類學傳統的興衰，以及體質人類學在中期發展的斷層；議題二回顧了遺傳人類學在南島語族人群起源的研究上，因著臺灣當代的政治氛圍而與其有所交會、成果倍受政治性的關注；議題三論述了遺傳人類學對原住民基因的研

究在近年臺灣研究倫理發展的框架下，其間所涉及的學術倫理問題，不但反映了其學術與社會脈絡發展的歷史過程，也展現了人類學的知識論在這個面向上可加以發揮、參與與擔負的職責。

考古學視野的臺灣歷史

劉益昌

中央研究院歷史語言研究所

　　1986 年張光直先生在中央研究院成立臺灣史田野研究計畫，提倡全貌觀的臺灣歷史書寫，時至今日雖然研究機構和大學已然成立許多臺灣史研究所或臺灣研究中心，臺灣史在一時之間似乎成為顯學，但臺灣歷史依然以文字歷史做為書寫的方向，僅有少數學者致力於將臺灣歷史向原史時代或史前時代延伸。考古學本來就帶有濃厚的歷史性格，其研究的主要目的之一，就在於建立過去人類的活動歷史及其演變過程，可以是廣大視野的史前人類歷史，也可以是微觀的家戶研究，但都在於思考歷史重建。本文將以 1986 年以來的臺灣考古學研究做為重點，思考考古學對於建構整體臺灣歷史的貢獻程度，提出史前時期、原史時期、歷史時期三大不同段落的研究案例。史前時期從人群互動遷移所構成的交通與交換體系，擴張臺灣歷史的空間視野，說明南島語系民族的祖先型文化在史前時代的交換型態以及互動關係；原史時期以 10-16 世紀北海岸十三行文化中晚期舊社類型人群，在東亞海域貿易體系中所扮演的角色為例，說明「Basay 人」的形成過程；歷史時期以水堀頭遺址發掘為例，說明 17 世紀後期到 19 世紀中葉麻豆港的盛衰，以及麻豆聚落的發展與變遷。這些研究案例在於說明考古學研究的成果，如何進入臺灣歷史書寫過程，進一步完成全貌觀的歷史書寫，實現以土地為依歸的人類活動史觀。

關鍵字：考古學、臺灣史、歷史書寫

一、前言

　　1986 年張光直先生回臺，在中央研究院推動成立臺灣史田野研究計畫，並促成中央研究院臺灣史研究所成立籌備處，時至今日雖然大學已經成立許多臺灣史研究所或臺灣研究中心，臺灣史或臺灣研究一時之間似乎成為顯學（曹永和 2000：451），但臺灣歷史學界或地方文史工作者依然以文字歷史做為書寫的方向，僅有少數學者致力於將臺灣歷史向原史時代或史前時代延伸。其間的因素隱含著中原中心主義以及大漢沙文主義的歷史觀，甚至嚴重一點，可說帶著殖民歷史觀，這種觀念影響了臺灣歷史書寫，值得省思。

　　考古學除了和人類學密切相關之外，本來就帶有濃厚的歷史性格，其研究的主要目的之一，就在於建立過去人類的活動歷史及其演變過程，可以是廣大視野的史前人類歷史，也可以是微觀的家戶研究，但都在於思考歷史重建以及人類文化與社會的變遷，不過當代臺灣歷史敘述與理念並非如此，因此本文除了說明全貌觀的歷史書寫，也思考臺灣考古學研究的意義。

（一）臺灣歷史的概念

　　當代的臺灣是一個以漢人為主的社會，雖有學者倡議人群的組成帶有濃厚的南島民族成分，但大部分在臺灣居住的人群都自以為是漢人，也帶著漢人的文化觀。目前臺灣的歷史解釋仍然受制於文字紀錄的歷史，在國民教育的歷史課本，或者是高中、大學的教學中，佔有百分之九十九以上時間的史前時代人類活動史，卻往往只有些許篇幅，甚至老師們不知從何教起，加上漢人沙文主義的思維以及狹隘的文字歷史觀，使得課本上的歷史觀，基本上是文字記錄才叫做歷史。史前時代人類活動史頂多只是加在課本前面的點綴，並未真正論及史前時代人類活動與文化變遷的過程。

　　張光直先生是一個持歷史觀點的考古學者，又是一位關心自己原鄉土地的學者，自然得以掌握臺灣學術的脈動，1986 年回臺時開始倡議全貌觀的臺灣歷史書寫，以做為臺灣史田野研究計畫設立的基本標的。從考古學研究的結果而言，臺灣這塊土地的人類活動歷史，已有數萬年的史前史，因此在臺

灣人類活動史的過程中，就不能從漢人拓墾與聚落的形成來看臺灣歷史發展
的過程與變遷，所以連橫在《臺灣通史》自序當中所說的：「夫臺灣固荒島
爾，篳路藍縷，以啟山林，至於今是賴。」這一段話是以漢人在臺灣開拓的
結果，來論斷臺灣這一塊土地的人類活動史。從一個人類學研究者或考古學
工作者的眼光而言，這實在是狹隘之論。

歷史的表現形式，不一定只用文字表述，可以有許多不同的形式表現，
其中重要而且具有直接證據的部分，在於人類活動後留下的各種遺留，埋藏
在地層中所形成的遺址。既然考古學研究的一部分在於研究人類過去歷史，
主要在談人和環境之間的互動所形成的過程和結果，因此這門學科最重要的
部分在於透過過去人類所留下來的遺址，長時限觀察人類活動史的變遷。筆
者歷年來從事史前人類活動史的相關演講或研習課程，總在最後結語部分提
出「臺灣歷史應該從自然的歷史說起，再從考古學研究的觀點談到人和土地
的互動關係體系的歷史，最後才進入以口傳和文獻紀錄所記載的歷史。」[1]

（二）全貌觀的臺灣歷史書寫

全貌觀的歷史書寫當可從時間的延長與人群文化的擴張二個方面加以
思考，同時加上自然與人群互動的地景變遷。就目前臺灣歷史的書寫已有部
分著作受到張光直先生回臺以來提倡的臺灣史研究影響，大多能在臺灣史的
著作中加上有關史前的部分，也能夠思考多元族群的歷史，不過仍然相當不
足，仍有持續提倡推動的必要。

從當代臺灣考古學研究歷程與方向，我們可知長年以來史前考古學為重
要的研究方向與課題，其目的在於建構無文字時代人類的活動史，雖然宋先
生在 1961 年指出臺灣考古學研究有史前考古、原史考古、歷史考古三個範疇
（宋文薰 1961），也有部分原史和歷史時期的考古學研究，但很少成為研究

---

1 本段文字見於筆者對於教師研習或一般民眾之演講，提醒臺灣社會理解歷史之書寫方式為
何，內容見於筆者之演講稿或 PPT 檔。

主題，也很少將考古學的研究成果做為臺灣歷史的一部分。例如澎湖的宋、元時期考古學研究，在 1960 年代考古學的研究結果只做為歷史學研究者的註腳或證據，提供歷史學家印證文字的記載（宋文薰 1965）。這種思考方向直到 1980 年代初期仍在臺灣考古學者的思維體系之中，因此建立的史前文化層序或者是研究方向，大抵仍以史前考古學和史前文化史為主軸，通常在文化層序的最末端從 A.D.1600 年開始加上歷史時期所屬文化為近代漢文化（例如宋文薰 1980；黃士強、劉益昌 1980）。臧振華先生在從事澎湖考古學研究之時，指出「臺灣歷史時代的考古學，亦即以考古學方法研究臺灣歷史時代的聚落，特別是漢人的聚落，可以說完全被忽略了。」(Tsang 1992: 492)

臺灣的考古學者對於臺灣歷史建構或書寫的反省，基本上來自於 1980 年代初期臺灣本土化運動興起，但實際上的動作是始於 1980 年代中期。1986 年張光直先生在中央研究院《臺灣史田野研究室通訊》的發刊詞，首先揭櫫臺灣歷史應有的考慮方向，指出：

> 臺灣史是中國地方史，又是漢人移民，但臺灣史有異於中國其他地方史，也有異於漢人移民其他地區史。由於臺灣收入明鄭滿清版圖，臺灣地方史料遠較移民海外的漢人史料為豐富，但又由於臺灣被日本割據五十餘年，臺灣史又有持續五十餘年之久的對大陸史而言的封閉性。此外，由於臺灣的島嶼環境、地理位置與地形的複雜特徵，我們在臺灣史的研究上，又必須採取比較鮮明的文化生態學的觀點；又由於臺灣島上二十餘萬土著民族，臺灣史裡面包含著非常重要的土著民族史與『漢番關係』的新成分。（張光直 1986，1995b：80）

隨後張先生又在中央研究院臺灣史研究所籌備處出版的《臺灣史研究》這個刊物的第一卷第一期 (1994) 中有關臺灣史研究的回顧與展望的專題中，更進一步強調「臺灣史必須包括原住民的歷史」，指出：

> 狹義的歷史指有文字的歷史。臺灣在漢人移入以前沒有文字

　　的使用，所以一般所謂臺灣史是指漢人來到臺灣以後的歷
　　史。在這部歷史中，也有原住民的角色，但原住民的出現，
　　一般是由於他們和漢人接觸發生某種關係所以成為漢人的歷
　　史的一部分，而且原住民在歷史中的面目完全是根據漢人的
　　資料，用漢人的眼光來寫的。……漢人在明末清初大量移民
　　臺灣，當時便和原住民有密切的接觸，所以臺灣在漢人前來
　　以前已有人居自是一般的常識。這些居民在明清以前也為大
　　陸東南沿海船民所知，偶有記載，最早的可能是三國時代沈
　　瑩所著《臨海水土志》中所描寫的夷州，自從十九世紀末葉
　　現代考古學輸入臺灣以後，原住民的遺址遺物被考古學者發
　　掘出來，到了今天遺址已有千處，遍布全島，證明臺灣自更
　　新世晚期以來便有人居，到今至少已有一萬五千年的歷史，
　　說這一萬五千年（或更長）的歷史都是臺灣史，應該沒有人
　　會表示異議的。（張光直 1995b：82-83）

　　很顯然張先生希望做為臺灣史研究龍頭的中央研究院臺灣史研究所以及
臺灣史研究者，應該認真思考臺灣歷史的書寫方式，也應該思考臺灣歷史從
何寫起，當然也說明原住民族早期歷史和考古學研究所得史前史的重要性。[2]

　　不過張光直先生的期許似乎在歷史學界並無多大效果，國內各大學歷史
系或臺灣史研究所很少教授史前史，各類臺灣歷史著作頂多在著作之內引述
一段史前資料，並未能思考從史前到當代歷史的發展意涵，甚至有些著作引
用的資料還是 1955 年宋文薰先生翻譯的 1940 年代鹿野忠雄的著作。假若方
志或地方史可以作為一個參考指標的話，那麼檢討臺灣現有的地方志或區域
史、鄉土史，就可以得到一個概括性的整體意象，筆者曾經在 1999 年統計臺
灣史志的著作，在檢討五十年來臺灣方志的學術研討會中發表論文，將臺灣
當時已有的各類型志書與區域史、地方史，全面爬梳有關史前史與考古遺址

2　在此張光直先生是將主題的原住民擴大為考古學發掘的史前和近現代原住民歷史，都視為
　「原住民的歷史」。

的部分，發現臺灣的方志、區域史、地方史能夠正視文字歷史以前人類活動史的並不多（劉益昌 1999：136）。就算近年來的二部重修史志，《續修臺北縣志》（張勝彥 2002）、《臺中縣志（續修）》（張勝彥 2010）仍採取同樣的態度，臺北縣 1960 年出版的縣志是臺灣唯一一部具有史前志的縣志，不過在續修時不但把史前志拿掉，同時也不處理從 1960 年以來考古學在臺北縣境的重大發現，[3] 當然忽略了史前時代的人類活動；至於臺中縣原有的縣志將考古遺址放在土地志勝蹟篇，僅將遺址當作勝蹟處理，未能說明其所具有的史前人群的活動歷史與文化意涵，續修則仍同原處理方式，但作者並非考古學專業，因此僅將歷年考古學者研究的遺址資料擇要抄錄，即成為志書之一部分，也完全無法說明近二、三十年臺中縣市及中部地區重要的考古發現，當然就不會書寫史前多元人群與文化的發展過程。近年大部分編纂之志書亦多如此，可見歷史學者或史志修纂者的基本概念。筆者曾經建議應將考古學研究所得的人類發展史做為整體人類活動史的前期部分，亦即此一部分如以志書而言，當屬於住民志之史前篇或單獨作為史前志，若經依文化資產保存法指定保存之遺址，則可做為文化資產或勝蹟加以描述（劉益昌 1999：138）。少數志書編纂者已經意識到此一議題，因此延請考古學者撰述，例如《續修花蓮縣志》的歷史篇（吳翎君 2006），就從史前歷史一直寫到戰後，而將史前歷史做為整體歷史的最早段落加以撰述，得以說明至撰述階段為止的史前文化與人群的多元發展歷程，可說是此一概念逐步影響所致。

---

3 例如 1964-65 年張光直先生發掘大坌坑遺址，並建立大坌坑文化，指出大坌坑文化當是南島系民族的祖先型文化（Chang et al. 1969；張光直 1987）；1988-92 年臧振華先生、劉益昌搶救發掘十三行遺址，獲得重要資料，賴以建立十三行文化的豐富內涵以及十三行博物館，並說明 1800-800B.P. 之間人群與海外複雜的互動關係（臧振華、劉益昌 2001）。

二、臺灣考古學研究的簡要回顧

　　筆者最近完成的《臺灣全志住民志考古篇》，[4] 在臺灣考古學研究史的章節之中，大致將多年以來臺灣的考古學研究發展過程重新思考，以大標題呈現臺灣考古學發展歷程並指出各階段臺灣考古學史，就本人的意見其發展過程如下：

1. 日治時期（1896-1945 年）：發現與奠基

　　(1) 日治前期（1896-1927 年）：殖民地知識體系建構

　　(2) 日治後期（1928-1945 年）：學術研究的黎明

2. 戰後前期（1945-1963 年）：傳承與轉變

　　(1) 傳承（1945-1949 年）：留臺日籍學者之學術傳承

　　(2) 轉變（1949-1964 年）：學術旨趣與機構

3. 戰後中期（1964-1986 年）：科學與民族主義

　　(1)「臺灣史前史研究計畫」（1964-1965 年）及其影響

　　(2)「濁大計劃」（1972-1974 年）的研究與影響

　　(3) 新考古學的引入（1974 年）與影響

---

4 此一臺灣考古學史的書寫方式，是筆者受中央研究院社會學研究所蕭新煌所長邀約，共同參與撰述的一部考古學研究臺灣人類活動過程的專著，撰述的內容即為「臺灣全志・卷二住民志・考古篇」，撰述期程從 2009 年開始，2011 年 11 月已經出版。有關專書中臺灣考古學研究史的書寫方式，大致為本人採用於此，不過同樣的分類與書寫，卻見於何傳坤先生 2010 年 3 月 20 日於中央研究院人文社會科學研究中心考古學研究專題中心主辦的「2009 年度臺灣考古工作會報」發表的〈臺灣考古學與遺址博物館〉，文內同時指出此一臺灣考古學研究史為已故張光直先生的倡議，若筆者的研究成果與張光直先生的想法雷同，深感榮幸，惟何先生此文並未敘明張先生想法的出處，筆者無從引用，不過此一內容與筆者所述的臺灣考古學史相當接近，同時何先生亦為本人考古篇著作的審查人，因此筆者深感困惑，特書明於此。

4. 當代與未來發展（1981 年～迄今）：多元與分化

　　(1) 學科的發展與導向

　　(2) 合約考古學及其影響

　　(3) 學科的分化與擴張

　　回顧考古學史的目的，即在於說明考古學新的觀念、方法以及研究發現的歷史，因此不論臺灣考古學研究的理念如何轉變，但考古學研究中的一個重要基礎就在於史前文化發展史的建立。臺灣考古學研究者歷年來在不同階段針對考古學研究提出史前文化發展史體系，做為當時比對研究的基礎。史前文化史發展或層序的建立，大致可從前述日治末 1940 年代初期開始，當時依據遺物類型或文化內涵比較（鹿野忠雄 1944、1952、1955）。戰後初期安陽考古學者帶來考古發掘的層位學概念，迅速建立具有層位學證據的史前文化層序。1964 年起絕對年代學中的碳十四年代測定引入臺灣，開始在層位的基礎上，加上絕對年代，並逐漸擴張至全臺各地遺址，大致到 1980 年全臺史前文化層序的建立大致底定，之後便是補充空白與細緻化（劉益昌 2002），這些研究的過程可說充分反應在前述考古學研究的發展史中，也說明張光直先生在「濁大計劃」的研究緣起中所指出臺灣考古學研究歷經 80 年以來，考古學主要的目的在於史前遺物、遺址的發現與發掘、史前文化的分類、以及史前文化的來源問題，換句話說，研究的主要目的是集中在文化史方面的問題，因此濁大計劃開始提倡文化生態學或生態考古學，其主題在於自然與人群互動關係（張光直 1977：2）。以濁大計劃前後這些較為完整的調查資料所構成的年代學架構為骨幹，考古學者得以發展出許多不同的研究議題，而豐富了史前人類生活型態與文化變遷的內涵，得以逐步建立史前人類社會的形貌，例如交通與交換關係或聚落型態的研究。

　　1980 年代初期臧振華先生以澎湖群島做為博士論文的田野場域，從史前時期直到歷史前期做為調查的時間範疇，首先對澎湖的歷史時代內垵 C、水垵 A 以及蒔板頭山 A 等三處遺址進行試掘，揭露了早期漢人在澎湖的拓殖以及

聚落建立的過程，說明早在九或十世紀漢人已經在澎湖居住，而且推測可能會來到臺灣，並指出未來在臺灣西海岸一帶發現早於十六世紀的漢人文化遺存，具有高度的可能性 (Tsang 1992: 492)，這個論點目前已經得到部分證實。

除了史前時代的研究之外，從 1980 年代以來逐漸跨入歷史時代的考古學研究，除了時間從澎湖的宋元時期，擴及於十七世紀以來的歷史時期之外，研究空間也從澎湖擴及臺灣本島各個區域，最近更將研究的時間延至近現代（劉益昌、趙金勇 2010）。至於介在史前與歷史之間的原史時期，通常歸於史前文化的最晚階段（張光直 1974：4），較少單獨思考此一階段存有的複雜周邊關係，因此相關研究不多，尚未能如史前或歷史時期的考古學研究逐漸形成研究體系。當然有關歷代中國文獻記載之琉球、毘舍耶究竟所指為何地的討論，均有指涉為臺灣的說法，不過此種討論都在於古文獻地望的討論，較不涉及人類活動史的內容，直到最近才有 10-17 世紀人群活動史的相關研究。

歷史學界除了澎湖宋元時期研究之外，臺灣本島僅有早年曹永和教授曾針對臺灣海峽漁業研究，指出「臺灣在明末清初，移民大量入殖，從事拓墾以前，亦同樣經過漁業和貿易的階段，把大陸與臺灣連起來。」（曹永和 1979：154），說明早於明末清初漢人大量移民之前，早有漢人漁民商人進入臺灣西海岸，除此之外長年以來少有學者研究。直到近年才有歷史學者把梳資料，研究十五、十六世紀臺灣北部地區漢人進入的影響，撰述重要著作《雞籠山與淡水洋》（陳宗仁 2005），得以向早期延伸臺灣史研究的時間，至於地方文史或民間工作者則有採金史向上追溯至明代的《臺灣採金七百年史》（唐羽 1985），其餘著作並不多見，這些研究當然很少和臺灣史前史末段或考古學研究加以聯結，因此使得史前無文字時代與有文字的歷史書寫形成斷裂狀態。

基於歷年來臺灣歷史書寫的狀態，究竟一部臺灣歷史應該如何書寫，筆者從人類活動延續性的角度說明，臺灣的人類活動史可以分為史前、原史、歷史等三個階段，其間並有密切的關連，下述三段大致是筆者個人研究思考的例子，用以說明考古學對於臺灣歷史書寫的可能與責任。

三、史前史的書寫：人群的遷徙與返還

　　新石器時代初期距今六千年或稍早，人群可能跨海從亞洲大陸東南沿海遷移到當時已經成為大島的臺灣，開始在臺灣西海岸南北二端建立聚落（Chang et al. 1969；張光直 1987，1989），可能與原本居住在臺灣的舊石器時代晚期持續型文化的人群接觸融合，並逐步擴張其空間領域，到達澎湖以及臺灣全島海岸平原與丘陵邊緣，大約在四千年前左右或稍早，人群開始選擇不同的方向遷移，其中包含逐步沿著溪流向中低海拔山區遷移，到達接近二千公尺左右的中海拔山區，也沿著海岸地帶擴張尋找相同的生態區位，因而向南遷徙到達巴丹群島以及呂宋島北岸（劉益昌 2007）。在臺灣本島向山區的遷移行為，逐步構成當今山區原住民族祖先的一部分，至於沿著海路向南遷徙到達呂宋島北部的人群，可能是當今一部分南島民族大遷徙的過程(Hung 2008)，當然也成為菲島和其他區域人群構成的部分。

　　從考古學的發現而言，至少從六千多年以來的南島系民族的祖先型文化進入臺灣本島以來，至今是一個連續性的發展，[5] 其間雖有外來人群持續進入，也有人群移出，但此一南島民族的文化從未間斷。因此從史前人群的遷徙與返還可以構成一部重要的史書，以下試以筆者初步完成的東海岸地區人群遷徙與構成之研究談起。筆者在 2005 年的一篇會議論文曾經根據史前人群裝飾品材質從玉器到瑪瑙、玻璃的轉換指出從新石器時代最晚階段開始的文化接觸與人群流動，帶來的外來物資開始影響臺灣的文化體系（劉益昌 2005）。雖然臺灣的史前文化仍然維持內部的演化機制，但外來人群移動所帶來的文化接觸，在距今約 2300 年前左右，臺灣西北與東南二大區域的沿海地帶，出現了局部金屬器與玻璃器的輸入，但並未大量替代原有之生活用具與儀式用品。從距今 1800 年前開始外來的刺激，明顯影響各地區的史前文化，北部沿海區域的十三行文化開始進入製造鐵器為主的金屬器時代，其他

---

5 基於舊石器時代晚期或延續至全新世前半的持續型階段的史前文化和新石器時代初期之間的關係，仍無具體研究結果，因此從新石器時代談起，說明從大坌坑文化以來的史前文化，逐步延續至當代。

類型的金屬器與玻璃、瑪瑙等材質的裝飾品大量的輸入，在當地社會造成重大的改變，基本上替代了原有以玉器為主的儀式用品與裝飾體系，在此同時丘陵山地與部分東部海岸地區則較西部沿海地區的變化趨遲，且替代過程亦較為緩慢（劉益昌 2005）。

此一人群接觸與轉變的過程，隱含人群的遷移與返還，筆者透過近年來發現的新資料進一步指出史前時期最晚的金石並用與金屬器時期，在臺灣北部、東部沿海及附屬島嶼，出土一種特殊的灰黑陶，其時間脈絡從出土相對位置或流行年代觀察，顯示起始於新石器時代最晚期過渡至金屬器早期之間，年代距今約 2000B.P. 上下或略早，延續至距今 1000-800 年之間，此階段亦為菲律賓呂宋島北部黑陶文化盛行的年代，其黑陶製造方法相同，形制、紋飾亦有相近之處，說明二地之間可能具有密切的關係（劉益昌 2010）。

若從整個臺灣及其與東南亞之間長期交換、貿易互動體系的層面思考，可以說是一種從臺灣往外輸出玉器的交換或貿易型態，轉換成反向由島嶼東南亞往臺灣輸入瑪瑙、玻璃、金、銅、鐵等外來物質的交換或貿易型態，二者之間當有互相疊合的時段。此種型態的轉換，可能伴隨著進行長程交換與貿易的人群移動。黑色陶器及其相關的物質文化遺留，廣泛卻少量出土於本島東南部及恆春半島的三和文化、龜山文化，外島蘭嶼的 Lobusbussan 文化、東部的靜浦文化富南類型、花岡山上層文化類型、北部的十三行文化，甚至到達西海岸中部地區的番仔園文化等不同文化體系的現象，顯示攜帶灰黑陶器的人群以嵌入的方式進入這些原來存在的文化群體的可能性相當高。透過目前已知黑色陶資料的耙梳與研究比對，以黑色陶做為文化表徵人群的性格，似乎為一群具有貿易交換性格的人群，透過攜帶外來物質與臺灣本地人群貿易交換所建立的網絡，持續由南往北進入史前時期的三和文化、靜浦文化富南類型、花岡山遺址上層文化類型以及十三行文化之中，並逐漸成為該社會的一分子，因而留下在各遺址之中少量但卻特徵明顯的文化遺物。類似這樣以交易為主的人群，似乎與學界所稱的貿易與交換的離散社群(diaspora)的文化現象有關，也可放在臺灣史前時代人群移動與定著的脈絡下思考，成

為一個有意義的長時限文化現象。這些人群從新石器時代晚期開始逐漸成形，伴隨新一波金屬器、玻璃器使用以來的物質文化的貿易、交換活動，也間接促成原本不同文化背景的人群之間的往來互動與文化接觸，連繫北、東部海域之間各個史前文化人群或是當代族群的祖先（劉益昌 2010）。

這個例子說明，臺灣北、東部海岸地帶人群早期構成與文化發展變遷，其時間段落在文獻紀錄之前，無法從任何文獻得到資料，完全需要依賴考古學資料才能建立此一階段人群活動的過程及其顯示的交通與交換關係體系，缺乏史前考古學的研究，就無法回溯人類早期文化的來源、互動關係以及文化變遷。

四、原史時代：史前與文字的聯繫

這一個段落經常指涉為臺灣本島已有少量外界（尤其是中國）文字記載的階段，[6] 但本島則無文字記錄的階段，此一階段學界往往直接放在史前最末階段討論，不過也早已提出此一段落。張光直先生並且在「濁大計劃」給了原史時代明確的定義，他指出「即歷史上所知土著族之直接祖先，在考古學上有遺物遺跡可以代表的階段，大約始於西元第十世紀前後」（張光直 1977：4）。

臺灣的原史時代大致從九、十世紀開始（宋文薰 1961；張光直 1977），延伸到十七世紀初年，此一時期中國東南沿海開始有清晰的對外貿易與漁業（曹永和 1979），這些交通動線和漁業基地在臺灣海峽或臺灣北部外海。從商販、漁民的知識逐漸構成對臺灣的初步理解，而有少許文獻記錄，除了「漢人」已經進入澎湖居住之外，而且也可能與臺灣西海岸原住民人群有過

---

6 澎湖的歷史發展與臺灣本島略有不同，史前階段至少可以自新石器時代早期大坌坑文化的最晚階段菓葉類型 (4800-4200B.P.) 開始，延續至 3000B.P. 左右新石器時代晚期的早階段 (3000B.P.) 結束，之後有長時段無明顯人群居住。大致在唐末五代 9 世紀末，才又有漢人移民進入開發，至遲在南宋漢人已經定居於澎湖（Tsang 1992；臧振華 1997）。

互動往來（曹永和 1979：154），這個階段臺灣各地的住民透過考古遺址分布與文化內涵研究，可以區分出複雜而多元的文化體系，在西海岸地帶由北而南包括十三行文化、番仔園文化、貓兒干文化、蔦松文化，其複雜程度也和十七世紀初年以來文獻記錄所見人群複雜的狀態相類。此一階段正是從純粹無文字的史前階段進入有文字歷史階段的聯繫階段。近年來除已有歷史學者研究十五、十六世紀之外（例如：陳宗仁 2005），陶瓷學者也透過考古發現或民族志影像指出原史階段輸入的陶瓷器可能來源（例如：陳信雄 2003；謝明良 2005、2011；盧泰康 2006、2010）。考古學者也已經發表不少著作，討論這個時間段落（例如：謝艾倫 2009；王淑津、劉益昌 2010）。以下以分布於臺灣北海岸地區的 Basay 人的生業型態與性格，說明此一階段研究。

有關 Basay 人生業型態與性格的研究，筆者延續前述史前晚期階段人群的研究，並往更晚階段原史時代延伸，企圖和歷史學者、民族學者對話。透過對於十三行文化舊社類型的考古學分析，筆者指出 Basay 人群及其文化內涵與生業型態，可向上追溯其特有的生業型態，而有更早來源，其原因也不只是歷史學者所指的十五、十六世紀受漢人影響所致（陳宗仁 2005）。放在歷史延續性思考的 Basay 人群與其性格和構成，似乎可以從考古學的研究，一路追溯到東部地區新石器時代晚期到金屬器初期的轉變階段。其中的詳細演變過程與推論細節，在此不贅述，但根據前述史前晚期北、東海岸各文化出土黑色陶器的來源以及出土位置，大多作為陪葬品與儀式用品，顯示具有特殊的社會功能，說明黑色陶器的持有者為具有交換與貿易性格以及帶有金屬、玻璃製造工藝的人群，透過攜帶外來的物質（玻璃、瑪瑙、青銅、黃金等），與臺灣本地人群貿易交換，形成長久的交通與交換體系，並嵌入居住於不同文化的人群之中，製造、交換這些新進入的外來物質。此一人群的分布空間與「Sanasai 傳說圈」的分布範圍（詹素娟 1998），幾乎完全重疊，也和「Sanasai 傳說圈」存在於北、東海岸地帶不同族群的狀態完全相符。因此筆者指出擁有 Sanasai 傳說的人群可以上推連續至更早擁有黑陶的人群（劉益昌 2010）。

　　距今八百年前後此類特殊黑陶逐漸消失於同一區域各個不同史前文化的晚階段，顯示出黑陶不再是這些人群的社會表徵，而可能由其他的物品做為社會表徵的替代品。目前所知十三行文化晚期埤島橋類型與舊社類型起始的年代為 800-600B.P.，淡水河口大坌坑遺址十三行文化層（屬於晚期埤島橋類型）發現相當數量 12-14 世紀宋元陶瓷，其中包含有器型接近黑陶小口瓶形器的壺形器（王淑津、劉益昌 2010），這些宋元陶瓷與十三行文化埤島橋類型代表性的拍印方格紋陶共伴出土，顯示出宋元文化介入的影響，此一影響使得原本擅長於航行海路長距離進行交換與貿易的人群，從十二世紀以來逐漸侷限於本島北部海岸地帶，而且煉鐵的狀態也逐漸萎縮。這些過程正代表了 Basay 人群祖先的一部分十三行文化人受到外來勢力的影響逐漸衰微，卻又在十五、六世紀以後受到唐人華商進入北海岸的影響，而成為文獻記錄筆下的 Basay 人群（劉益昌 2011）。

　　至於 Basay 人群生業性格在考古學的解釋，可以從前段所述金石併用初起階段人群移入臺灣東海岸南段，至少從早期 2000B.P. 前後或稍早至 2300B.P.，這些外來人群明顯帶著新的物質文化要素，影響卑南文化晚期轉變為三和文化早期，這些人群隨後帶著玻璃、瑪瑙、金屬進入東部海岸地帶形成聚落，例如年代在 2100-1600B.P.「花岡山遺址上層文化」的人群，並可能與臺灣在地人群交換臺灣玉等產品（劉益昌、趙金勇 2010；趙金勇等 2013）。在 1600B.P. 之後也帶著原料與技術進入某些海岸據點（例如舊香蘭遺址、崇德遺址、利澤簡遺址、十三行遺址）製造鐵、銅等金屬器以及玻璃材質的飾品、工具，做為和臺灣原住人群交換的物品。這一群人既像是工匠集團，又像是貿易與交換的離散社群 (diaspora)，一路發展延續到史前文化的晚期階段，並未改變其生業型態，所以原本就有著農業人群所無的技藝與知識，原來就擅長於利用黑潮、沿岸流以及季風往來於北、東海岸之間，也就是原來就擁有精良的操舟技術與航海知識以及特殊的工藝技術。所以追溯發展過程，無疑可從考古學證據說明人群性格和生業型態其來有自，當非 15、16 世紀才受華商影響產生的技藝與生活型態，而是原本祖先就是如此（劉益昌 2011）。

　　筆者認為史前時期最晚階段的原史時代，從臺灣的海岸地帶開始，出現明顯的社會變遷，可能的部落聯盟開始出現，這個階段變遷的主要因素在於西元九至十二世紀中國與周邊開始出現的貿易體系（曹永和 2000；木下尚子編 2009），已經局部影響臺灣，穩定的輸入相當數量的玻璃、瑪瑙以及其他金屬飾品或工具，部分物品透過輾轉的交換體系，逐步進入史前最晚階段的山區聚落，因而引起全面的社會變遷。此一階段正是原史時期，臺灣受到周邊區域的影響日深，也與周邊具有密切關係，外來的物質文化（例如玻璃、瑪瑙以及金屬器）逐漸取代原有的工具以及裝飾品或儀式用品，但這些關係如何影響臺灣內部人群與文化構成，必須從歷史時期向上追溯至原史時期。

　　上述原史時期的外來物資輸入狀態與影響，也可以進一步說明隨後大探險時代與世界貿易體系，如何在十七世紀初年以來的歷史初期階段影響臺灣，外來文化的強力介入與國際貿易體系進入造成的原來住民社會變遷與崩解，臺灣史前文化人的後裔在文字記錄的筆下，逐漸浮現出族群或人群的面貌，隨之而起的是生活形態的大幅改變與傳統文化的替代與消失。這個階段輸入的物資已不再是單純金屬器與裝飾、儀式用品，而帶有嗜好品與宗教、禮俗等其他文化體系用品。因此大探險時代的這個階段又和前幾個階段不同，可說是一個新的交通與交換體系的興起，更迅速的改變史前末期原史時代到歷史初期的人群社會。

五、歷史時代：突破文字的限制

　　就漢文化而言，文字始終扮演著權力的角色，尤其是宰制人群思維的歷史著作，更被視為如此。臺灣學界大抵以十七世紀初年做為本島文字歷史的開始，因此通常的說法就是「臺灣人四百年史」，但是張先生也曾經告訴臺灣學界「今天研究歷史的方法，已經發展到非常廣闊的階段了。如果有決心研究，沒有文字不是不從事研究的藉口。沒有文字？讓我們用其他的工具！」（張光直 1995b：83），考古學、傳說研究、歷史語言學、比較民族學、體質人類學都是研究臺灣史裡面原住民成分的顯著方法（張光直 1995b：

83）。所以就當代歷史的詮釋而言，就不是單純文字可以完全說明，當今臺灣考古學界已有很多十七世紀以來歷史時期考古學研究的成果，幾乎都可以對歷史解釋，提出不同的看法或增加新的解釋。試以廣大流傳於臺灣南部的龍喉、鳳池傳說和麻豆港的研究結果，說明此一階段研究的部分成果。

十七世紀初期，麻豆地域原是潟湖、河流與陸地交錯的海岸沖積平原區，南北分別有曾文溪（灣裡溪）與急水溪蜿蜒流過，西北方則是漢人漁民稱為「倒風內海」（荷蘭時期稱為魍港灣 Wanckan）的潟湖。十八世紀以來「倒風內海」及其鄰近區域則因八掌溪、急水溪等流域的自然氾濫沖積而逐漸淤塞，加上漢人圍墾潟湖海岸成魚塭或鹽田的人為因素，導致倒風內海迅速淤積，也造成內海原有的海汊港口鐵線橋港、茅港尾港、麻豆港的淤積陸浮而導致港埠功能喪失。水路運輸功能從興盛到弱化的過程，也反應在港埠與新興的陸運市鎮之間的交替過程。

早年遺留於水堀頭的一座三合土遺跡，其功能眾說紛紜，從日治時期以來，當地居民即口傳水堀頭是麻豆港古碼頭所在，同時也有關於風水地理的龍喉、鳳池傳說。民國四十五年（1956），由於水堀頭鄰近的「龍喉」挖掘出眾多的石車等出土物，臺南縣文獻委員會吳新榮等委員至現地會勘之後，推斷民間傳說為「墓道」的三合土結構，可能為清代水利工程的「灞頭」（吳新榮 1956）。此一議題在民間與文獻學界討論相當多，但並無結果，直到 2003 年才由當時的臺南縣政府提出以學術研究解決的方案，邀請中央研究院的歷史學者與考古學者從歷史文獻和考古試掘的角度相互比證，初步確認該地為麻豆古港所在，三合土為港口碼頭設施的一部分（林玉茹、劉益昌等2003）。2005、2007-08 年臺南縣政府持續委託考古學者進行全面發掘研究，發掘結果更進一步確認三合土碼頭設施結構與港域範圍以及港域環境變遷所造成的地層堆積。由考古學的研究結果，得以確知三合土遺跡為十七世紀末期以來的麻豆港所在的碼頭設施，進一步透過考古學、地質學、歷史學等學科的研究比對水堀頭遺址的研究成果，重新審視位處倒風內海的麻豆地域在自然環境變遷過程中與人群生活脈動的交互作用，其中最為關鍵的就是水堀

頭遺址的形成過程所展現出的三合土碼頭遺跡，從建造、使用到廢棄的生命史（劉益昌等 2008；劉益昌、鍾國風 2009）。

研究指出水堀頭遺址所在的麻豆古港其歷史考古的發掘結果和歷史文獻記載可說是相當符合，顯示歷史時期以來，麻豆地域所在的水堀頭港域，開始使用的年代可能早至十七世紀晚期的康熙年間，歷經中期乾隆至嘉慶年間碼頭設施修築的鼎盛時期，延續使用至晚期十九世紀初的道光年間，才因河水氾濫淤塞後呈現廢棄狀態，具體呈現出碼頭從建造、使用、發展到衰微、廢棄等不同階段的遺址形成過程。此一遺址形成過程，無疑反映了十七世紀以來麻豆地域的族群與社會文化現象的時空背景。從出土遺物觀察，大量的外來陶瓷器以及石車（硤蔗石）、漏罐、漏缽等糖廍相關設施與遺物，已約略顯示出人群生業型態的改變與交替，此現象也將成為下一階段麻豆地域長時限社會文化變遷面向探討的依據（劉益昌、鍾國風 2009）。遺址中港域所在也發現貨籠與相當數量貨物，其中得見不少生態遺物遺留，諸如花生、龍眼、芒果等，當為過往從麻豆港運往臺南府城的生活所需農產品。

此一案例說明，考古學的研究除了可以釐清歷史文獻與傳說記載之外，進一步可以詳細說明港口的變遷以及當時港口進出的貨物，透過考古發掘，重新啟發的麻豆古港已經成為遺址文化園區，興建小型展示館－倒風內海故事館，完整說明小區域歷史所具有的意義，其中最重要的不只是文字記錄、口傳，還有實質得以觸摸、觀覽的考古出土證物。

六、結語：考古學研究的歷史文化意涵[7]

（一）考古學研究的意義

從考古學的立場而言，所建構的臺灣人類活動史當然與文獻紀錄或者是

---

7 以下文字是本人長年以來演講時的講義，作為和社會大眾說明臺灣考古學研究的意義，並未發表於學術論著，今始引於此做為本文之結語，尚祈讀者諒之。

口述傳說的族群來源、遷移路線有著很大的不同，不過文獻的歸文獻，口傳的歸口傳，考古學研究的結果則可以告訴我們以下幾個重要的意義。

1. 擴張臺灣史的視野

考古學研究所建構的臺灣人類活動史，將時間和空間擴張到比單純文獻記錄更為廣大的範圍，使我們不再拘泥於臺灣人四百年史，也不再拘泥於漢人移民拓墾史，當然也不只建構當代臺灣原住民的族群史，它告訴我們臺灣三至五萬年以來的人類活動史，可能包括我們不明所以的人群或族群，這些人群可能都曾經是臺灣的主人，其複雜多元可比當代原住民。再就空間而言，目前所知以臺灣為中心的史前人群的活動範圍遠遠超越當今國界或是臺灣本島，可說考古學研究的結果，擴張了我們對臺灣史的時空與人群視野。

2. 領略臺灣島史的海洋精神

考古學研究指出部分史前文化人群擅於利用海洋資源，或透過海域作為交通動線，這個結果至少告訴我們臺灣島上的人群的思維模式，並非固定於臺灣本島的陸域，也就是海不是阻隔而是道路。戰後迄今被禁錮多年的海洋思維，目前正解開其禁制，企圖重新啟動臺灣人群的海洋思維，其實從考古學的研究可知，史前時代人群老早就發揚了臺灣島史的海洋精神。這也呼應了曹永和院士所提倡「臺灣島史」的觀念。

3. 澄清臺灣文化的意涵

考古學所建構的臺灣歷史，從史前到當代，清楚的說明臺灣這塊土地的歷史和文化，不是只有漢人的文化，而是一個多元複雜的文化體系，可比當代原住民族的複雜型態，這個多元複雜文化體系的組成，也不是近現代才形成，史前時期至少從距今三千多年的新石器時代晚期就有複雜多元的文化體系，我們期望考古學所建構的臺灣歷史，增加我們對於臺灣人群發展過程的時間深度，也增加臺灣文化多元化的狀態，可以讓我們說明臺灣文化的多元意涵。

4. 改變對臺灣的意象

　　從海洋的角度來看，臺灣不是亞洲大陸的邊緣，而是亞洲大陸的前方，因此我們不必然要從大陸中心體系來看臺灣，以陸地為主的華夏文明固然重要，以海洋為中心的南島文化也有其特性，從不同的角度看臺灣，當然可以改變我們對臺灣的意象，用更廣闊的角度思考臺灣的歷史。

（二）重新思考的臺灣歷史

　　向來臺灣的歷史及其他具有時間深度的研究，往往只注意到漢人入臺以後的情形。但是，民族學者、語言學者告訴我們在臺灣地區居住的並不是只有漢人而已，而有著其他與漢文化不同的人群與語言，甚至擁有綿長與多元的史前考古文化。考古學是一個研究長時限人與環境互動的學科，透過研究人類過去生活所留下的遺址，考古學者告訴我們，臺灣當然不只是四百年史！而有著更長的時間深度，原來就有已經長期居住的人群；事實上，近年來的研究成果，更把人類活動的時間深度延伸到更久遠的更新世冰河時代。

　　若說考古學者的研究能夠告訴我們什麼樣的知識與概念，我願意說從考古研究所得的長遠臺灣人類活動史，正可以讓我們打破「臺灣人四百年史」狹隘的族群與文化觀；同時讓我們從歷史發展的過程，反省漢人父系繼承觀點所建構的歷史，只是歷史的一個面向，我們不能忘記南島語系原住民族的歷史。藉由考古學研究所得的臺灣早期人群活動，也可以清晰的告訴我們這一點，讓我們重新思考臺灣的歷史書寫型態。

　　數千年來以南島系民族為發展主軸的臺灣本島人類活動史，終於在大發現時代的十六、七世紀以來有了重大的改變。雖然早在唐末到宋元時期漢人就已經在澎湖定居，但和臺灣本島之間的往來並不頻繁，原來宋、元以及明代中期以前的漢人只著眼於和原住族群之間的貿易，由於臺灣「無他奇貨」（元代汪大淵〈島夷志略〉），因此往來並不特別多，從考古資料而言，漢人與臺灣史前時代末期或原史時代住民之間的貿易似乎也集中於北部地區，以「土珠、瑪瑙、金珠、粗碗、處州磁器」和原住民交換「沙金、黃豆、黍

子、硫黃、黃蠟、鹿豹麂皮」（同上引）。但近年來在西海岸中南部的考古
遺址調查與試掘研究，則可以清楚發現在十世紀以來，漢人即已小規模進入
原住民社會從事貿易交換，因而留下青瓷、硬陶以及青花瓷等多種物質遺
留，說明史前末期到早期原住民社會與外界的複雜關連，實早於文獻紀錄的
年代。

這種貿易型態在十七世紀初年，因為荷蘭人進入西南臺灣而改變，由
於荷蘭人發展熱帶單一栽培農業，從福建招來大批漢人當農業勞工，從此漢
人數量大增。這種精密耕作型態迅速改變了西南平原原本的亞熱帶疏林草原
與草食性的鹿、獐等動物所構成的生態體系。明鄭、清初以後，漢人不再只
是農業勞工，而是一群為了找尋耕地而遷移的農民，一步步的向臺灣各地區
移動。漢人帶來配合灌溉系統的精細水田耕作，以及砍伐山林拓墾耕地的技
術，迅速隨著移民的腳步擴張到西部平原以及鄰近山腳的可耕地，使得原本
自然的生態體系改變為人為建構的區域性生態系統。例如，原本多沼澤濕地
的臺北盆地變為阡陌縱橫的水田生態系統，這種改變雖然重組生態體系，因
而造成清代以來自然災害逐漸增加的情況，但是自然似乎都還能承受；可是
原本居住在這塊大地的原住民和順應自然的生活方式，卻淹沒在漢人文化的
洪流之中，難免同化消失或成為邊緣文化的命運。

上述這些人類活動史的發展過程，都可以從考古學的研究中獲得充分
的資訊，不但印證歷史文獻記載，也可以增加或修正文獻歷史的不足，而史
前史的研究更加長了歷史的時間深度，同時也說明人群與文化的複雜多元，
因此究竟一部臺灣史要從何寫起？雖然歷史學界或臺灣歷史書寫已有些許改
變，但仍然值得我們重覆張光直先生 1980 年代以來全貌觀歷史書寫的思考，
並以土地做為書寫的根本，而不是以人群作為書寫的依據，畢竟從長時限的
考古學觀點，土地是定著的，人群是可以遷移的。

參考書目

木下尚子　編

　2009　13～14 世紀の琉球と福建。平成 17～20 年度科学研究費補助金基
　　　　盤研究 (A)(2) 研究成果報告書。熊本：熊本大学文学部木下研究
　　　　室。

王淑津、劉益昌

　2010　大坌坑遺址出土十二至十四世紀中國陶瓷。福建文博 2010.1：45-
　　　　61。

宋文薰

　1961　臺灣的考古遺址。臺灣文獻 12(3)：1-9。

　1965　臺灣西部史前文化的年代。臺灣文獻 16(4)：144-155。

　1980　由考古學看臺灣。刊於中國的臺灣，陳奇祿等著，頁 93-220。臺
　　　　北：中央文物供應社。

汪大淵（元）

　1975　島夷誌略。臺北：臺灣學生書局。

林玉茹、劉益昌等

　2003　疑似舊麻豆港水堀頭遺址探勘暨歷史調查研究計畫期末報告。臺
　　　　北：行政院文化建設委員會、臺南縣政府文化局委託中央研究院臺
　　　　灣史研究所籌備處。

吳新榮

　1956　第七期。採訪記。南瀛文獻 4（上），頁 87-91。

吳翎君

　2006　續修花蓮縣志・歷史篇。花蓮：花蓮縣文化局。

唐羽

　1985　臺灣採金七百年。臺北：錦綿助學基金會。

曹永和

　1963　早期臺灣的開發與經營。臺北文獻 3：1-51。

　1979　臺灣早期歷史研究。臺北：聯經出版事業股份有限公司。

1985　臺灣早期歷史研究的回顧與展望。思與言 23(1)：3-17。

1990　臺灣史研究的另一個途徑——「臺灣島史」概念。臺灣史田野研究通訊 15：7-9。

1998　多族群的臺灣島史。歷史月刊 129：93-95。

2000　臺灣早期歷史研究（續集）。臺北：聯經出版事業股份有限公司。

張光直

1974　從人類史看文化與環境的關係。人類與文化 3：4-5。

1977　「濁大計劃」與民國六一－六三年度濁大流域考古調查。臺灣省濁水溪與大肚溪流域考古調查報告。刊於中央研究院歷史語言研究所專刊七十，張光直編，頁 1-25。臺北：中央研究院歷史語言研究所。

1986　發刊詞。臺灣史田野研究通訊 1：2。

1987　中國東南海岸考古與南島語族起源問題。南方民族考古 1：1-14。

1989　新石器時代的臺灣海峽。考古 1989(6)：541-550，轉 569。

1994　臺灣史研究的回顧與展望。臺灣史研究 1(1)：11-15。

1995a 中國考古學論文集。臺北：聯經出版事業股份有限公司。

1995b 考古人類學隨筆。臺北：聯經出版事業股份有限公司。

張勝彥　總編纂

2002　續修臺北縣志。板橋：臺北縣政府。

2010　臺中縣志（續修）。豐原：臺中縣政府。

陳宗仁

2005　雞籠山與淡水洋：東亞海域與臺灣早期史研究 (1400-1700)。臺北：聯經出版公司。

陳信雄

2003　陶瓷臺灣：臺灣陶瓷的歷史與文化。臺北：晨星出版社。

黃士強、劉益昌

1980　全省重要史蹟勘察與整修建議——考古遺址與舊社部份。臺北：交通部觀光局委託國立臺灣大學考古人類學系之研究報告。

鹿野忠雄

　1944　臺灣先史時代の文化層。學海 1(6)。（亦見氏著 1952：176-183）

　1952　東南亞細亞民族學先史學研究（第 II 卷）。東京：矢島書房。

　1955　臺灣考古學民族學概觀，宋文薰譯。臺北：臺灣省文獻委員會。

詹素娟

　1998　Sanasai 傳說圈的族群歷史圖像。刊於平埔族群的區域研究論文
　　　　集，劉益昌、潘英海編，頁 29-59。南投：臺灣省文獻委員會。

臧振華

　1997　考古學與臺灣史。刊於中國考古學與歷史學之整合研究，頁 721-
　　　　742。臺北：中央研究院歷史語言研究所。

　2001　張光直生平事略。古今論衡 6：106-110。

　2006　從考古學看臺灣。刊於臺灣史十一講，頁 7-33。臺北：國立歷史
　　　　博物館。

臧振華、劉益昌

　2001　十三行遺址：搶救與初步研究。臺北縣政府文化局委託中央研究院
　　　　歷史語言研究所之研究報告。

劉益昌

　1999　人與土地的歷史——正視方志史前部分。刊於五十年來臺灣方志
　　　　成果評估與未來發展學術研究會論文集，頁 127-158。臺灣省政
　　　　府文化處主辦，中央研究院臺灣史研究所籌備處承辦，5 月 27-28
　　　　日。

　2002　臺灣史前文化層序研究的省思。刊於石璋如院士百歲祝壽論文集
　　　　——考古・歷史・文化，宋文薰、李亦園、張光直主編，頁 349-
　　　　362。臺北：南天書局。

　2005　從玉器到玻璃、瑪瑙：臺灣史前裝飾器物的變遷。發表於「臺灣地
　　　　區外來物質：珠子與玻璃環玦形器研討會」，中央研究院歷史語言
　　　　研究所主辦，10 月 22-23 日。

　2007　初期南島語族在臺灣島內的遷移活動：聚落模式以及可能的遷徙動

力。刊於東南亞到太平洋：從考古學證據看南島語族擴散與 Lapita 文化之間的關係，邱斯嘉、C. Sand 主編。臺北：中央研究院人文社會科學研究中心考古學專題中心。

2010　臺灣東部史前晚期人群互動的考古學研究。發表於「中央研究院歷史語言研究所九十九年度第十七次學術講論會」，11 月 8 日。

2011　Basay 人群與生業型態形成的再思考。發表於「2011 族群歷史與地域學術研討會」，中央研究院臺灣史研究所主辦，9 月 23 日。

劉益昌、劉瑩三、顏廷伃、鍾國風

2008　麻豆水堀頭遺址考古調查發掘研究計畫報告。臺南縣政府委託臺灣打里摺文化協會之研究報告。

劉益昌、趙金勇

2010　花蓮市花岡山遺址（共四冊）。花崗國中校舍新建工程遺址搶救發掘計畫報告。花蓮縣文化局委託中央研究院歷史語言研究所之研究報告。

劉益昌、鍾國風

2009　臺南縣水堀頭遺址的發掘與意義。發表於「2008 年臺灣考古工作會報」，中央研究院歷史語言研究所主辦，3 月 28-29 日。

趙金勇、劉益昌、鍾國風（趙金勇 2013）

2013　花岡山遺址上層類型議。田野考古 16(2)：53-79。

盧泰康

2006　十七世紀臺灣外來陶瓷研究：透過陶瓷探索明末清初的臺灣。國立成功大學歷史研究所博士論文。

2010　臺灣考古出土歷史時期陶瓷的年代與特徵。故宮文物月刊 326：56-67。

謝明良

2005　臺灣海域發現的越窯系青瓷及相關問題。臺灣史研究 12(1)：115-163。（收入氏著《貿易陶瓷與文化史》，臺北：允晨文化，2005。）

　　2011　臺灣宜蘭淇武蘭遺址出土的十六至十七世紀外國陶瓷。國立臺灣大
　　　　　學美術史研究集刊 30：83-143, 145-184, 353。

謝艾倫

　　2009　宜蘭淇武蘭遺址出土外來陶瓷器之相關研究。國立臺灣大學人類學
　　　　　系碩士論文。

Chang, Kwang-chih, Ch'ao-ch'i Lin, Minze Stuiver, Hsin-yuan Tu, Matsuo Tsukada,
Richard Person, and Tse-min Hsu （張光直 等）

　　1969　Fengpitou, Tapenkeng, and the Prehistory of Taiwan (Yale University
　　　　　Publications in Anthropology No. 73). New Haven, CT: Dept. of
　　　　　Anthropology, Yale University.

Hung, Hsiao-Chun

　　2008　Migration and Cultural Interaction in Southern Coastal China, Taiwan
　　　　　and the Northern Philippines, 3000 BC to AD 100: the Early History of
　　　　　the Austronesian-speaking Populations. Canberra: Australian National
　　　　　University Press.

Tsang, C. H. （臧振華）

　　1992　Archaeology of the Peng-hu Islands (Institute of History and Philology
　　　　　Academia Sinica Special Publication No.95). Taipei: Institute of History
　　　　　and Philology, Academia Sinica.

Archaeological Perspectives on Taiwanese History

Liu Yichang

Institute of History and Philology, Academia Sinica

Late Professor Kwang-Chih Chang had proposed a holistic way of writing Taiwanese history in 1986 when the project of the field research of Taiwanese history was launched in the Academia Sinica. Although several graduate schools and research institutes of Taiwanese history had been established since then, most research are still focused on the documentary research and very few researchers have extended their studies to the proto- or pre-history. The nature of archaeological research is very historical-oriented, and one of the goals of archaeology is to establish the human activity history and the social developmental processes. These research, which concentrate on reconstruct the history, not only include macro-scale prehistory, but also micro-scale household analysis. This paper focuses on how archaeology has contributed to the construction of Taiwanese history since 1986, taking examples from prehistoric, proto-historic, and historic time periods. During prehistoric time, the spatial sphere of Taiwanese history was expanded through our investigation of the interactive routes and exchange patterns of the proto-Austronesian speakers. At the proto-historic time, the example of the formation of the "Basay people" can be explored through understanding the role of the Shih-San Hang people in the East Asian maritime exchange system. During historic time, the excavation of Shuei-ku-tou site exhibits the developmental process of the Matou port from the late 17th century to the mid-19th century. These examples explain how the results of the archaeological research can be integrated into the writing of Taiwanese history, emphasizing a holistic approach. More importantly, this way of research can really promote the study of the history and its environmental setting.

Keywords: *Archeology*, *Taiwan History*, *Historical Writing*

生態學取向的臺灣史前史研究：
一個臺南科學園區新石器時代早期的案例

李匡悌

中央研究院歷史語言研究所

　　臺灣考古學研究，迄今已然超過一世紀之久，成果斐然，備受矚目。引起注意的是，大部分史前史的研究工作卻仍環繞在考古遺址範圍界定與文化特徵的發現，以及建立不同地區相異年代考古文化的發展層序。遺憾的是，若干考古文化的內涵在尚未獲得明確的認識與理解之前，便草率的定義。更令人憂慮的是，甚至把未經證實的臆測就逕自植入國民中學的教科書裡，造成社會大眾學習臺灣史前史的困擾。本文的主旨在於，試圖導引藉由生態學的方法應用在臺灣考古學的研究，能夠對臺灣地區的史前文化提供更深入的認識，以及具體且多面向的理解；其次，期盼這種科際整合模式的考古學研究，能夠引起跨領域學者們的興趣與重視；同時挹注臺灣考古學研究成果更為豐碩和翔實。以生態學為取向的考古學研究，是二十世紀七十年代形成的一種方法，主要目的是利用考古材料來探討史前人類和環境之間互動所表現的適應行為和關係，透過這些關係的了解，提供對史前人類適應生態環境過程及策略運用的深入體認。文中舉臺南科學園區南關里遺址和南關里東遺址出土大坌坑文化遺留為例，說明透過生態學研究方法的分析，觀察到五千年前臺灣新石器時代早期聚落生活在臺南地區的生態環境，社群選擇自然資源的內容，依賴海洋與海岸資源的強烈傾向，以及經濟活動安排的規劃。這些訊息具體地豐富了對大坌坑文化的認識和理解。

關鍵字：生態學取向、臺灣考古學、環境適應、大坌坑文化、臺南科學園區、南關里遺址、南關里東遺址

一、前言

考古學研究或可被視為「文化史學」的研究；與歷史學大量使用文獻材料進行研究的最大區別，在於除了透過從遺址發掘出土材料的整理，並藉由自然科學各種相關的實驗分析研究，來說明和解釋不同文化之間的相似性和差異性；抑或相同文化體系不同時間的傳承與變遷。針對人類在臺灣的文化遞進與社會嬗變的脈絡歷程來說，一直到最近的四百年才正式進入有文獻記錄的歷史階段，而臺灣最早開始有人類活動的時間，根據新近完成的長濱文化八仙洞遺址群調查與發掘研究（臧振華等 2009、2011、2013）顯示，明確能夠追溯至距今二萬五千年前。因此，在重建臺灣史前文化發展史的工作，責無旁貸地需要考古學研究扮演著關鍵的角色。

自西元一八九六年發現臺北芝山岩遺址迄今，臺灣的考古學研究發展已然有一百多年的歷史。長期以來，研究工作的重點多半傾向於考古文化特徵的發現與定義，以及不同地區考古文化傳承與變遷的建立。引起注意的是，大部分的考古工作仍環繞在遺址範圍界定與文化特徵的發現，以及建立不同地區相異年代考古文化的發展層序。遺憾的是，若干考古文化的內涵在尚未獲得具體的認識與理解之前，便草率的定義。最令人憂慮的是，甚至把未經證實的臆測就逕自植入國民中學的教科書裡，以及其他相關的報章雜誌，導致社會大眾學習臺灣史前史上的困擾（參見李匡悌 2001）。概念上須要導正的是，臺灣史前史的內容和演變，不能夠一味地依據物質文化的遺留與分布來定義，尤其許多僅僅是經由地表調查所收集得的材料，甚且若干已經受到擾亂或二次堆積的資料，竟然隨著個人的喜好捏造。本文的目的之一，即在嚴正地呼籲：為了避免讓臺灣考古文化陷入虛構的發展層序，考古學家有必要透過對古代人類聚落與其所居處環境依存關係的探究，才能夠具體地認識和理解各地區不同文化的內容和傳承變異的來龍去脈。

生態學取向的考古學研究概念與方法，是二十世紀七十年代之後所形成的 (Hardesty 1980; Jochim 1979; Watson et al. 1984: 113)。明白的說，建立這項研究方法的最大用意，主要在於藉由生態學的角度，透過相關自然科學領域

及其實驗分析技術來整理出土的考古材料，其目的在探索史前人類和環境之間互動所產生的各種適應關係。根據對人類適應環境內容的瞭解，考古學家能夠更深入地認識史前人類利用環境資源的手段和技術，以及適應的過程和策略的運用。本篇文章擬首先說明以生態學為取向在考古學研究上的概念，其次，陳述有關生態學方法應用在考古學研究的重要概念；此外，文中擬以臺南科學工業園區（以下簡稱南科園區）新近出土新石器時代早期大坌坑文化的考古遺留研究為例，提供探討五千年前新石器時代早期大坌坑文化聚落適應臺南平原地區生態環境所呈現的生活圖像。

二、生態學取向考古學研究上的關鍵概念

考古學研究中最早提出生態學取向的是佛德列・巴斯 (Fredrik Barth) 1950年發表於 *American Antiquity* 的 "Ecological adaptation and culture change in archaeology" 論文，其內容提到「繪製文化的年代表不該再是考古學者的最終目的了……考古學者能夠對一般人類學這一門有所貢獻，是問『為什麼』這種問題，而為此他們需要一個一般性的框架。一個簡單而且可以直接應用的方法是文化適應的生態分析，來處理生態區域、人群結構、與其文化特徵之間關係的種種問題」（Barth 1950；張光直 1994：143）。六〇年代之後，北美考古學也開始以「人類屬於整體環境中之一分子」的概念，系統性地討論考古學文化，因此以生態學的角度探討人類文化的研究開始應運而生（參見 Jochim 1979; Watson et al. 1984: chapter 4），諸如聚落考古學學文的出現便是其中之一，而其「適應」概念和權衡最為關鍵。

史前聚落生態環境的考古學研究，長久以來受到世界各地學者們的關注，但有關適應理論概念的建立卻極具爭議。以海岸天然資源的提供與利用方面為例，部分學者認為許多被選擇作為棲居和活動的海岸聚落遺址充分印證了海岸環境確實能夠提供豐富的天然食物資源 (Moseley 1975; Perlman 1980; Quilter and Stocker 1983)，而這些遺址附近的環境都具備了作為一經年性 (all year round) 聚落所在之條件。不過，持相反意見的學者們則認為海岸環境能

夠提供豐富資源的說法有待商榷，畢竟仍有許多案例說明了海岸環境似乎僅僅在某些季節能夠提供豐富的自然資源，其餘的時間則顯得蕭條貧乏；若干研究則顯示，唯有在人口成長，造成食物需求量突然增加的壓力發生時，人們才會想要利用像貝類這種食物資源的補給模式 (Bailey 1975; Beaton 1985; Cohen 1977: 79; Hayden 1981; Osborn 1977; Parmalee and Klippel 1974)。事實上，有些爭議並不全然針對資源的質量問題，而是懷疑海岸環境是否確實能夠挹注維持穩定生活的資源。

生態「適應」的概念，最早建立在生物學的基礎上，但考古學研究的應用和解釋則與生物學大異其趣；亦即生物適應與文化適應的內容和意義截然有別。本文論及生態適應的概念受益於下列文章的啟迪：Binford (1968) 的〈更新世後期的適應〉(Post-Pleistocene Adaptations)；Butzer (1971) 的《環境與考古學：生態學取徑的史前史》(Environment and Archaeology: An Ecological Approach to Prehistory)；Hardesty (1980) 的文章〈普通生態學原理在考古學研究上的應用〉(The Use of General Ecological Principals in Archaeology)；Kirch (1980) 發表的〈適應的考古學研究：理論與方法〉(The Archaeological Study of Adaptation: Theoretical and Methodological Issues)；以及 Redman, Berman, Curtin, Langhorne, Versaggi, and Wanser (1978) 所編撰的《社會考古學：生業活動和定年之外的考古學研究》(*Social Archeology: Beyond Subsistence and Dating*)。

六〇年代早期，一群人類學家與考古學家從生物學與生態學引入「適應」的觀點，利用這個角度來觀察考古材料時，比較不會強調出土物質遺留中的「文化特徵」，而將焦點放在物質背後所反映社會成員的行為模式，並且特別強調某些物種的發展沿革，討論其中屬於「適應」之後，所產生的特定文化行為。簡單來說，發生適應的過程會累積並增強適應的能力。當各種生物能順利的適應其所生存的環境，基本上須要藉由改變某些行為或生理結構來應付環境的各種變化，這種現象似乎與人類適應環境的過程是相同的。但究竟生物學的適應概念和考古學研究上的應用有何不同？

生物學上最常理解的「適應」(adaptation)，指的是生物與環境之間的各種交流，尤其特別要觀察生物在面對居處環境發生變化時的各種應對情況，以及持續生存在原地環境的活動過程。因為環境總是不斷地改變，各種生物體無時無刻須要面臨新產生的問題；為了生存必須不斷地克服可能導致危機的困頓，以維持生命體穩定的運作。因此，基本的概念如：「適應力」是指生物在所正處環境狀態下的生命力；而「適應」則指生物經過淘汰後所表現的生物特徵，因為這些生物特徵正是反映增強了生物生命繁衍成功機率的條件。重要的是，由於就像其他的生物一樣，人類具有世代傳遞生活資訊的能力，只是相對來說，人類適應的歷史發展並不很長，這也就成為與其他生物的明顯有別。眾所周知，晚近以來生物適應最被拿來討論的，便是達爾文的物競天擇說法中的「最適者生存」的局面。從適應的角度來說，存活下來的個體可能不是一般所謂最強壯的，而是最能夠適應改變的。但問題在於，如何去比較適應過程當下的生物？適應與否是否能夠以生物實際繁殖成功率來權衡？反過來說，生物實際繁殖成功率是否適用於作為判別適應優劣的標準？以及生物繁殖成功的習性是不是能納入作為討論適應成功與否的重要議題？換另一個角度來看，試問「適應」要以有機體繁殖前或是繁殖後的時間點來量測？

Kirch 在 1980 年的論文指出，考古學家從事研究人類適應問題的範疇，尚未發展出一套有效的評鑑法則。我們相信有些從事考古學研究工作的同好不只是缺乏方法；更關鍵的是，對適應現象的辨識也缺乏具體的概念。坦白地說，透過這種不自知的誤解不僅妨礙對人類特定適應現象的辨識與了解，同時也產生對生物學所定義的「適應」表示懷疑。如果說生物學與人類學對適應的觀點缺乏一致性，這是由於人類一向自認為屬於特別的生物或所謂的「萬物之靈」，並且若要將人類做為研究主體時，則研究途徑便須與其他生物體有所不同。相形之下，由於缺乏人類生物性長期適應過程的完整資料與知識，導致大部分的考古學家將適應過程視為：群體在文化與工藝技術方面利用創新的方法與研發而成的工具和方式去面對變化環境的挑戰。在這種情況下，「適應」似乎可以解釋成是生物體在為了達到延續生物生命和文化生

命的目的時，解決挑戰問題的歷程和手法。

就考古學研究而言，生物學上的適應概念可以相當程度作為思考古代人類生態適應的起點，但無法全然複製。不容否認的，希望具體和明確地說明和解釋史前人類社群的各項生態適應的議題時，經常會遇上瓶頸。我們不禁會問：解釋這些主題為什麼有困難度？相對於大量又專業的自然科學學術資源，早期人類文化歷史的資料顯得相當單薄，完整性更備受質疑。因此，資料少便是關鍵之一。其次，考古學研究論及適應的研究案例，雖不乏篇幅，但針對從文化適應的角度著眼的，坦白說，相關的理論與方法仍然有限，而且隨著考古資料的累積，不時發現許多被當成理論的說法卻有必要重新驗證和建構。準此，若干有關藉由生態學方法的考古學研究應該建立的概念羅列如下：

1. 人類社會的獨特性

人類之所以有別於其他動物，單從動物活動行為的表現通常能看出，心理與智慧是人類與其它動物最基本的差異。如同人類學家一直以來所強調的，將動物行為的原則適用到人類社會可以加深二者之間的差異。根據目前現有的資料顯示，二、三百萬年前，人類就已經走上有別於其他動物的演化途徑，其最基本的生物功能，像是覓食、避居、配對、繁殖、爭鬥、死亡等，在演化史上就被定義為屬於各群體特有的文化活動，其行為模式會受群體價值觀念來支配。早期的環境，人們需要顧慮到社會、文化與歷史的網絡關係。這些相關的活動會使得整體社會維繫在一起，維持人類的生存與個體差異。更理論一點的說法是，生態學方法的考古學研究必須在社會學的框架下進行研究，研究過程中要關注人類社會需要什麼原則與規範去維持生活及其發展；相對的，社會考古學研究要關注的是群體在環境與傳承的社會文化限制下，會選擇什麼樣的生活方式。

2. 物質文化與文化特徵

前文述及，秉持生態學取向的考古學研究，對所出土物質遺留的整理

和分析工作上，不刻意討論物質文化的「文化特徵」。基本上，經由考古學家從遺址裡發掘出土的那些曾經由人類加工製作而成，以及使用的工具，這些器物不只隱含了考古學研究的基本資料，也是不同社群相異時代文化現象的獨特性指標。人類文化演化革新階段的假說，暗示著工具叢集的研發和創新並強化了一般靈長類生物肢體擁有抓取機能的表現，以及製作物品的功能性。除此之外，器物形制的設計，以及器表附加圖樣的呈現反映了社會組織的一種形式與意義。任何對人類居住區域的分析研究都會發現，製作工具通常是為了攝取食物資源與方便居住上的需求。然而重要的觀念是，不要誤以為各種人造器物成品只是人們手腳的延伸；關鍵的意義在於他們同時也包含了人們的認知與歷史的演化過程。對考古學來說，後者才是了解古代文化意義與價值的重點。

其次，我們不得不質疑，若干考古學家利用某些文化特徵進行文化分期判別標準的有效性和正確性。基本的問題正是前文所提出的，我們要如何辨識一個特徵是適應的結果？相當明顯與現實的情況是，一直以來沒有足夠的材料和知識讓我們可以充分地描述和解釋考古文化演變或淘汰的具體過程。當然，我們多半能夠理解人類文化的適應是有目的性的說法。因此，如果我們能辨識某個文化特徵的作用以及帶有這項特徵的個體比起未帶的個體適應得更好，我們也許就能將其視為這是適應之後的成果表現。我們認為只有在史前聚落的歷史、發展軌跡等都被納入，才能研究辨識該文化特徵的適應及其功用。但必須承認的事實是，並非所有特徵都是適應的結果，某些曾經是適應的特徵，卻在不同的環境下無法辨識其為特徵。換個方式來說，演化的文化特徵並不能確實反映出屬於一社群解決環境變遷問題時的方法和策略。如此一來，若非具備系統性的現象脈絡，許多時候很難將某些所謂的文化特徵定義為適應的條件要素。

3. 聚落與領域

透過生態學取向的研究方法時，聚落和領域的定義，更是不可或缺及不得含混的重要概念。聚落遺址的重要性在於它是史前社群經濟生活與社會

組織的資訊來源。藉由考古學的田野調查與發掘研究顯示，遺址的位置可以看出社群活動空間的大小，與其它遺址之間的空間分布關係，以及可能的防禦體系；此外，還能提供史前聚落使用領域內資源的狀況以及特定時期（季節）的選擇。特別是那些因為地理優勢而持續被選擇作為居住地的遺址，當時的考量可能是為了方便擷取某些生活物質，或是與其鄰近遺址之間的關係；遺址的地理位置並沒有太大的改變，只不過遺址範圍或多或少有所不同而已，這些在考古資料的解釋上都具有相當重要的意義。從社會單位的觀點來看，聚落遺址的意義若要完整展現，遺址需要相當深度地被檢視，並伴隨地質學調查。遺址上的建築結構不只顯示建構技巧，甚至於還包括儲藏空間設置與豢養動物的概念和能力。除此之外，正確估算家戶的人口數能提供可信的居民最大數量；諸如，聚落中的公共墓地能提供族群的年齡、性別，以及病理的資訊。

在開始討論領域的議題之前，要先釐清有關人類聚落佔居與覓食區的定義。首先是對最基本的社會單位；家庭的認定。擁有安全的避居空間是所有動物為了確保下一代的生存而有的普遍現象。對人類來說更如是，選擇方便取得食物的地點，維持穩定的環境以及抵抗外敵等條件都是必要的。二個主要的原因是，第一，不論人類的身體或心智的成熟期都需要很長的時間。無論如何，嬰兒總是相當脆弱；其次；更重要的是，人類社會需要建立並傳承屬於社群本身的文化。在人類社會裡，文化行為的學習和形塑不僅幫助人們應付環境，同時也是團體識別的基本標幟。

家庭的最基本功能無非是確保所有成員食物與水的供給。水是延續人類生物生命最具壓力的需求，因為人類絕不能長時間缺水。最好的解決方法就是選擇住在自然淡水資源取用方便的地方，例如河流、湖泊、山或地下泉水水源的附近。其次，食物雖然不像水有立即性的壓力，但卻也是延續生物生命的必要補給元素。無論是動物或植物資源的獲取，都來自聚落周邊一定距離內的覓食區。無形間，覓食區就會產生領域的界定。

總的來說，探討古代人類社會的領域，主要分成下列若干類型：(1) 作為

家戶成員棲息居所的領域；(2) 一年四季從事生計活動的領域；(3) 人文社會交流互動的領域；(4) 生活工具及相關人工製品工藝技術分佈的領域。家戶的領域範圍受限於採集擷取食物資源的有限體力。就算是帶著食物徒步旅行，其領域範圍也只限於那些一到二個小時內能走到的距離。其他領域則隨著各種不同活動的影響因素而定；農作栽培活動、狩獵、漁撈等都會因為活動性質的不同，而有各別活動的時間、地點、區域和範圍，以及群體成員組織。

4. 生業活動、季節變化、再分配網絡

　　直到目前，我們對臺灣考古文化源頭的了解仍然不足，一向較被大多數學者接受的說法是，古代臺灣屬於南島語族的原鄉；他們最早出現在史前臺灣的時間，大約距今五、六千年前。根據最近從南科園區南關里遺址和南關里東遺址發掘出土的生態遺留顯示，當時的人們已經懂得種植稻米和小米，也有豢養狗，日常生活的食物資源有陸地哺乳類動物、水體環境中的魚類和貝類；除此之外，栽培植物的遺留亦為數不少。根據目前現有的考古資料顯示，當時居民的生活方式，包括農耕、狩獵、漁撈和採集。值得提出的是，這些生業活動的比重有別，甚至於當地的自然環境與資源也因空間和時間而異。歲時季移，氣候變遷的影響程度，從晚近居民的生活變化可想而知。

　　基於人類文化演化的脈絡來說，人類聚落在對地緣關係尚未完全明確熟悉前的生業活動行為，特別是在最早的階段，人們會試圖去了解離聚落最近的區域。隨後，人類的覓食區會漸形擴大，社會團體的大小也不斷改變。考古學資料上已知最小的社會單位是家戶。在社會領域內，家戶單位會在屬於同個網絡內能夠以製作工具的材料與食物資源的分享與再分配的方式相串連。

　　「再分配」的概念似乎很早便深植於人類社會，這可以從日常的生活經驗、歷史以及一些民族誌中發現。交換與貿易更是代表了人類社會對資源利用的重新分配概念與行為。直到晚近，臺灣各地不乏遺址上發現包括：臺灣閃玉、變質玄武岩（俗稱西瓜石）、以及橄欖石玄武岩等石材製作而成的器物。也許還無法具體說明史前交易行為和活動的發生方式，但這些分別來自臺灣東部和澎湖的石材，到底透過什麼方式運銷遍及包括臺灣西南部地區以

及恆春半島？倘若希望以交換的模式來說明這些遺留的分布，那麼最起碼的證據，考古學材料上應該在臺灣東部和澎湖等地區發現臺灣西南部地區以及恆春半島上的自然資源，否則利用來交換和交易的中介又是附帶的問題。

5. 可持續性與變遷

可持續性和變遷是研究人類聚落型態內容與意義的兩項主要問題。矛盾的是，要了解變化的最好方法就是去檢視它如何維持不變和持續時間的長短。問題是，沒有不變的社會環境或自然環境。即早，社會人類學家面對類似這種情境的印象極為深刻，無論生態系統或環境意識形態，似乎隨時都在發生變化。人類學者試圖研究控制人類社會生活的系統，建立確保人們生存的機制。藉由生物學的觀點，有機體會維持體內環境系統的平衡以確保抵抗外在因素的變化。傳統社會的天性就是抗拒變化，因為他們只能（希望）存活在高度相似的環境。因此在這種概念下，至今仍留存的若干文化模式是由於他們具有高度的適應價值。

從另一個觀點來看，社會似乎是處於假象的平衡情境。每個社會的現存模式都會設法掩飾引起緊張的矛盾關係。事實上，社會希望維持穩定性的壓力有其限度。一旦維持穩定性的成本花費超過利益，社會就會重新調整，形成新的平衡。這種說法或許相似於馬克思主義的觀點認為：社會產生矛盾，革命就會發生。經歷過改變的社會或許有機會再度回到貌似平衡的狀態，但是其文化體系就會有所改變，有些特徵可能會被保留下來，但其它特徵則被新的文化活動取而代之以至於消失。雖然如此，考古學家總希望從物質遺留的內容裡，觀察出該聚落持續發展的過程和時間長度。

環境不只包含自然生態系統，也包含社會環境。人們居處於自然環境時會受到環境的種種限制，連帶影響其社會與工藝技術的演變。在拓殖的階段，人口會隨著適應平順而相對增加，直到環境能量負荷至極限。如果社會為了能夠存續而限制人口增加，經濟與社會生活可能就不至於產生重大的改變。但如果增加食物的供應，像是提高土地利用或是開發利用各個領域的資源，就能增加族群人口，也連帶會影響到經濟與社會結構。自然環境雖然有

限制，但也相對提供了機會。就像臺灣各地區海岸環境變遷造成陸地與海平面的變化，在某些地區影響不甚明顯，但對若干地區的影響卻非常強烈；滄海桑田，物換星移。同樣的，來自社會文化環境的壓力也會產生變動。相形之下，知識與工藝技術的應用也為環境帶來快速的變遷。

　　基本上，這些概念便是作為研究臺灣史前史討論早期聚落如何進行生態適應的基礎。值得注意的是，考古學研究應儘量避免過於獨斷的陳述；研究過程中須要透過比較研究分析的途徑，特別是針對早期社會適應生態環境的理論並將其系統化說明。與其專注於受限範圍的考古出土材料並使用這些侷限資料去定義史前時代的文化及其意義，考古學家們不如擴大研究材料的種類、觀察的方法以及分析的證據，來討論文化演化發展過程中涉及的相關議題。特別強調的是，要有效地拓展證據的基礎必須依靠遺址發掘的第一手資料保存，像是保留早期社會聚落居民賴以維生的器具以及自然食物資源；個人一直以為，這些正是藉由生態學取徑的考古學研究，比較有趣和隱含深刻意義的部分。理論上，探索的內容就是早期聚落與自然環境的互動過程中可能產生的行為模式，討論的議題包括聚落的分佈型態以及自然資源的利用與策略等，基本上著眼於人類的生存要藉由利用棲息地理的環境與食物資源為前提。總的來說，研究的主要用意在於從這個視野來了解早期人類社會生活實踐的活動內容、意義與發展，提供更深入的認識和貼切地掌握古代人類的文化故事。本文的另一部分將例舉南科園區出土大坌坑文化遺留的研究，試圖說明古代人類聚落和其生活環境、自然資源攝取的策略，以及依存的關係。

三、南科園區新石器時代早期出土遺留的案例

　　南科園區的考古工作自民國八十四年開始，第一階段的契約工作委由中央研究院歷史語言研究所執行（民國八十四年六月至民國九十三年元月），第二、三階段則委由國立臺灣史前文化博物館執行（民國九十三年二月至民國九十九年元月）；目前園區內與鄰近周邊發現的遺址已達 70 多處（圖一），進行搶救發掘的有 35 處，發掘面積超過二十萬平方公尺。根據發掘

出土的資料顯示，南科園區的考古文化時代可歸納為三個不同的階段，分別為新石器時代、鐵器時代及歷史時代；考古學文化的層序則依序為大坌坑文化、牛稠子文化、大湖文化、蔦松文化、西拉雅文化和近代漢人文化。

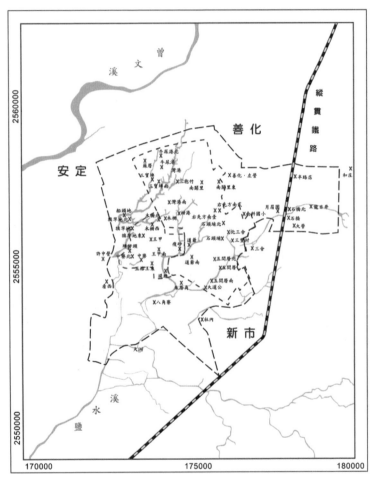

圖一、臺南科學工業園區考古遺址分佈圖

　　這些年來，在南科園區的考古發現，最讓臺灣考古學界矚目的其中一項，即是新石器時代早期大坌坑文化的遺留；相繼發現包括有南關里遺址、南關里東遺址（圖二）和三抱竹南遺址等都揭露有類似文化內涵的堆積。根據出土材料的整理和分析，年代測定可上溯距今約 4,800～4,200 年前。豐富且多樣性的人類加工製品與生態物質遺留，提供了對大坌坑文化認識和理解的契機。

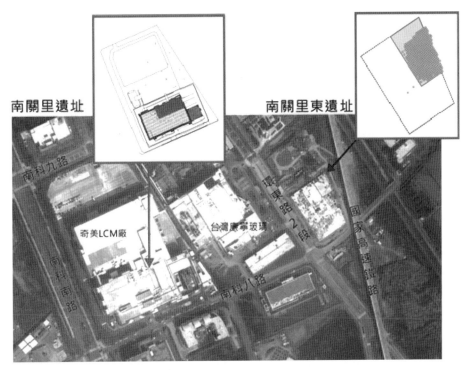

圖二、南關里遺址、南關里東遺址地理位置圖

　　列舉本案例的用意正是希望針對前文所述「適應」在考古學研究上的概念，諸如人類社會的獨特性、物質文化與文化特徵、聚落與領域、生業活動、季節變化、再分配網絡、可持續和變遷等來認識和理解南科園區新石器

時代早期大坌坑文化出土遺留的文化內涵以及在臺灣史前史上的意義。

（一）物質文化與文化特徵

　　南科園區位在新市、善化和安定三個行政區之交界處，地理位置上，屬嘉南平原西南隅。與目前臺灣西南部海岸線相距至少 13 公里之遠。園區地表高度約在海拔 3 至 8 公尺上下。園區內至少包括三個不同的溪流水系由東北往西南匯入鹽水溪。根據現有的地質學和地理學調查研究結果顯示，更新世末期以來，全球海水面變化、河川作用以及地質構造運動下，深刻地影響了本地區的環境改變。陳文山等在 2005 和 2012 的文章中更進一步地勾勒出臺灣西南海岸線的變化和人類活動；五千年前的西南海岸就在目前南科園區附近（陳文山等 2005；陳文山、楊小青 2012）。

　　南關里遺址位在南科園區南科八路和南科北路交錯的東北側，民國八十九年八月二十八日，恰值碧利斯颱風過境後，於當時的奇美 LCM 廠棄土區中發現與澎湖菓葉遺址類似的文化遺留，該地點隸屬前善化鎮（現為善化區）南關里，故名之。民國九十一年九月發現南關里東遺址，其地點係南科八路與高鐵路徑交錯的西側，附近規劃為園區第二高架水塔和配水池的用地。由於位於南關里遺址東向約 520 公尺之遠，故將之命名為南關里東遺址。最為關鍵的重要因素是，這個遺址不僅同樣發現類似大坌坑文化的內涵，而且地層中堆疊了 3 層同一性質的文化遺留，其遺物與南關里遺址及澎湖菓葉文化期極為相似，且所包含之遺物更加豐富。

　　基本上，最初認定這兩個遺址出土屬於大坌坑文化遺留係源自陶器碎片遺留，其中以鼓腹圜底罐最為常見。關鍵的特色是，陶器器表經常施有繩索印壓紋，這也是臺灣新石器時代早期又被稱為「粗繩紋陶文化」的一項文化特徵指標。有關陶容器遺留的整理，可歸納出罐、缽、盆、小甕等器型。部分罐形器均以下文化層為主，兩種夾砂質陶罐與菓葉類型一致，亦發現部分罐形器（4 類）則以上文化層為主，其中有 5 種型式與澎湖鎖港類型相似，另有若干型式多與西南部出土大坌坑文化遺留的相似。盆形器出土數量，主要

以上文化層為主，反映出泥質平口沿盆形器（缽盆形豆）非菓葉類型，可能為後期引進器型。缽形器為本遺址相當特別的器型之一。蓋器也是本地出土較特殊之器型，其蓋體獨特的貝印施紋，在目前臺灣各遺址中未曾發現。

整理南關里遺址和南關里東遺址的出土陶器材料後，並觀察到除了繩紋紋飾之外，也見有刻劃紋、貝印紋，以及部分彩陶，如條狀紅彩或幾何形圖案的紋飾施於容器器表。器形變化雖不大，但紋飾和圖案設計卻相當多樣性，且極富藝術之美。

南關里遺址出土石器中，質地與器型有極大之相關性：斧鋤形器及石錛、石鑿主要以來自澎湖之橄欖石玄武岩打剝研磨而成，另有部份石錛則採用來自東海岸之變質玄武岩質（俗稱西瓜石）及閃玉等作為材料；箭頭以片狀結理之板岩為主，多帶穿孔，亦見玉質穿孔箭鏃。另見有有槽石棒（疑為樹皮布打棒）、石錘、砥石、網墜等，多屬砂岩。除了石器之外，骨、貝、角、牙器都有遺留。

除了人為加工製品外，出土有數量非常龐大的生態遺存；包括碳化稻米和小米，可以作為當時聚落已有農作栽培的證據。動物遺留中，發現完整的狗骨架，顯示當時可能已懂得豢養狗。本案例的重點擬進一步的就生態遺留的整理分析研究，說明和解釋當時聚落的生業活動與資源利用；包括動物資源和貝類資源。一方面認識和瞭解新石器時代早期臺灣西南大坌坑文化人對動物資源的利用；另一方面深入理解當時社群利貝類資源的策略。除了探討史前聚落社群採集貝類的內容和如何安排採貝活動時間之外，也進一步了解史前聚落的採貝活動，是否隨著佔居時間的不同，所採集的貝類亦發生變化。甚而對除了以貝類作為食物資源之外，貝類生物在史前聚落的日常生活中，又有哪些不同的利用，在文化意義上涉及哪些範疇？

（二）史前聚落的動物資源利用

目前整理的生態遺留中，南關里東遺址出土動物骨骼計有 124,878 件，重 48,312.79 公克，能夠辨識的物種以海洋動物最多，計 114,892 件，約 26,000

公克；佔總重量 54.7%。陸地動物骨骼居次，兩棲、爬蟲類第三，飛禽類最少（圖三）。哺乳類動物骨骼計 21,187.103 公克，佔總遺留重量的 44%。經由比對資料鑑定，哺乳類動物可識別出梅花鹿 (*Cervus nippon*)、臺灣野豬 (*Sus scrofa taivanus*)、狗 (*C. familiaris?*)、臺灣野兔 (*Lepussinensis formosanus*)、山羌 (*Muntiacus reevesi micrurus*)、鼠 (*Rattus sp.*)、果子狸 (*Paguma larvata taivana*)、蝙蝠 (*Microchiroptera*)、鼬獾 (*Melogale moschata subaurantiaca*)、貓 (*Felidae*) 和食蟹獴 (*Herpestes urva*) 等共 11 類物種，其中狗骨骼遺留居冠，共 2,371 件，約 10,500 公克；狗骨骼遺留佔所有動物骨骼遺留總重約 21.7%，佔所有陸地哺乳類動物骨骼遺留近達 50%，較完整的頭骨數量不少。鹿骨次之，約 2,300 公克，豬骨第三，約 1,600 公克；蝙蝠的骨骼量最少，只有 0.261 公克。引起注意的是，狗的遺留數量竟然是陸地哺乳類動物中最為頻繁，反映出陸域肉類食物資源不同選擇。其次，若干動物如鼬獾、貓（豹貓？）和食蟹獴等，已在臺南平原絕跡多時，但在五千年前的南關里東聚落附近似乎經常發現牠們的蹤跡。

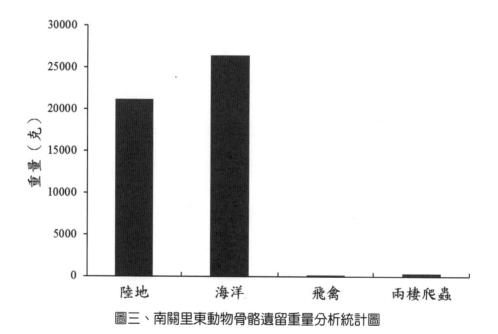

圖三、南關里東動物骨骼遺留重量分析統計圖

　　南關里東遺址三個同屬大坌坑文化層的堆積中，以早期（第三文化層）的陸地哺乳類動物骨骼遺留數量最豐富；引起注意的是，在早期文化堆積層裡發現目前已經滅絕的一種羌的犬齒；78,405 件動物骨骼，約 31 公斤重，佔所有動物骨骼遺留的 64.4%；中期（第二文化層）次之，約 12 公斤，佔所有動物骨骼遺留的 24.1%，晚期（第一文化層）的動物骨骼遺留最少。

　　早期階段各個領域的動物骨骼遺留數量都比其他時代來得多；並且海洋水體領域類遠較陸地領域類的數量為多。最早期（第三文化層）的魚類骨骼數量最豐；19 公斤，佔早期所有動物骨骼遺留的 62%。狗骨次之；4.4 公斤，佔 14.2%。鹿骨居第三。自中期（第二文化層）至晚期，陸地領域類骨骼遺留則比海域類遺留數量來得大。中期階段以狗的遺留最多；4.1 公斤，佔中期所有動物骨骼遺留總重的 35.4%，魚骨（4 公斤，佔 34.7%）次之，鹿骨居第三。最晚期（第一文化層）的動物骨骼遺留中，仍以狗的遺留居冠，計 1.8 公斤，佔晚期所有動物類骨骼遺留總重的 42.4%，魚類次之，豬佔第三。推測產生這種改變的動力；一者，以海岸環境變遷影響海洋生業活動縮減；二來，伴隨著對陸域環境適應能力增加的可能性最大。

　　南關里東遺址出土的魚骨及蟹骨是所有動物骨骼遺留中數量最多的；其中魚類約 25,000 公克、蟹約 1,500 公克。魚骨遺留能夠進一步鑑定出魚種者共 6,817 件，4,888.205 公克，不明魚種者 4,612 件，20049.827 公克；屬於軟骨魚類共 503 件，1158.767 公克，硬骨魚 19 類，計 6,314 件，3,729.438 公克。可鑑識的魚類包括黃花魚 (*Larimichthys crocea*)、紅牙 (*Otolithes rubber*)、叫姑魚 (*Johnius grypotus*)、鮸魚 (*Miichthys miiuy*)、星雞魚 (*Pomadasys kaakan*)、黃鰭鯛 (*Acanthopagrus latus*)、尖吻鱸 (*Lates calcarifer*)、鯰魚 (*Silurus asotus*)、河魨、斑海鯰 (*Arius maculates*)、鬍子鯰 (*Clarias fuscus*)、鯔 (*Mugil cephalus*)、鯉 (*Cyprinus carpio carpio*)、鯒魚（又稱印度牛尾魚，*Platycephalus indicus*）、尖齒鋸鰩 (*Anoxypristis cuspidate*)、鯛科 (Sparidae)、鸚哥魚科 (Scaridae)、石斑魚屬 (Epinephelus)、金槍魚屬 (Thunnus)、海鰻屬 (Muraenesox)、魟屬 (Dasyatis)、鯊魚等 22 類。鯊魚類骨骼遺留共有 367 件，

重 38.05 公克，其中能夠依鯊魚牙齒識別出物種者有 212 件，重 31.25 公克；包括丫髻鮫 (*Sphyrna zygaena*)、錐齒鯊（戟齒砂鮫，*Carcharias Taurus*）、鼬鯊 (*Galeocerdo cuvier*)、高鰭白眼鮫 (*Archarhiuns plumbeus*)、黑邊鰭白眼鮫 (*Carcharhinus limbatus*)、平滑白眼鮫 (*Carcharhinus falciformis*)、鋸峰齒鮫 (*Prionace glauca*)、杜氏白眼鮫 (*Carcharhinus dussumierci*)、灰色白眼鮫 (*Carcharhiuns obscurus*)、污斑白眼鮫 (*Carcharhiuns longimanus*)、薔薇白眼鮫 (*Carcharhinus brevipinna*)、長臂灰鯖鮫 (*Isurus paucus*) 等 12 種。遺留中的石首魚科，包含黃花魚 (*Larimichthys crocea*)、紅牙 (*Otolithes rubber*)、叫姑魚 (*Johnius grypotus*)、鮸魚 (*Miichthys miiuy*) 等 4 個類別，鯰形目的魚類骨骼含斑海鯰 (*Arius maculates*)、鬍子鯰 (*Clarias fuscus*)、鯰魚 (*Silurus asotus*)，共 2,253 件，重 489.275 公克。可鑑識魚種之魚類骨骼遺留中，以鯰形目魚類骨骼比例最多。

南關里東的飛禽類及兩棲爬蟲類的骨骼數量都相當少，鳥類佔總遺留量僅 0.31%，龜佔 0.67%，蛙佔 0.01%。透過統計不同領域動物骨骼遺留出現比例所獲得的資訊，相當明確地觀察到史前聚落在動物資源利用上的傾向和改變，而某些特殊動物遺留也對五千年來臺灣周遭的水體環境變化研究有所幫助。舉例而言，在南關里及南關里東遺址大坌坑文化層均發現尖齒鋸鰩的文化遺留，顯示當時人類已懂得研磨修整鋸鰩尖銳的牙齒當作箭頭使用。但根據目前海洋生物的地理分布，臺灣附近水域並非尖齒鋸鰩的分布場域；我們不禁懷疑，是不是水體環境的改變導致物種消失，或是五千年前南關里和南關里東的社群便就具備遠離臺灣西南部的水域到大洋中捕撈鋸鰩的航海知識和技術，抑或是與外地專業捕撈鋸鰩的社群接觸交易而來。12 種以上的鯊魚遺留確實提供了反映當時聚落擁有高度航海和漁撈作業技術的證據。另一項引人注意的是，遺址中出土大量的黃花魚耳石遺留，也提供了類似的問題思考。根據目前臺灣附近水域現有的漁場分布，黃花魚的主要漁場在北起黃海南部，經東海、臺灣海峽，南至南海雷州半島的東方水域。這種魚幾乎都是成群地棲息於水深 60 公尺之上近海中下層。春、秋兩季是它們的生殖期，隨著水溫下降，魚群游向暖水處過冬（Froese and Pauly 2011；張春霖等 1994：

135-138）。雖然如此，整體的漁撈作業水域都以中國大陸沿海為主，幾乎不在臺灣海峽的東側；明白的說，漁場不在臺灣西南海域。如此情況，在在都顯示當時聚落的生業活動領域跨越臺灣西南海岸，以及隨著海岸環境變遷和對陸域環境適應程度的提增，影響自然資源利用的策略。

（三）史前聚落的貝類資源利用

　　南關里東遺址的貝類遺留數量驚人。目前從所出土的貝殼遺留中若僅就發掘的 E4 區來計，便收集有 405,394 件貝殼，重達 3,192.36 公斤。出土的貝類包括腹足綱 14 科 28 種、雙殼綱 11 科 34 種。根據統計結果顯示，最頻繁出現在遺留堆積裡的以血蚶 (*Tegillarca granosa*)；結毛蚶 (*Tegillarca nodifera*)；長牡蠣 (*Crassostrea gigas*)；近江牡蠣 (*Crassostrea rivularis*)；黑齒牡蠣 (*Saccostrea scyphophilla*)；薄片牡蠣 (*Dendostrea folium*)；平掌牡蠣 (*Planostrea pestigris*)；環文蛤 (*Cyclina sinensis*)；歪簾蛤 (*Anomalodiscus squamosus*)；臺灣歪簾蛤 (*Cryptonemella producta*)；刻紋海蜷 (*Terebralia sulcata*)；紅樹蜆 (*Geloina erosa*)。粗紋蜑螺 (*Lunella coronata*)；石田螺 (*Bellamya quadrata*)；泥海蜷 (*Terebralia palustris*)；網目海蜷 (*Cerithidea rhizophorarum*)；望遠鏡海蜷 (*Telescopium telescopium*) 等。

　　如果根據貝類生長的環境觀察，以重量統計來論，在早期（第三文化層），主要採集的貝類是在泥沙海岸地區（1,213,663.1 公克；47.49%）和岩礁海岸地區（1,099,246.4 公克；43.02%），再者為淡水地區（242,010.1 公克；9.47%），最後才是陸貝（557.6 公克；0.02%）。到了中期（第二文化層）岩礁海岸地區採集成為優勢（176,193.7 公克；60.83%），其次為泥沙海岸地區（102,198.1 公克；35.28%）；再者為淡水地區（11,229.9 公克；3.88%），最後則是陸貝（19.5 公克；0.01%）。至晚期（第一文化層）時，主要在岩礁海岸地區採集（187,160.1 公克；63.43%）；其次為泥沙海岸地區（100,368.7 公克；34.02%）；再者為淡水地區（7,511.4 公克；2.55%）；最後才是陸貝（6.5 公克；＜0.01%）。

　　根據採集多寡統計結果顯示（圖四），早期（第三文化層）和中期（第二文化層）的貝類遺留，無論件數抑或重量可觀察到若干的變化。數據說明，不同時間貝類採集的種類基本差異不大，但在採集數量上卻相異其趣。晚期聚落（第一文化層）的貝類出土遺留件數最多的是血蚶 (44.26%)，其次為長牡蠣 (12.85%)，第三多者為近江牡蠣 (12.03%)。此外分別有：黑齒牡蠣 (5.94%)；環文蛤 (4.01%)；歪簾蛤 (3.68%)；薄片牡蠣 (3.47%)；結毛蚶 (2.87%)；刻紋海蜷 (2.72%)；紅樹蜆 (1.79%)。倘若依重量來計，最多的也是血蚶 (28.24%)；其他依次為近江牡蠣 (24.91%)；長牡蠣 (22.64%)；黑齒牡蠣 (12.83%)；紅樹蜆 (2.48%)；環文蛤 (1.35%)；薄片牡蠣 (1.26%)；刻紋海蜷 (1.14%)；平掌牡蠣 (0.91%)；歪簾蛤 (0.90%)。各類牡蠣的攝取，晚期比早期增加了 20.18%，刻紋海蜷則由早期的 42.36% 縮減到 2.72%；至於血蚶，也從早期的 3.95% 急遽增加到晚期的 44.26%。另外，最明顯不同在於早期（第三文化層）裡，淡水貝類的石田螺 (7.71%)，分佈於河海交界的望遠鏡海蜷 (10.20%)、網目海蜷 (3.66%)，及海水貝的粗紋蜑螺 (2.40%)，在聚落晚期階段被環文蛤 (4.01%)、歪簾蛤 (3.68%)、薄片牡蠣 (3.47%) 與結毛蚶 (2.87%) 所取代。由於牡蠣殼體重量比其他貝種來得突出，所以在重量上的統計，早期（第三文化層）的三種牡蠣便佔了 41.02%；同樣的，在中期第二文化層的階段亦增加了約 17.71%；到了晚期（第一文化層）又比早期（第三文化層）增加了 19.36%。完全不同的是，早期聚落對單殼貝貝類刻紋海蜷（佔總件數 42.36%，佔總重量 17.66%）和望遠鏡海蜷（佔總件數 10.20%，佔總重量 15.80%）兩種貝類的偏好，到了晚期階段似乎都被血蚶（佔總件數 44.26%，佔總重量 28.24%）所取代。

　　造成重量與件數上的差異，主要肇因於岩礁海岸地區所包含的牡蠣殼體重量較其它種類貝殼來得重，而海蜷等螺類之單殼貝重量較其它貝類殼體輕的緣故。再就各種貝類的棲息環境來比較各階段之間的變異，更是明顯反映出南關里東史前聚落利用貝類食物資源的內容。例如岩礁地區的粗紋蜑螺早中晚期的比例 32：181：7662；潮間帶泥沙海岸環境裡的刻紋海蜷從 135,427 枚，縮減至 4,560 枚，到晚期的 1,040 枚。反而是潮間帶至淺海泥沙海岸環境

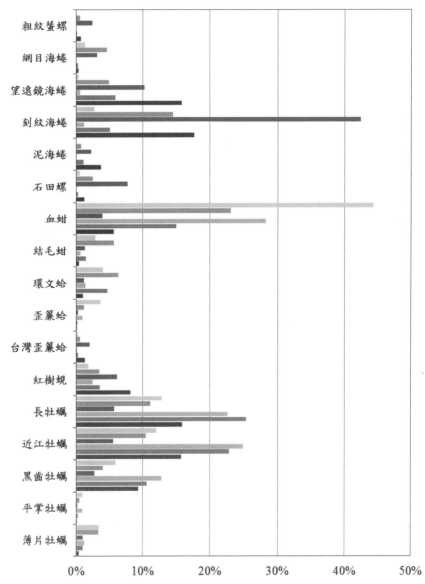

■第一文化層－件數百分比　■第二文化層－件數百分比　■第三文化層－件數百分比
■第一文化層－重量百分比　■第二文化層－重量百分比　■第三文化層－重量百分比

圖四、南關里東貝類遺留件數及重量百分比長條圖

的血蚶由 12,633 枚，增加至 16,916 枚，以及泥海蜷從早期的 140 枚，到晚期的 455 枚，增加了近三倍。這些變化一方面能夠說明聚落成員對貝類資源需求數量的多寡與環境變化的關係，另一方面也提供了貝類資源在整體生業活動中角色的輕重。比較難以理解的是，貝類資源的利用到了晚期已明顯呈現縮減的現象。我們的想法是，貝類一向被視為輔助性質的食物資源，當主要生產活動能夠提供必要的需求量時，便降低貝類採集活動的規劃。特別引起注意的是，牡蠣資源的利用，長久以來一直是臺灣西南部貝類經濟的大宗，更是代表臺灣地方傳統飲食佳餚。雖然如此，曾經頻繁出現在遺留堆積的血蚶、結毛蚶、紅樹蜆、望遠鏡海蜷以及雲母蛤卻已經在西南部海岸地區消失多時了。到底海岸環境變遷會是造成這些貝種滅絕的殺手或是人為過度開發？穩定同位素分析可以提供對古代水體環境的認識，也能同時比較與現代水體環境的差異程度。

（四）同位素分析論貝類採集的水體環境與季節

在一九七〇年代，貝類便被拿來分析作為討論其穩定碳氧同位素組成與生長水體環境溫度關聯的問題 (Shackleton 1973)；貝類殼體的氧同位素數值，與貝類當時生活於其中的水體氧同位素數值及溫度相關；貝類殼體碳同位素數值，與水體中溶解無機碳 (Dissolved Inorganic Carbon; DIC) 的碳同位素相關，因此可以利用考古遺址中保存良好的貝類殼體進行碳、氧同位素分析，將所獲得的數值分布情況來推測如溫度、營養鹽、溫室氣體含量等古環境變化。

為了深入地說明和解釋南關里東遺址古代聚落當時的水體環境，以及針對採集貝類資源食用的時間安排，本次研究利用碳氧同位素分析南關里東遺址 39 枚貝類標本，包括 10 種貝類，分別為：石田螺、粗紋蜑螺、瘤蜷 (*Tarebia granifera*)、血蚶、結毛蚶、環文蛤、文蛤 (*Meretrix lusoria*)、韓國文蛤 (*Meretrix lamarckii*)、歪簾蛤、紅樹蜆。總計 382 個穩定碳氧同位素分析樣本點。碳氧同位素分析結果（表 1、圖五），所有樣本之碳同位素數值介於 -9.00‰ 至 1.51‰ 之間；石田螺之氧同位素數值平均為 -6.35±2.95‰ (n =

56)，瘤蜷之氧同位素數值平均為 -4.28±1.85‰ (n = 20)，兩者皆反映了其棲息地為淡水區域的特性，其餘 8 種貝類之氧同位素數值平均則為 -2.92±1.26‰ (n = 306)，顯示為生活於河海交界之貝類殼體氧同位素訊號。

表 1、南關里東遺址貝類標本碳氧同位素數值統計表

標本編號	^{13}C		^{18}O		n
	Average	SD	Average	SD	
石田螺 1	-5.58	0.73	-7.14	3.00	14
石田螺 2	-4.81	1.61	-5.85	2.60	16
石田螺 3	-5.45	0.87	-6.24	3.14	26
粗紋蜑螺 1	-4.10	1.36	-2.66	1.09	13
粗紋蜑螺 2	-5.73	1.19	-2.97	0.93	11
粗紋蜑螺 3	-4.14	0.88	-3.41	1.28	10
血蚶 1	-3.72	1.10	-2.97	1.07	8
血蚶 2	-1.44	0.31	-2.21	0.85	7
血蚶 3	-4.70	1.13	-3.01	1.57	12
血蚶 4	-4.72	0.64	-3.03	1.20	8
血蚶 5	-3.00	0.76	-2.92	1.18	7
結毛蚶 1	-2.93	1.12	-3.33	0.42	4
結毛蚶 2	-4.24	0.89	-3.26	1.08	5
結毛蚶 3	-3.97	1.40	-2.88	1.64	4
結毛蚶 4	-3.02	1.12	-2.97	1.59	6
結毛蚶 5	-4.15	1.44	-3.68	1.98	4
環文蛤 1	-0.90	0.79	-2.98	1.47	9
環文蛤 2	-3.35	1.11	-3.12	0.91	10
環文蛤 3	-1.39	0.93	-1.45	1.22	6
環文蛤 4	-2.46	1.38	-2.40	1.12	10
環文蛤 5	-2.72	1.14	-3.55	1.35	12

表 1、南關里東遺址貝類標本碳氧同位素數值統計表（續）

標本編號	^{13}C		^{18}O		n
	Average	SD	Average	SD	
文蛤 1	0.97	0.29	-1.97	0.85	13
文蛤 2	-4.72	0.58	-2.05	1.09	15
文蛤 3	-0.96	0.80	-2.83	0.88	11
文蛤 4	-0.05	0.42	-2.42	1.30	12
韓國文蛤	0.44	0.35	-2.41	1.06	11
歪簾蛤 1	-0.81	0.98	-3.73	0.46	6
歪簾蛤 2	-3.73	1.51	-3.43	1.68	6
歪簾蛤 3	-3.57	1.31	-4.08	2.09	5
歪簾蛤 4	-3.31	1.15	-3.54	2.11	5
歪簾蛤 5	-1.72	0.75	-3.03	0.64	6
紅樹蜆 1	-7.45	0.89	-3.38	1.58	16
紅樹蜆 2	-6.08	0.68	-2.74	1.10	15
紅樹蜆 3	-6.86	1.09	-3.53	0.95	15
紅樹蜆 4	-7.81	0.68	-2.80	1.01	9
紅樹蜆 5	-5.69	0.66	-3.32	0.98	15

　　貝類殼體氧同位素受到水體氧同位素及生活的水溫所控制。臺灣西南部氣候型態為夏季多雨，使水體氧同位素數值變小，同時也使得生成殼體的氧同位素數值變小，夏季的高溫亦使得殼體氧同位素趨於較輕；反之，冬季時生成殼體具有較重的氧同位素組成。故將氧同位素對應殼緣距離繪圖，觀察氧同位素隨生長季節變化，可依據殼緣所呈現的同位素養成，推斷貝類被採收食用的季節。透過南關里東遺址貝類遺留，判斷採收季節及氧同位素隨殼體生長變化情形（表 2），39 個標本中，4 個採收於春季，4 個採收於夏季，9 個採收於秋季，冬季採收數量最多有 14 個，另外有 8 枚無法判斷。總的來說，除了春、夏季的量偏低之外，貝類較常做為秋、冬季節的食物資源。

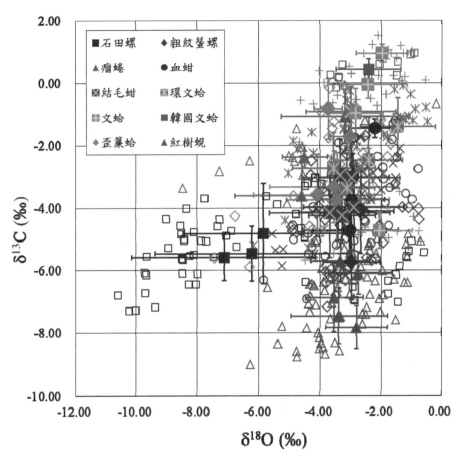

圖五、南關里東遺址貝類樣本碳氧同位素分析數值分布圖

以現代人的經驗來說，這種現象不正是秋冬季節貝肉鮮甜肥美，最好啖食時機！

　　有關古代水體環境的了解，由於臺灣西南沿海，冬季水體受淡水注入影響最小，故可以利用貝類的冬季氧同位素記錄代入霰石碳酸鈣氧同位素溫度方程式大致估算冬季水體溫度記錄：$T(°C) = 19.7 - 4.34 \times (^{18}O \text{ aragonite} - ^{18}Ow, SMOW)$ (Hudson and Anderson 1989)。T 表示霰石殼體生成時周圍水體的溫

表 2、南關里東遺址貝類採收季節統計表

貝類種屬	統計	採收季節				
		春	夏	秋	冬	無法判斷
石田螺	3					3
粗紋蜑螺	3	1		2		
瘤蜷	3			1		2
血蚶	5		1	1	3	
結毛蚶	5	1			3	1
環文蛤	5		1		4	
文蛤	4	1	1	2		
韓國文蛤	1				1	
歪簾蛤	5		1		2	2
紅樹蜆	5	1		3	1	
小計	39	4	4	9	14	8

度，^{18}O aragonite 表示霰石殼體中氧同位素數值（相對於標準試樣V-PDB），^{18}Ow, SMOW 表示霰石殼體生成時周圍水體的氧同位素（相對於標準試樣 V-SMOW）。

　　南關里東遺址所記錄之冬季溫度記錄多數分佈於 22～27°C 之間，其冬季溫度變化範圍過大，顯示多數的河口環境種屬之貝類，如血蚶、文蛤、環文蛤、臺灣歪簾蛤等，冬季仍然有受到淡水注入的影響，所造成的水體氧同位素的改變值得注意，也須進一步驗證。生長於岩岸潮間帶地區的粗紋蜑螺所記錄的冬季溫度 23～25°C，相對較為接近目前所記錄的臺灣西南沿海海水溫度。

（五）小結

　　整體而言，藉由動物骨骼遺留和貝類遺留的分析研究，不只讓我們認識

到五千年前當時聚落的生活環境和資源，同時也提供了對他們在自然資源的利用上所呈現的生計模式和經濟策略的了解。非常明顯的，當時聚落已經具備了農作栽培的知識與技術。動物食物資源的攝取則以河海水域和海岸環境的自然食物資源為主，陸地哺乳類動物卻以狗的利用為最多，豬和鹿的獵取相對來說數量較少。特別是貝類資源的利用，除了作為生活食物資源之外，當時居民懂得利用窗貝（亦稱雲母蛤 (*Placuna placenta*)）製作成貝刀，推測是用來收割稻穗以及削除根莖類果實表皮（Kirch 2011：個別討論）；另外他們將各類貝殼、魚骨進行整修、研磨、穿孔，作成貝珠，以及貝鐲和耳環等裝飾品。從南關里遺址和南關里東遺址所出土的貝器和貝飾來觀察，利用雲母蛤製作成貝刀的數量最龐大，刀形變化也極為多元。貝質飾品以貝珠、貝環（鐲）和貝玦為主。貝環（鐲）和貝玦的出土多半發現在墓葬中，其用途極為明確。從墓葬裡的伴隨物品來看，為數不少的個體身上擁有貝殼所製成的飾品和鯊魚牙穿孔串成的項鍊，或是截磨碑磲蛤殼體並穿孔而成的頸飾，似乎強烈地反映了當時聚落依賴海洋生物資源的傾向。值得特別提出的是，這些貝料的來源問題；如龜甲笠螺及碑磲蛤。依照目前對這兩種貝類的認識，從現有臺灣貝類資源調查裡，看不到在臺南地區附近的水域環境採獲這些貝類的記錄，能有的便是恆春和澎湖附近。

張光直先生在 1987 年〈中國東南海岸考古與南島語族的起源問題〉一文中，提供了一個重要假設，亦即「大坌坑文化是臺灣的南島語族在公元前 5000 至 2000 年之間的具體表現，也可以說就是南島語族在那個時期的祖先。」有關這一文化最大的特色是，認為當時的人從事海濱生活、採貝、打漁、打獵，利用植物纖維，可能已有農耕 (Chang and the collaborators 1969; Chang 1981, 1986)；對於史前臺灣最早的新石器時代文化類型是以繩紋陶為特徵的「大坌坑文化」或稱「粗繩紋陶文化」。按照張光直先生的說法，在臺灣的西海岸地區都能發現到這個文化類型的遺留 (Chang 1969, 1977, 1981)。早期若干証據很強烈的暗示著這些族群亦從事一些園藝式 (gardening) 的農耕活動 (Chang 1986: 231)。一般而言，這個文化類型存在於 6000 年到 4500 年前之間。在定義文化特徵時，張先生認為：

(1) 大坌坑文化的陶器一般鬆軟破碎，陶片多屬小片，厚重而且含砂。顏色白淺赭到深棕，主要器形為大罐形器和缽。罐底常帶穿孔低圈足，口緣以中侈型態最多，並常在唇下有一圈凸起脊條。器身常見用裹著繩索的棍子或拍子印上的繩紋，但肩部以上沒有。唇面和肩部帶有劃紋，作波浪形或平行短劃，係用兩三個細棍做成篦形具所劃的。

(2) 啄製石器：與大坌坑文化繩紋陶器一起出土的石器種類很少，其中以有人工製造痕跡的河牀礫石為最多。這些礫石多徑長 20 厘米左右，其兩端或兩邊或沿周有啄製痕跡，可能用為網墜。

(3) 樹皮布打棒：一塊磨光並有條槽的石製樹皮布打棒在 1953 年自臺北圓山遺址的大坌坑文化層出土。

(4) 石錛：石錛的原料不一，但都磨光，具不對稱的鋒刃，橫剖面做長方形。少數在一側兩邊有小缺口或凹窩，似是日後有段石錛的祖型。

(5) 尖器：綠色板岩製的小型（約 4 公分長）尖器，薄平，三角形，中央穿孔，可能是箭頭。

　　根據從南科園區南關里和南關里東遺址出土的遺留來看，許多物質文化的內涵與早期所見相似，卻有相當多的遺存不盡雷同，甚且超越了當時所定義的內涵及特徵。農作栽培活動即是一例；有關臺灣地區史前農作栽培的說明，張光直先生最早利用民族植物學和東南亞地區的資料，推論新石器時代早期大坌坑文化的生產經濟，是以種植根莖作物為主的初級園藝式農耕活動。這個推論則因南科園區南關里遺址和南關里東遺址的稻米和小米遺留而需重新修正。再就各種農作栽培使用工具（如斧鋤型器和貝刀等）的伴隨出現，很明顯地看得出這個時候的農耕技術已經發展到一定的程度。值得特別提出的是，稻米和小米的農作栽培在中國大陸一直被認為小米最早出現在北方，稻米則是發生在南方。兩者生長環境和栽培技術明顯有別，以南科園區堪稱目前臺灣最早的稻米和小米作物遺留來看，除了作物本身需要探討之外，文化發展的過程和社會變遷更是應該進一步研究的議題。

　　透過對動物骨骼和貝類遺留的鑑定，質與量的統計和分析，更進一步認識當時聚落擷取生活物資的領域，也伴隨工具叢集的種類，理解他們生業經濟活動的規劃；甚至藉由碳、氧穩定同位素的分析，發現在不同的季節從事相異貝類的採集，並觀察到秋天和冬天的貝類採集活動要比春夏兩季來得多。無疑的，他們擁有高度的航海技術，若干漁貝類都是需要遠赴大洋水域才能捕獲。來自臺灣東部的閃玉和變質玄武岩，以及澎湖地區的橄欖石玄武岩所製作的石器，說明了物流交易與工藝技術分享的網絡。臺灣西南海岸的環境隨著地理、地質構造的運動改變，但若干五千年前被當時聚落作為日常食物的貝類，卻已在現時的水域環境裡消聲匿跡。這種事實不正是給了現代社會倡議自然環境資源永續經營的最佳啟示！

四、生態學取向在臺灣考古學的研究

　　超過一世紀以來的臺灣考古學研究，對於考古文化發展過程的理解，以島內考古學文化年代序列的建構最受矚目。最早，鹿野忠雄 (1943) 將臺灣史前文化劃分為七個層序：1. 繩文陶文化層；2. 網文陶文化層；3. 黑陶文化層；4. 有段石斧文化層；5. 原東山文化層；6. 巨石文化層；7. 菲律賓鐵器文化層。張光直先生 (1954) 也曾以史前的石器、骨器、貝器和陶器上的「穿孔」所反映的技術等作為文化系統和年代斷定的參考。六〇年代碳十四年代測定方法發明之後，各種分期紛紛出現（例如宋文薰 1980；李光周 1985；李匡悌 2001、2012；連照美 1998；臧振華 1995、1999；劉益昌 1992、1996）。迄今，臺灣考古學界部分學者仍持續努力於臺灣地區史前文化發展序列的細部建構。但不乏學者的判別標準仍然是以器物類型的區域分佈及流行趨勢的消長為依歸，對於每一地區各文化體系與其生態環境之間互動所表現的文化變遷與過程卻極少著墨。隨著各地區考古材料的新出現和擴充，文化發展的層序也就跟著改變。對於臺灣考古文化的認識與理解卻沒有發生具體的作用。

　　1999 年，作者曾在北京舉辦的「中國考古學跨世紀的回顧與前瞻」的會

議中，以〈臺灣生態考古學研究的回顧與展望〉發表有關以生態學為取向的臺灣考古學研究（李匡悌 2000）。由於顧及「生態考古學」和最近二十年來頻繁出現於西方考古學論文和教科書裡的名詞「環境考古學」(environmental archaeology) 可能造成混淆。因此，再藉本文特別以生態學取向的考古學研究來說明和討論臺灣考古學研究須要補強和建立的若干重要議題和概念。

　　基本上，從「環境考古學」詞面的意思來看，主要研究史前人類居住棲息的環境，針對構成史前人類居處和活動的場所，包括氣候、地質結構、土壤成份、植物群落、動物相等進行復原性的探索 (Evans 1978; Renfrew and Bahn 1991: 195-203)。倘若以考古學研究方法的運作來說明，以生態學作為研究途徑的考古學分析 (an ecological approach to archaeology) (Jochim 1979; Watson et al. 1984: 113)，主要透過自然環境 (biophysical environment) 的條件去觀察人類的文化活動內容，強調人類和其環境之間關係的系統性。值得特別提出的是，依循生態學角度的考古學研究，最顯明的作用是能夠跳脫考古學研究經常陷入古代器物排列組合的桎梏，從而能透過物質遺留將觀察的重心放在古代社群與生存環境互動關係的探討；須要特別釐清的是，這種方法並非將其他研究的對象排除在外。更貼切的說，透過生態學角度的考古學研究在探討相關議題時亦同時包括構成各種環境元素的資料，舉凡古代聚落型態、攝食系統、生業模式和交易等都可歸入生態學取徑的研究課題。近年來，無論北美或歐洲考古學領域多半以環境考古學為標幟。最重要的概念依然是，透過生態學的概念，將人類與生活環境之間互動的過程、扮演的角色與關係，做為了解史前文化的途徑。

　　論及臺灣地區生態學取徑的考古學研究，早在二十世紀五〇年代便有學者涉獵相關議題的概念和討論，如宋文薰 (1954)，〈圓山貝塚民族的生產方式〉；張光直 (1957)，〈圓山出土的一顆人齒〉；Erika Kaneko (1953), "Stone implement and their use in the agriculture of Taiwan"。七〇年代之後，臺灣地區逐漸累積的考古學研究已然對史前文化屬性的辨認、年代架構的堆疊以及與鄰近地區關係的認知具備相當程度的理解；在此同時，張光直先生開始意

識到臺灣的考古學研究，對於有關史前居民的生計模式和社會組織與結構的內容一直沒有具體的認識和理解。因此，從 1972 至 74 年間，由他所領導執行的「臺灣省濁水大肚兩溪流域自然與文化史科際研究計畫」（簡稱濁大計劃）便標榜著以生態適應的理論架構和方法運作來瞭解該地區史前文化的發展。濁大計劃稱得上是開啟臺灣地區考古學研究生態學取向的肇端，很可惜的是該項計劃因經費籌措上的困難，在執行了四年之後不得不告一段落（張光直 1995：129）。之後二十多年間，臺灣地區雖不乏規模龐大的考古發掘計劃，卻再也沒有類似概念和規模的研究計劃。雖然如此，秉持生態學構想的考古學研究仍有例可舉：如李光周先生利用墾丁史前遺址的考古材料說明當時社會所表現的居處法則 (Li 1981)；臧振華先生 1983 年至 1985 年間藉由澎湖群島的考古學研究，討論有關「澎湖群島的拓殖」、「對中國東南海岸和臺灣史前史的含意」，及「對臺灣歷史考古的含意」(Tsang 1992)。最近二十年，李匡悌在恆春半島以及其他地區也多半採取生態學的研究途徑，以古環境和史前人類各種文化活動和生計行為的關係作為問題來探索（例如：李匡悌 1994、1995、2000、2005、2006；Li 1997, 2000）。

五、結語

　　最後就以本文所舉案例中的貝類遺留的分析來說，不難發現臺灣地區貝塚遺址的考古學研究雖有相當長的一段時間，但大部分的研究報告僅止於貝種的鑑定與貝殼重量的計算，或是強調「貝器工業」的表現和內容。針對貝殼遺留多面向的探討則沒有看到比較積極的重視和深入的分析。直到最近都還感受到從事考古工作者仍然跳脫不開，除了考古田野發掘，室內標本處理與分析的工作泰半只圍繞在人為加工製品的類型分辨，有關生態遺留的部分，則感覺無能為力，也沒強烈意願投入這方面的工作。考古學領域外的，經常只寄望於藉由其他學科的專業知識與技術。無形之中，使得考古學研究的發展仍舊窒礙難行。事實上，貝類遺留的多面向分析在國際考古學研究發展上，二十世紀七十年代就被注意到能做為古代聚落和生業型態理論建立和

驗證的材料；探討的議題包括攝食系統、季節性生業經濟、古環境意涵、聚落型態、貝塚遺址多樣性和形成過程 (Claassen 1998)。許多研究的成果也都用來驗證古代人類生態適應的策略和演變，抑或說明和解釋海平面與氣候變遷的證據，甚至於利用來討論垃圾堆積的速率與聚落人口和社會結構組織的問題。

　　不言而喻，這些議題和研究方法的運用都在說明考古學原本就是一門「科際整合」的社會科學。近年來，由於自然科學和地球科學實驗技術和方法發展進步神速，人類認知領域的伴隨擴張，考古研究問題的探討面向更須要愈來愈加深入地包括各種關係複雜的文化行為體系；遑論其他，就舉臺灣考古文化的溯源問題來說即是。比較令人擔心的，只怕學術山頭主義瀰漫，學科領域固步自封，再完美的研究設計都會徒勞無功。李光周先生 (1985) 在〈臺灣：一個罕見的考古實驗室〉文中指出，臺灣地區具有特殊的地緣關係、複雜的生態環境、龐大的考古材料、多元族群共存的歷史過程及豐富民族學材料等極為優越的條件，使得臺灣有機會成為探討、檢驗人類文化行為模式理論與方法的最佳場所。但遺憾的是，臺灣考古學研究迄今一直未能對這方面的議題提供比較深入的理解，即便在二十一世紀，相當多的考古工作僅止於遺址調查的工作；分析研究上，也多半停留在文化物質的類比。

　　總而言之，希望藉由臺南科學園區的案例，說明生態學取向的考古學研究能夠彌補單純就文化物質內容和分布訊息的缺環。案例顯示，透過生態適應上的觀察，能更明確地認識和理解早、晚期文化的發展軌跡和變遷動力。坦白地說，本文並非鼓吹考古學研究只有生態學方法取向的單一運作方法，而是希望當進行研究的過程當中，將人類的角色放在整體環境裡的一分子，來討論人類與環境之間的依存關係。更深刻的意義是，遵循這種研究方法能引起考古學、地理學、地質學、動物學、植物學、海洋地理學和民族學等學者們的注意與興趣。使得未來亦能讓其他地區類似問題的研究，發揮科際整合模式的運作。縱觀當下進行的考古工作，非常多的計畫還是以個別遺址的內涵和範圍為主，發表的大部頭考古報告，汗牛充棟地將一件件出土文物的屬性量測進行列表記錄，不經意地造成了臺灣史前文化史的論述顯得過於簡

略含混。端看最近二十年來，在臺灣所從事的考古計畫為數不少，但內容和品質卻良莠不齊。為了提昇臺灣考古研究的水平，懇切地希望二十一世紀的考古學家不應該將他們的注意力仍然集中在從事發現考古遺址的文化內容以及分布範圍的界定；此外，也不應從考古遺址收集而來的文物，僅止於形制上的分類整理，並且刻意地創造新的文化類型；無形間，不僅沒有能夠解決臺灣史前文化的內容和歷史發展意義，反而扭曲了古代文化的真實性。我們相信致力於史前社會、經濟與生態的分析研究，絕對能夠使得考古知識更為生動，更加精彩，意義也相對深刻。

參考書目

李光周

　　1985　臺灣：一個罕見的考古學實驗室。國立臺灣大學文史哲學報 34：
　　　　　215-237。

李匡悌

　　1994　探討臺灣南端史前聚落的海洋適應：以龜山史前遺址為例。高雄：
　　　　　國立海洋生物博物館籌備處。

　　1995　恆春半島史前海岸聚落的比較研究：以龜山史前遺址和鵝鑾鼻第二
　　　　　史前遺址為例。高雄：國立海洋生物博物館籌備處。

　　2000　臺灣生態考古學研究的回顧與展望。刊於中國考古學跨世紀的回
　　　　　顧與前瞻：1999 年西陵國際學術研討會文集，張忠培、許倬雲主
　　　　　編，頁 92-102。北京：科學出版社。

　　2001　對臺灣歷史教科書中「史前史」部分的疑義。新史學 12(2)：173-
　　　　　193。

　　2005　從考古遺留論臺灣史前人的飲食習慣。中國飲食文化 1(1)：49-
　　　　　98。

　　2006　從碳氧同位素分析論古代臺灣貝類採集與古環境的含意。刊於新世
　　　　　紀的考古學──文化、區位、生態的多元互動，許倬雲、張忠培
　　　　　主編，頁 107-162。北京：紫禁城出版社。

　　2012　「不想」、「跳不動」：臺灣考古博物館展示教育的困境。發表於
　　　　　「想的與跳的：博物館中的教與學及其超越──第五屆博物館研
　　　　　究雙年學術研討會」。國立臺灣博物館主辦，國立臺北藝術大學博
　　　　　物館研究所、中華民國博物館學會協辦，臺北，10 月 25-26 日。

李匡悌、米泓生

　　2010　六千年來臺灣海峽兩岸及其鄰近地區海岸環境變遷及貝類資源
　　　　　的利用策略。國科會補助計畫期末成果報告。計畫編號：NSC
　　　　　97-2410-H-001-052-MY2。

宋文薰
　　1954　圓山貝塚民族的生產方式。臺北文物 3(1)：2-7。
　　1980　由考古學看臺灣。刊於中國的臺灣，陳奇祿等著，頁 93-220，臺
　　　　　 北：中央文物供應社。
陳文山、宋時驊、吳樂群、徐澔德、楊小青
　　2005　末次冰期以來臺灣海岸平原區的海岸線變遷。考古人類學刊 62：
　　　　　 40-55。
陳文山、楊小青
　　2012　海岸變遷與人類活動。地質 31(2)：72-75。
張光直
　　1954　臺灣史前遺物（二）：臺灣史前時代之穿孔技術。臺灣公論報
　　　　　 162。
　　1957　圓山出土的一顆人齒。考古人類學刊 9：146-148。
　　1977　臺灣省濁水溪與大肚溪流域考古調查報告。中央研究院歷史語言研
　　　　　 究所專刊 70。臺北：中央研究院歷史語言研究所。
　　1987　中國東南海岸考古與南島語族的起源問題。南方民族考古 1：
　　　　　 1-14。
　　1992　臺灣考古何處去？田野考古 3(1)：1-5。
　　1994　古代貿易研究是經濟學還是生態學？刊於中國青銅時代，頁 141-
　　　　　 154。臺北：聯經出版事業公司。
　　1995　考古人類學隨筆。臺北：聯經出版事業公司。
張春霖、成慶泰、鄭葆珊、李思忠、鄭文蓮、王文濱
　　1994　黃渤海魚類。基隆市：水產出版社。
連照美
　　1998　七世紀至十二世紀的臺灣──臺灣鐵器時代文化及相關問題。考
　　　　　 古人類學刊 53：1-12。
鹿野忠雄
　　1943　臺灣先史時代の文化層。學海 1(6)。

臧振華

　　1995　臺灣考古。臺北：行政院文化建設委員會。

　　1999　臺灣考古的發現和研究。東南考古研究 2：101-117。

　　2007　從考古學看臺灣。刊於臺灣史十一講，李明珠等編，頁 7-33。臺北：國立歷史博物館。

臧振華、李匡悌、朱正宜

　　2006　先民履跡——南科考古發現專輯。新營：臺南縣政府文化局。

臧振華、陳文山、李匡悌

　　2009　臺東縣長濱鄉八仙洞遺址調查研究計畫（第一年）期末報告。臺北：中央研究院歷史語言研究所。

　　2011　臺東縣長濱鄉八仙洞遺址調查研究計畫（第二年）期末報告。臺北：中央研究院歷史語言研究所。

　　2013　臺東縣長濱鄉八仙洞遺址調查研究計畫（第三年）期末報告。臺北：中央研究院歷史語言研究所。

劉益昌

　　1992　臺灣的考古遺址。臺北：臺北縣立文化中心。

　　1996　臺灣的史前文化與遺址。南投：臺灣省文獻委員會；臺灣史蹟源流研究會。

　　1998　史前時代的臺灣住民。歷史月刊 11：70-74。

Bailey, G. N.

　　1975　The Role of Molluscs in Coastal Economies: The Result of Midden Analysis in Australia. Journal of Archaeological Science 2(1): 45-62.

Barth, Fredrik

　　1950　Ecological Adaptation and Cultural Change in Archaeology. American Antiquity 15(4): 338-339.

Beaton, J.M.

　　1985　Evidence for a Coastal Occupation Time-lag at Princess Charlotte Bay (North Queensland) and Implications for a Coastal Colonization and

Population Growth Theories for Aboriginal Australia. Archaeology in Oceania 20(1): 1-20.

Binford, L. R.

　　1968　Post-Pleistocene Adaptations. *In* New Perspectives in Archaeology. S. R. and L. R. Binford, eds. Pp. 313-341. Chicago: Aldine.

Butzer, Karl W.

　　1971　Environment and Archaeology: An Ecological Approach to Prehistory, 2nd edition. Chicago: Aldine-Atherton.

Chang, Kwang-chih

　　1956　A Brief Survey of the Archaeology of Formosa. Southwestern Journal of Anthropology 12: 371-386.

　　1958　Study of the Neolithic Social Grouping—Examples from the New World. American Anthropologist 60: 298-334.

　　1970　Prehistoric Archaeology of Taiwan. Asian Perspectives 8: 59-77.

　　1977　The Archaeology of Ancient China, 3rd edition. New Haven: Yale University Press.

　　1981　The Affluent Foragers in the Coastal Areas of China: Extrapolation from Evidence on the Transition to Agriculture in Affluent Foragers. *In* Affluent Foragers, Seuri Ethnological Studies, No. 9. Shuzo Koyama and David Hurst Thomas eds. Pp. 177-186. Osaka: National Museum of Ethnology, Osaka.

　　1986　The Archaeology of Ancient China, 4th edition. New Haven: Yale University Press.

Chang, Kwang-chih and the collaborators

　　1969　Fengpitou, Tapenkeng, and the Prehistory of Taiwan. Yale University Publication in Anthropology No. 73. New Haven: Yale University Press.

Claassen, Cheryl

　　1998　Shells. Cambridge: Cambridge University Press.

Cohen, Mark N.

    1977   The Food Crisis in Prehistory. New Haven: Yale University Press.

Evans, John G.

    1978   An Introduction to Environmental Archaeology. New York: Cornell University Press.

Froese, Rainer and Daniel Pauly, eds.

    2011   *"Pseudosciaena crocea"* in FishBase (2011.12). Cited from Wikipedia. Electronic document, http://zh.wikipedia.org/wiki/%E5%A4%A7%E9%BB%84%E9%B1%BC.

Hardesty, Donald L.

    1980   The Use of General Ecological Principles in Archaeology. *In* Advances in Archaeological Method and Theory, vol. 3. M.B. Schiffer, ed. Pp. 157-187. New York: Academic Press.

Hayden, B.

    1981   Research and Development in the Stone Age: The Technological Transitions among Hunter-gatherers. Current Anthropology 22: 519-548.

Jochim, Michael

    1979   Breaking Down the System: Recent Ecological Approaches in Archaeology. *In* Advances in Archaeological Research, vol. 2. M. Schiffer, ed. Pp. 77-117. New York: Academic Press.

Kaneko, Erika

    1953   Stone Implements and Their Use in the Agriculture of Taiwan. Wiener Volkkunkliche Mitteilungen 1(2): 22-31.

Kirch, Patrick V.

    1980   The Archaeological Study of Adaptation: Theoretical and Methodological Issues. *In* Advances in Archaeological Method and Theory, vol. 3. M. B. Schiffer, ed. Pp. 101-156. New York: Academic Press.

Li, Kuang-chou

　　1981　K'en-ting: An Archaeological Natural Laboratory near Southern Tip of
　　　　　Taiwan. Unpublished Ph. D. dissertation. Department of Anthropology,
　　　　　SUNY, Binhamton.

Li, Kuang-ti

　　1997　Change and Stability in the Dietary System of a Prehistoric Coastal
　　　　　Population in Southern Taiwan. Ph.D. dissertation. Arizona State
　　　　　University, Tempe.

　　2000　Change and Stability in the Dietary System of Prehistoric O-luan-pi
　　　　　Inhabitants in Southern Taiwan. Bulletin of the Indo-Pacific Prehistory
　　　　　Association 20(4): 159-164.

Moseley, M. E.

　　1975　The Maritime Foundations of Andean Civilization. Menlo Park,
　　　　　California: Cummings.

Osborn, A. J.

　　1977　Strandloopers, Mermaids and Other Fairy Tales: Ecological
　　　　　Determinants of Marine Resource Utilization-the Peruvian Case. *In* For
　　　　　Theory Building in Archaeology. L. R. Binford, ed. Pp. 157-205. New
　　　　　York: Academic Press.

Parmalee, Paul W. and Walter E. Klippel

　　1974　Freshwater Mussels as a Prehistoric Food Resource. American Antiquity
　　　　　39: 421-434.

Perlman, S. M.

　　1980　An Optimum Diet Model, Coastal Variability, and Hunter-gatherer
　　　　　Behavior. *In* Advances in Archaeological Method and Theory, vol. 3. M.
　　　　　B. Schiffer, ed. Pp. 257-310. New York: Academic Press.

Quilter, Jeffrey and Terry Stocker

　　1983　Subsistence Economies and the Origins of Andean Complex Societies.
　　　　　American Anthropologist 85(3): 545-562.

Redman, Charles, et al., eds.

    1978　Social Archeology: Beyond Subsistence and Dating. New York: Academic Press.

Renfrew, Colin and Paul Bahn

    1991　Archaeology: Theories, Methods and Practice. New York: Thames and Hudson Inc.

Shackleton, N. J.

    1973　Oxygen Isotope Analysis as a Means of Determining Season of Occupation of Prehistoric Midden Sites. Archaeometry 15: 133-141.

Tsang, Cheng-Hwa

    1992　Archaeology of the P'eng - hu Island. Institute of History and Philology, Academia Sinica, Special Publications, No. 95. Taipei: Academia Sinica.

Watson, Patty Jo, Steven A. Leblanc, and Charles L. Redman

    1984　Archaeological Explanation: The Scientific Method in Archaeology. New York: Columbia University Press.

Prehistoric Taiwan Study with Ecological Approach: A Case Study of an Early Neolithic Site in Tainan Science Park

Kuang-ti Li

Institute of History and Philology, Academia Sinica

For more than a century, archaeological studies in Taiwan have yielded abundant materials. Unfortunately, most efforts concentrated on establishing the cultural sequence of prehistoric Taiwan. Even worse, owing to the fact that few archaeological studies had adopted an ecological approach, some unconfirmed archaeological cultural components were written onto high school textbook. The goal of this paper is to highlight archaeological study with ecological approach. Some important concepts of the archaeological study are introduced. As an interdisciplinary study, we would expect this approach to attract interests of scholars in archaeology, geomorphology, geology, zoology, botany, oceanography and ethnology. Significantly, this approach enables a holistic cultural study of ancient Taiwan. As matter of fact, ecological approach in archaeology was developed in 1970s. Based on the ecological viewpoint, archaeologists explore the relationship of human groups and their physical surroundings. Furthermore, the adaptation strategy and process could also be demonstrated. Apparently, archaeologists don't have to focusing on artifacts sorting and finding their cultural traits solely. The issues such as settlement patterns, dietary system, subsistence patterns, trade and exchange are all included in the ecological approach. Based on the rescue archaeological excavation at Nan-kwan-li site and Nan-kwan-li East site, Tainan Science Park, a case study of early Neolithic Ta-pen-keng culture of Taiwan is provided in this paper. With an ecological approach, this study focus on how the prehistoric inhabitants explore their environmental resources, and how did they make arrangement for scheduling subsistence activities. As a whole, the study enriched and furthered our understanding of the Ta-pen-keng culture in prehistoric Taiwan.

Keywords: *ecological approach, Taiwan archaeology, environment, adaptation, Ta-pen-keng culture, Tainan Science Park, Nan-kwan-li site, Nan-kwan-li East site*

百年體質人類學與臺灣社會的交會

陳叔倬

國立自然科學博物館人類學組
國立暨南國際大學東南亞研究所
中國醫藥大學通識教育中心

　　體質人類學是人類學四大分支之一，卻因理論與實務比其他分支偏向自然科學，除了造成與其他分支之橫向聯繫較為欠缺外，亦給外界誤認為僅在象牙塔中從事知識生產，鮮少與社會互動。本文透過三個議題的回顧與評析：1. 日治體質人類學傳統的興衰與其對臺灣醫界、政界的貢獻；2. 南島起源爭議與遺傳人類學的政治魔力；3. 原住民基因研究倫理爭議與臺灣研究倫理發展，探討臺灣體質人類學如何與臺灣社會交會，揭示體質人類學在過去百年發展歷程中充滿公共性，與當代社會的政治、階級、國族意識、人權等發展息息相關，甚至互相導引與形塑。

關鍵字：體質人類學、遺傳人類學、醫學史、南島起源、國族主義、研究倫理

一、前言

　　人類學在臺灣發展約百年，體質人類學也同步發展。近年來探討臺灣體質人類學發展的論文，從學科史觀點出發，最早有金關丈夫 (1954)〈臺灣における體質人類學方面の研究の概說〉，之後有劉麗娜 (1989) 碩士論文《臺灣科學的一種開始及其歷史轉折—以體質人類學及蛇毒研究發展為例》，張菁芳 (1993) 碩士論文《十三行遺址出土人骨之形態學與病理學分析及其比較研究》中之一章〈臺灣體質人類學研究的回顧〉，王道還 (1998)〈史語所的體質人類學家──李濟、史祿國、吳定良、楊希枚、余錦泉〉等。2000 年後更不缺乏體質人類學史的回顧性文章，有蔡錫圭與盧國賢 (2003)〈臺灣體質人類學研究的回顧與成果〉，哈鴻潛與高田 (2004)《臺灣解剖學百年史》，陳叔倬、段洪坤 (2005a)〈西拉雅族的體質研究文獻回顧〉，林秀嫚 (2008)〈臺灣生物人類學的晚近發展〉，蔡錫圭 (2009)〈體質人類學研究室源起〉，陳堯峰 (2010)〈臺灣體質人類學研究之回顧與現況〉，葉惠媛 (2010)〈臺灣體質人類學研究的發展與回顧〉等。從研究成果觀點出發，有更多體質人類學先進曾在論述臺灣族群源由、南島語族遷徙、臺灣住民疾病與健康等原著論文中，回顧過去體質人類學的研究成果；僅僅筆者即有 1997 年發表〈由遺傳指標觀察臺灣（漢）人與原住民間的類源關係〉，1999 年參與發表〈臺灣南島族群的生物類緣關係：體質與遺傳基因的觀點〉，2005 年與段洪坤共同發表〈西拉雅族體質文獻數據分析〉，2006 年發表〈賽夏族的遺傳組成〉，以及 2010 年與何傳坤共同發表〈阿里山鄒族系統所屬與人群互動的生物人類學研究〉等回顧性文章。唯上述文章都僅關注體質人類學科內部的動向，鮮少討論體質人類學的觀點與研究視野如何回應當代臺灣社會中所出現的問題與現象。近年來透過 STS 研究（科技與社會）的洞察，許多科學知識皆顯現出不再是隔離於社會之外的象牙塔性格，反而成為現代社會中形塑性別、國族、階級、民主、日常生活親密關係與自我認同的權力中心，而且也經常反為這些社會力量所導引與形塑（吳嘉苓等 2004）。因此，本文嘗試換一種角度，以三個議題為回顧重點：1. 日治體質人類學傳統的興衰與其對臺灣醫界、政界的貢獻；2. 南島起源爭議與遺傳人類學的政治魔力；3. 原住民基因研究倫

理爭議與臺灣研究倫理發展，進而探討臺灣體質人類學如何與臺灣社會互動。

二、日治體質人類學傳統的興衰與對臺灣醫界、政界的貢獻

臺灣的首筆體質記錄，應屬荷蘭傳教士於 17 世紀對臺南地區西拉雅族進行的身高與膚色粗淺觀察，但並無進行實際的測量，未能達到體質人類學的研究標準。清朝時期亦無體質人類學的專門研究，然而當時留下數百筆因兇案致死者的身高、胸高、胸寬、膀寬紀錄，卻可供當代體質人類學者進行清朝臺灣常民營養與健康狀況的研究（陳叔倬、李其原 2011）。

臺灣地區的科學性體質人類學研究始於 19 世紀末。1884 年「人類學之友會」於東京發起，是亞洲第一個人類學會。伊能嘉矩於 1893 年參加該會，並與鳥居龍藏成立「人類學講習會」，研習日本周邊各民族，從事研究與討論事項。1895 年 10 月伊能嘉矩抵臺，短短一個月後，即與田代安定籌組「臺灣人類學會」，訂定研究章則，計分生物學、心理學、土俗學、言語學、地理歷史、宗教學六部門。其中生物學部門即是研究體質人類學。鳥居龍藏在1897 年首次發表有黥蕃（泰雅族屈尺社）的生體測量，其後並連續發表蕃薯寮萬斗社（魯凱族）、基隆平埔蕃、紅頭嶼土人（雅美族）之生體測量等研究論文，並嘗試由臺灣各蕃族的頭形探討諸族之親疏關係（鳥居龍藏 1897、1898；須田昭義 1950b）。當時東京人類學會以參與臺灣的番族舊慣調查為名義，派人類學者來臺進行體質人類學調查，主要目的是為了殖民統治，辨別種族，因此頭型測量與頭骨學成為當時研究的主要課題（劉麗娜 1989；范燕秋 2007）。其實 1920 年之前來臺的日本人類學者主要仍以從事民族學／文化人類學研究為主，體質人類學研究成果相對有限。相較之下，中國大陸的體質人類學在歐美學者的協助下，發展規模逐漸宏大。1928 年中央研究院於廣州成立歷史語言研究所，先後設立八個組，第七組為人類學工作室，即專職進行體質人類學研究。即使是費孝通都曾在進行碩士論文期間，測量過 600多例人體測量（杜靖 2008）。之後體質人類學在中國大陸就一直獨立存在，

與 1920 年代之後臺灣體質人類學教學與研究轉由醫學系統主導，出現絕對性的差異。

　　1920 年代當臺灣醫療設施與醫學教育機構紛紛成立之後，日本許多醫學院教師來臺教授解剖學，臺灣的體質人類學教學與研究即開始轉至醫學系統（王敏東 2008）。在〈臺灣における體質人類學方面の研究の概說〉一文中，金關丈夫 (1954) 整理出日治時期曾經進行臺灣體質人類學研究的機關，依照時間順序為東京帝國大學人類學教室、東京帝國大學解剖學教室、東北帝國大學解剖學教室、名古屋醫科大學外科學教室、京都帝國大學解剖學教室、金澤醫大法醫學教室、九州帝國大學解剖學教室、臺北帝大附屬醫學專門部病理學教室、臺北帝大附屬醫學專門部解剖學教室、臺北帝大附屬醫學專門部衛生學教室、臺北帝國大學醫學部、熱帶醫學研究所等。上列機關除了最早的東京帝國大學人類學教室之外，臺灣體質人類學研究的機構皆非人類學專業，而是解剖、病理、外科、法醫等醫學專業為主。醫學系統的體質人類學研究亦可從研究成員組成看出。以臺灣大學為例，於 1919 年至 1945 年，歷經臺灣總督府醫學專門學校、臺北醫學專門學校、臺北帝國大學醫學部各時期，從事解剖學教育及研究之日籍學者（教授、助教授）共有八位：安達島次、津崎孝道、杉山九一、今井倭武、森於菟、金關丈夫、中山知雄、忽那將愛，研究涵蓋體質人類學、比較解剖學、組織學、發生學、考古學等各領域。體質人類學研究在越近後期越佔有重要的角色，主要是為了配合日本「東亞共榮圈」帝國擴張政策的推行，進行臺灣住民系統性的研究（劉麗娜 1989）。最普遍的是活體觀察與測量，觀察項目包括髮型、髮色、眼色、瞼裂的方向、眼形、雙眼皮、蒙古摺、鼻樑形、鼻底面形、膜唇厚度、上唇匡廓線、耳尖形、耳垂形等。測量項目分頭部以及體部，頭部包括頭長、頭寬、面高、面寬、鼻長、鼻寬、口寬等，並藉此計算各項頭型比值。體部包括體高、軀幹高、骨盆寬、胸圍、上肢長、下肢長等，並藉此計算各項體型比值。除此之外，還有血液型（ABO 為主）、頭髮毛渦、掌指足蹠紋路等研究（金關丈夫 1954，1978；哈鴻潛、高田 2004：2-16）。

　　當時臺北帝國大學醫學部解剖學教室第一及第二講座教授，分別由森於菟與金關丈夫擔任。講座教授等同於現在臺灣的科主任，各講座的人員編制、經費、教學、研究均各自獨立。從金關丈夫 (1897-1983) 的學術發展歷程，可以很清楚看出體質人類學從人類學系統過渡到醫學系統的痕跡。金關丈夫 1923 年由京都帝國大學醫學部畢業後，進入京都大學解剖學教室擔任助手，專攻人類學，後升任京都大學解剖學教室助教授。1936 年被任命為臺北帝國大學醫學部解剖學教室第二講座教授。1945 年戰後臺北帝大醫學部解剖學教室改制為臺灣大學醫學院解剖學科，金關丈夫獲得留任，直至 1949 返日。返日後擔任九州大學、鳥取大學、山口縣立醫科大學、帝塚山大學醫學院教授（金關丈夫 1978：342-59）。除了體質人類學之外，金關丈夫同時關注其他人類學領域，於 1941 年參與創辦《民俗臺灣》月刊，並長期擔任編輯；1979 年亦與國分直一合著《臺灣考古誌》（國分直一、金關丈夫 1990）。在當時臺灣的解剖學者中，金關丈夫是唯一同時精通其他人類學知識者，之後的解剖學者無人通曉文化人類學或考古學。金關丈夫於 1949 年返回日本後，醫學院解剖學的研究工作繼續由其非開業弟子余錦泉教授以及蔡錫圭教授領導。除了臺大解剖學科之外，金關丈夫另一非開業弟子蔡滋浬教授於 1954 年從臺大醫學院轉任高雄醫學院成立解剖學科，使高雄醫學院解剖學科成為當時臺灣另一個體質人類學研究中心（余錦泉 1965）。

　　對照當時刊登體質人類學論文的期刊，可再一次驗證當時體質人類學研究其實歸類於醫學研究。統計 1940 年至 1960 年以臺灣為研究主題的科研論文，體質人類學是出版數量最高的學科（劉麗娜 1989）。但當時體質人類學論文即使發表於以「人類學」為名的雜誌，仍多是由醫學院發行。除《人類學雜誌》由日本人類學會發行之外，《人類學研究》由九州大學醫學部解剖學教室發行，《人類學輯報》由大阪市立大學醫學部發行。更多的體質人類學論文發表在醫學專業雜誌，譬如《久留米醫學會雜誌》由九州久留米大學醫學部發行，《福岡醫學雜誌》由九州福岡醫學會發行，《臺灣大學解剖學研究室論文集》由臺灣大學解剖學科發行，《臺灣醫學會雜誌》由臺灣醫學會發行。以上刊登大量臺灣體質人類學論文的日本期刊多位於日本關西與九

州地區，又與金關丈夫 1949 年返回日本後，於關西與九州地區繼續任教有絕對的關連性（須田昭義 1950a、1950b）。

　　臺灣體質人類學教學與研究轉向醫學系統，是造成人才出現斷層的主要原因之一。多位人類學者在回顧臺灣人類學發展時皆指出，體質人類學研究在臺灣人類學系統出現嚴重斷層（崔伊蘭 1997；許木柱 2000）。喬健與高怡萍在〈人類學的現況與發展〉一文中提到，體質人類學在學科範圍上是跨系、跨院、跨學域最廣的一分支，修習體質人類學之前必需先修過生物學、生化學、遺傳學、動物學等。在人類學系中，體質人類學由於長期缺乏師資，又缺乏解剖學科支援，教學環境可以說從未達到應具備之條件，延續上面臨困難，理論、研究與技術方面皆處於十分窘困的情境，此問題亟待解決（喬健、高怡萍 1998）。

　　若醫學系統能夠維持體質人類學的研究與人才培育，則體質人類學在臺灣應不至於式微。但 1940 至 1960 年體質人類學稱霸臺灣科研論文出版數量時，卻未能持續培育出維持體質人類學發展的人才。觀察當時發表論文的作者背景，除了金關丈夫外，可分為執業許久的開業醫、以及剛剛畢業的非開業醫。開業醫進行體質人類學調查時多已執業多年，許多開業醫甚至比指導教授還年長。以張山鐘與蘇振輝為例：張山鐘 (1887-1965)，屏東萬丹人，1908 年臺灣總督府醫學校畢業後，先後在臺北病院和屏東病院任職。1919 年在萬丹開設「東瀛醫院」，懸壺濟世，遠近馳名。1936 年 49 歲執業 28 年後，接受金關丈夫指導進行體質人類學研究，是金關丈夫在臺灣的第一位弟子，接受指導時年紀大金關丈夫 10 歲。1940 年發表一系列萬巒庄平埔族體質人類學論文，並以此獲得臺北帝大醫學部論文博士，獲取博士時已超過 50 歲。戰後獲選屏東第一任縣長，為屏東張派創始人，前臺北市長張豐緒的父親，中研院院士陳奇祿、社會學者戴炎輝的岳父。蘇振輝，彰化縣人，1906 年生，1930 年臺灣總督府臺北醫專畢業，進行臺南左鎮平埔族調查研究時已開業 16 年。在彰化懸壺濟世，為彰化地區名醫之一。40 餘歲獲得日本醫學博士，後投入政界，歷任縣議員、省議員等，是彰化縣白派之開派鼻祖。

與開業醫相比較，非開業醫皆年紀極輕、醫學院剛畢業即投入調查研究。以余錦泉與蔡錫圭為例：余錦泉 (1914-)，國立臺灣大學醫學院名譽教授，宜蘭市人，1939 年畢業於長崎大學醫學部，1941 年 27 歲起擔任金關丈夫助手，協助金關氏進行體質人類學調查，成為金關教授在臺灣的重要傳人。1941 年調查宜蘭羅東噶瑪蘭族，1942 年發表臺北州羅東郡平埔族體質人類學系列論文，1945 年獲得臺北帝大論文博士，1945-70 年擔任臺大解剖學科主任（哈鴻潛、高田 2004：200-4，268-9）。蔡錫圭 (1920-)，國立臺灣大學醫學院名譽教授，臺中縣人。1944 年畢業於青島醫科學校，1946 年 26 歲自大陸返回臺灣加入臺大解剖學科，即追隨金關丈夫進行許多體質人類學研究。1950 年完成泰雅族顱骨之人類學研究論文，1951 年通過論文審查獲得九州大學醫學博士。1982-85 年擔任解剖學科科主任（哈鴻潛、高田 2004：221-2，283-5），現仍為臺大醫院體質人類學研究室負責人。

根據〈金關丈夫指導論文一覽表〉，金關丈夫指導臺籍學生中，開業醫與非開業醫數目相差非常懸殊。開業醫人數近百人，非開業醫人數不及 10 人，比例約為 8：1（金關丈夫 1978：342-360）。當金關丈夫等日本學者返回日本後，早期訓練出的非開業醫已站上解剖學教育的第一線，持續指導開業醫進行體質人類學研究。為何會有如此多的開業醫投入體質人類學研究？主要原因是當時的開業醫可以藉此申請日本論文博士學位。余錦泉於受訪時提到，戰後由於醫學院當時尚未成立研究所，取得博士學位備加困難，當時的醫生為了獲得博士學位，多以申請日本的論文博士為主，將研究論文分別寄往日本的幾所大學審查。余錦泉的指導模式是：被指導者需完成一篇主論文，及二至三篇和他人一起合作的參考論文，而論文皆是以日文寫成後，送往日本發表。日方多信任余錦泉的推薦，學生大多可通過審查而得到博士學位（王淑美 2005）。

臺灣體質人類學研究論文發表的重要期刊《臺大解剖學研究室論文集》，亦是以上述目的而發刊。《臺大解剖學研究室論文集》於戰後 1947 年才發刊，第一冊的監輯者為森於菟教授、金關丈夫教授、余錦泉副教授。

1950 年停刊，四年中發行 11 卷 11 冊。第一冊發刊詞中明載：

> 本論文集第一冊所收錄之諸篇，均係前臺北帝國大學解剖學
> 教室時期所做成，曾向學界提出作為請求博士論文，終因戰
> 事未克付刊。臺灣光復後，當本研究室發起出版論文集時，
> 承執筆諸同仁慨予揭載，並捐寄印刷費用，本論文集始獲與
> 讀者相見。銘感之餘併此道謝。又印刷中之本論文集第二冊
> 以下，亦收有前臺北帝國大學時期所完成論文之一部分，均
> 因彼時用日文正式提出，難以隨意譯中文，亦希讀者諒解為
> 幸。民國三十六年三月，編輯者識。

　　有意思的是，發刊詞中表示第一冊所刊論文皆為戰前所做，因此文章皆
以日文發表；第二冊以後亦收有戰前進行的研究，所以還是用日文提出。但
第三冊之後收錄的論文皆於戰後進行，卻仍以日文刊出，唯有發刊詞是中文
寫成。為了能向日本大學申請博士學位，可以理解採用日文發表較為有利。
1949 年金關丈夫回日本至九州大學任教，1950 年臺大解剖學研究室論文集隨
即停刊。之後體質人類學的論文發表出現變化：一是投到日本的期刊（《人
類學雜誌》等），持續用日文發表，一是投到臺灣的期刊（《臺灣醫學會雜
誌》等）轉用中文或英文發表。但明顯的還是以發表於日本的期刊為大宗，
並且是以金關丈夫任教的九州大學出版期刊《人類學雜誌》為首選。

　　因此，當時開業醫前仆後繼投入體質人類學研究，主要目的是為了申請
日本論文博士之用。日治以及戰後臺灣並沒有博士學程，開業醫唯有跟隨醫
學院教授進行研究並撰寫論文，才可能獲得博士學位。當時醫生對於博士學
位的渴望，可從金關丈夫的談話紀錄中直接印證。金關丈夫在返回日本十一
年後，一次赴臺參加醫學會議的空檔，與《民俗臺灣》眾撰稿者談話：

> 我這一次再度來到臺灣，承蒙各方面的友好歡迎招待，因此
> 日程是排得滿滿的，每天都很忙，可是昔日透過《民俗臺
> 灣》所認識的朋友，無論如何總是要見見面的…剛才陳紹
> 馨先生也已說過，前年赴馬尼拉的返國途上，本來是想順便

來臺灣看看，不過「到臺灣，每天的酒宴攻勢，恐怕吃不消。」那句話並不是真正的理由，其實，我當從臺灣回國的時候，受人家托了很多的論文。可是歲月過得很快，人生過了五十歲，萬事都慢吞吞起來，不知不覺間竟過了十一個年頭。托我的人，等不耐煩，來催促我，我心裡覺得萬分歉疚，不好意思見他們的面，所以也才沒有來。幸得現在那些論文大概都已經解決，這一次臺灣舊地重遊也才告實現。今天到會的各位先生，和獲得博士學位的都沒有關係，以我來說，都是屬於純粹的神交朋友。（劉枝萬 1990：10-11）

　　說臺灣體質人類學研究是臺灣開業醫獲取日本論文博士的捷徑，並不為過；而許多開業醫得到博士學位後進一步在醫界獲得更高的發言位置，甚至轉往政界發展，體質人類學的貢獻絕對不容抹煞。

　　直到 1990 年代，仍有為數眾多的開業醫以體質人類學研究論文獲得日本論文博士學位。以臺大解剖學科蔡錫圭教授為例，開業醫吳康文、許重慶、許重勝、蔡文枝、蔡文雄、蘇志鵬、蘇文雄、林高德、袁柏耀、阮仲洲等皆獲其指導獲得論文博士學位。其中吳康文，家庭醫學科及小兒科專科醫師，曾獲美國加州大學長堤分校碩士，以 1988 年刊出的〈臺灣ブヌン族小學生の身體發育に關する形質人類學的研究〉論文獲得日本昭和大學醫學博士，後擔任臺北市立忠孝、仁愛及和平醫院院長，現擔任中國醫藥大學附設醫院臺北分院院長。許重慶，內科、神經科及消化系專科醫師，以 1985 年刊出的〈臺灣アミ族小學生の身體發育に關する形質人類學的研究〉論文獲得日本昭和大學醫學博士，現任臺南市仁愛醫院院長。許重勝，內科、神經內科及精神醫學專科醫師，以 1992 年刊出的〈臺灣島嶼（澎湖島）住民と本島住民との生體學的比較研究〉論文獲得日本昭和大學醫學博士，現任臺南市仁愛醫院副院長。

　　開業醫以申請日本論文博士為目的讓體質人類學研究論文得以不斷發表，表面上延續了體質人類學的持續發展，實際上卻預告體質人類學在臺灣

醫學系統中將同樣的陷入人才困境。余錦泉於訪談中提到：「金關教授返國後兩年，此項工作（體質人類學研究）由我繼續指導研究生進行長達 20 年之久。經我指導的研究生前後共有 30 位，其中 28 位後來都獲得日本的博士學位。研究生是過渡時期的產物，臺灣光復後尚未成立研究所，有志做研究的人，沒有進修的管道，這些研究生獲得學位後，都沒有再從事解剖學的工作。」（哈鴻潛、高田 2004：203）開業醫僅於申請論文博士期間進行體質人類學研究，獲得博士學位之後即不再繼續研究，更遑論投入體質人類學教育栽培下一代人才。而國內新一代的解剖學者多留學歐美，無一從事體質人類學研究，以致於體質人類學人才在臺灣醫學系統中出現斷層。相較之下，日本的體質人類學研究仍能夠在醫學系統中維持，主要是靠新秀不間斷的養成，甚至持續利用臺灣材料進行研究，譬如兵庫醫科大學第二解剖學教室的欠田早苗 (1974)，以及順天堂大學解剖學教室的安部國雄、田村端 (1979, 1981)，皆持續以臺灣體質人類學材料發表論文。

1995 年蔡錫圭開始重新整理過去金關丈夫及其弟子留下的大批人骨標本，1997 年更與琉球大學醫學部解剖學第一分野土肥直美等日本學者合作，重啟人骨研究。2008 年 8 月《人類誌》第 116 期中編輯《臺灣大學醫學院收集人骨の人類學的總和研究》特集，發表合作紀實、古顱骨測量、人骨粒線體DNA、古人骨同位素食性分析、拔齒、人骨收藏概述 6 篇論文。可惜的是，日本學者佔 9 位發表者中的 7 名，臺灣僅蔡錫圭、盧國賢兩位學者參與。蔡錫圭於 2008 年時已 88 歲高齡，列名古人骨同位素食性分析與人骨收藏概述論文共同作者；盧國賢專長為電子顯微鏡，2008 年係以臺灣大學醫學院解剖學科科主任身分參與，列名合作紀實論文共同作者。除此之外，主要研究項目都是由日本學者進行，並無臺灣學者參與。蔡錫圭與盧國賢 (2003: 89) 於回顧臺灣體質人類學研究的文章中亦指出：「亟待有年輕學者加入研究陣容。」追究其原因，實在與過去太偏重開業醫進行研究、缺乏栽培國內年輕體質人類學新秀有關。

日治傳統的體質人類學基本上循著醫學系統發展，與英美傳統的體質人類學歸屬於人類學四大分支之一有顯著的不同。因此當醫學系統的教育與研

究不再支援體質人類學時，日治傳統的體質人類學亦逐漸式微。然而臺灣過去百年來非僅僅發展日治傳統的體質人類學，即使人數較少，英美教育系統亦培養出一批體質人類學者並作出成果（王道還 1998）。傳習自中國大陸的體質人類學傳統，李濟曾撰寫瑞岩泰雅族體質報告（余錦泉 1965），宋文薰曾分析左鎮岡子林出土四片頭骨碎片，連照美曾進行臺南縣菜寮溪人骨化石與臺灣古代拔齒研究等，何傳坤曾進行臺灣中部史前與近代人骨形態與 DNA 研究，張菁芳曾進行十三行文化人人骨形態與病理研究，陳堯峰則致力於臺灣族群遺傳人類學、史前人骨 DNA、膚紋人類學研究等。2000 年後新一代考古學者奮力跨足體質人類學領域學習，如屈以壯曾進行東南亞古人類牙齒微磨耗研究，邱鴻霖致力於人骨形態、牙齒形態、拔齒行為、鍶同位素等研究。林秀嫚則致力於人骨形態與病理、人骨 DNA 研究等。而陳叔倬則以遺傳學背景踏入人類學領域，致力探討臺灣族群的遺傳組成、起源與擴散（葉惠媛 2010）。新體質人類學者的加入，勢將帶領臺灣體質人類學教學與研究邁向新的紀元。

三、南島起源爭議與遺傳人類學的政治魔力

> 同一族群的成員會因為相似的體質或是習俗，或對於殖民以及移民的共同記憶，產生主觀上屬於共同後代的信仰。這樣的信仰對於形成群體是重要的，然而客觀上的血源關係存在與否並不重要。(Weber 1968 [1922]: 389)

在本質上，體質人類學和生物人類學的含意是相同的，但是體質人類學有逐漸被改稱為生物人類學的趨勢。從 20 世紀 50 年代開始，體質人類學家開始接觸遺傳學方法，族群遺傳學逐漸被重視。傳統體質人類學的研究內容便從靈長類研究、人科起源及人類起源研究、人類微觀進化研究等方面，拓展到對人體族群生物性的考察，特別是對於族群遺傳學的關注。然而，即使生物人類學的名稱逐漸取代體質人類學，實質仍為一致（李法軍 2007：3-5）。

　　臺灣南島語族各族群間的起源與遷徙，以及歷史時期與漢族的關係，一直是臺灣人類學者非常關心的議題。1990 年之前臺灣人類學者從文化、考古、語言、體質等不同角度，各自累積了豐富的資料。當此同時，結合族群遺傳學理論與分子生物學技術來研究過去與現代不同人群的互動，於國外人類學界被提出，於是在體質人類學之下加入遺傳人類學領域。即使是由人類學者提出倡議，受限於技術門檻，遺傳人類學較體質人類學更貼近醫學系統，研究多在醫學院中進行，研究者更是以生醫學者佔絕大多數。

　　臺灣第一篇遺傳人類學論文應為發表於 1985 年，陳光和與史丹佛大學醫學院 Cavalli-Sforza 等針對泰雅族太魯閣亞群進行 ABO 血型等 21 種多態性遺傳指標研究，發現太魯閣亞群與菲律賓、泰國族群較接近，與南中國、越南族群距離較遠 (Chen et al. 1985)。90 年代初期日本東京大學對臺灣原住民更進行大規模的檢體採集，抽得臺灣原住民九族共 800 多支血液樣本運回日本，實驗 ACP、ADA、ESD、GPT、PGD、PGM1、ABO、MN 等 8 種紅血球酵素多態性基因 (Jin 1992)，其後更發展出數十篇遺傳人類學論文（陳叔倬 2006）。

　　中央研究院民族學研究所許木柱自 1991 年起執行的「東南亞土著血緣與文化關係主題計畫」，就是為了瞭解臺灣原住民族群間，甚至是亞群間的類緣關係，所展開的跨領域研究調查。採集臺灣原住民與平埔原住民血液，分送不同醫學實驗室進行多種遺傳指標分析。其中馬偕醫院林媽利進行紅血球表面抗原實驗，研究 6 種多態性基因座 (ABO, MNSs, Rh, Fy, Jk, Di)，計 22 種對偶基因型，調查在臺灣漢人、原住民族間的頻率分佈 (Lin & Broadberry 1998)。林媽利之後繼續投入人類白血球抗原 (Human Leukocyte Antigen; HLA) 多態性研究，分析臺灣閩南、客家、與原住民族各族間的 HLA-A、B、DR 血清型與基因型多態性頻率分佈，並以此推估臺灣原住民的起源 (Lin et al. 2000)。林媽利亦利用此批檢體，發表數篇粒線體 DNA 相關論文 (Lin et al. 2005; Trejaut et al. 2005, 2008)。許木柱與陳叔倬並與復旦大學遺傳學者金力及其學生合作，進行東亞人群 Y 染色體多樣性研究 (Li et al. 2008)。除此之外，

亦有許多整合不同遺傳指標研究結果進行臺灣單一原住民族的起源、遷徙與互動分析（陳叔倬 2006；陳叔倬、何傳坤 2010）。

　　過去 20 年來發表的遺傳人類學論文超過百篇，利用不同遺傳指標獲致的研究結果亦未盡相同，很難推論出一致的結果。關於臺灣原住民族各族如何來到臺灣？有論文提到原住民族來臺前即多元起源，也有論文提到單一起源來臺後始分裂。關於臺灣原住民族何時來到臺灣？論及單一起源來臺後分裂的論文多推至 1 萬年以前，而多元起源則將來臺時間延展為數千年之廣。也就是說，關於這些議題仍須更多的研究數據，才能做出更精準的推論。不過對於起源地，所有遺傳數據一致支持起源於亞洲大陸：即使繞道菲律賓，菲律賓原住民的起源地，也是亞洲大陸。

　　然而，純粹的遺傳人類學研究題目，卻意外的與臺灣的政治氛圍出現緊密互動，牽動群眾的認同。主要關鍵在於「民族起源」問題。安吉爾 (Norman Angell, 1872-1967) 就曾經戲劇性地論道，「對我們這個時代的歐洲人而言，政治國族主義是全世界最重要的東西，不但比人道精神、禮節、慷慨、同情更重要，甚至於比自己的生命本身都還重要」(Snyder 1990: vii)。碰巧的是，這兩百多年卻也是具備現代意義之社會科學——比如說考古學、語言學、人類學等學科——開始出現並逐漸勃興的一段時期。對於國族主義，無論是政治上的倡議者，或者是學術上的研究者，都不約而同地對「民族起源」這個語彙抱持高度的興趣。在這樣的脈絡下，相關社會科學的學者——不論是考古學家、語言學家、民族學家、或者是人類學家——似乎也一直對「民族起源」這個問題情有獨鍾，花費極多的精力和時間來探討這個問題（許維德 2013）。

　　在社會科學理論中，認同的形成主要分為原生論與情境論。原生論強調認同建立於有形的文化特色、或是生物上的特徵 (Keyes 1976)。情境論強調認同是人為建構，可隨不同情境而改變 (Barth 1969; Anderson 1983)。對一般大眾而言，親屬認同絕對由原生狀態所決定。源自於同一確定的先輩，親屬認同即可與家譜記錄緊密結合。歷史上所有比親屬組織更大的團體，亦是由親

屬組織往外擴展而成 (Descola 1996)。因此，一般大眾認定人我群聚最傳統的定義，即是分享共同的祖先，並認為個人的族屬應該決定於血源等原生特性。

更進一步，族屬認同又與國族認同有絕對的關連 (Smith 1998: 222)。現代國家具有兩種特質，一種是自然的、認為可依照生物性劃分界線、擁有原生遺傳命定的迷思特質；一種是經由文化表徵凝聚成國族政治的事實特質 (Gellner 1983: 48-9)。然而，在國族政治運作中，生物性劃分界線常常被格外強調，許多家庭親屬稱謂被轉借，用以凝聚個人意識，例如兄弟、姊妹、家鄉、母語、祖居地等，可以清楚看到個人血源過渡到國族構成的痕跡。因此，一般大眾會認為國族的認同基礎根植於對共同祖先的原生情感 (Eriksen 2004: 58-60)。如果某種學術知識被大眾相信能夠確認虛無飄渺的祖先，則族群與國族意識極容易被學術知識背後的政治力量所操弄。

人類學者 Stainton (1999) 在 "The Politics of Taiwan Aboriginal Origins" 一文中指出，學界對於臺灣原住民起源議題的探討，與各統治當局對於當時的國族想像互相吻合。日治時期學者多支持「南來論」，是為了配合當時日本國內的「日本民族多元／混血論」的氛圍所提出。當時的學者多抱持「南來論」的觀點，即對「臺灣原住民到底是從哪裡來的」這個問題，日本人類學者包括伊能嘉矩、鳥居龍藏、宮本延人等人多認為臺灣原住民從南而來；說得更精確一點，應該是從島嶼東南亞藉由海路移到臺灣（鳥居龍藏 1902；許維德 2013）。鳥居龍藏在發現圓山貝塚時，根據石斧、石環、底面刻十字記號陶器等指出：「本人未能發現臺灣石器時代遺物與日本石器時代遺物的關連點，臺灣石器時代的遺跡顯然是史前之物，至於何人留下此物，是馬來或矮黑人或巴布安仍有待研究，然根據既有的土器推測，有可能是出自馬來族之手，但尚待考證。」（國分直一、金關丈夫 1990：36）總結南來論可以得出以下論點：臺灣是一個孤立的島嶼，處在邊緣與盡頭；臺灣原住民的起源神話是重要的證據；主要是從南方來的一波波移民；原住民是古代的遺存；和亞洲（中國）大陸基本上沒有關聯；在概念上與歷史上切割中國與臺灣；

將原住民視為非中國人，而且需要【其他】非中國人的幫助以抵抗中國入侵者 (Stainton 1999: 31)。然而同時期仍有日本學者關注到臺灣史前與亞洲大陸的關連性，包括金關丈夫 1939 年發表〈臺灣先史時代に於ける北方文化の影響〉文章中，一反過去臺灣史前文化源自南方的說法，以在臺考古所得的石刀、黑陶、彩陶論證臺灣史前文化與大陸的相關性，成為兩岸史前文化研究的重要發端（國分直一、金關丈夫 1990：263；中央研究院民族學研究所 2012：66）。另鹿野忠雄 (1952 [1943]) 的《臺灣先史時代の文化層》一書，將臺灣史前遺物分為繩紋陶、網紋陶、黑陶、有段石斧、原東山文化、巨石、菲律賓鐵器文化等七個文化層，認為除鐵器文化應來自東南亞外，「臺灣史前文化的基底是中國大陸的文化」。

　　隨著臺灣政權的替換，學界探討原住民起源的方向性起了根本性的翻轉。戰後海峽兩岸的學者皆擁抱「西來論」（Stainton 稱之為「北來論」），臺灣以凌純聲、中國大陸以林惠祥為代表性人物，不約而同根據臺灣原住民族和華南少數民族在文化特質的相似性，主張所有的臺灣原住民族不分新舊都是由中國大陸橫渡過來。凌純聲 (1952: 38) 提到：

> 臺灣土著並非如鳥居氏所說新入的馬來系，而是在古代與原來廣義的苗族為同一民族居於中國大陸長江之南，屬於同系的越濮（或越獠）民族，今稱之印度尼西安或馬來族。越濮民族在大陸東南沿海者，古稱百越；散處西南山地者稱百濮。臺灣土著系屬百越，很早即離開大陸，遷入臺灣孤島，後來與外隔絕，故能保存其固有的語言文化；……我們根據上面所述，東南亞古文化特質的研究，至少可說多數的臺灣土著族在遠古來自中國大陸，或整個的原馬來族，是由亞洲大陸南遷至南海群島。

　　同樣的，林惠祥 1955 年提出相似的論點，認為臺灣原住民和中國大陸人民有以下類同：臺灣新石器時代的出土物和中國東南部閩浙粵的考古遺物很相像；臺灣原住民的風俗習慣和古越族以及海南島上的黎族相似；臺灣原住

民的體質和福建人以及廣東人相像。從以上類同推斷，林惠祥認為臺灣原住民和中國大陸人民在人種上和文化上有關係：就文化而言，臺灣原住民的一部分應該是從中國大陸東南部傳去的；就人種上而言，臺灣原住民應該是與古越族、或者是古越族的一支有關係（林惠祥 2001：238-42）。總結西來論可以得出以下論點：中國是環太平洋文化的中心；臺灣自史前就與中國有關連性；中國史學可以提供重要證據；自中國移出帶來更多變異性；歷史的臺灣南島與當代的中國存在著連續性；臺灣南島是中華民族的一支；在時空向度中歸結於單一民族之下 (Stainton 1999: 37)。

　　80 年代語言學者 Blust (1984/5) 以及相關國外學者（如 Bellwood 1991）提出「臺灣原鄉論」後，許多國內學者——尤其在陳水扁政府時期——皆爭相擁抱。Blust 認為大約是在 4500 B.C. 的時候，原南島語 (Proto-Austronesian) 開始分化為臺灣語 (Formosan) 和馬來—波里尼西亞語 (Malayo-Polynesian)，而臺灣就是南島語的起源地，或至少非常接近這個起源地。總結臺灣原鄉論可得出以下論點：臺灣自成起源中心；臺灣與中國的關連僅在遠古時代；臺灣史前與臺灣當代原住民存在連續性；臺灣是當代所有南島語族分化與擴散的原鄉；臺灣原住民是世界文化的貢獻者；自舊石器時代即為起源地；基於語言與考古學證據，非關原住民傳說與中國史學 (Stainton 1999: 40-41)。然而，隨著臺灣政治局勢在解嚴以後的日漸民主化，各種「本土論述」、「鄉土論述」、乃至「臺灣國族主義論述」，開始慢慢被當時反對運動的領袖及相關學者建構出來。「臺灣原鄉論」此時被賦予新的政治意義，成為「臺灣國族主義運動」的一部分。對於佔臺灣 98% 人口的漢人而言，支持臺灣 2% 人口的原住民以「原鄉」的稱呼，可強化臺灣主體意識，並對抗中國沙文主義（許維德 2013）。

　　值得注意的是，Stainton (1999: 38) 同樣提醒我們，「臺灣原鄉說」實際上是一種「西來論」的變形。雖然提出臺灣是古南島語擴散出去的起點，但臺灣是一個海島，這群使用古南島語的人們，必定是從「某個地方」遷移到臺灣。多數學者相信，「某個地方」應該是在亞洲大陸的東南沿海。這種看法基本上符合「西來論」論點。也就是說，臺灣雖然是南島語的起源地，但

是，臺灣原住民的起源，卻還是得在臺灣以外的「某個地方」尋找（許維德2013）。臺灣原鄉論的倡議者 Blust 自己也認同語言學者 Benedict 提出的南島一侗傣同源假說，認為南島語的最終起源在中國大陸南方，而臺灣只是南島語向海洋發展的起源地 (Stainton 1999: 38)。

遺傳人類學能確實檢驗人群的生物性起源。當生物性探源的時間點上溯至萬年以上，超越「臺灣原鄉論」與「西來論」的分歧時間點，則臺灣南島語族的生物起源，都是在亞洲大陸。實際檢視至今所有已發表的遺傳數據，都支持「臺灣原鄉論」／「西來論」，甚至證實了臺灣原住民族與侗傣語族存在生物性同源關係，切合凌純聲、林惠祥、Blust、Benedict 的觀點 (Li et al. 2008)。至今沒有任何遺傳數據支持「南來論」。但遺傳數據不會說話，當特定生醫學者對於上述各起源論的認識不清，錯誤做出「南來論」的結論時，影響一般大眾在南島起源議題上產生錯誤聯想（林媽利 2005、2010：132）。

更進一步，特定生醫學者配合「有唐山公、無唐山媽」的俗諺，操作遺傳統計數據，得出臺灣漢人與臺灣原住民有超高比例混血的結論（林媽利2010）。然而，超高比例混血統計亦被證明是錯誤（陳叔倬、段洪坤 2008、2009）。檢視所有已發表遺傳數據，臺灣漢人與中國南方漢人的遺傳組成仍然非常相似，沒有混入高比例臺灣原住民血源的證據。臺灣漢人血源中臺灣原住民族混入比例，遠低於中國南方少數民族血源混入中國南方漢人比例，顯示臺灣漢人身上帶有的非漢血源，在渡臺先祖還未來臺之前即已混入，也就是俗諺「有唐山公、無唐山媽」所影射的狀態，早在渡臺之前就長期發生。而渡臺先祖來到臺灣之後，從未曾與臺灣原住民大規模混血（黃樹仁2013；陳叔倬 2014a、2014b）。今日大部分臺灣漢人其實沒有臺灣原住民先祖，臺灣原住民特有基因亦未廣泛流存於臺灣漢人之中。然而錯誤的高混血比例統計在特定政治媒體強力宣傳下，廣泛流傳於世，更影響著一般大眾的國族認同（Liu 2012；Tsai 2010；葉高華 2010；臺灣國民會議 2009：15）。學者面對遺傳數據更是好奇，人文與社會科學學者或可謂不熟悉生物學知識，誤信錯誤統計（李筱峰 2010；戴寶村 2011）；亦有生醫學者在缺乏族群遺傳學認識之下，附和錯誤統計（江漢聲 2011）。

　　一般大眾普遍認為生醫學者進行的科學研究即為真理 (Brodwin 2002)。新遺傳科技被認為是絕對的科學研究，其結果被宣傳為絕對的真實，並因此影響了整個當代社會。人類學者 Brodwin 對於遺傳人類學在祖源基因檢驗的應用，提出警語 (2002: 324)：「利用特殊的遺傳指標排列、或 Y 染色體與粒線體 DNA 上獨特的變異來確認我們與祖先的關聯性，不僅僅是實驗室中的技術問題，更是一種政治問題：在我們社會中，誰會去進行檢驗？誰提供這種服務？給予遺傳數據意義者又是誰？這不單純是遺傳研究，更是政治運動，因為這牽涉到個人與族群、種族、或國族群體意識的擁抱與背離。」人類學者 Lindee 等認為新遺傳科技已深刻的影響人們對於文化、空間、與時間的概念 (2003: 14)。人類學者 Rabinow 則強調新遺傳科技會藉由醫學以及許多不同的媒介，深刻、細緻、具體而微地影響我們的社會 (2002: 241)。人類學者 Santos 與 Maio 指出新遺傳科技不僅僅重塑單一個人的生物、文化、以及社會關係，更可影響整個人群的歷史、政治、經濟關係 (2004: 347)。人類學者 Bolnick 等在 *Science* 雜誌上發表的專文，直指祖源基因檢驗存在許多政治風險。根據檢驗結果，個人將面對心理上的認同衝擊，選擇通報政府等機關更改其族裔背景，導致人口統計、教育資源、工作機會、或是醫學問卷調查等結果隨之改變。群體則必須面對主體性衝擊，譬如被檢驗出帶有美洲原住民特有基因者要求更改身分為原住民，戕害原住民族群自治 (Bolnick et al. 2007)。

　　對於遺傳人類學在國內政治中引起的風波，曾有政治學者故作正經的問我：「我願意提供檢體，你能否精確的告訴我，我是不是炎黃子孫？」我聽出他語氣中詼諧之意，回答道：「首先我必須先挖出炎帝或黃帝墓中的骨骸，驗他們的 DNA，再與您的比對，才能確認您是否真的是炎黃子孫。」相信沒有人會同意用這種方式確認炎黃子孫。今日炎帝與黃帝的遺傳組成實難探究；即使真的驗出成為標準，炎帝與黃帝基因後裔要如何共同塑造國族？又將如何排除非炎帝非黃帝基因後裔的參與呢？即使社會學重要的奠基者 Weber 早在百年前就告訴我們，客觀的祖先、血源、或基因與認同無關。但國人對於體質以及遺傳人類學知識確實存在著非理性的想像，因此相關研究者實在不應輕忽，除了致力於追求學術成果外，更應將傳遞正確知識當作重要

職志，不可為非學術目的隨意操弄學術研究。

四、原住民基因研究倫理爭議與臺灣研究倫理發展

> 我們在達邦社及知母撈社（特富野社）的公館（少年集會
> 所）過夜的時候，都曾看到鄒族的老祖宗和現在的鄒族歷年
> 來割取的敵首，數十年來，不，百年來日夜被公館內的爐
> 火燻黑的髑髏，被堆滿於船形藤籠中，或掛於牆柱上……要
> 深入內山蒐集蕃人的人類學材料非常困難，所以鳥居先生和
> 我把出處清清楚楚的蕃人髑髏，當作可供科學研究的、正確
> 的基礎材料。在這個前提下，人類學者獲得蕃人頭蓋骨就很
> 高興，好像流著口水，虎視眈眈的貓兒，偷吃到鰹魚乾一
> 般……我們偶然寄宿於蕃社公館，猛然看到纍疊的蕃人髑
> 髏，靈機一動地自問：「這些髑髏不是我們垂涎已久的東西
> 嗎？」頓時澎湃的血液流竄全身，抑止不住的狂野衝動，立
> 刻相約採取行動。（森丑之助原著、楊南郡譯註 2000：281-
> 283）

　　西元 1900 年 3 月，第四次進行蕃地調查的人類學者鳥居龍藏與助手森丑
之助登上阿里山，夜宿於鄒族的達邦社與特富野社中。當晚夜闌人靜之時，
兩位人類學者不約而同，趁著深夜自會所內各自偷取了五顆燻黑的頭骨，藏
於行李中，繼續其踏查蕃地的旅程。但是行至途中，包裹破裂，露出偷來的
頭骨，被隨行的蕃人腳伕看見，兩人因此被迫道歉並歸還頭骨…

> 我和鳥居先生自覺理虧，說盡好話請他們赦免我們的過錯。
> 最後雙方同意物歸原主，讓蕃人們把髑髏帶回蕃社。(ibid.:
> 287)

　　然而，他們並沒有將頭骨全部歸還，其中兩顆頭骨被藏匿在鳥居龍藏
的皮箱中沒有交出。八年後，森丑之助於臺灣日日新報撰文〈偷竊髑髏懺悔

錄〉之回憶文：

> 當時因為年少氣銳，也因為學術研究的需要，我們發狂似的
> 說作就作……鳥居先生和我苦心偷出的髑髏，現在已成為大
> 學裡的重要標本。我們相信光是提供研究材料這一點，就可
> 以對學術界有很大貢獻。(ibid.: 288-289)

若以 2011 年通過的「臺灣人類學與民族學學會倫理規範」來評斷 111 年前鳥居龍藏與森丑之助的行為，他們可能會被逐出臺灣人類學與民族學會。當然，以今日的倫理標準評斷過去學者並無意義，但也突顯出過去人類學者在進行研究時的倫理標準無法符合當代的檢驗（臺灣人類學與民族學學會 2011）。

體質人類學研究自始即面臨兩種價值觀的衝突：一方面，從西方科學的觀點，體質人類學應為未來保存重要研究標本、以造福全人類的知識；另一方面，地方知識概念則斷言，從體質人類學材料理解的知識都是片段、侷限、並受權力與企圖所宰制，並無法獲致真正的知識。因此，溝通與協商知識如何構成，有其必要。在國外已發生數起體質人類學者與被研究者因為對研究價值產生衝突，致使研究材料必須歸還的案例 (Simpson 1996)。

隨著人權成為普世價值，國際間各學術社群紛紛制訂研究倫理規範，各國家也建立研究倫理審查制度，保障被研究者人權。國內的研究倫理審查制度始於生物醫學的臨床試驗研究；雖然生物醫學研究著重於探討疾病成因與治療方法，與體質人類學的研究旨趣有所不同，但研究材料的取得方式非常相似，皆為人體檢體，因此針對體質人類學研究的倫理審查，理論上應該與生物醫學研究完全一致。臺灣原住民族是人類學研究的寶藏，其豐富的生物多樣性，提供了體質人類學者分析南島語族起源與遷徙的重要材料。同樣的臺灣生醫學界也投注大量心力在研究臺灣原住民族與其他族群的疾病是否有差異，希望找出疾病的治療方法。因原住民族人口數在臺灣屬於絕對少數，卻被生醫學界以及體質人類學界額外關注，被採檢率遠高於一般非原住民。體質人類學者曾受過文化人類學訓練，比生醫學者具有較高的田野倫理敏感

度，更為尊重多元文化。90 年代末期一連串採集原住民檢體的生物醫學研究頻頻出現倫理爭議，體質人類學者首先發難，提出學界對原住民研究應投注更高的倫理關懷（陳叔倬等 2010）。體質人類學者進一步強調原住民族在知識普及性以及醫療可近性絕對弱勢的困境下，卻不符比例的被大量採檢，要求政府應立法推動研究倫理審查，實際促成我國研究倫理審查制度的建立（陳叔倬 2011）。

2002 年衛生署擬定「研究用人體檢體採集與使用注意事項」，規定所有關於人體檢體研究必須於採檢前，先獲得知情同意，但未要求被研究者簽署知情同意書。2006 年新版進一步規定研究計畫以及同意書必需先經過機構倫理委員會審查，以避免研究人員對知情的認知過度主觀，傷害到被研究者認知後同意的權益。2005 年通過的「原住民族基本法」規定政府或私人於從事原住民學術研究，應諮詢並取得原住民族同意或參與，原住民得分享相關利益。此強調保障原住民族集體權的立法，雖然至今仍未制訂出施行細則加以規範，但已有實際案例的發展，亦是由體質人類學者於研究前主動與被研究原住民族集體協商，訂定研究合作平等公約，保障研究集體同意權（陳叔倬、陳張培倫 2011）。統整過去所有相關規範，立法院於 2011 年底通過「人體研究法」，成為國內人體研究倫理規範的最高指導原則。「人體研究法」所謂人體研究，指從事取得、調查、分析、運用人體檢體或個人之生物行為、生理、心理、遺傳、醫學等有關資訊之研究。其中第十五條針對原住民研究有特別的規範：以研究原住民族為目的者，應諮詢、取得各該原住民族之同意；其研究結果之發表，亦同。前項諮詢、同意與商業利益及其應用之約定等事項，由中央原住民族主管機關會同主管機關（行政院衛生署）定之。至此之後，體質人類學相關研究應完全遵守「人體研究法」相關規定方得進行。

隨著生物醫學領域研究倫理審查制度的逐步健全，亦帶動行為與社會科學領域部分的進展。2009 年 1 月行政院召開「第八次全國科技會議」，會議中決議：「鼓勵大學及研究機構成立相關「研究倫理委員會 (IRB)（含行為科學研究），並加強人員之培訓與輔導，以確保審查品質」，正式宣告國內的

研究倫理審查將自生物醫學研究領域，擴展至行為與社會科學領域。2011 年臺灣人類學與民族學會通過「人類學學術研究倫理規範」，提出人類學界對研究倫理的主張，並作為人類學界重視被研究者權益的宣言，藉此呼籲人類學研究的特色應受到研究倫理審查制度的理解與尊重。

從人類學研究基本原理：全貌觀與跨文化比較來看，人類學者應該是最容易理解並維護被研究者人權的一群學者。也因為對被研究者的尊重，1973年時任臺灣大學考古人類學系代主任的李亦園面對莫那魯道遺骸的歸屬問題時，上書校方（吳俊瑩 2011：17）：

> 光夏校長賜鑒：考古人類學系標本陳列室現藏有霧社事件山胞抗日英雄莫那魯道先生之骨骸一具，此項標本係去年由本校醫學院解剖學科余錦泉教授研究室移送本系，由本系標本室妥予保管。查莫那魯道先生生前為山胞泰雅族霧社群總頭目，為人英勇果敢，對當時日人之壓迫臺灣民眾極為不滿，遂於民國十九年十月廿七日領導霧社群族人揭起抗暴旗幟，與日軍作殊死戰，其後因日人用毒氣攻擊，山胞無法抵禦，莫氏乃與四百五十位山胞自殺成仁，其精神極為可佩。本系同仁以為此一烈士之骨骸不宜收藏於研究機構，實應歸葬於其故鄉，建立墓園，以供後人瞻仰。茲謹建議　鈞長與臺灣省政府謝主席聯合發起為莫烈士舉行莊嚴葬禮並興築墓園，以示我政府與本校對抗日烈士之關懷與崇仰。

戰後除少數臺大教師如地質系林朝棨、醫學院解剖學系的余錦泉、蔡錫圭等人，少有人見過遺骸，就連親屬後裔也未能得見。而見過的人除了洪敏麟外，鮮少向外界呼籲應將遺骸歸葬（吳俊瑩 2011）。1973年當霧社事件餘生家屬公開提出索回遺骸的要求時，唯有當時代理臺大考古人類學系主任的李亦園提出「烈士之骨骸不宜收藏於研究機構，實應歸葬於其故鄉，建立墓園，以供後人瞻仰。」相信李先生比傳統體質人類學者抱持著更多的理解與尊重，自然是受過人類學優良訓練的影響。

今日臺灣大學醫學院仍然藏有臺灣最多的當代人體遺留物件，其中人骨約有 1,580 件（土肥直美、盧國賢 2008）。未來如何在遵守倫理準則與法律規範下，維持這批人體遺留的典藏與教育目的，值得體質人類學界持續關注。2011 年 12 月 28 日「人體研究法」正式公告實施，其中第十三條規定：以屍體為研究對象，應符合下列規定之一：一、死者生前以書面或遺囑同意者。二、經前條第三項所定關係人以書面同意者。但不得違反死者生前所明示之意思表示。三、死者生前有提供研究之意思表示，且經醫師二人以上之書面證明者。但死者身分不明或其前條第三項所定關係人不同意者，不適用之。人體研究法中關於屍體研究的規範，會對未來體質人類學研究造成何種影響，值得持續關切。

五、結論

過去人類學者們對於人類學偏向人文或是科學，一直有不同的看法，但大多數人類學者皆認為體質人類學的本質應屬於科學，人文的成分較少。卻也因為帶有明顯的科學性格，體質人類學過去與其他人類學分支鮮少對話。但科學史的研究已經證明，所有的科學研究都必定與社會互動，科學的理論與技術不僅僅只是實驗室裡的一種專門事業，實際上與整體社會的發展密不可分。人類學在臺灣發展已逾百年，實在有必要為體質人類學這個在傳統認知中屬於純粹科學的人類學分支，打開一扇與社會互動的窗，面向芸芸眾生的多元與差異。本文中舉出臺灣體質人類學發展中的三個議題，即清楚顯示體質人類學和臺灣社會相互形塑、交互纏繞的演化過程。

從日治體質人類學傳統的興衰與其對臺灣醫界、政界的貢獻議題中，可以明顯觀察到體質人類學研究在日治末期與光復初期的存在，切中臺灣開業醫對博士學位的需求，大量提供申請日本論文博士的機會。但開業醫以體質人類學研究獲取學位、並晉升醫界或政界更高地位時，卻也造成體質人類學本身人才培育斷層的窘境。如此為特定人群服務，甚至壓縮本土人才養成，今日僅得日本學者參與研究，實屬國內學科發展中的異數。

　　從南島原鄉爭議與遺傳人類學的政治魔力議題中可以發現，遺傳人類學如何在臺灣多變的國族意識環境中，成為互相形塑的一員。此過程因特定生醫研究者錯誤解讀數據，讓原本無關國族意識的遺傳人類學知識被大眾誤用。有意思的是，今日許多國外文化人類學者多能針對體質人類學知識被其他學科誤用的情形，表現極度的關切並提出辨解，顯現國外人類學不同分支之間的距離並不如國內明顯，面對不同分支的爭議性議題更能夠互相支援，共同維護人類學知識的良好聲譽。

　　從原住民基因研究爭議與臺灣研究倫理發展議題中，則清楚顯現當代臺灣對於受試者權益保護從開始重視到立法保障，體質人類學者皆做出貢獻。體質人類學者從人類學尊重多元與全貌觀的學習當中，親身實踐研究倫理，帶領臺灣研究倫理審查制度的健全發展。

　　由以上三個議題探討可以得知，體質人類學過去在臺灣百年來的發展，絕非僅限於體質人類學內部、或僅與其他人類學分支之間的狹隘互動，實在影響了臺灣社會的政治、階級、國族意識、人權等發展，並反為這些社會力量所導引與形塑。因此，從事體質人類學研究的我輩，應當時時關注自身研究與其他人類學分支，以及整體社會的關連性，才不至於被侷限於象牙塔之中。引伸自科學哲學家 Sandra Harding 的名言：體質人類學對臺灣社會是如此的重要，以致於我們不能僅以體質人類學的角度，來思考此學科在社會的存在（傅大為 2009：65）。

參考書目

土肥直美、盧國賢
　　2008　臺灣大學醫學院收集人骨的人類學總和研究特集。人類學研究（日文版）116(2)：145-181。

欠田早苗
　　1974　臺灣在住諸族の人類學的研究——福建系、廣東系漢族ならびにタイヤル族，ルミ族について。人類誌82：269-288。

王淑美
　　2005　細說解剖學科——退休教授訪談記錄。網路資源，http：//med.mc.ntu.edu.tw/～anatomy/special.html。

王道還
　　1998　史語所的體質人類學家——李濟、史祿國、吳定良、楊希枚、余錦泉。刊於新學術之路——中央研究院歷史語言研究所七十周年紀念文集，頁163-187。臺北：中央研究院歷史語言研究所。

王敏東
　　2008　影響臺灣醫學的日本人——以臺北帝大解剖學專長之領導者為中心。臺灣史料研究32：47-61。

中央研究院民族學研究所
　　2012　人類學家的足跡。臺北：中央研究院民族學研究所。

安部國雄
　　1979　臺灣蘭嶼のヤミ族の形質人類學的研究——ヤミ族の80年間の時代的推移。人類誌87：19-36。

安部國雄、田村端
　　1981　臺灣原住民の生體計測學的研究——その分類の試み。人類誌89：181-196。

江漢聲
　　2011　基因與文化。人籟論辯月刊78：1。

李濟
　　1950　體質。刊於瑞岩民族學初步調查報告。南投：臺灣省文獻會出版。

李法軍
　　2007　生物人類學。廣州：中山大學出版社。
李筱峰
　　2010　序。刊於我們流著不同的血液──以血型、基因的科學證據揭開
　　　　　臺灣各族群身世之謎，林媽利著。臺北：前衛出版社。
余錦泉
　　1942　臺北州羅東郡平埔族の人類學の研究。臺灣醫學會雜誌 41：63-
　　　　　88。
　　1965　第三章：體質。刊於臺灣省通志稿卷八同冑志（第一冊），衛惠
　　　　　林、余錦泉、林衡立纂修。南投：臺灣省文獻會出版。
吳康文
　　1988　臺灣ブヌン族小學生の身體發育に關する形質人類學的研究。人類
　　　　　學輯報 46：63-88。
吳嘉苓、傅大為、雷祥麟 主編
　　2004　科技渴望社會。臺北：群學出版社。
吳俊瑩
　　2011　莫那魯道遺骸歸葬霧社始末。刊於臺灣與海洋亞洲研究通訊第五期
　　　　　霧社事件專號，頁 12-21。臺北：國立臺灣大學歷史學系臺灣與海
　　　　　洋亞洲研究領域發展計畫。
杜靖
　　2008　1895-1950 年間的中國體質人類學研究與教學活動述略。人類學學
　　　　　報 27：184-190。
金關丈夫
　　1954　臺灣における體質人類學方面の研究の概說。民族學研究 18：
　　　　　105-7。又刊於臺灣解剖學百年史 (1899-2003)，哈鴻潛、高田編
　　　　　著，頁 345-348。臺北：合記出版社。翻譯稿刊於南瀛文獻 30：
　　　　　56-61。
　　1978　形質人類誌。東京：法政大學出版局。

林惠祥

2001　臺灣者中國之土地。刊於天風海濤室遺稿：紀念林惠祥先生百年誕
辰，頁 217-51。廈門：鷺江出版社。

林媽利

2005　原住民基因解密。自由時報，自由廣場，9 月 23 日。

2010　我們流著不同的血液——以血型、基因的科學證據揭開臺灣各族
群身世之謎。臺北：前衛出版社。

林秀嫚

2008　臺灣生物人類學的晚近發展。南島學報 2：41-54。

哈鴻潛、高田

2004　臺灣解剖學百年史。臺北：合記圖書出版社。

范燕秋

2007　帝國政治與醫學——日本戰時總動員下的臺北帝國大學醫學部。
師大臺灣史學報 1：89-136。

鳥居龍藏

1897　有黥蕃の測定。地理學雜誌 9：518-519。

1898　臺灣基隆の平埔番の體格。東京人類學會雜誌 14：112-118。

1902　紅頭嶼土俗調查報告書。東京：東京帝國大學。

凌純聲

1952　古代閩越人與臺灣土著族。學術季刊 1：36-52。

鹿野忠雄

1952 [1943] 臺灣先史時代の文化層，宋文薰譯。南投：臺灣省文獻會。

國分直一、金關丈夫

1990　臺灣考古誌，譚繼山譯。臺北：武陵出版社。

張菁芳

1993　十三行遺址出土人骨之形態學與病理學分析及其比較研究。國立臺
灣大學人類學研究所碩士論文。

崔伊蘭

　　1997　人類學在臺灣發展的檢討與展望。考古人類學刊 52：185-210。

許重勝

　　1992　臺灣島嶼（澎湖島）住民と本島住民との生體學的比較研究。人類學輯報 51：1-25。

許重慶

　　1985　臺灣アミ族小學生の身體發育に關する形質人類學的研究。人類學輯報 42：29-48。

許木柱

　　2000　人類學學門成就評估報告。人文與社會科學簡訊 3(1)：31-34。

許維德

　　2013　把臺灣「高山族」變成中國「炎黃子孫」：以臺灣原住民起源「西來論」為核心的探索。刊於族群與國族認同的形成：臺灣客家、原住民與臺美人的研究，許維德著，頁 265-308。桃園：國立中央大學出版中心。

陳叔倬

　　1997　由遺傳指標觀察臺灣人與原住民間的類源關係。刊於族群政治與政策，施正鋒編，頁 303-320。臺北：前衛出版社。

　　2002　生物人類學在族群分類的角色——以邵族正名為例。考古人類學刊 59：90-115。

　　2006　賽夏族的遺傳組成。刊於賽夏學概論，林修澈主編，頁 229-253。苗栗：苗栗縣政府。

　　2011　人類學與國內研究倫理審查制度發展。人類學視野 6：6-9。

　　2014a　基因（血緣）「擴散而稀薄」是否合理？臺灣社會研究季刊 94：147-154。

　　2014b　血緣可能擴散而稀薄分佈，基因不可能。臺灣社會研究季刊 96：185-200。

陳叔倬、何傳坤

　2010　阿里山鄒族系統所屬與人群互動的生物人類學研究。發表於「2010
　　　　第六屆嘉義研究學術研討會」，國立嘉義大學主辦，嘉義，10 月
　　　　29-30 日。

陳叔倬、李其原

　2011　由清刑科題本檔案研究 18 世紀中國常民的身高與經濟發展。國立
　　　　自然科學博物館館訊 286。

陳叔倬、段洪坤

　2005a 西拉雅族的體質研究文獻回顧。發表於「第一屆南瀛學國際學術
　　　　研討會」，臺南縣政府南瀛國際人文研究中心主辦，臺南，10 月
　　　　15-6 日。

　2005b 西拉雅族體質文獻數據分析。建構西拉雅學術研討會論文集，葉春
　　　　榮主編，頁 191-208。臺南：臺南縣政府。

　2008　平埔血源與臺灣國族血統論。臺灣社會研究季刊 72：137-173。

　2009　臺灣原住民祖源基因檢驗的理論與統計謬誤。臺灣社會研究季刊
　　　　76：347-356。

陳叔倬、陳張培倫

　2011　社群研究同意權在臺灣的實踐——從噶瑪蘭社群否決與西拉雅社
　　　　群同意為例。臺灣原住民族研究季刊 4(3)：33-59。

陳叔倬、陳志軒、日宏煜、莫那瓦旦、賴其萬

　2010　原住民與基因研究者對於原住民基因研究的認知差異。臺灣原住民
　　　　族研究季刊 3(1)：29-62。

陳叔倬、吳紹基、蕭育民、賴欣梅、許木柱

　1999　臺灣南島族群的生物類緣關係：體質與遺傳基因的觀點。族群臺
　　　　灣：臺灣族群變遷研討會論文集，頁 187-209。中興新村：臺灣省
　　　　文獻委員會。

陳堯峰

　2010　臺灣體質人類學研究之回顧與現況。刊於當代體質人類學，陳堯
　　　　峰、許木柱編，頁 135-140。花蓮：慈濟大學。

黃樹仁

　　2013　沒有唐山媽？拓墾時期臺灣原漢通婚之研究。臺灣社會研究季刊
　　　　　93：1-48。

森丑之助

　　2000　偷竊髑髏懺悔錄。生蕃行腳——森丑之助的臺灣探險，楊南郡譯
　　　　　註，頁280-289。臺北：遠流。

須田昭義

　　1950a　臺灣シナ人（支那人）の人類學關する文獻。人類學雜誌61(1)：
　　　　　33-40。

　　1950b　臺灣原住民（平埔族を含む）の人類學關する文獻。人類學雜誌
　　　　　61(2)：39-46。

葉惠媛

　　2010　臺灣體質人類學研究的發展與回顧。人類與文化41：97-102。

葉高華

　　2010　臺灣漢人的基因戰爭。當前議題。臺北：國立臺灣大學科學教育發
　　　　　展中心。網路資源，http：//case.ntu.edu.tw/blog/?p=5788。

傅大為

　　2009　回答科學是什麼的三個答案。臺北：群學出版社。

喬健、高怡萍

　　1998　臺灣人類學的現況與發展：評述與建議。新亞學術集刊16：109-
　　　　　155。

臺灣國民會議

　　2009　臺灣民族獨立運動常識。臺灣國民會議製作。

臺灣人類學與民族學學會

　　2011　臺灣人類學與民族學學會倫理規範。網路資源，http：//www.
　　　　　taiwananthro.org.tw。

蔡錫圭

　　2009　體質人類學研究室源起。景福醫訊26(2)：2-5。

蔡錫圭、王淑美

　　2004　臺灣體質人類學的研究與金關丈夫教授。刊於臺灣解剖學百年史
　　　　　(1899-2003)，哈鴻潛、高田編著，頁 343-344。臺北：合記出版
　　　　　社。

蔡錫圭、盧國賢

　　2003　臺灣體質人類學研究的回顧與成果。臺灣醫學 7(1)：85-89。

劉枝萬

　　1990　臺灣民俗研究的回顧──金關丈夫博士歡迎座談會。民俗臺灣第
　　　　　一輯（武陵翻譯版），頁 8-16。臺北：武陵出版社。

劉麗娜

　　1989　臺灣科學的一種開始及其歷史轉折──以體質人類學及蛇毒研究
　　　　　之發展為例。國立清華大學歷史研究所碩士論文。

戴寶村

　　2011　作者簡介。臺灣的海洋歷史文化。臺北：玉山社。

Anderson, Benedict

　　1983　Imagined Communities: Reflection on the Origins and Spread of
　　　　　Nationalism. New York: Verso.

Barth, F., ed.

　　1969　Ethnic Groups and Boundaries. London: George Allen & Unwin.

Bellwood, Peter

　　1991　The Austronesian Dispersal and the Origin of Languages. Scientific
　　　　　American 265: 88-93.

Bolnick, D. A., et al.

　　2007　The Science and Business of Genetic Ancestry Testing. Science 318:
　　　　　399-400.

Brodwin, P.

　　2002　Genetics, Identity, and the Anthropology of Essentialism.
　　　　　Anthropological Quarterly 75: 323-30.

Blust, Robert

　　1984/5 The Austronesian Homeland: A Linguistic Perspective. Asian Perspectives 26(1): 45-67.

Chen, K. H., H. Cann, T. C. Chen, B. van West, and L. L. Cavalli-Sforza

　　1985　Genetic Markers of an Aboriginal Taiwanese Population. Am. J. Phys. Anthropology 66: 327-337.

Descola, P.

　　1996　Constructing Natures: Symbolic Ecology and Social Practice. *In* Nature and Society: Anthropological Perspectives. P. Descola and G. Pálsson, eds. Pp. 82-102. London and New York: Routledge.

Eriksen, T. H.

　　2004　Place, Kinship, and the Case for Non-Ethnic Nations. Nations and Nationalism 10: 49-62.

Gellner, Ernest

　　1983　Nations and Nationalism. Ithaca, N.Y.: Cornell University Press.

Jin, F.

　　1992　Genetic Study of Native Taiwan Populations Based on the Investigation of Red Cell Enzyme Genetic Markers. Ph.D. dissertation. Department of Anthropology, University of Tokyo.

Keyes, Charles F.

　　1976　Toward a New Formulation of the Concept of Ethnic Group. Ethnicity 3: 202-13.

Li, H., et al.

　　2008　Paternal Genetic Affinity between Western Austronesian and Daic Populations. BMC Evolutionary Biology 8: 146.

Lin, M., and R. E. Broadberry

　　1998　Immunohematology in Taiwan. Transfu. Med. Review 12: 56-72.

Lin, M., C. C. Chu, H. L. Lee, S. L. Chang, J. Ohashi, K. Tokunaga, T. Akaza, and T. Juji

    2000　Heterogeneity of Taiwan's Indigenous Population: Possible Relation to Prehistoric Mongoloid Dispersals. Tissue Antigens 55: 1-9.

Lin, M., C-C. Chu, R. E. Broadberry, L-C. Yu, J-H. Loo, J. A. Trejaut

    2005　Genetic Diversity of Taiwan's Indigenous Peoples: Possible Relationship with Insular Southeast Asia. *In* The Peopling of East Asia: Putting Together Archaeology, Linguistics, and Genetics. L. Sagart, R. Blench, and A. Sanchez-Mazas, eds. Pp.230-247. London and New York: Routledge Curzon.

Lindee, M. S., A. H. Goodman, and D. Heath

    2003　Introduction: Anthropology in the Age of Genetics—Practice, Discourse, and Critique. *In* Genetic Nature/Culture: Anthropology and Science beyond the Two-Culture Divide. A. H. Goodman, D. Heath, and M. S. Lindee, eds. Pp. 1-19. Berkeley: University of California Press.

Liu, J. A.

    2012　Aboriginal Fractions: Enumerating Identity in Taiwan. Medical Anthropology 31(4): 329-46.

Rabinow, Paul

    2002　French DNA: Trouble in Purgatory. IL: University Of Chicago Press.

Santos, R. S., and C. M. Maio

    2004　Race, Genomics, Identities and Politics in Contemporary Brazil. Critique of Anthropology 24: 347-398.

Simpson, Moira G.

    1996　Bones of Contention: Human Remains in Museum Collections. *In* Making Representations—Museums in the Post-Colonial Era. Pp.173-190. London and New York: Routledge.

Smith, Anthony D.

　　1998　Nationalism and Modernity: A Critical Survey of Recent Theories of Nations and Nationalism. New York: Routledge.

Snyder, Louis L.

　　1990　Encyclopedia of Nationalism. London: St. James Press.

Stainton, Michael

　　1999　The Politics of Taiwan Aboriginal Origins. *In* Taiwan: A New History. Murray A. Rubinstein, ed. Pp. 27-44. New York: M. E. Sharpe.

Trejaut, J. A., T. Kivisild, J. H. Loo, C. L. Lee, C. L. He, et al.

　　2005　Traces of Archaic Mitochondrial Lineages Persist in Austronesian-Speaking Formosan Populations. PLoS Biol 3(8): e247.

Trejaut, J. A., T. Kivisid, J. H. Loo, C. L. Lee, C. L. He, C. C. Chu, H. L. Lee, and M. Lin

　　2008　Maternal Linage Ancestry of Taiwan Aborigines Shared with the Polynesians. *In* Past Human Migrations in East Asia: Matching Archaeology, Linguistics and Genetics. A. Sanchez-Mazas, et al., eds. Pp. 334-348. London and New York: Routledge Curzon.

Tsai, Yu-Yueh

　　2010　Geneticizing Ethnicity: A Study of the Taiwan Bio-Bank. East Asian Science, Technology and Society: An International Journal (EASTS) 4(3): 433-455.

Weber, Max

　　1968 [1922] Economy and Society. Guenther Roth and Claus Wittich, eds. Berkeley: University of California Press.

The Interaction of Physical Anthropology and Taiwan Society: A Century-Old Tale

Shu-Juo Chen

Department of Anthropology, National Museum of Natural Science

Graduate Institute of Anthropology, National Chi Nan University

General Education Center, China Medical University

Physical anthropology is one of the four sub-disciplines of anthropology with a longtime stereotype that places a deeper emphasis on scientific methods and techniques in its research. As such, this stereotype hinders horizontal communication within other anthropological sub-disciplines and gives the general public an impression that it is just pursuing knowledge for the academic sake. To break the stereotype, this article reviews how physical anthropological studies have shaped and been shaped by Taiwan society on three important issues over the last hundred: 1. The fall of traditional physical anthropology and its shortcut function to nurture Taiwanese medical and political elites. 2. The genetic anthropological research to the origin of Taiwan Austronesian and its implication to Taiwanese identity. 3. The ethical dispute on the genetic studies of indigenous peoples and its impulse to the protection of human subjects in research. Through the discussion of the above mentioned topics, this paper reveals that Taiwan physical anthropology was not only a field played by scholars within the tower of ivory, but have also shaped and been shaped by politics, classes, national identity and human right issues in Taiwan.

Keywords: *Physical anthropology, Genetic anthropology, History of medicine, Austronesian origin, Nationalism, Research ethics*

第二篇
臺灣社會的蛻變

導　讀

林淑蓉、陳中民

　　這個單元「臺灣社會的蛻變」共收納了四篇文章：陳其南的〈臺灣「南島問題」的探索：臺灣原住民族研究的一些回顧〉、林開世的〈對臺灣人類學界族群建構研究的檢討：一個建構論的觀點〉、呂欣怡的〈地方文化的再創造：從社區總體營造到社區文化產業〉與張珣的〈重讀臺灣漢人宗教研究：從「國家與民間信仰的關係」的角度〉。我們希望從臺灣南島民族研究、族群研究、漢人社區研究的新趨向及宗教研究等四個不同的方向來呈現百年來臺灣社會的蛻變。陳其南的文章，是一篇紮實的以臺灣南島民族的起源作為核心的回顧性文章，其回顧的文獻包括國內外學者的論著，並歷經從十七、八世紀到當代的文獻與理論性討論，提供給讀者相當完整的理解脈絡。而林開世的文章，雖然不是一篇實質性的回顧性文章，但卻是以臺灣的族群研究與族群運動作為出發點，提供我們重新思考族群性議題的啟發性文章。呂欣怡以民族誌的資料討論臺灣的地方社會，社區的「再造」過程。張珣的文章則是一篇文獻的回顧，「重讀」百年來本土、日本及英美學者以臺灣漢人的民間信仰為主題的研究成果。乍看之下，這兩篇論文好像沒有很直接、明顯的關聯。細讀之後，我們會發現兩位作者不約而同把她們論文的主軸放在一個人類學者研究複雜社會時經常關注及探討的議題上。即，在複雜社會中，國家的政策、行政措施如何影響、型塑地方社會與文化；地方社會又如何應對、適應「外來」的政經文化策略。在這樣的脈絡中，兩位作者都對地方社會的能動性提供了詳細的資料與系統性的論述，展示了「國家」與「地方社會」、「民間信仰」之間的動態關係。

　　第一篇文章，陳其南的〈臺灣「南島問題」的探索：臺灣原住民族研究的一些回顧〉一文，以近年來臺灣原住民族逐漸被學界認定為乃是南島語族的原鄉作為出發點，從國內外學者的語言學、考古學及民族學研究，深入地

回顧並討論過去學界的研究所呈現的論點與研究方法之問題，尤其是從語言材料來分析，將臺灣視為南島民族的原鄉。陳其南以 Saussure 的語言學之共時性、歷時性及地理性三個範疇作為解析的架構，探討的文獻包括南島語族的起源、族群系譜關係和社會文化制度等課題。而在時間深度上，則從十七世紀以來荷蘭人及西班牙人佔領臺灣時所留下的記錄開始，歷經日治時期日本學者的臺灣原住民研究，早期國內學界的考古學與民族學研究所採用的文化比較分析論點，到近二十年來以語言學的語料作為論證，逐漸將臺灣的南島民族視為南島語族的原鄉之論點。

　　首先，陳其南提到十七世紀歐洲的地理大發現，臺灣進入了世界版圖，開啟了對臺灣的探尋與研究興趣。早期以啟蒙式的思維並以語言學研究為主，後轉以古典語言學的架構，並發揮對臺灣的想像。接著進入二十世紀，臺灣及日本學者以南來說或北來說來框架南島民族如何進入臺灣。無論是語言學的研究或南來說的論點都是歷時性的思維而皆有其困境。最後，陳其南討論國內外民族學者與人類學者針對區域族群文化之特殊的文化社會制度而進行的文化比較研究。其中，包括國際知名學者如 Lévi-Strauss、Sahlins 的理論如何被國內外學者所應用，以釐清臺灣南島民族的特性，例如晚近許多學者採用 Lévi-Strauss 的 house（世家）概念來分析社會文化制度的源起與傳承關係。陳其南認為臺灣只是一個島嶼，其地理範圍相當侷限，在分析臺灣南島民族特質與源起問題時，需要將各族分開處理，分別與其他區域內的族群文化進行文化比較研究。亦即，探討源起、傳播等歷史性的問題，可能需要先釐清區域內不同原住民族群的文化特質之間所存在的同構關係。他認為有些社會文化制度相當穩定，亦可作為釐清臺灣民族問題的關鍵。

　　族群研究乃是臺灣學界近二、三十年來非常熱門的議題，並常與族群意識的建構或族群運動結合。林開世的〈對臺灣人類學界族群建構研究的檢討：一個建構論的觀點〉一文，其書寫的策略在於解析臺灣人類學界在探討族群性時所採取的概念與理論觀點，提出其中的矛盾問題，而非直接回顧臺灣學者的族群研究成果。首先林開世討論什麼是族群性，接著他探討什麼是社會或文化建構論，然後進入臺灣的四大族群分類的問題，最後討論當代具

有前瞻性議題的族群性研究。林在本文的書寫態度，採用了 Comaroff 夫婦的看法，認為族群性不是一個具體可觀察描述的客觀實體，而是在特殊的政經結構下，人們用來溝通與建構社會關係的符號。

　　林開世認為國內學界的族群研究及族群運動論點，似乎從族群研究過去所常採用的原生論、工具論直接跳到含括更為廣泛意涵的建構論立場，但卻忽略了建構論觀點的模糊性與其中所存在的矛盾之處。這包括許多研究常將族群性這個分析概念當作一個實體，或族群的分類範疇當成具體的群體，但卻無法進一步探討族群與文化特質的關係為何。其次，林開世認為國內學界在族群性的界定與立場上，常與其他的分析概念相互糾纏，例如親屬、階級及地緣，如此更無法釐清臺灣學界所習以為常的四大族群分類系統的族群特質為何。最後，林開世認為族群性問題，在當代全球化與複雜的政治經濟環境下，具有極端的商品化與政治化的趨向，經常相互塑造，族群性議題乃與產權及資本相互結合，成為未來學界可以進一步探討的問題。

　　第三篇文章，呂欣怡以她長期在宜蘭縣蘇澳白米社區的研究資料，呈現了一個缺乏凝聚傳統的地方社會組織（如宗族組織，以寺廟為中心的宗教組織）的鄉村聚落，如何在文建會、經濟部及內政部所頒行的政策的驅動、獎勵之下，把白米社區從一個缺乏傳統連帶、內聚力薄弱的勞工聚落建立新的社區凝聚，把他們鬆散的居住區建構成一個現代的新「社區」。

　　最後，張珣的〈重讀〉是一篇回顧過去百年人類學者對臺灣民間信仰所作的研究成果的文章。回顧性的文章不好寫，因為內容複雜常有遺珠之憾；即使「回顧」得很完整，避開了「顧此失彼」之嫌，寫回顧性的文章常常有可能被認為是在「炒冷飯」。張珣的這篇回顧選用了「國家與民間信仰的關係」的角度很成功地避開了上述那兩種常見的困境。張珣以清帝國、日本殖民時代政府、國民政府的宗教、社會政策為綱，把過去學者研究不同時期的臺灣民間信仰的成果串連起來，並清晰地呈現了在不同的政治環境之下，民間信仰發展的脈絡。更值得注意的是，張珣在本文中探討了不同時期的研究者如何因為他們各自的政治、文化、學術背景的差異，而選用了不同的研究途徑、理論間架。

臺灣「南島問題」的探索：
臺灣原住民族研究的一些回顧

陳其南[*]

國立臺灣大學人類學系

　　本文以南島語族從臺灣原鄉向島嶼東南亞和玻里尼西亞擴散遷移模式為出發點，一方面就縱深的角度探索地理大發現時代以來不同語文對於臺灣原住民的描繪、想像和論述，及其在世界知識體系形成脈絡中被建構之過程。在此探索過程中，有關臺灣和南島文化關連性的課題也一一浮現，不只南島語族擴散模式，其他包括構成玻里尼西亞社會特徵的酋長制和貴族階層、普遍存在於南島社會的非單系繼承制及其後續的世家（家屋）社會理論等南島人類學研究的幾個理論課題。針對這些課題的方法論性質，本文採取了索緒爾語言學的共時性、歷時性和地緣性等概念架構來加以討論。最後則是由此比較語言現象和文化現象在性質上的異同及其對於南島研究的啟示。

關鍵字：南島語族、臺灣原住民、臺灣史前史、社會組織、親屬研究

────────────

* 作者對審查人和編輯用心給予本文初稿的批評意見與耐心協助，誠致萬分謝意。

一、導論

　　這是一篇關於臺灣原住民族研究史的評論文章，涵蓋的時間從十七世紀初荷蘭人對這些族群的記錄開始，到當代李維史陀「世家社會」(house society) 論帶給南島研究的啟發為止，前後約近四百年的時間。本文試圖從這漫長的知識累積過程中尋找一個以臺灣原住民族為焦點的族群觀念和人類學研究概念之歷史軌跡。這段時間幾乎以每半個世紀為一階段都可以找出那個時代的關心母題，其中又以下述三個時期最具指標意義：

(1) 十七世紀上半葉荷蘭人留下一些關於臺灣原住民的民族誌和語言記錄，給予下半葉的歐洲人可以想像臺灣的充分資源。這個時代雖已進入啟蒙運動的歷史過程，但是在有關臺灣原住民的知識想像這議題上歐洲人的反應模式仍可見到諸多前啟蒙的樣態。

(2) 二十世紀下半葉的歷史語言學建立了南島語族臺灣原鄉論及其擴散序列，對於有關南島和臺灣原住民的研究課題提供了新的座標和視野。這個議題可視為一種典型的啟蒙現代思維，特別表現在其作為「時空序列差異化」的秩序認知範型。

(3) 約略同一時間，李維史陀提出了一個對於南島和臺灣原住民社會文化研究深具啟發性的「世家社會」論。其共時性的觀念與南島原鄉論的歷時性思維相對應，可以說是一種後啟蒙的思想範式。

　　所以，我們可以分別從前啟蒙、啟蒙和後啟蒙三個階段概念來探索臺灣南島族群研究的知識類型。這裡借用了索緒爾 (Ferdinand de Saussure) 在《普通語言學教程》一書中揭示的歷時性 (diachronic)、地緣性 (geographic) 和共時性 (synchronic) 三個方法論概念來定位不同議題的性質。例如南島原鄉擴散論，基本上是透過不同語言分群和考古遺址定年的比較，建構其彼此之間在空間和時間序列的親疏遠近之系譜關係，是典型的「歷時性」與「地緣性」比較方法。而「共時性」研究要闡明的則是語言現象中一種內在於構成系統的元素之間的邏輯關係，這些系統元素是同一集體所經驗到且同時存在的

(Saussure 1959: 100; 1980: 143)。

　　接著本文即按照時序討論每一個階段所呈現的認知類型。十七世紀下半葉以荷蘭人的民族誌材料為基礎出現在很多不同語文的航海記，歐洲人發揮了有關臺灣福爾摩沙人的諸多想像，其特色是缺乏時空差異的特質，可視之為一種前啟蒙類型的知識型態。這些材料也提供給像孟德斯鳩等十八世紀初著名啟蒙思想家立論的案例資源。另一方面，一些古典的西方語言學者也開始依據荷蘭人為傳教需要所編輯的雙語對照文本進行語言學的探索，並以此識別臺灣原住民的身分歸屬。此後臺灣原住民族就在世界知識體系脈絡中逐漸被確定為屬於「馬來」的一支。意涵中心地位的「固有」馬來 (the Malays proper) 則是位在地理上另一頭的馬六甲一帶，也就是歐洲人東來最先抵達並初識南島語族的地方。

　　到了十九世紀下半葉近代人類學逐漸建立其知識體系，「馬來」和「玻里尼西亞」兩地區在語言上的親緣性逐漸被確立，而狹義的「玻里尼西亞」地區也構成了另一個人類學理論資源中心。這兩個地理名詞終於正式合而為一，成為新的「馬來—玻里尼西亞」(Malayo-Polynesian) 概念。進入二十世紀，有關臺灣原住民社會文化制度的詮釋不得不以此概念做為參考座標來思考和指涉。這個過程說明了近代世界知識的建構基本上也深受空間和歷史事件序列相當程度的宰制。

　　同樣的問題也發生在有關臺灣原住民族祖先的史前史研究領域。二十世紀中葉，以日本、中國和臺灣學者為主的研究論述，也許是材料本身或是意識形態的理由，雖然擺脫了上述的南來說，卻轉移到另一種北來說或中國中原中心論。最後是在上述語言學的南島原鄉論崛起之後，此種建立在文化傳播論觀點的歷時性推測才告一段落。

　　到了二十世紀下半葉，以李維史陀為代表的人類學研究，採取一種索緒爾語言學的共時性觀點來理解社會文化制度差異的本質，包括他的親屬基本結構理論和世家社會理論 (Lévi-Strauss 1949, 1979)，而在案例的比較上都不受時間與空間的限制。也就是說，具有相同結構的兩個社會彼此之間並不代表

就有何歷時性或地緣性的連結。相較於啟蒙意識濃厚的「時空序列差異化」模式，李維史陀的共時性觀點，就如他在《憂鬱的熱帶》(Lévi-Strauss 1961) 一書所表達的，試圖在另外一個層次上對啟蒙思維提出批判，也對線型進化論的西方知識中心觀點提出質疑。

在社會文化制度的比較研究方面，南島語族擴散模式的主要建構者 Robert Blust 及其他南島人類學研究者，James Fox、P. A. Kirch、Roger Green 等，近年來都發表過多篇論著，嘗試從語彙的比較推測南島民族早期的文化和社會組織特質，包括親屬制度中的婚盟說 (alliance)、系性任選制 (cognatic kinship)、繼嗣法則 (descent)、大部族 (phratry) 和家屋組織等問題（參見參考書目各作者項下）。相對於這些只是單純地依賴用語的重建和比較去推測該語族之原型制度特色，事實上社會文化制度常常是一種複雜的叢結現象，例如在南島人類研究具有重要理論意涵的非單系繼嗣 (non-unilineal descent)、酋長制度 (chiefdom)、世家社會 (house society) 或「起源結構」(origin structure) 等課題。本文也以臺灣原住民人類學研究案例來說明這種比較研究的一些問題。

其中一個重要意涵是，臺灣原住民既然在語言演化上可能是這些語族的原鄉所在，那麼他們彼此之間是否在社會文化制度上也具有系譜性或成因性的關係？或是完全與此問題無關，純粹屬於李維史陀式的共時性議題？經由上述這些概念的省思，語言與社會文化制度之間的歷時性面向是否有對應關係？而這種對應關係是否能反映在臺灣和其他南島民族之間的比較研究課題上？臺灣和其他南島民族之間本來就有不少語彙是同源的，這些語彙也具有強烈的社會文化制度意涵。在這基礎上是否可以建立一個泛南島比較研究方向，也許是值得繼續追尋的目標。

二、南島世界的時空圖譜

（一）地理、族群和語言的命名

　　今天一般所稱「南島語族」的分佈範圍（圖一），最西邊達非洲東岸馬達加斯加島上的馬拉加西人 (Malagasy)，最南邊是紐西蘭的毛利人 (Maori)，極東則靠近南美洲西岸復活節島上的拉帕努伊人 (Rapa Nui) 人，北邊有夏威夷人 (Hawaiian) 和臺灣的「福爾摩沙人」(Formosan)，即臺灣原住民諸族。東西之間橫跨印度洋和太平洋，經線達 240 度，而南北之間也占有緯線約 70 度。整個空間範圍幾乎超過半個地球。

　　一如其他許多課題，有關南島世界的概念也是源於歐洲人的認識。雖然現代地理知識從十六世紀大航海時代就已開始，但是總體圖像卻是十八世紀下半葉才比較完整。這裡根據 Douglas (2008) 和 Tcherkézoff (2003) 的研究將整個歷程整理如下。最起初似乎是整個太平洋島嶼地區，包括島嶼東南亞部分，都被稱為「玻里尼西亞」（Polynésie，意為「多島」），那是 1756 年法國一位航海記作家 Charles de Brosses 的命名。過了半個世紀，1804 年有兩位法國人 Edme Mentelle 和 Conrad Malte-Brun 提出以「大洋洲」(Océanique, Oceanica) 這個字作為包含澳洲大陸在內的名稱，而將玻里尼西亞限定為這一地區膚色較淡的人種所居範圍。後來有人將用語正名為 Océanie (Oceania)。

　　此後，「玻里尼西亞」和「大洋洲」這兩個名詞就經常交錯使用，所指範圍變得有些混亂。如接受廣義的「大洋洲」概念，原來「玻里尼西亞」的範圍就退縮到不再把島嶼東南亞包括在內。英國和美國在這段時間也有人開始採用法國人所提的這個概念，而以大洋洲來指稱亞洲和美洲之間的所有海上島嶼。英國的人種學家 James C. Prichard (1843: 326-7) 甚至覺得大洋洲 (Oceanica) 應包括馬達加斯加在內的所有南方海洋島嶼。可是還是有不少人繼續使用廣義的玻里尼西亞概念，並分為「東玻里尼西亞」和「西玻里尼西亞」。1820 年代的法國博物學家 Rene-Primevere Lesson 就保留這個看法，而將「大洋洲」用語限定於今日所稱狹義的玻里尼西亞範圍。接受廣義「大洋

洲」的法國人 Dumont d'Urville (1832, 2003) 在 1832 年的法國地理學會上提議將「大洋洲」這個大區塊再做細分：西邊的「馬來亞」(Malaysia)、東邊的「玻里尼西亞」(Polynesia)、北邊的密克羅尼西亞 （Micronesia，「細小島嶼」之意）和南邊的美拉尼西亞（Melanesia，「黑色島嶼」之意）。這樣，「玻里尼西亞」範圍就更縮小到不包括密克羅尼西亞和美拉尼西亞。而今日「大洋洲」通用的範圍則只包括玻里尼西亞、密克羅尼西亞和美拉尼西亞三群島，即介於最廣義和最狹義中間的「玻里尼西亞」。

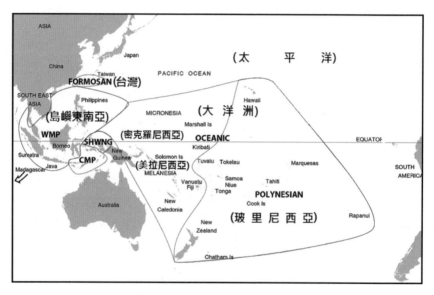

〔圖一〕南島世界分區圖（據 Ross 2008: 162）

（二）從「馬來—玻里尼西亞」到「南島」

　　雖然上述的命名過程已帶有人種分布的考量，但還是不敷語言學和人類學的需求。如所周知，「馬來—玻里尼西亞」和「南島」才是這兩個學科最常使用的名詞。從十八世紀初至十九世紀初，稱為「馬來語」的分佈範圍涵蓋地區從馬達加斯加，經馬六甲到印尼諸島，及其以東的太平洋諸島，這個

事實已廣泛為具有代表性的早期語言學者所確認 (Reland 1708: 120-1; Hervás 1801 (II): 54)。而十九世紀初 J. C. Adelung (1806) 和 J. H. von Klaproth (1822, 1826) 據荷蘭時期出版的文獻分析，也已認定臺灣的福爾摩沙語和東南亞、大洋洲、馬達加斯加等大馬來語系有關。但臺灣從來並不被視為上述任何意義之大洋洲或玻里尼西亞的一部分。

　　實際上，「玻里尼西亞」仍然被視為是一個可以涵蓋密克羅尼西亞和美拉尼西亞在內的籠統名稱，而與「馬來」相對。在語言學和人類學中，將「馬來」和「玻里尼西亞」結合起來成為「馬來—玻里尼西亞」(Malayo-Polynesian) 的複合詞變得很實用。它一方面尊重地理範圍劃分的傳統，但也呈現了這些不同地區在文化和語言方面的同一性。就在 Dumont d'Urville 重新劃分大洋洲為馬來、玻里尼西亞等四區塊的時候，語言學和人種學兩個不同領域也各自發展新的用語。

　　語言學方面向來的印象是依 Wilhelm Schmidt (1906) 之說而認為「馬來—玻里尼西亞」是 Wilhelm von Humboldt 所創 (Blust 1995a: 454)。但是 Malcolm Ross (1996: 144) 翻查 Schmidt 這本書，發現他沒清楚這麼說過。也查了 Humboldt 著作，特別是 1836-9 年討論古爪哇語 (Kawi) 的名著，確定都只用「馬來語」之名涵蓋玻里尼西亞語。因此 Ross 認為應該是另一位德國語言學家 Franz Bopp (1841)，他的一冊專論馬來玻里尼西亞語和印歐語關係的小書標題就是用 "malayisch-polynesischen" 這個複合字。但是看不出 Bopp 的特別用意，也許只是為了與「印歐」(indisch-europäischen) 這個複合詞對稱。不過，Schmidt 給人的錯覺應該是出自另一篇關於大洋洲三群島區的論著 (Schmidt 1899: 245)，其中提到 Humboldt 關於爪哇語的著作充分論證了馬來語和玻里尼西亞語之間的親緣關係，從那以後就開始有了「馬來—玻里尼西亞」的用語。可能是這個籠統的意涵被誤認為是確定的說法。

　　同樣這個用語在人類學則有不同的故事。Ross 文章中也提到，英國人種學家 James C. Prichard 在 1842 年就使用了 "Malayo-Polynesian" 這個英文字來指稱種族。根據 Prichard《人類的自然史》(1843) 一書，原來這一地區就有分

成 Malayan、Polynesian 和 Oceanic 三個不同種族，他主張合稱為「馬來—玻里尼西亞」(Malayo-Polynesian)，簡稱「馬來族」(the Malayan race)，他並未引述任何其他著作 (Prichard 1843: 327)。接著，他又將「馬來—玻里尼西亞」分三個小群，一是「印度馬來」(Indo-Malayan)，包括馬六甲一帶的「固有馬來」(the Malays proper)及其他東南亞島嶼區。二是玻里尼西亞（或大洋洲人種），三為馬達加斯加。包含範圍並未提及臺灣 (ibid.: 328)。

「馬來—玻里尼西亞」後來成為人類學界沿用的傳統，例如 1950 年代研究此區的相關著作 (Murdock 1949: 349-350; Goodenough 1955)。歷來研究臺灣原住民的學者也不例外，馬淵東一 (Mabuchi 1988b: 209) 在 1977 年訪談錄中仍然是認為「馬來—玻里尼西亞」就是「南島」，他也一直習慣用「馬來—玻里尼西亞」來指稱臺灣原住民族。

「南島」(Austronesian) 之稱的出現時間相當晚，1899 年 Wilhelm Schmidt 仿 “Australia”（澳洲，原意「南方陸地」）這個字提出以 “Austronesia”（「南方島嶼」之意）代替原來的「馬來—玻里尼西亞」，因為後者的名稱並無法涵蓋「美拉尼西亞」和「密克羅尼西亞」(Schmidt 1899: 245; Blust 1995a: 454; Ross 1996: 143)。Schmidt 標題中也以「印尼語」取代「馬來語」的稱呼，範圍則已包括臺灣在內 (Schmidt 1899: 246)。

一如後面將提到的，在南島語言學的分類中，「南島語」最上層分支包括幾種臺灣福爾摩沙語，以及全部只能算作一種的「馬來—玻里尼西亞語」。精確地說，根據語系劃分，「馬來—玻里尼西亞」並沒有包括福爾摩沙在內，這就跟後來民族學或人種學在使用同一個名稱時所指範圍不一樣。換句話說，同樣的西文字 “Malayo-Polynesian”，在指稱語言或族群時，其內容範圍並不一致。「南島」也有同樣的問題，研究過南島原鄉和遷移擴散問題的 Jeff Marck (2002: 7) 認為：「語言學家從來沒宣稱有南島『人或民族』(people) 這件事，頂多只是在意指那些使用古南島語及其派生語的人或族

群。」[1] 這兩個字在中譯時可以把語言學的概念譯作「語族」，而與「民族」或「族群」有所區別。但是，「南島」一語在逐漸通用之後，也就被用來泛指地理範圍以及語族、民族、族群、社會或人等對象。不像「馬來—玻里尼西亞」，「南島」的語意對象範圍在語言和文化族群上較無不同。至少人類學在指稱這些文化或族群時歷來並沒有其他更精準的用語。為此 W.G. Solheim (1988, 1996) 曾提出「島人」(Nusantau) 這個新詞，由南島語的「島」(nusan) 和「人」(tau，即是蘭嶼的「達悟」或馬卡道的「道」) 組成，但除了他之外幾乎沒人採用。

（三）從語言中尋找過去

　　在尋找不同地區之間的南島語言之譜系發生學關係時，語言學家最早是採取一種稱為語言古生物學 (linguistic paleontology) 的方法，透過自然和生態語彙意義的重建比較，而擬測該語言使用者早期可能居住的地理生態環境。荷蘭語言學家 Hendrik Kern (1889, 1976) 從一些被認為是古南島語共有的語彙中，在意義上與植物、動物或跟地理環境相關的事物，推測出「馬來—玻里尼西亞人」(Maleisch-Polynesische volken) 祖先可能的生活環境，「不僅住的地方靠海，而且是個航海民族」，大概是居住在占婆 (Champa)、中越交界處、高棉以及臨近的沿海地區，即中南半島 (Kern 1889: 287, 1976: 80; Anceaux 1965: 419-420; Li, P. 2011: 23-29)。隔了半個多世紀，美國語言學家 Isidore Dyen (1965) 和 Robert Blust (1984-5, 1995a) 也都用過同樣的方法探討南島語族的原鄉問題，但是他們已不再局限於語言古生物學的概念，Dyen 採用了詞彙統計學 (lexicostatistics) 的分析，Blust 更結合語言譜系發生學 (phylogenetic) 的「分支」或「歸類」(grouping) 方法和考古遺址定年的輔助。不過，Dyen 認為南島原鄉應該比較可能會是在西美拉尼西亞和東新幾內亞地區（Bismarck、New Hebrides 和 New Britain 等群島），然後再由此向其他方向移動 (Dyen

---

1 原文：“The linguists have never claimed there was an Austronesian 'people', other than in the sense of people speaking Proto Austronesian and descendant languages.” (Marck 2002: 7)

1962: 44, 1963: 270-1, 1965: 287, 1971: 13; Anceaux 1965: 424-6; P. Li 2011: 29-37）。而 Blust (1984-5) 的結論，如下所述，傾向於認定臺灣最可能是南島原鄉所在。

　　語言古生物學的概念有些部分是透過外在的地理環境和生活方式在語彙上所留下的印記來推測其系統發生關係。比較起來「分支」或「分群」的方法一方面辨識出各個語言現象單元，另一方面或是透過同源詞彙 (cognates) 推測古語形式，或是依賴音韻和文法創新變化規律，而逐漸釐清各語言之間的派生關係，最後建構出該語族的譜系系統 (Pawley and Ross 1993; Blust 1995a, 1999)。用索緒爾的概念，後者是語言內在系統之自主性變化，而前者雖然也是語言現象，但其變化則至少有部分是出自外在於語言自主的狀態。如果將文化現象比喻為語言現象，也將會有類似的分別。

　　從音韻學出發的分類，法國語言學家 André G. Haudricourt (1965: 315-6) 曾將所有南島語系 (Malayo-Polynesiennes, Austronesian) 重建成三個支系關係：西支的「印度尼西亞語」、北支的福爾摩沙、東支的大洋洲，包括玻里尼西亞、美拉尼西亞和部分密克羅尼西亞。後來 Otto C. Dahl (1976: 128-9) 也得到相同模式，即福爾摩沙、東支（大洋洲）和西支（島嶼東南亞）。他更進一步認為東西兩支可以合起來相對於臺灣構成共同的一支，而臺灣的南島語可以說是古南島語最先分化出來的。南島語分支系統的研究，到了 Robert Blust 有了比較完整的模式出現（圖二）：「古南島語」(Proto AN) 之下分為「福爾摩沙語」(F) 和「古馬來—玻里尼西亞語」（Proto MP，以下簡稱「馬玻語」）兩支，「馬玻語」一支之下再分為「西馬玻語」(WMP) 和「古中東馬玻語」(Proto CEMP)，而「古中東馬玻」又分為「中馬玻」(CMP) 和「古東馬玻」(Proto EMP)。古東馬玻語則進一步分化為「南哈爾馬哈拉 (Halmahera) 和西新幾內亞」(SHWNG) 一支與古大洋洲語 (Proto Oceanic) 一支 (Blust 1977, 2012: 541-2)。在西文的著作中，通常將臺灣島上的南島語族統稱為 "Formosan"（福爾摩沙人）或 "Formosan languages"（福爾摩沙語）。本文將延續這種用法，有時也會把「福爾摩沙語」略為「福島語」(F)。

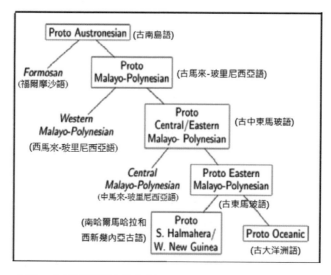

〔圖二〕南島語系分支圖 (Blust 1977; Ross 2008: 165)

（四）統一的或分裂的臺灣

　　圖二雖然簡單，但也有其局限性。因為右邊從上到下一直線下來好像代表一個直系傳承關係，而左邊部分則像是從右邊的主幹所分出去，有旁出的感覺。實際上每一個分支節點上並無枝幹之別，而且左邊各分支也是從開始就直接延續到當代，只是中間比較少再分化，例如臺灣島內諸族，因此說不定反而保留了更多的古語遺留；或說，在某種意義上是比較接近古語。

　　圖示和真實狀況可能還有另一個落差。依語言學家的說法，福爾摩沙語 (F) 和古馬玻語並不一定像圖二那樣是同位階相對應的兩大語群。福爾摩沙語不僅較古老，譜系位階較高，而且不是只有一種與古馬玻語相對的語言。比較正確的圖解應該是福爾摩沙語只是一個統稱，不代表是先有「一種」福爾摩沙語，然後再分化為好幾種。這也意涵著當初從別的地方移入臺灣前，臺灣的南島語族就已分成很多支了。如果這是比較正確的理解，那麼應該是像後來重繪的圖三所示，左邊分出去的部分一開始就是多個分支的。「西馬玻

語」(WMP) 和「古中東馬玻語」(CEMP) 以下的狀況也是一樣。

　　Dyen (1965: 304, 1971: 13-4) 曾經用詞彙統計學的方式很有說服力地證明臺灣福島語的多樣性。而 Dahl (1976) 更加上音韻和文法分析，認為福島語 (F) 不只是第一個派出分支，而且是多元的。Blust 最初是將南島語系分為四支：泰雅語、鄒語、排灣語和馬來玻里尼西亞語，其中的前三支都是福爾摩沙語。後來，Blust (1999: 45, 2012: 542) 提出了一個更細緻的如圖三的分支模式，將臺灣可以辨識其存在過的 28 種南島語（尚存 14 種），歸納成九支：1. 泰雅（包括兩種）；2. 東臺灣（包括五種，其中噶瑪蘭和西拉雅兩種已消失，剩下阿美）；3. 卑南；4. 排灣；5. 魯凱；6. 鄒（包括三種）；7. 布農；8. 西部平原（包括五種，Taokas、Babuza、Papora 和 Hoanya 四種已消失，只剩邵語）；9. 西北（包括三種，Kulon 已消失，剩賽夏和巴澤海）。這九支彼此並列，相互之間的位階關係同等。蘭嶼的達悟族不算在這九支裡面，達悟族所說的雅美語不算福爾摩沙語，它被歸類為比較接近菲律賓方面的「馬來—玻里尼西亞語」。如果蘭嶼也算入臺灣的一部分，那麼整個臺灣實際上就擁有了南島語族的所有十個支系了。

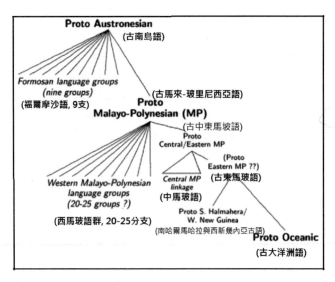

〔圖三〕南島語系分支架構圖解 (Ross 2008: 170; Blust 2009: 33; Donahue and Denham 2010: 226; Bellwood, *et al*. 2011: 325)

　　臺灣有這麼多的南島語，究竟是一開始就有一支可以稱為「福爾摩沙語」的單一語言使用者，整批移入後才經過內部演化分支而形成今天所知的多元結果？或是根本沒有「一個」所謂福爾摩沙語族，而是在移入之前就已經是多元的格局了？關於這個問題，似乎語言學家之間的看法也不一致。Blust 代表的論點是從最初就是多元或分成多批進入臺灣的，但最近有不少人認為應該是一次移入，然後才在內部演化分支 (Starosta 1995; Sagart 2008; Peiros 2008; P. Li 2008)。這個問題與臺灣考古學的爭論也有關，有主張多次外來移入者 (Chang 1963b: 197)，也有傾向一次移入然後在臺灣內部演化分支者 (Ferrell 1966, 1969: 73; Meacham 1984-5, 1995)。民族學也無法置身度外，馬淵東一在 1956 年〈高砂族民族史〉一文中提到，臺灣原住民諸族具有「印度尼西亞文化中相當古老的樣貌，這些民族可能在大陸時期已分離，然後分別向上述這些島嶼移動。臺灣原住民族可能就是這樣分成幾波移入臺灣的，想像也許有幾波還是來自菲律賓。此後東南亞地區的移民受到印度、伊斯蘭甚至是基督教文化的影響，而山地和東部地區的臺灣原住民較少受到漢人影響，因而與印度尼西亞系的文化做比較研究時，應該具有相當重要的地位」(Mabuchi 1974a[II]: 506)。

（五）駛離臺灣的特快車

　　南島語族擴散模式最有吸引力的一點是在於它相當清楚簡潔地呈現出南島語族從臺灣分出之後通往島嶼東南亞和玻里尼西亞的路線、沿途各點及其年代序列。但早在 Blust 提出他的南島語系分派系統之前，美國考古學家 Richard Shutler, Jr. 和語言學家 Jeffrey C. Marck 在 1975 年就已經共同發表一篇論文，分析 Dyen (1971) 的詞彙資料，認為語言學無證據顯示稻作文化與古南島語有關連，但是園藝相關詞彙倒是不少，因此提出以園藝農作 (horticulture) 為切入點的南島民族擴散模式。兩人並引用張光直之說，認為臺灣繩紋陶文化在公元前 9000-2500 年之間沒有間斷過，這個文化可以說就是最早的南島語族社會之代表。從年代上看，臺灣應該就是從事園藝農作的南島民族最早的棲居地，也就是南島民族起源地。其更早的起源地則被認為是在大陸的西

南部，即 Benedict (1942) 推斷為 Thai、Kadai 和南島等三語族之共源地。接下來，Shutler 和 Marck (1975) 的推論序列可以從其附圖（圖四）看出來，這應是最早明確標出臺灣在南島語族之起源位置及其相關年代的作品。作者之一的 Marck (2002)，覺得後來的研究者如果要尋找南島語族原鄉論相關論述，尤其是考古學，都只引到澳洲考古學家 Peter Bellwood (1978: 79, 1985 [2007]: 118) 的著作，卻忽略了他們這篇原始大作，似乎對此忽略頗有微詞。

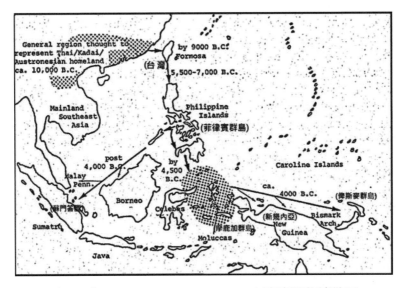

〔圖四〕Shutler and Marck (1975: 97) 南島語族擴散圖

Blust 在 1984-5 年的論文對於這些分化遷移節點的時間推定數字有些不同，路線和模式則幾乎相同 (Blust 1984-5: 54-5, 2012: 539-40)：

(1) 約 4,500 B.C.，古南島語 (PAN) 分化為福島 (F) 和馬來—玻里尼西亞 (MP)。

(2) 到了 3,500 B.C.，南島語可能從臺灣進入菲律賓，馬玻語分化成為西部馬玻 (WMP) 和中東馬玻 (CEMP)；

(3) 大約是 3,000 B.C.，西馬玻語和中東馬玻語分別產生了分化，前者進入婆羅洲，其分化情況尚不清楚，後者進入印尼東部的摩鹿加北部和蘇拉維西，分化為中馬玻 (CMP) 和東馬玻 (EMP)；

(4) 到了 2,000 B.C. 以後，中馬玻語移入了摩鹿加南部和 Sumbawa 等島嶼；而東部馬玻 (EMP) 則進一步分化為南哈爾馬哈拉 (Halmahera) 和西新幾內亞與大洋洲語 (Oceanic)；

(5) 大洋洲語繼續向東太平洋移動，最終到達了復活節島。

　　澳洲考古學家 Peter Bellwood (1978, 1980, 1983:79, 1991; Bellwood, et al. 2011) 在他的教科書和科普文章中多次詮釋這個擴散模式並繪製說明地圖（圖五）。這個模式也被簡稱為「走出臺灣」(Out of Taiwan) 模式或「特快車」(express train) 模式，因為比起十六萬年前現代人類 (modern human being) 走出非洲的速度快得多 (Diamond 1988, 2000; Diamond and Bellwood 2003; Gray and Jordan 2000)。[2] 全世界的現代人類全部源出非洲，再分批走出非洲，其立論基礎並不是依賴語言學，而是拜近代粒線體基因研究之賜 (Cann, *et al.* 1987)，而理論創出的時間點也約略與臺灣的南島原鄉論同時。

　　南島語族擴散模式將語系的系統派生關係之先後序列和這些語族在空間上的遷移與分佈序列合而為一。語系的分化本來就有時間的意涵，但不同的語言分支是隨著說話的人散布在一定的地理空間。時間的序列可以被投射在空間的向度，而空間的序列也反應出歷史時間的向度，這就是索緒爾曾經說過的：「地理的差異應該叫做時間差異」(Saussure 1959: 198, 1980: 277)，而「我們看到，這不是個空間現象，完全是個時間現象。只有將地理差別投射在時間維度上才能把差別的示意圖完滿地畫出來」(Saussure 1993: 21, 2007: 25)。

---

2 關於特快車理論，學界仍有一些不同見解，參見 Oppenheimer and Richards (2001)、Donohue and Denham (2010) 等。

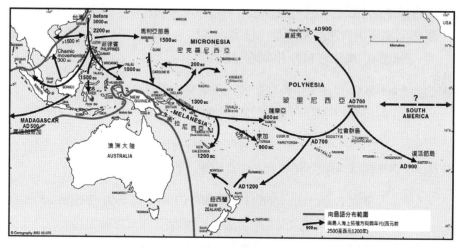

〔圖五〕南島語族擴散年代和路線圖 (Bellwood, *et al*. 2011: 340)

三、歐洲啟蒙前的臺灣南島想像

（一）第一篇臺灣民族誌 (1628)

　　以上述臺灣南島原鄉論為概念座標，接下來我們將探討十七世紀上半葉荷蘭人治理臺灣時留下來的民族誌材料和語言記錄，如何到了下半葉一方面激起啟蒙運動前的歐洲人對臺灣福爾摩沙人的各種想像，並成為十八世紀初一些像孟德斯鳩的著名思想家證明其理論的案例資源，而另一方面又提供早期語言學家辨識出福爾摩沙語同屬馬來語之依據。我們也會在不同語文版本的描繪、想像和論述中，看出代表前啟蒙階段的歐洲人在臺灣原住民這個案例呈現其對於文化上的他者身分識別所呈現的模糊界線。

　　荷蘭人在臺灣只有 38 年時間，荷蘭聯合東印度公司 (VOC) 在熱蘭遮城的商館從 1641 年起每年春天在赤崁召開「地方會議」(Landdag)，參與村社的名

稱都保留在《熱蘭遮城日誌》記錄中。[3] 東印度公司的檔案也至少有六次對全臺所屬村社的戶口統計，以 1656 年的數字為例，全臺總計約 221 個左右的村社，其中北路有 56 個村社，南路共有 65 個（下淡水平原有 11 個、瑯嶠有 19 個、大武山區 35 個），淡水地區 56 個，東部地區有 43 個。加總起來，共有戶數 11,109，總人口約 5 萬人。[4] 臺灣從北到南平原地區的南島語族，就是清代稱為熟番或平埔族的部分，都已在荷蘭人掌握的範圍內。至於後來稱為生番的部分，北部地區知道的很少，南部地區，尤其是魯凱和排灣族大部分村社都已有記錄。

這是一個遠在現代人類學或民族誌概念之前的十七世紀初。1623 年，荷蘭商館尚未正式在台開張，就有兩位東印度公司的商務員 Jacob Constant 和 Barent Pessaert 被責成到蕭壠（Soulang，今天的佳里）這個村社作兩天停留，探察村社居民狀況，後來寫成了兩篇簡短的報告。一篇（約 1,500 字）曾收錄在《巴達維亞城日誌》[5]，較長的那篇（約 10 頁 5,000 字）保存在東印度公司的檔案中，到了最近才被整理發表出來 (Blussé and Roessingh 1984; Blussé, *et al.* 1999: 4-22)。這兩篇可稱為〈蕭壠小記〉的作品，內容已經提到當地人使用的語言是馬來語和漢語等的混合，其他是關於體型、住居、婚姻、夫妻、烹飪、作物、獵鹿、獵首習俗、宗教信仰、節慶活動等細節。其中有一句提到：「妻在丈夫出征期間一旦生子則棄之。至 34 或 36 歲已不出征為止。」這個描述後來成為歐洲人印象最深刻的福爾摩沙人弒嬰風俗特徵。

3　《熱蘭遮城日誌》(*De Dagregisters van het Kasteel Zeelandia*) 四卷，江樹生譯註，1999-2010，臺南：臺南市政府。荷文網路版：http://resources.huygens.knaw.nl/retroboeken/taiwan/。荷蘭人在臺灣從 1641 至 1656 年間共召開十三屆地方會議，除 1642-3、1649 和 1652-3 年闕漏之外皆有詳細紀錄留下來。

4　六次戶口統計，見 Blussé and Everts 2006: 183-190 [1647], 231-237 [1648], 289-297 [1650], 498-505 [1654]; 2010: 8-17 [1655], 157-162 [1656]。

5　《巴達維亞城日誌》，荷文原題 *Dagh-register gehouden int Casteel Batavia van passerende daer plaetse als over geheel Nederlandts-India*。三十卷，出版於 1887-1931 年間，為 1624-1682 年間檔案，村上直次郎選譯其中與日本和臺灣相關部分編成三卷本《バタヴィア城日誌》，1970，東京：平凡社。程大學根據日文版譯成《巴達維亞城日誌》，1990，臺灣省文獻委員會。〈蕭壠小記〉載於日文版 I: 45-49，中文版 I: 32-4。

　　但影響較深的是另外一篇由甘治士 (George Candidius) 牧師在 1628 年底所寫的報導，最初是刊載在一位沒有來過臺灣的公司隨船傳道人 Seyger van Rechteren (1635, 1639: 66-71) 的航海記中，雖然只有短短五頁，卻是有史以來西方世界第一篇關於臺灣的正式出版品。標題為 "Kort verhael van Tayoung"，姑且稱之為〈大員小記〉。根據一位航海記版本學家 Pieter Anton Tiele (1869) 的說法，這是作者取材自當時臺灣商館長官 Peter Nuyts 寫給東印度公司的信件 (Lach and van Kley 1993: 454)。後來荷蘭人 Isaac Commelin 在其所編的航海記中除了收錄了 van Rechteren 整本小書，包括上述〈大員小記〉之外，不知從何處找來了甘治士的完整原稿，就以引文的方式全文（20 頁約 10,000 字）附刊在〈大員小記〉之後，題為 "Discours ende Cort verhaal van 't Eylant Formosa"（圖六），我們稱它是〈福爾摩沙島述描〉或〈福島述描〉(Commelin 1646: 55-70)。[6]〈大員小記〉應該就是〈福島述描〉的摘要本，其中大部分內容是一樣的，也包括弒嬰的風俗。

　　甘治士這篇〈福島述描〉字數雖然比上述的〈蕭壠小記〉多了一倍，文字不一樣但內容涉及之主題卻大致相同，尤其關於製酒、狩獵、捕撈、婚姻生育習俗、部落戰爭、政治和法律、宗教和巫術等。文中甘治士交代，描述的對象範圍不只蕭壠 (Soulangh) 一地，還包括Sinkan（新港）、Mandauw（麻豆）、Backeloang（目加溜灣）、Taffacan（大目降）等村社 (Blussé, et al. 1999: 105, 126)。

（二）臺灣意象的廣泛流傳（17 世紀下半葉）

　　Commelin 的航海記出版後，其中的〈福島述描〉就廣泛地被當時歐洲不同國家出版的各種航海記所收錄、翻譯、剪裁和重刊，而且同一出版品

6　根據甘治士原稿整理出來的現代荷文版見 Grothe (1886[III]: 1-28)，此版本之英譯見 Campbell (1903: 9-25)。Leonard Blussé, Natalie Everts and Evelien Frech (1999: 91-137) 根據另外一件從私家檔案 (Rijksarchief Utrecht, Family Archieve Huydecoper, R. 67, no.621) 中新找到的手稿，以現代荷蘭文重刊並英譯。

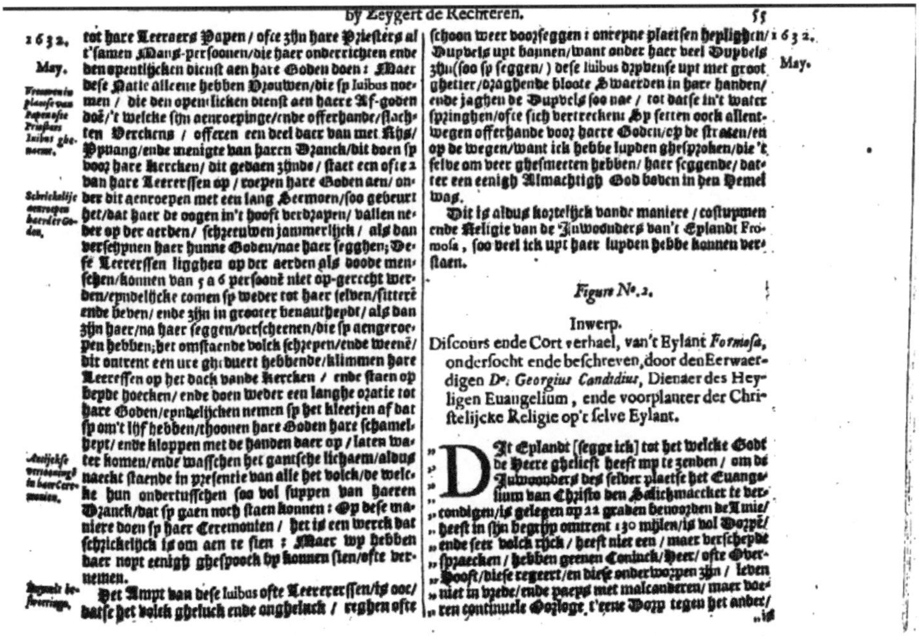

by Zeygert de Rechteren. 55

1632. May.

tot hare Leeraers Papen / ofte zijn hare Priesters al t'samen Mans-persoonen/die haer onderrichten ende den openlijcken dienst aen hare Goden doen : Maer dese Natie alleene hebben Vrouwen/die sy Inibus noemen / die den openlicken dienst aen haere Af-goden doẽ/'t welcke sijn aenroepinge/ende offerhande/slachten Verckens / offeren een deel daer van met Rijs/ Pynang/ende menigte van haren Dranck/dit doen sy voor hare Kercken/ dit gedaen zijnde / staet een ofte 2 van hare Leereressen op / roepen hare Goden aen/ onder dit aenroepen met een lang Sermoen/soo gebeurt het/dat haer de oogen in't hooft verdraeyen/ vallen neder op der aerden/ schreeuwen jammerlijck / als dan verschijnen haer hunne Goden/nae haer segghen; Dese Leereressen ligghen op der aerden als doode menschen/konnen van 5 a 6 persoonẽ niet op-gerecht werden/eyndelijcke comen sy weder tot haer selven/sitterẽ ende beven/ ende zijn in grooter benautheydt/ als dan zijn haer/na haer seggen/verscheenen/die sy aengeroepen hebben;het omstaende volck schreyen/ende weenẽ/ dit ontrent een ure ghi duert hebbende/klimmen hare Leeressen op het dack vande Kercken / ende staen op beyde hoecken/ ende doen weder een langhe oratie tot hare Goden/eyndelijcken nemen sy het kleetjen af dat sy om't lijf hebben/thoonen hare Goden hare schamelheyt/ ende kloppen met de handen daer op / laten water komen/ende wasschen het gantsche lichaem/aldus naeckt staende in presentie van alle het volck/de welcke hun ondertusschen soo vol suppen van haeren Dranck/dat sy gaen noch staen konnen : Op dese maniere doen sy haer Ceremonien / het is een werck dat schrickelijck is om aen te sien : Maer wy hebben daer noyt eenigh ghespoock by konnen sien/ofte vernemen.

Het Ampt van dese Inibus ofte Leereressen/is ooc/ datse het volck gheluck ende ongheluck / reghen ofte schoon weer voorseggen : onreyne plaetsen heylighen/ Duyvels uyt bannen/want onder haer veel Duyvels zijn(soo sy seggen/) dese Inibus dryvense uyt met groot ghetier/draghende bloote Swaerden in haer handen/ ende jaghen de Duyvels soo nae / tot datse in't water springhen/ofte sich vertrecken: Sy setten oock allentwegen offerhande voor harre Goden/op de straeten/en op de wegen/want ick hebbe luyden ghesproken/die 't selve om veer ghesmeeten hebben/ haer seggende/ datter een eenigh Almachtigh God boven in den Hemel was.

Dit is aldus kortelijck vande maniere / costuymen ende Religie van de Inwoonders van't Eylandt Fromosa, soo veel ick uyt haer luyden hebbe konnen verstaen.

Figure No.2.

Inwerp.

Diſcours ende Cort verhael, van't Eylant *Formoſa*, onderſocht ende beſchreven, door den Eerwaerdigen *Do. Georgius Candidius*, Dienaer des Heyligen Euangelium, ende voorplanter der Chriſtelijcke Religie op't ſelve Eylant.

" Dit Eylandt [segge ick] tot het welcke Godt de Heere ghelieft heeft my te zenden / om de Inwoonders des selver plaetse het Euangelium van Christo den Salichmaecker te verkondigen/is gelegen op 22 graden bevoorden de Linie/ heeft in sijn begrijp omtrent 130 mijlen/is vol Dorpẽ/ ende seer volck rijck / heeft niet een / maer verscheyde spraecken / hebben geenen Coninck/Heer/ ofte Overhooft/diese regeert/en diese onderworpen zijn / leven niet in vrede/ende paeys met malcanderen/ maer voeren continuele Oorloge, t'eene Dorp tegen het ander/ is

Vrouwen in plaetse van Papen ofte Priesters Inibus ghenoemt.

Schrickelijc aenroepen haerder Goden.

Aardijckse vertooning in haer Ceremonien.

Inibus bevorderinge.

〔圖六〕Commelin 在 1646 年所編航海記之甘治士〈福爾摩沙島述描〉首頁頁面，前一段則為〈大員小記〉。

往往多次再版，最先是德文版 (Hulsius 1649: 33-47; Mandelslo 1658: 233-236; Dapper 1674: 9-40)，英文版緊接在後 (Mandelslo 1662: 165-172; Montanus 1670: 46-55, 1671: 9-17; Churchill 1704: 526-533)，還有法文版 (Rennevine 1706: 78-108)，以及其他的荷文版 (Dapper 1670: 10-41; Valentijn 1726: 33-41)。但是比起最初 Commelin 的文本，後期這些航海遊記顯然已經發生很多增刪和穿插的問題。例如 Hulsius (1649) 版不僅篇幅大為縮短，而且是附在完全不相干的智利王國航行記後面。這卻是 Churchill (1704) 英文版的來源。Olfert Dapper 華麗的《荷蘭東印度公司使節出使大清帝國記》將臺灣的部分放在最前面（荷文 1670: 10-41，德文 1676: 2-39)。Dapper 原作再經由 Arnoldus Montanus 與英國人合作譯成英文版的《出使中國記》(Montanus 1671: 9-37) 和《出使日本記》

(Montanus 1670: 46-55)。《出使日本記》荷文版 (Montanus 1669: 36-40) 和法文版 (Montanus 1680: 32-37) 也有濃縮的福島述描作為開卷。這些都算是較有份量的書籍，其他收錄較簡略的航海記及不同的譯本就無法在此盡錄了。

　　這一系列的出版刊行的確令人印象深刻，即使在今天，有關臺灣的任何著作大概都不可能如此廣泛地流傳，不斷被翻譯、出書和閱讀。荷蘭人 1662 年離開臺灣之後，歐洲人失去了直接接觸臺灣獲得當代第一手資料的機會，但是他們透過之前荷蘭牧師的點滴記述試圖一窺究竟的好奇心，確實與剛起動的啟蒙精神相當一致。實際上這種民族誌描述在荷蘭人留下的豐富文獻中並不多見，甘治士之後再也不見有第二人寫過類似的親身經歷。

　　甘治士的〈福島述描〉夾在人們喜愛閱讀的航海遊記中，儼然成為一篇歷久彌新的大眾讀物，臺灣的故事相信有時是流傳在當時歐洲人各種聚會的談資。有很足夠的理由讓人相信這是一篇寫得非常有吸引力的民族誌文學作品，以致於會有那麼多的航海旅行記，不管與臺灣有關沒關，都要硬塞進去這一則。事實上，它還是十八世紀下半葉許多西方思想名流喜歡引用的民族誌案例，例如孟德斯鳩的《法意》(Montesquieu 1750: 429, 437, 469, 508)、弗格森的《文明社會史論》(Ferguson 1767: 213) 和馬爾薩斯的《人口原理》(Malthus 1803: 43) 等，都透過不同的來源引述這則關於福爾摩沙人習俗的資料。茲以嚴復於 1904-9 年間所譯孟德斯鳩《法意》為例，以觀甘治士〈福島述描〉之部分內容 (Montesquieu 1981)：

> 以婦從夫，往之女家，幾為通制。然亦有人贅者，以男子而適女家，如和諼薩之俗。此俗雖反前制，然未形成不便也。
> (Montesquieu 1981: 546)

> 和諼薩之宗教，禁婦人年三十五以前不得生子。有娠，則巫為之踏胎使墮。防過庶，而宗教為之資。此又一異聞也。
> （同上：555）

> 支那之臺灣，荷蘭謂之曰和諼薩，其中之土人信地獄之說，

地獄之所罰者，其人生前於宜裸之時節不肯裸，於祭不服絲
枲而衣錦絨，或坐嗜蠔蜆取之海濱，或鹵莽出行不占鳥語，
凡此皆地獄之所為設也。若失湛湎荒淫，則無罪過。何則？
湛湎荒淫，人之所欣，亦神之所喜故也。（同上：589）

故同胞者既不可婚，則兄弟之子亦在所禁。此亦自然之天
律，不相效而國莫不同。羅馬固如是也，而東方臺灣島之民
亦如是，五服之列，通者是謂亂倫。（同上：638）

嚴復翻譯此書前後長達五年，文中可見中途方知此處「和謨薩」(Formosa) 實
為今之「臺灣」。而孟德斯鳩在此主要是以臺灣西拉雅之例分別說明不同社
會之家庭、人口、宗教信仰和婚姻制度與法律之關係。

（三）界域混同的臺灣想像（17 世紀下半葉）

　　大航海時代的歐洲對新發現的世界顯得求知若狂，原來在臺灣的荷蘭
東印度公司曾經是許多歐洲人踏足臺灣的窗口，有過書稿留下的如德國傭
兵 Caspar Schmalkalden (1983)、瑞士傭兵 Élie Ripon (1990, 2012)、蘇格蘭人
David Wright (Montanus 1671：17-37) 和荷蘭人 Jan Struys (1677 荷文版、1681
法文版、1684 英文版)等。人物和事蹟比較可考的就只有 Schmalkalden，他在
1646-1652 年受雇於公司，1648 年來到臺灣擔任一段時間的測量員工作。其手
稿遲至 1980 年代才經過整理出版 (Schmalkalden 1983; Heidhues 2005)。因為
學過測量和繪圖，留下手稿中有兩幅關於臺灣原住民的圖像，為上述甘治士
等的文字描述提供了難得的實境感。一幅是原住民追捕鹿隻的寫實圖畫（圖
七），一幅是東印度公司商館召開村社長老地方會議的寫實場景（圖八）。

　　甘治士寫報告時已在臺灣 16 個月，其內容應該最接近民族誌的事實。
但同時人們也發現，十七世紀下半葉各式各樣的航海遊記關於臺灣描述的部
分有越來越多變造和想像的成分。可能是為了滿足閱讀市場上對於探險遊記
越來越大的好奇和興趣，以致有些作品穿插了一些奇人異事。上引 Dapper 和
Montanus 的系列著作中除了有甘治士的〈福島述描〉之外，接在後面的就是

〔圖七〕（左）Schmalkalden (1983: 145) 福島人追捕鹿圖；〔圖八〕（右）同前 (1983: 147) 臺灣村社長老地方會議

David Wright 一篇更長的〈臺灣紀實〉。書中說 Wright 這位蘇格蘭人比甘治士稍晚到過臺灣。但是他的身分和事蹟並無其他資料佐證，所描繪的諸多臺灣事物也難以判斷其真假，例如分臺灣為 11 省區，且有 27 條戒律、13 種神明名字和 7 種儀式饗宴等。所附的五幅福爾摩沙人銅版畫（圖九），畫面傳達之意象距離可能的真實相當遙遠。

　　據稱是出自 Ripon 手稿的遊記，是在 1623 年底 1624 年初熱蘭遮商館尚未開張就去了麻豆和目加溜灣，描述當地人情景物 (Ripon 1990, 2012: 122-7)。時間點比較像是前述〈蕭壟小記〉，內容也有些關鍵點幾乎一樣。法文稿出版時的編者仔細校注，點出部分資料出自 1628 年甘治士的〈大員小記〉和〈福島述描〉。顯然這本遊記手稿有可能是出自後人藉用 Ripon 的腳色編寫而成。Jan Struys 航海旅行記記載 1650 年在臺灣之見聞，明顯也是拼湊上述甘治士和Wright 的內容而成，不過卻畫蛇添足夾進了在臺灣真見到有人長尾巴的記載 (Struys 1677: 55, 1684: 57)。甘為霖英譯 Grothe (1886) 荷蘭教會文書時，在第 82 則中也夾進了 Struys 這份六頁描述 (Campbell 1903: 251-7)。[7] 已有學

---

7 甘為霖顯然是因為原來該文件內容談到有一位傳教士被南部村社人殺害的事件，而他又從

〔圖九〕（左）Dapper (1670: 26) 福島人銅版畫；〔圖十〕（右）Psalmanazar (1704: 230-1) 福島人造型

者討論當時作者和寫作風格上的問題，認為捉刀的人就是 Dapper (Boterbloem 2008: 14, 157)。

　　虛構臺灣意象的趨勢最後達到一個高峰，就是 Psalmanazar (1704) 自承是偽作的《福爾摩沙地理歷史誌》（圖十）。今天也許看起來有點不可思議，可是這本書當時在歐洲短短幾年間共發行了超過五種不同語文版本，是至今為止流通最廣的臺灣專書。以臺灣為主題的此種知識建構，其實可能蘊含了啟蒙前歐洲人對於遠方異族的認知和想像模式。這是需要更進一步探索的課題。[8]

　　Struys (1684: 54-9) 的英文版航海記中看到這則記事，其中提到在這個謀殺案事後處置過程中他目睹了犯人真的長了尾巴這件事，因此甘為霖就稍加潤飾後直接搬過來。但 Grothe 荷文原書並無這一則 (1886 [IV]: 104)。

8 關於這個問題的探討和 Psalmanazar 偽作意義之研究，目前著作已經相當多，任教於臺大外文系的 Michael Keevak (2004) 專著，仔細追尋各種記述的來源和當時歐洲的時代背景和知識

（四）福爾摩沙語的主禱文（18 世紀上半葉）

相對於民族誌遭逢的曲折歷程，其他幾位荷蘭牧師所留下來的福島語和荷蘭語雙語對照的出版品或手稿則是另外一個故事。荷蘭時期前後有 29 位新教牧師來台投入傳教工作，其中有些相當熟悉當地語言，也編輯了不少當地語彙和字典，包括雙語對照的聖經和教義書等。本來是為了服侍上帝所做的事功卻成為後人得以接觸認識這些南島人祖先的唯一管道，且成為語言學家分析這個已經成為死語的珍貴材料。這些文獻的主要對象是居住在赤崁附近村社所說的「西拉雅語」和居住在更北邊的村社所說的「虎尾壟語」(Favorlang)。前者有 1661-2 年 Daniel Gravius 牧師在荷蘭出版的馬太福音書和教義問答 (Gravius 1661, 1662)。1840 年在荷蘭烏特勒支 (Utrecht) 學院發現一份未署名手稿也判斷屬西拉雅語，有1,072 個字彙和四則對話 (Utrechtsche Handschrift 1842, 1889, 1933, 1998)。[9]「虎尾壟語」則有 Gilbertus Happart (1840, 1842, 1896) 在 1650 年留下的語彙手稿，和約略同一時期的 Jacob Vertrecht (1888, 1896) 的教義手稿。[10]

其實，與甘治士同一時期在臺灣傳教的第二位牧師尤羅伯 (Robertus Junius)，他在 1645 年就已在荷蘭出版過荷語和西拉雅語對照的語言學習和教義問答入門書小冊子，[11] 可惜已失傳 (Millies 1863: 37-38)。但其中一則用西拉

風格。人類學家 Rodney Needham (1985: 75-116) 也曾經從民族誌研究的角度分析 Psalmanazar 臺灣誌的意涵。

9 烏特勒支手稿 (Utrechtsche Handschrif)，1840 年由 C. J. van der Vlis 發現，1842 年出版於巴達維亞藝術科學學會會報上 (Utrechtsche Handschrif 1842)，字彙表由村上直次郎英譯另刊《台北帝国大学文政学部紀要》作為《新港文書》附錄 (Utrechtsche Handschrif 1933)，土田滋又根據字母次序排列重刊 (Utrechtsche Handschrif 1998)，其中有四則雙語對照之對話也刊於 W. Campbell書中 (Utrechtsche Handschrif 1889)。

10 Gilbertus Happert 的 Favorlang 字典手稿，1839 年 W. R. van Hoëvell 牧師在巴達維亞的教會委員會文書館發現，先有 Medhurst 在 1840 年英譯出版 (Happart 1840)，接著才出原來的荷文對照版 (Happart 1842, 1896)。Jacob Vertrecht 的教義手稿 (*Leerstukken en preeken in de Favorlangsche taal*)，1857 年 E. Netscher 於巴達維亞教會檔案中所發現，內容有主禱文、聖經片段、教義問答和五篇講道詞等，但出版時間要晚得多 (Vertrecht 1888, 1896)。

11 尤羅伯 (Robertus Junius) 這本小冊子的書名也以西拉雅語為名：*Soulat i A. B. C.*（意為「ABC

雅語翻譯的主禱文則被早期見過這本書的人所收錄而流傳下來。原來，十六世紀之後隨著歐洲勢力的擴張，在進行對其他族群基督教化的過程中，通常第一個被翻譯成當地語言的信仰文件就是「主禱文」。接著歐洲本土就有虔誠的信仰者開始收集各種語言的主禱文結集印刷出版，除了滿足信仰之外，也是作為比較各地語言之用。德國十七世紀的東方學者 Andreas Müller，他在1680 年以假名 (Thomas Lüdeken和Hagius Barnimus) 出版了一種主禱文集，第一次納入了尤羅伯小書上的西拉雅語版本 (Müller 1680: 13)，位置就放在中國和日本前後。此書1703 年又以不同形式再刊，後來又有其他人重編增補出版 (Motte 1700: 35; Chamberlain 1715: 20; Schulzen 1748: 114)。不過。到了 1756年一位德國人出版了關於一些珍本奇書的著作，尤羅伯小冊子也在內，包括該主禱文 (Baumgartens 1756: 217-8)，透過這個紀錄後人才得以知道這本已經散佚的小冊子的西拉雅語全名。

（五）阿拉伯元素的介入（17 世紀上半葉）

　　事實上關於福島語和馬來語之間的類似性，在十七世紀上半葉應該已經很清楚地刻畫在荷蘭牧師的腦海裡，只是他們當時對世界語言的差異和歸類似乎尚未有特別的意識。荷蘭人當初抵達馬六甲地區時就已有人編輯出版了相當充實的馬來語辭書和語言入門學習書。航海家 Frederick de Houtman (1603) 收錄了 2000 個左右的馬來語和馬拉加西語字彙，另加 15 則對話錄。[12]接著又有一位虔誠基督徒的東印度公司商人 Albert Ruyll 在 1611 年編有一個小冊子，內容有字母學習和馬荷雙語教義問答的入門書，*Sovrat ABC*，1612 年

　　入門書」），另外附加了很長的說明性副題（見書目 Junius 條），意為尤羅伯牧師為基督教村社小孩教育之用。

12 Frederick de Houtman 在 1603 年出版 *Spraeck ende woord-boeck* 一書，內容主要是馬來、馬達加斯加和荷語對照之字彙表，部分並附有阿拉伯和土耳其語，加上 15 則對話錄（12 則馬來語，3 則馬達加斯加語）。Houtman 1673 年另有馬來語和荷文對照部分之單行本：*Dictionarium, Ofte Woord ende Spraeck-Boeck, in de Duytsche ende Maleysche Tale*。關於Houtman 著作的研究，參見 Lombard (1970) 和 Sijs (2000)。

他又取材前引 Houtman 著作，另編《馬來語之鏡》辭書，均出版於荷蘭。[13]
甘治士和尤羅伯到臺灣之前都在馬六甲停留過，尤羅伯 1645 年所出版的西拉
雅語教義入門書，書名 *Soulat ABC*，明顯是襲仿前引 Ruyll (1611) 的入門書。
「書寫」或「書冊」在 Gravius (1661, 1662) 的西拉雅語書中均記為 *soulat*，
在 Houtman 和 Ruyll 的書中馬來語為 *sourat* 或 *sovrat*，馬拉加西語為 *soerats*。
然而這個字顯然不是南島固有語，一開始就被認為是出自回教的「經書」之
意。可蘭經的章節即叫作 *sula*。[14] 後來在南臺灣平埔族所發現的羅馬字契書
「新港文書」也是使用同一個字的變體，事實上這類文書在當時的西拉雅人
中可能就叫做 *soulat*。顯見，回教文明影響透過馬六甲的馬來人，可能再經由
荷蘭牧師帶到臺灣來。Happart 和 Vertrecht的虎尾壟語文本中並無 *soulat* 這個
字，而且到了清代，這些說虎尾壟語的人也不像在臺南的西拉雅或屏東的
馬卡道人有留下以這個字為本的「番語（新港）文書」(Li, P. 2010)。

　　這也不是單一案例。荷蘭牧師用福爾摩沙語翻譯聖經和教義時，一定會
碰到不少事物和觀念是原來西拉雅語所沒有的，他們就必須多少創造或借用
一些新詞。Gravis (1661, 1662; Adelaar 2011: 300) 就把很重要的「上帝」這個
字譯成 *Alid*（複數 *Allid*）。這不會是個西拉雅字。博學的 Klaproth (1823: 380)
就已指出 *Alid* 是來自阿拉伯文 *Allah*。相對的，我們看到 Happart 的虎尾壟字
典和 Vertrecht 的虎尾壟語教理譯文 (Campbell 1896: *passim*) 就都乾脆直接用源
自拉丁文的 *Deos*。但是尤羅伯 ABC 入門書的西拉雅語書名用的卻也是這個
Deos，而不是 *Alid*。這些不一致的理由為何尚待研究，重點是後面兩位的譯
文直接借自歐洲人的用語，而前者是借自已受伊斯蘭影響的馬六甲馬來人之

---

13 Albert Corneliszn Ruyll 的 *Sovrat ABC* 一書，1611 年出版於阿姆斯特丹，副標題說明該小冊
　子（只有 14 頁）是為了教育摩鹿加信仰基督教的小孩子們讀寫而編輯，也是歷史上第一本
　以荷語為第二語言的教科書。Ruyll 1612 年《馬來語之鏡》(*Spigel van de Maleise Tale*) 一書
　共 145 頁，荷馬雙語詞彙占 78 頁，完全擷自 Houtman (1603)。其餘 67 頁內容則是一些有啟
　發性的對話，內容以教育小孩關於美德、勤勞等觀念，其他還包括禱告詞、歌謠和故事等
　（見 Groeneboer 1991, 1993: 33-4, 1994, 1998: 31）。
14 Gravius 在其西拉雅語兩冊譯作中 *soulat* 一詞都使用得相當頻繁，因為每一章就是一個
　soulat。而且用法與可蘭經的意義幾乎完全一致。

語彙，都不是馬來人或福爾摩沙人的原有語彙。如此我們才可以理解，*soulat* 這個字也是馬來人受伊斯蘭阿拉伯文化影響的結果，再經由歐洲人帶到臺灣來。[15]

　　伊斯蘭或印度教對馬來地區的影響是東南亞和菲律賓南島文化史的重要課題。但臺灣顯然不在這個範圍內。這一點也把臺灣南島族群從其他的馬來族群中區隔開來。在語言學的南島原鄉論出現之前，學者面對這種差異的解釋都會傾向於認為，臺灣南島族群是在伊斯蘭或印度教尚未介入馬來文化之前就已分化出來，因此得以在臺灣保留了較古老的南島文化。潛意識裡，不證自明的觀點是，臺灣原住民的來源是馬六甲的「固有馬來」。而南島原鄉擴散論的看法可能剛好相反，臺灣的南島族群並沒有動，是馬來族群與臺灣分離之後到了東南亞才遇到這些西方外來文化的影響。

四、東西方的啟蒙

（一）西方啟蒙初期的古典語言學（19 世紀上半葉）

　　1662 年之後，雖然失去了臺灣現地相關的新訊息，但是從尤羅伯的西拉雅語主禱文受到如此頻繁的提起這件事，可以感覺到經過了大航海時代洗禮的歐洲人，對於世界的探索已經慢慢延伸到各種知識領域，不同族群和語言資料的收集與比較已逐漸成為啟蒙運動的一部分。事實上，1645 年尤羅伯以西拉雅語譯給福島人學習的主禱文，應該也沒有人看得懂，但它還是如此廣泛流通，可以引起人們的興趣和注意。在這些出版品中，尚難看出人們對於這些不同語言之間的相關性有特別討論，而且就像 Hervás (1801) 在提及臺灣時也是放在與琉球和日本同一節，並納入中國同一範疇，未與馬來語系直接擺在同一類。

---

15 參見 Adelaar (1994: 61-64) 對此一用語來源的不同觀點。

　　十九世紀初起，語言的研究逐漸進入一個新的階段。古典的德國文法學家 Johann Christoph Adelung (1806)，除了引用尤羅伯譯的主禱文之外，也第一次收錄了 Gravius 所譯的主禱文，這時候他已開始分析這些語言的相關性，而發覺福爾摩沙語和馬來語之間有密切關係。尤其是 Gravius 的譯書提供了更多的語彙可以比較，他就舉了眼睛 (*matta*) 和手 (*rima*) 的用語作為例子 (Adelung 1806: 319)。另外一位旅居法國的德國東方學家 Julius Heinrich von Klaproth (1822) 以法文在法國亞洲學刊發表〈福爾摩沙土著的語言〉一文，這是史上最早以福爾摩沙為標題專門討論臺灣的文章。他以 Gravius (1662) 的教義問答為根據，整理了七頁約一百多個字彙的對照表，說明他們與分佈於馬六甲與太平洋 Sandwich 和 Marquesas 等群島上的馬來人屬於同一個系統 (Klaproth 1822: 195-6)。後來這個字彙表增加到約 300 字，加上 5 頁的片語 (Klaproth 1826: 354-74)，比較了東南亞、大洋洲和馬達加斯加等地的語言，Klaproth 證明福爾摩沙語是與大馬來語系有關（同上：353）。因此，Klaproth 被後來的學者認為是第一位認識到福島語屬於太平洋區馬來語系統的人 (Gabelentz 1859: 59; Lacouperie 1887: 477)。

　　1859 年出現了一篇長達 44 頁的分析性論文，〈福爾摩沙語及其在馬來語系的地位〉，為德國語言學家 Hans von der Gabelentz 之作。他比 Klaproth 具有優勢的地方是這時候可以看到 1840 年左右新發現的虎尾壠語手稿，而更能掌握不同福爾摩沙語的差異狀況。他選擇了西拉雅語和虎尾壠語的 123 個基本字彙和其他18種南島語作比較 (Gabelentz 1859: 63-78)，並且討論一些語音變化和語法特徵，做了相當細緻而系統的分析，由此判定這兩種福爾摩沙語都屬於洪堡德 (W. von Humboldt) 分類系統中的大馬來語分支，並說這些族群屬於馬來人殆無疑問。但是 Gabelentz 也明確看出臺灣的這兩種語言與其他南島語存在著一些明顯的差異（同上：78, 81-2）。這個研究本身可以說是臺灣南島語研究的里程碑，代表了一個歷史時期的總結。比起世紀初的 Adelung 和 Klaproth，Gabelentz 已經像是一位成熟的現代語言學家。這些學者前後論述風格的轉折呈現了從「前啟蒙」到「啟蒙」的軌跡，差異化的思考和辨識能力是這一時期逐漸建立起來的新知識標竿。不過，在經過了一個半世紀後的

今天，以 Gravius 的兩本譯作為基礎嘗試重建西拉雅語體系的努力仍然沒有停歇，如 Adelaar (2011)。

（二）康熙乾隆盛世的東方啟蒙（18 世紀上半葉）

　　1662 年鄭成功趕走了荷蘭人，1683 年清朝中國正式領有臺灣，有關臺灣原住民的知識和紀錄也就從此由前述的歐文模式轉向中文模式。兩者所代表的世界觀和知識體系本來就已經不同，歐洲世界經過了文藝復興、宗教革命和人文主義的思想變革，十八世紀正是進一步邁向啟蒙與理性主義的關鍵時刻，現代體制的學術分科和知識體系正逐漸成形。中國這時候也處於康熙雍正乾隆的盛世，影響所及，一些經過科舉考試被派來臺任官的中國讀書人，透過自主性的知識探索和書寫，從無到有留下了另外一種我們所期待的南島社會和語言資料。顯見當時人才輩出，思想活躍，與向來清末腐敗官僚給予世人的刻版印象不同。

　　前面提到荷蘭牧師的福爾摩沙語資料相當可觀，清代的同類文獻雖然不多，但還是有一些讓人驚豔之處。語言方面最重要的是 1735（乾隆 28）年朱仕玠的《小琉球漫誌》，其中〈下淡水社寄語〉一卷收錄了 15 類 239 個「下淡水社」字彙。這是僅存的南方村社語料。荷蘭時代有西拉雅語和虎尾壟語，卻獨缺鳳山八社的部分。當時朱仕玠自福建來台擔任縣學教諭，準備前往外海的小琉球赴任，趁著在鳳山縣停留期間，透過翻譯收集了位在今天屏東平原的下淡水社之語彙。這份資料很類似荷蘭「烏特勒支手稿」，後來村上直次郎在其《新港文書》(Murakami 1933: 217-228) 一書中將朱氏所錄這套字彙重新整理刊出，排在烏特勒支手稿之後。村上首先將朱文所譯漢字語音根據當時台地通行的漳泉腔轉成羅馬字拼音，同時也意譯成英文。語言學家小川尚義 (Ogawa 1944: 459-460) 在他的一篇論文中納入這個下淡水語彙和烏特勒支手稿，比較各族所用數詞語音的相關性。透過這個研究他將南方所謂「馬卡道語」視為西拉雅的一個方言群。《諸羅縣志》雖然也有相當數量的語彙資料，但重要性和價值可能不及〈下淡水社寄語〉。差別在於〈下淡水社寄語〉的資料採集地點和族群相當明確特定，相對的《諸羅縣志》比較無

法確認其資料之來源和一致性。

　　另一位更重要的作者黃叔璥，1722 年擔任巡台御史，在臺灣收集了豐富的原住民資料，撰成一冊〈番俗六考〉(S. C. Huang 1736)，堪稱有清一代最重要的人類學文本。自從荷蘭人在 1656 年有關原住民村社的列表統計之後，到十九世紀末，這是唯一較全面的原住民部落資料。我們發現其分區的方式幾乎與荷蘭人一致，主要分為北路（十區）和南路（三區）。南路指今屏東地區的平原（鳳山番）、高山（傀儡番）和恆春半島（瑯嶠十八社），荷蘭人也是將南方村社這樣分成三部分（麻里麻崙、峽谷區和瑯嶠）。其他地區均算是北路。

　　除了村社的記載之外，黃叔璥也對每一區的生活習俗有不少描述。荷蘭時期有民族誌描述的地方，除了甘治士的新港、蕭壠等西拉雅村社之外，其他地區和族群幾乎空白。〈番俗六考〉對於每一分區都依居處、飲食、衣飾、婚嫁、喪葬和器用等六項個別以百字上下篇幅描述，其中多附有土語名詞。每一村社也各附有一首漢語和土語對照的「番歌」。各區中以南路部分最為詳實，尤其是排灣族所屬之「傀儡番」部分，內容多涉及當代人類學民族誌所需之主題，有獵首習俗、五年祭(「託高會」)等，也列舉了一些部落頭目(土官或公廨)名字，說明作者是依據實情所見之特定記錄，非一般無特定地點和具體人物背景的泛論所能及。其中最具價值者殆為排灣族社會制度的深入描繪：

　　關於部落內擁有的家系頭目數量：「土官（即「頭目」或「貴族」）有正副，大社五、六人，小社三、四人，各分公廨（原注「管事頭目亦稱公廨」，及貴族頭目所指定之代理人），有事則集眾以議。」

　　關於貴族家系之間的聯姻：「土官彼此結姻，不與眾番婚娶。」

　　關於不分男女的長嗣繼承制度：「土官故，無論男女總以長者承嗣；長男則娶婦，長女則贅婿，家業盡付之。甥即為孫，以衍後嗣。」

　　關於姓名：「無姓氏，三世外即互相嫁娶。孫祖或至同名，子多者名或

與伯叔同。」

關於平民（小番）對頭目的貢納義務：「社，小番栽種黍米、薯芋，土官抽取十分之二；至射獵獐鹿、山豬等獸，土官得後一蹄。」

關於貴族階層之符號特權：「土官家織紅藍色布及帶頭織人面形，餘則不敢。」「正土官刺人形，副土官、公廨祗刺墨花而已，女土官肩臂手掌亦刺墨花。此即尊卑之別。」

早期的這些描述雖然很簡略，但是所有複雜的「排灣體制」之重點幾乎都被提到了，尤其是貴族的租稅徵收、財富組成、符號特權、長嗣繼承和貴族之間的聯姻關係等。這些要素都不是孤立的存在，而是互相構成有機的連帶，組合成排灣傳統社會的邏輯。黃叔璥的紀錄確實相當令人驚嘆，不只七十年前荷蘭東印度公司的人員和牧師皆未有此種深度觀察和瞭解，甚至在接近兩百年後的日治初期學者的實地調查報告也還沒有達到這個水準。

排灣族部落間的頭目世家因聯姻而產生複雜的統屬關係在這裡也有具體資料。黃叔璥記錄了一位通事鄭宇所報導的關於各部落之間的統領關係。僅以擺灣（上排灣或筏灣）社和加蚌（佳平）社為例（括弧內為今之部落名）：

擺灣社轄十二社：礁巴覓工社、山嘮老社、加查青難社、陳阿少里社、加力氏（射鹿）社、加則難社、八歹因（高燕）社、礁來搭來（達來）社、加老律社、加者膀眼（好茶）社、知嘮曰氏社、君云樓社。加蚌社轄九社（圖十二），分別為：礁網曷氏（萬安小部落）社、施率臘社、毛系系（馬仕）社、嘮律目社、施羅滿社、礁嘮其難（萬安）社、八絲力社、加籠雅社、勃朗錫干（文樂）社。其他還有礁巴覓曾（三地門）社轄六社、佳者惹葉（瑪家）社轄十一社（圖十二）、加務朗社轄三社、望仔立（望嘉）社轄二社。

黃叔璥所記載這些超部落組織過去一直被民族學者所忽略。如果對照 1910 年代小島由道等人之調查報告《蕃族慣習調查報告書》（第 5 卷 4

冊）、《高砂族系統所屬》(Utsurikawa, *et al.* 1935) 以及馬淵東一 (Mabuchi 1941, 1966) 論文中所附東部排灣頭目家系聯姻關係圖等，即可發現兩百年前黃叔璥所知的基本型態到日治時期幾乎沒變，只是個別統領系統因為歷代婚姻結盟關係的累積變遷而有一些差異。

對照後面會詳細再論的李維史陀為說明其「世家社會」理論而仔細描繪的瓜求圖印地安人 (Kwakiutl) 社會型態，黃叔璥的排灣描述一點也不遜色。而且幾乎不必經過太多增刪，即可作為排灣世家社會的民族誌內容。這些材料的一個特點是他不只提供了具體的人物事例，而且是現代人類學專業所要求的文化脈絡性和制度的結構叢結，不是常見的一些片段孤立、印象泛論或彼此缺乏有機連結的單點描述。這也是黃叔璥的記載和一個世紀之前荷蘭甘治士牧師〈福島述描〉之間的差別。可惜這種知識傳統並未被繼承下來，也沒有成為建構臺灣或漢文人類學知識系統的基礎。之後整個清代就再也看不到如此深刻的觀察記錄和書寫類型，顯示從康熙乾隆的盛世景觀一路到嘉慶道光以至清末逐漸衰敗的趨勢，不只反應在政治經濟生活層面，似乎也呈現在當時臺灣這地方的知識生產品質。黃叔璥的案例也對比出同時代歐洲啟蒙運動的局限性與優勢潛力。如果再跟一個半世紀之後同樣來到臺灣工作的西方人在臺灣所作的觀察和記載，黃淑璥的社會組織洞察力遠遠超出許多。

（三）維多利亞風格的臺灣探索（19 世紀下半葉）

從十八世紀開始，到十九世紀中葉臺灣再度成為西方人可以親身踏足的田野之前，這中間不論在西方或清朝中國顯然都已有關於臺灣南島民族一些知識探索的累積。接著到了十九世紀下半葉，因為條約開港而陸續有西方人來到臺灣從事各種工作，其中有一些人對於博物學和人種學充滿著業餘的興趣，勤於野外標本收集或探究在地原始土著文化，他們也留下不少有關臺灣的民族誌和語言資料的記錄。他們的風格也令人想起同時代歐美社會仕紳階級類似英國所謂「維多利亞式」的智性生活方式，將博物學和田野探索旅行當作一種優雅休閒或趣味。如此所獲得的成果雖有相當的局限性，但對於臺灣的知識累積還是有一定的貢獻。

　　這些人物中最早的應該是 1854 年起即被派駐廈門和臺灣擔任副領事和領事的英國人郇和 (Robert Swinhoe)，他的興趣主要在於臺灣的動植物標本收集，但也有一些關於臺灣民族誌的報導。其中有一篇簡單地記錄了當地聽聞的一些用語，包括數詞等。他據此判斷，「這裡的原住民樣貌看起來一些是像馬來人，有些則接近蒙古種」(Swinhoe 1863-4: 26, 126)。接著陸續來到臺灣且留下一些記錄報導的人物可以列舉如下：在南部傳教的英國人 Hugh Ritchie（李庥）、James Maxwell（馬雅各）和 Campbell William（甘為霖）、在北部的加拿大人 George Leslie Mackay（馬偕）、法國駐臺副領事 M. , Guérin、德國醫師 Arnold Schetelig、受雇中國海關的美國人 Edward C. Taintor、密西根大學生物學家 J. B. Steere、英國派駐打狗（高雄）領事 T. L. Bullock、美國攝影旅行家 John Thomson、英國駐臺領事 Herbert J. Allen、英國商人 William Alexander Pickering（必麒麟）和 John Dodd（陶德）、俄國海軍人員 Paul Ibis，以及因為船難事件到南臺灣調查的美國駐廈門領事 Charles Le Gendre（李仙德）、受雇規劃建造鵝鑾鼻燈塔的 Michael Beazeley 和駐守該燈塔多年的英國人 George Taylor 等。以上為數可以說不少，而且是來自不同職業背景，他們有些出版專書，有些在西文期刊上發表各種報導或通訊。[16]

　　由於在田野停留時間不夠長，觀察深度有限，發表的民族誌內容大都僅止於印象式的描繪，缺乏特定性，也幾乎未涉及社會組織脈絡，反而不如更早荷蘭牧師的業績，也不及黃叔璥的系統性。在分析的技術和概念也比不上 1859 年的 Gablentz。但是不能忽略的是，臺灣各族名稱有相當大一部分在這些人的資料中已經呈現，包括 Guérin (1868) 的泰雅 (Tayal) 和鄒 (Tsoo)，Taylor (1884-5, 1889)的卑南 (Pilam)、阿美 (Amias) 和排灣 (Paiwan) 等五個族名。舊稱高山九族中只有賽夏、魯凱、布農和雅美四族名稱尚未出現。以下依時間點將其中較具學術意義的部分，尤其是涉及語言資料和族群辨識課題

---

16 關於十九世紀西方人對於臺灣的記錄和描繪，參見費德廉 (Douglas Fix) 教授非常豐富完整的彙整和翻譯：http://cdm.reed.edu/cdm4/formosa/。已編輯出版的主要文集有 Dudbridge (1999)、Harrison (2001)、Eskildsen (2005)、費德廉、羅效德 (Fix and Lo 2006) 等。

的，加以挑出說明。

　　第一個時間點在 1867-8 年間。Ritchie 和 Maxwell 曾經在南部地區後來歸類為南鄒、布農、魯凱和排灣等四個族群中的六個部落（排剪社、知母撈、郡社、芒仔社、萬斗龍社和三磨溪社），分別收集約 5、60 個字彙。1867 年首次發表時並無署名 (Anon 1867)，後來 J. Thomson (1873: 107) 在同一內容的字彙表上註明了來源就是在南臺灣從事傳教工作的這兩人。

　　法國人 Guérin 在北部地區建立的泰雅族資料，收集了近五百多個字彙，這是自從荷蘭時代以來，包括清代兩百多年的歷史中首次對這個族群有文字的紀錄，也是文獻上第一次使用「泰雅族」(Tayal) 和「鄒族」(Tsoo) 的名稱，具有特別的意義 (Lacouperie and Baber 1887: 473)。該報告同時附有語言學家 J.-M. Favre 的深入分析，包括語法部分，得到的結論有：臺灣島上原住民屬於「大玻里尼西亞語系」的一部分，而且是在島嶼東南亞受到印度佛教影響之前就已經分離，之後的接觸也極少 (Favre 1868: 506)。

　　這個報告在日治時期或早期語言學家的研究中幾乎未受到討論。而 Schetelig 在臺灣西北部稱為 Tong-aú 和 Kaláng 的部落中收集到一些「生番」語彙，比對上述 Guérin 的資料，應屬於泰雅族。加上其他「熟番」幾百個語彙，作者比較結果認定為是屬於馬來語類型 (Schetelig 1869: 216)，而泰雅族部分更顯示出與其他地區的馬來語有較大差異 (Schetelig 1868: 450-2)。Schetelig 另一篇論文運用了人體骨骼計測學比較臺灣南部原住民頭骨，認為比起漢人和馬來人，臺灣原住民和玻里尼西亞人的關係更為接近 (Schetelig 1869: 221-229)。這時候語言學家關於玻里尼西亞人和馬來人原來是屬於同種族的看法已廣為這些作者所知（同上：219）。

　　1874-5 年間是第二個時間點。Taintor 是臺灣南島研究史上第一次引用 Prichard 的人種分類法，將臺灣族群界定為「馬來-玻里尼西亞群」(the Malayo-Polynesia group)，或簡稱為馬來系 (Taintor 1874: 21)。他收集的語彙資料來自東北部泰雅和噶瑪蘭 (Kabaran) 兩族。根據文中提到的部落名稱，例如 Piho（碧侯）、Vuta（武塔）、Katasei 等，都位於當時南澳一帶。但是他

用 Yukan 這個名稱來指這裡的泰雅族，似乎沒有注意到 Guérin 關於 Tayal 的報告。Tainto (1874: 41-54) 將這些泰雅語彙分別與菲律賓、爪哇、婆羅洲、馬來和馬拉加西語對照，並參考了好幾位語言學家著作，認為這個馬來語系「幾乎佈滿從亞洲海岸往南往東，從馬達加斯加到 Sandwich（即夏威夷）群島和復活節島，從紐西蘭到福爾摩沙的所有島嶼 (Tainto 1874: 40)。

第三個時間點與兩件事情有關：一是 1867 年美國船隻羅妹號 (the Rover) 在恆春外海失事而船長夫婦和船員為當地居民所劫殺，Le Gendre 和 Pickering 等人為此訪查南臺灣而留下一些當地的記載。Ibis (1877) 則是在日本人發動牡丹社出兵事件之後在南臺灣記錄了 Sabari（射麻里）、Saprêk（射不力）、Pilám（卑南）、Katsausán（加走山）、Bantauráng（萬斗籠）和 Sek-hwan（熟番）語彙。

十九世紀結束之前並無真正人類學或語言學專家在臺灣從事正式的田野研究，有兩篇由學院學者所寫的相關著作是荷蘭語言學家 Hendrik Kerr (1887) 和英國東方學教授 Terrien de Lacouperie (Lacouperie and Baber 1887)，他們都是因為被當時新發現的「番語文書」吸引而產生對臺灣南島語的興趣。這時期已經不會混淆臺灣南島民族與中國人和日本人之間的關係，不過總體圖像都只釐清到臺灣和馬來或玻里尼西亞之間的連結性，而且根據這些語料從事分析的語言學家也有察覺到臺灣和其他南島語言之間存在著有趣的特殊差異。從現在的角度回頭看，特別是 Gablentz 和 Favre 所觀察到的這些差異的性質，正顯示出臺灣南島語的原鄉特徵。可是在當時的認知還不可能有這樣的想像，也還未能判斷那些特質是分離後臺灣新創的或是馬來和玻里尼西亞遺忘的。因此推論上通常也就傾向於認為臺灣南島民族在從南方上來的過程中很早就與其他南島族群分開，獨自停留在臺灣島發展形成今天的結果。隨著馬來語和玻里尼西亞語的名稱在語言學和民族學研究上成為主流之後，福爾摩沙語族南來說幾乎成為每一篇文章都會提到的結論。顯見這種時空序列差異化思維已經相當深入。

南島、馬來或玻里尼西亞等用語本身就有地點中心性的意涵，以此作為

包含臺灣在內的語系或族群統稱，臺灣當然是處在邊緣的位置。這個現象也逐漸呈現在世界知識體系的建構中。十九世紀末現代人類學剛從傳統破繭而出，一些代表性的學者和著作，如弗雷澤 (Frazer 1890, 1915) 的《金枝》，泰勒 (E. B. Tylor 1896) 的《人類學》、拉策爾 (Ratzel 1882, 1891, 1896) 的《人類史》和《人類地理學》等，都不見有提及福爾摩沙案例。臺灣從十八世紀初開始大量出現在重要航海旅行記和孟德斯鳩、弗格森和馬爾薩斯等名家著作的盛況，到了十九世紀末卻幾乎完全消失在人類學的知識體系中。直到二十世紀下半葉南島原鄉論出現之後，臺灣才又回到南島知識體系的中心，不過那也只是在語言學和史前史的領域。人類學方面，臺灣仍處於南島邊緣。

五、歷時性思考的陷阱

（一）根深蒂固的南來說（19 世紀上半葉）

前一世紀的認知繼續帶進二十世紀的學術領域。這時臺灣已在明治維新後的日本統治之下，正透過殖民體制展開大規模的現代性學術調查和研究，包括臺灣原住民各族的物質文化、社會組織和宗教習俗等領域。從經驗性的實際觀察，臺灣族群的外貌、語言和文化特徵，都使得研究者更加確認從南方菲律賓遷移過來的說法。

曾在南太平洋島嶼地區有過民族學調查經驗的田代安定，提到他在宜蘭熟番的「實查」，就說根據其體格和語言判斷應屬「馬來種」之一支 (Ino 1895: 99)，而仔細觀察一位大科崁泰雅族「生番」婦女之形貌，也判斷其為馬來之一型 (Ino 1896: 229)。代表東京帝國大學人類學部門的鳥居龍藏在談到圓山貝塚所發現的石器是誰所遺留的問題時，能想像到的答案也一樣：「是馬來人（マレイ，Malay）？矮黑人（ネグリトー，Negritoes）？還是新幾內亞巴布安人（パプアン，Papuan）？」他自承尚不清楚，但是就陶器而言，鳥居則認為應是出自馬來人之手 (Torii 1897: 26)。這段話在戰後也成為臺灣學者經常引用的前言，如宋文薰 (Sung 1980: 96-7)。

在後來的另一篇小文章中鳥居又再說明，因為各族在語言上的差異甚大，幾乎不相通，故認為臺灣原住民是在不同時期「由南方上來」移入的。如前面提到的 Prichard 之說，馬來系統又分為「固有」(proper) 馬來和印度尼西亞（亦稱Proto-Malay「原始馬來」）兩支，鳥居認為臺灣是較屬於後者的「好標本」，「臺灣山地的原住民具有最古老的馬來系統特徵」(Torii 1914: 98)。換句話說，臺灣南島不屬於「固有」南島，這當然與後來的南島原鄉論相反。

1930 年代初臺北帝國大學土俗人種學研究室移川子之藏、宮本延人和馬淵東一等師生三人展開「高砂族系統所屬」之調查，試圖探究「每一族當初如何在臺灣形成，如何發展、膨脹，又如何分裂，最後呈現今日所見之獨立整體，並分佈於廣大區域。」(Utsurikawa, *et al.* 1935: 1, 2011: 1)。但發現各族之發祥地傳說差異頗大，有指向附近高山者（泰雅、賽夏、魯凱、排灣、阿美、達悟等），有部分是海外渡來（卑南），也有根本無發祥地之說者。即使如此，他們的結論基本上與上述諸說一樣：「所謂生番和熟番，原來是大同小異的種族，應該歸類於印度尼西亞人 (Indonesian)，或叫做原始馬來的系統。」（同上 1935: 12, 2011: 12-13）而原住民各族具有之族群特性，「在最初恐怕不是在臺灣本地所發生，或許是從海外島嶼移入臺灣。過程可能是一些眾多複雜內外因素，經過吸納、分解和再統合，最後才形成一個整體形貌。」或「非同時移入，而是分不同的梯次，一波波移入。因為不同時間，因此開化程度也有差異罷！」（同上）。同時代的語言學者，小川尚義 (Ogawa 1944) 和淺井惠倫 (Asai 1936, 1953) 則依當時國際學界習慣以「印度尼西亞語」來指稱臺灣的「原語」所屬。[17]

戰後臺灣學者的看法可以陳奇祿為例，他說：「鳥居龍藏來臺灣調查土

---

17 「印度尼西亞語」(Indonesian) 的概念可能來自 Dempwolff 和 Schmidt 等人的影響，但就像 Dahl (1976: 128) 所說，今天這個概念已不適合，先前它是被用來指稱整個馬來語系甚至是南島語系的範圍，但「印度尼西亞」之名不僅是指這個國家的地理區，也指她的官方語言。Blust (1984: 29-30) 也有類似的看法。

著民族及其文化，以臺灣高山族為馬來族之一支。他的假設，經其後數十年的人類學界不斷研究的結果，終於得到證明而為一般所接受。臺灣高山族不但為印度尼西亞或東南亞文化的一環，同時他們且位居於這個文化區的東北限，而代表這一支文化的較純粹或較古層次。」(C. L. Chen 1958: 14) 關於移動徑路，「由於高山族的文化與南洋諸島者相似，故一般均相信臺灣高山族是自南方諸島移入的。」（同上）

　　「南來說」基本上反映了十八世紀以來國際語言學與民族學理論發展領導權的自然傾斜。這一段時期，有關島嶼東南亞和玻里尼西亞的資料收集和研究密度有突飛猛進的發展，許多經典的著作和期刊都集中在這些地方。而臺灣不論是在地理區位的代表性或人類學理論的相關性方面都處於南島研究的邊緣。當學者的注意力有機會回到臺灣時，在視野、概念和方法上多少已受制於這種經由歷史地理條件所形成的主流理論關懷之局限。在此種理論氛圍下即使認為臺灣是代表這個文化中較純粹或較古層次，這種說法的真實意涵也只是在強調臺灣在南島文化中的邊緣性而不是核心性。

　　但是如下所討論的，在日治末期到戰後初期，關於臺灣原住民的來源問題已經有另一股主張北來說或大陸說的力量逐漸崛起，特別是認為臺灣原住民與中國大陸西南土著的文化具有相當近緣的相似性，或以長江中游兩湖地區為臺灣史前文化的起源地之說，而大部分的臺灣族群則可能直接來自大陸，不經南洋等等。不過，陳奇祿並不贊成此說，「除非中國東南區的考古學和民族學工作已有若干成績，臺灣高山族由大陸直接移入的假設是不易完全得到證明而成立的。」（同上）

（二）日治末期的北來說

　　「南來說」和「北來說」或「大陸說」的起起伏伏實際上隱含著一個複雜曲折的人類學思想課題。後者的主要提倡者都來自史前考古學者。在日本殖民時代末期，原來以體質人類學為其專長的金關丈夫、民俗學者國分直一和地理學家鹿野忠雄等三人皆投入臺灣史前問題的研究。1943 年國分直一引

用 Robert Heine-Geldern (1923, 1932) 的說法，指出臺灣北部的有段石斧和有肩石斧一樣，可以說是從大陸沿海地區橫越海峽到達臺灣的 (Kokubu 1943; Kanaseki and Kokubu 1990: 195)，而西海岸中南部的新石器文化則是受到中國大陸沿海黑陶文化的影響。他詳細分析臺灣各地出土的所謂「靴形石器」（或稱「彎柄石器」），認為「除了以臺灣以北的中國江南為中心之外，還達及朝鮮南部、九州南部，呈現一個東中國海沿岸文化的狀態。」(Kokubu 1947; Kanaseki and Kokubu 1990: 250) 並認為與臺灣最接近的文化相是浙江的良渚文化，同時強調與張光直所謂的龍山形成期文化相當一致 (Kanaseki and Kokubu 1990: 259)。

金關丈夫也討論臺灣先史時代諸多石器的北方要素，包括與華北、華中、東北、朝鮮、琉球、九州及日本本土的相關性 (Kanaseki 1943)。金關和國分〈臺灣先史時代大陸文化之影響〉一文，提到分佈範圍北自基隆，南至恆春半島，包括東海岸的石菜刀，是臺灣史前石器中最具大陸色彩的。此外，石器中也追加了石鐮和磨製有孔石斧。陶器中則增加了一些具有大陸性因素的黑陶、彩陶和紅陶資料 (Kanaseki and Kokubu 1990: 264)。鹿野忠雄研究考古遺物的形制及其地理分佈，將臺灣史前史分出七個文化層（繩紋陶、網紋陶、黑陶、有段石斧、原東山、巨石和菲律賓鐵器等），並進一步認為:「臺灣先史文化的基層（前四層）是中國大陸的文化，此種文化曾分數次波及臺灣。」其後又受到中南半島混有青銅器、鐵器等之金石併用文化的影響。最後從菲律賓傳入了鐵器文化 (Kano 1944, 1952: 76-183, 1955: 110-117)。

（三）中原核心論的提起

金關、國分和鹿野等人以臺灣史前文化為對象所探討的文化傳播動線，雖然有涉及南方的菲律賓或玻里尼西亞，甚至東北亞地區，但是明顯的主要來源是在中國大陸。到了戰後國民黨政府接收臺灣，這個大陸來源說受到學術界的重視，並強化發展為中原文化中心論，成為臺灣史前史的主要詮釋基礎。先是有民族學者凌純聲以多產的比較研究試圖論證古中國文化影響波及玻里尼西亞的問題 (Ling 1950, 1952, 1958)。這個觀點後來被張光直的「中

國考古學」研究架構以不同的形式繼承了下來。張氏認為，凌純聲的假說擴
大了中國南方學者的視野，並「從文獻資料上找到南島語族文化在華南大
陸普遍存在的確切不疑的證據，且與考古學的發現大致是相符合的」(Chang
1959b: 65)。

　　1959 年張光直以史前問題為主，依據當時相當有限的材料重建了一個頗
為完整的華南史前文化圖像，並論及華南華北史前文化關係。他說，「華南
及東南亞的新石器文化與華北的比較時，顯示出顯著的後裔 (secondary culture)
之特徵，是從華北新石器時代文化散布出來的。」（同上：62）華南新石器
時代文化又被認為主要是從黃河流域新石器時代晚期經數條路徑南下移民攜
俱而來，張光直給了一個後來成為臺灣考古文化層主要座標的名稱——「龍
山化」、「龍山式文化」或「龍山文化形成期」(Lungshanoid)，這個名稱的源
頭所在就是華北山東龍山地方發現的文化層 (Chang 1959a [1995a]: 82, 1959b:
62-3)。

　　1963 年張光直《古代中國考古學》英文初版即有「龍山文化形成期」很
長的專章 (Chang 1963b: 77-109)。據他自己的說明，「龍山形成期」在 1959
年提出時是作為一種概念工具，試圖貫穿中國大陸幾個區域文化序列，加以
整合。這個概念假設有「一個核心區域，即華北的中原地區，汾、渭、黃三
河交匯的地帶」。所謂龍山形成期，就是說文化從這個核心區放射出來，
「迅速而且廣泛的擴張」。他認為這是合理的解釋，因為「新石器時代文化
發展在中原有一串完整的系列，而在東部和東南海岸當時沒有這樣的一個完
整的發展系列，因此在東部和東南海岸地區的與中原類似的文化想必是自中
原較早的文化傳佈而來的。」(Chang 1986: 238-9, 1989b [1995a]: 129-130)

（四）南島和龍山之間的徘徊

　　《古代中國考古學》一書雖然只有零星地提到臺灣案例，但臺灣始終是
不言而喻地被包含在上述東南海岸的範圍內（圖十一）。張氏有另一篇單獨
討論華南史前陶器文化及其在臺灣的擴展，主要從中國東南沿海的繩紋陶、

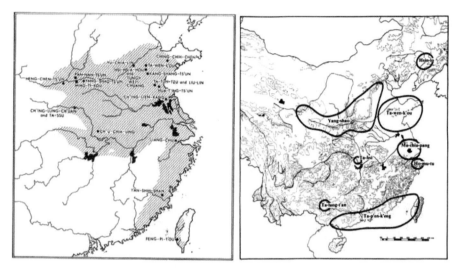

〔圖十一〕「龍山文化形成期」（左）與「中華相互作用圈」（右）(Chang 1977: 170, 1986: 235)

龍山形成期和幾何印紋陶等三個層次來論證臺灣史前陶器文化層，認為臺灣和華北華南在史前文化上的類似性是很明確的，足以證明臺灣的史前文化是從海峽對岸分成幾波遷移過來的。第一波陶器文化層應是西南繩紋陶的東部分支；其次是以江蘇為中心的「龍山式文化層」，在浙江、福建、廣東和臺灣皆有據點；在臺灣島上進行廣泛的一次殖民拓展時間約為西元前二千年末到一千年初，當時的器物形式伴隨著幾何形刻紋 (Chang 1963a: 249)。

　　從金關丈夫北來說到張光直「龍山文化形成期」的論述脈絡，香港的考古學者 William Meacham (1995: 227-8) 即有這樣精簡的評論：

　　　　首先，根據宋文薰〈由考古學看臺灣〉(Sung 1980) 一文，關於臺灣原住民族的來源問題，最早日本學者的看法較著重於南來說，這情形在 1940 年金關丈夫等人的論說中開始有了轉變，而注意到與中國大陸的史前關係。1960 年代新石器時代臺灣與大陸的連結關係成為主流論述。張光直 (Chang 1963b:

197) 就曾充滿信心地認為，臺灣的每一個陶器文化層都是華
南沿海相應和相同文化層的地方相。可以相當確定的，臺灣
的第一個陶器文化層可能是中國西南地區繩紋陶的東部分支
產物。幾何紋陶器所代表的文化，第一期在臺灣的廣泛殖民
已經完成 (Chang 1963b: 249)。

透過臺灣考古學經典之作《鳳鼻頭、大坌坑與臺灣史前史》(Chang 1969)，臺灣的課題在張光直的思維裡幾乎完全籠罩在「龍山文化形成期」概念的遮傘下，因此臺灣史前史基本上可以看做是中國史前史的延伸。但是尚無法理解的是，「龍山文化形成期」的界線為何只到臺灣島為止？因為當時張氏也已充分瞭解臺灣史前人類與今天臺灣島上的南島族群基本上是屬於同一個族裔。若比起華北華南，臺灣應該與島嶼東南亞和玻里尼西亞的南島語族在文化上的關係更為密切。這可以說是屬於另一個「南島文化圈」，而臺灣甚至可能是它的核心區。現在如果有一種文化群理論將臺灣原住民族群包含在內，那麼這個文化群概念基本上也幾乎必然擴及當時已知與臺灣原住民同屬一系的菲律賓、東南亞和玻里尼西亞。但張氏的「龍山文化形成期」到了臺灣後即嘎然而止。也許是因為「龍山文化形成期」基本上是史前的「中華文化圈」概念，要將這個概念延伸到菲律賓以南，是有其明顯的理論困境。而這個概念上的矛盾似乎從來未被討論。

1964 年張光直應邀在 *Current Anthropology* 這個國際人類學最主要的期刊上討論有關史前南島族群移動的課題，他負責撰寫華南考古部分。該文在觀點上與《古代中國考古學》一書並無不同，是以華北為中心向四方擴散，臺灣被包括在內，可是甚至朝鮮半島和中南半島卻不在裡面，當然也沒有馬來─玻里尼西亞。提及若要尋找太平洋族群之原鄉，張氏則又認為應是在東南中國沿海之文化傳統。至於當代臺灣原住民的語言和文化與馬來─玻里尼西亞的關係，只是點到為止，對中華和南島兩個文化圈概念的矛盾介面也未有所說明 (Chang 1964: 375)。

（五）臺灣與南島核心區

事實上，1950 年代開始，語言學的研究已充分顯示臺灣原住民在南島語系中的特殊地位。André G. Haudricourt (1954, 1965) 的著作將南島語系劃為三個支系：(1) 西支：包括蘭嶼、菲律賓、印尼、大陸東南亞和馬達加斯加島等地區，此區可重建一共通的「印度尼西亞語」；(2) 北支的福爾摩沙：作者舉了泰雅、排灣、卑南、阿美和布農等五個族名；(3) 東支的大洋洲：包括玻里尼西亞、美拉尼西亞和部分密克羅尼西亞 (Haudricourt 1965: 315-6)。這三個區域系統的劃分具有指標性意義。先前的古典研究都只是在確認福爾摩沙語和其他南島語(即馬來語)之間的關係，並未論及福爾摩沙語在南島語系分類中的相對位階。

這個分類法同時也意涵了有關何處是南島語族可能之原鄉的論點。Haudricourt (1954: 83) 的文章即認為這個原鄉應該是在亞洲大陸東南沿海的海南島和臺灣之間。雖然沒有那麼確切不移地指名臺灣，但已在其所推測的大範圍之內。接著美國語言學家 George Grace 也明確指出臺灣原住民語言有顯著的紛歧性，認為該地南島語言已相當的古老，因此「假如臺灣不是這一語系最初的原鄉（我不知道有任何人提過這個說法），我們就必須假定南島語族是從某處來到臺灣」(Grace 1964: 367)。而 S. A. Wurm 立刻在這篇文章的討論中提到：Haudricourt 雖然未正式發表其臺灣原鄉論，但他在 1963 年澳洲國立大學的語言學課上已力倡此說 (Wurm in Grace 1964: 398)。

1970 年代 Dahl 以音韻學分析為基礎，進一步認為 Haudricourt 三分法中的西支和東支兩者有些共同的創新特質是臺灣所沒有的，因此東西兩支相對於臺灣可以合起來構成共同的一支。不過，他也指出，相較於東支，臺灣與西支之間有較多的結構相似性，可視為是西支之一部分 (Dahl 1976: 128-9)。在位階上，他也主張東西兩支皆從臺灣所分出。南島語譜系樹的最上層就劃分為臺灣和臺灣之外的「其他」馬玻這兩支（同上：128）。因此，從語言學上看，臺灣是南島語族最可能的「原鄉」所在，「臺灣的原住民語言在音韻資料和文法形式上是這麼古老，以至於它們可以被認為是在某種程度上保留

了古南島語資料的一座『博物館』」 (Dahl 1981: 15)。這麼說來，應該臺灣才是南島文化的核心區或「固有」南島。

（六）中原核心論的結束

Dahl 之後，就如本文一開頭所述，繼續由 Blust 等學者接手往前邁進，最終建構出完整的南島原鄉論和馬玻語族擴散歷程。我們如果以臺灣為地理上的銜接點，將 Shutler and Marck 的南島語族擴散圖（圖四）和張光直的龍山形成期文化分佈圖（圖十一）連起來一齊看，也許更能感受到兩種學科兩種思潮的折衝。同樣一段時間，中國各地考古新發現也使得張光直的學說不斷受到挑戰。「80 年代的中國考古學證明在中國境內有好幾個文化中心，而不是只有我所說的一個核心區」(Chang 1998, 2010: 173)。1986 年《古代中國考古學》出第四版，一直貫穿於前三版的「龍山形成期」的名稱雖然還在，但概念已差不多完全被放棄了。「龍山形成期到今天，這個基礎已經不復存在了。因為在好幾個區域中今天也已經有了完整的或近乎完整的發展系列了。因此，『龍山形成期的大擴張』不能再來作為解釋龍山形成期的理論基礎。」(Chang 1986: 238-9, 1989b [1995a]: 129-130)

新的圖像是：不論是華南還是華北，從西元前 4000 年左右開始就有土著起源和自己特色的幾個區域性的文化。不過，張光直還是試圖將這些文化區連鎖成一個更大的範圍以說明彼此之間的關連性，因而提出「中華相互作用圈」(Chinese interaction sphere) 的概念 (Chang 1986: 234-294)。至少經過這樣的修正，華南和臺灣的史前文化才有可能被當作是獨立的一支，與其他中原文化區隔，並與南島語族的理論取得協調。張光直回顧這段歷程，自問：「我這〔中原〕核心區的偏見是從哪裡來的？我不得不把矛頭指向傳統的〔民族主義〕史學。」(Chang 1998, 2010: 170-177)

六、社會制度的地緣關連

（一）從古代中國到玻里尼西亞的「酋長制」

　　在史前文化的研究中，臺灣的定位曾經擺盪在中原和南島的歸屬之間。前述張光直的中原核心論乍看以為他是完全受到大中國意識的影響所致，因為連他自己都這麼說了。但是，問題似乎還有更深層的一面。原來一開始把臺灣的南島原住民和古代中國連結起來的，另外存在著一個純人類學的原因。就在張光直 1959 年提出華南的史前文化形態論之前，他和李卉已經各自發表了一篇關於排灣族文化中的玻里尼西亞特質之論文。當時十分傑出的張光直在臺灣大學畢業後就立刻到了美國哈佛大學攻讀博士學位，接受最先進的人類學思潮。這時候，Marshall Sahlins 等人關於玻里尼西亞社會的研究正如日中天，立刻吸引起了他的注意，回頭發現排灣魯凱二族之文化特徵與「若干玻里尼西亞社會，尤其是東加[Tonga]，宛然相同」，特別是所謂的「枝族」(ramage) 式親族制、階級制度與世襲政治，以及與階級相聯繫之裝飾藝術等 (Chang 1957: 95)。[18] 李卉 (Li, H. 1957) 則進一步把玻里尼西亞和當代排灣的枝族制內容與古代中國連結起來，認為中國周代立嫡立長，分大小宗之宗法制，原理與玻里尼西亞之枝族制相似。更早，衛惠林 (Wei 1955) 也討論過這個問題，一樣認為排灣與玻里尼西亞階級制有關聯，且與古代中國的宗法制度聯結。

　　李卉 (H. Li 1957: 132) 雖然提及不同社會中的相同社會結構特質並不一定能被認為是來自文化傳播，但還是推測如果古玻里尼西亞社會即有枝族制度，而且又是來自亞洲大陸，那麼古代中國和現代排灣的類似枝族制度可能與現代玻里尼西亞人枝族制的原型有些關係。她推測這三個社會的制度彼此間也許存在著「衍生關係」(related in derivation)。這些看法都提供給凌純聲新的靈感，因此在 1958 年〈臺灣土著族的宗廟與社稷〉一文，凌氏就完全用

---

[18] Raymond Firth (1936) 首創「枝族」(Ramage) 之名稱，用以指稱玻里尼西亞島嶼社會之單系祭祀群，也有學者稱為「錐形氏族」（conical clan，參見 Kirchhoff 1955）。

「宗廟」與「社稷」等古代中國的體制和術語，重述前人所作有關排灣族貴族頭目的家屋格局和信仰裝飾的調查資料。「禮失求之野」的傳統智慧使他得出這樣的結論：「臺灣土著為今之野人或夷人，尚保存許多中國的原始文化」(Ling 1958: 1)。如此，臺灣原住民和玻里尼西亞人和中國古代的東夷人在族群和文化上被連結了起來。這樣看來，張光直當初的想法也許只是想從史前史研究去建立這樣的關連性。

但是 Sahlins (1958) 玻里尼西亞研究的重點並不在這裡，而是李卉也加以引用的生態適應理論新說，她即認為上述三地之枝族制是以相同技術特質適應相同環境之結果 (H. Li 1957: 131-2)。後來，Sahlins (1963) 再提出「酋長制」(chief) 和「大人物制」(big-man) 兩種社會類型分別代表了地理上的玻里尼西亞和美拉尼西亞兩個不同文化區 (cultural provinces)。玻里尼西亞「酋長制」包括由紐西蘭、復活節島和夏威夷等三角點所構成的範圍，而美拉尼西亞「大人物制」則由新幾內亞、俾斯麥、所羅門和斐濟以東諸島所組成。他們的宗教、藝術、親屬團的構成、經濟和政治組織皆有不同特色。玻里尼西亞人即以世襲的酋長制和精巧的階級宗族組織著名，而大部分的美拉尼西亞社會則是在政治上處於相當粗糙的階段，領導人物須要靠自己後天所累積的能力和財富去獲得和維持其地位。

1950 年代李卉隨著 Sahlins 之說認為同樣具有酋長國型態的玻里尼西亞、排灣和古代中國可能也是以相同技術特質適應相同環境之結果。三十年後，黃應貴 (Huang 1985) 再度把 Sahlins 這個模式搬到臺灣來，認為原住民社會也有「酋長制」和「大人物制」這兩種類型。酋長制（或稱首長制）社會包括阿美、卑南、鄒、排灣和魯凱等五族，其特點是政治權力及土地所有權均為特定階層所壟斷，並透過親屬制度繼續繁延。布農、泰雅和雅美三族則屬於大人物型社會，階級性不強，宗教上強調以個人能力的精靈信仰支配整個社會生活。而賽夏族的政治社會領域和宗教經濟領域分屬兩種類型。這個比較意味著臺灣南島社會型態內部之間的差異幾乎等同於玻里尼西亞和美拉尼西亞兩個大文化區之間的差異。就如臺灣南島語被認為是分化最多元的地方一

樣，這樣的說法頗符合語言學的論證結果。

如果將社會制度也視為一種語言現象，那麼在思考問題時自然也有索緒爾的歷時性和共時性兩個面向。在更晚分化形成的其他南島語系社會中所見到與臺灣原鄉類似的文化社會制度是否意涵著在臺灣存在著一種關於酋長制的「原生形態」(proto-type)？或這只是因為基於人類社會的普同本能各自獨立發展出來的相同制度？也就是說，不論是在南島語系的內部，或是像古代中國這樣在時空上都很遙遠的另一種社會，也有可能發展出雷同的社會文化制度。如果是這樣，臺灣南島人祖先會有古代中國或所謂龍山式相同的制度，也非不能想像的事。

嚴格地說，Sahlins (1958) 的生態適應理論，類似語言古生物學，比較接近索緒爾定義的地緣性範疇，基本上不算是共時性現象。而李卉、凌純聲和張光直的理念明顯試圖建立一種關於不同文化間的歷時性的系譜淵源。那麼，臺灣原住民社會制度研究的共時性課題在那裡呢？在臺灣南島語族研究中，第一個被想到的案例應是馬淵東一的布農/鄒族研究，及其與印度尼西亞和大洋洲的比較。後面會再回到排灣的酋長制和世家社會問題。

（二）馬淵東一的泛南島比較

1930 年代臺北帝國大學時期的馬淵東一，顯然是透過閱讀發展出一條與當時西方人類學正方興未艾的結構功能學派較相近的研究方向。1933-4 年起他陸續發表關於布農族和鄒族的親屬稱謂、氏族組織和婚姻規定等課題的論述，接著 1935-8 年之間連續幾篇以布農和鄒的祭祀儀式、祭團、獸肉之分配贈與、及母族的優勢地位等為主題（見本文參考書目 Mabuchi 條）。在他身上，臺灣原住民研究開始建立了較具近代社會人類學旨趣的方向，即索緒爾所謂共時性課題，研究「各項同時存在並構成系統的要素間的邏輯關係」。

在這個基礎上馬淵進一步擴及與印度尼西亞（島嶼東南亞）和大洋洲（玻里尼西亞）的比較，廣泛地接觸荷蘭學者在印尼的民族誌研究，注意到那裡的社會組織型態 (Nakao 2003)。印尼中部主要地區或舊稱所謂「原始馬

來」區，包括爪哇、蘇門答臘、西里伯斯和菲律賓群島一帶，雖然會有一些變異偏向父系或母系，甚至形成單系世系群，但皆缺乏健全的單系組織。而主要是在蘇門答臘和東印尼幾個地方很明顯存在著外婚制的氏族組織，其中除部分零散地區之外，父系原則都居於優勢。這些父系群之間都實行不對稱的母方交表婚，形成三個氏族以上的給妻者 (bride-giver) 和得妻者 (bride-taker) 之對應關係 (Mabuchi 1974b: 5-6)。

　　他也注意到 Margaret Mead 在俾斯麥群島 Admiralty 島上曼努人 (Manus) 的研究。那裡也有將聯姻之對方親屬稱謂加以抬昇或降低輩分的現象。同屬父系社會的曼努人採取 Crow 型親屬稱謂，被抬昇稱謂輩分的對象是姑方的親屬，祖父姐妹的女性嗣系和父親姊妹之女性嗣系都被歸在同一稱謂之下 (Mead 1934: 353)。曼努人親屬制度中，父系的姑方靈力之優位性，與系性 (lineality) 壓過世代 (generation) 的親屬稱謂，這兩者之間的關聯性成為後來馬淵屢次引用來與臺灣比較的案例。

　　在馬淵 (Mabuchi 1948, 1952, 1970a, 1970b) 的論述中，臺灣的布農/鄒案例雖無父系群間固定方向的母方交表婚或姊妹交換婚情況，但是母方氏族地位優於父方，並表現在信仰、社會行為和稱謂方面，與蘇門答臘、東印尼剛好形成「印度尼西亞三角的對角」(three corner-lands of the Indonesian triangle)。這三地有相當大的類似性，馬淵稱之為「印度尼西亞型」。而 Mead 研究的曼努人所代表的類型稱為「大洋洲型」(the Oceanian type)。用今天的概念來說，就是「西馬來─玻里尼西亞型」(WMP) 和「東馬來─玻里尼西亞型」(EMP) 的區別。曼努人也是父系社會，但其父方優位方向正好與布農父系社會的母方優位相反。

（三）萊登的地緣民族學

　　馬淵試圖發展出獨自的泛南島比較研究架構，臺灣、印度尼西亞和大洋洲這三個案例雖然都屬於南島語系，他似乎沒有特別要強調其地理和歷時性的同構 (homologous) 關係，不過也不可避免地表示臺灣與印度尼西亞屬於較

近的同一類型，而與大洋洲，即玻里尼西亞之間的關係則是較遙遠的互相對應。這種策略保留了南島圈內次級地域族群的類同性，但未必須要強調類同族群之間的系譜性連結。馬淵可能是到目前為止研究臺灣原住民學者中對島外其他南島社會接觸最深入的學者，他雖然未往系譜發生學的比較研究方向傾斜，但所提出的地緣或地域特定性的類型學，也具有索緒爾語言學的地緣性 (geographic) 方法論性質。

在南島人類學領域中同樣具有這種地緣性思維模式的，就是二戰前後荷蘭萊登學派提倡的「民族學研究群域」(the field of ethnological study) 概念 (Josselin de Jong 1977; Oosten 2006)，後來改稱「人類學研究群域」。Josselin de Jong 認為人類學除了針對個別社群進行精確和深度的民族學研究之外，也應同時關心具有相當特殊的同構性的更大範圍之區域社會，一方面該區域之族群文化足以構成一個獨立的民族學研究對象，另一方面其內部差異幅度又足以提供有意義的互相比較。這個學派的研究案例多集中在東印尼地區，範圍包括 Halmaheira 以南的摩鹿加群島和 Lombok 以東的小異他群島這些地方。如上所述，這裡最著名的特徵是存在著外婚制的氏族組織，父系原則居於優勢，實行不對稱的母方交表婚等等。其他特徵還有繼承關係的雙系性 (double descent)、社會宇宙的兩元結構和對外來文化影響的韌性等等。這些獨特性被稱作結構核心 (structural core)，而在同一群域 (field) 的不同社會間之差異則被視為是一種變形 (transformations) (Josselin de Jong 1977: 168-9)。

語言學的分支概念對我們在了解某些社會文化制度的地域性現象也具有一些參考價值。萊登學派在東印尼地區找到的具有同構性制度特徵的「人類學研究群域」單位，甚至上述行酋長制的玻里尼西亞和大人物制的美拉尼西亞，其地理區在一定的標準來看都與南島語系分支系統的某一支系單位相對應。但是對照 Blust 的分支系統圖，如果從具有歷時性意涵的角度來看，臺灣各族都屬於最高的第一級分支，行酋長制的玻里尼西亞和大人物制的美拉尼西亞卻是最低第五級的分支的大洋洲語系 (Oceania)。而東印尼則大致屬於中

馬玻分支 (CMP)，約略是第三級分支。[19] 也就是說，酋長制和大人物制兩者差異這麼大的社會制度實際上是發生在歷史最淺的同一分支語系內，是三千年前才分化的語族。而臺灣內部各族之間在語言上的分化時間依 Blust 等人的模式應該都至少在五、六千年前。

　　此種明顯的遷移時間點和分支位階的落差，使得學者懷疑民族學研究和比較語言學之間在方法論上是否有可以借鏡的地方。前述的萊登學派曾經在 1982 年召開一次研討會討論「人類學研究群域」的概念，也邀請了 Blust 從語言學的角度探討這個概念。他的論文先作了一個關於人類學各種文化比較研究方法的評估，以及南島語研究所建立的分支和擴散模式 (Blust 1984: 21-28)，但之後他對這個問題的看法幾乎是完全否定的：「人類學研究群域」和比較語言學之間缺乏共同的前提和工作方法，最好的策略就是各自走自己的路。特定地理範圍內的文化制度比較最後一定走到文化傳播論與系譜發生學尋找某些類似性現象發生的原因。但這樣就會捲入了推論歷史的領域，成為一種歷史民族學，一如語言學的地域和分支系譜比較。這麼一來，人類學者就擔心會掉入臆測史學 (conjectural history) 的陷阱而退縮（如前述臺灣史前史之研究），而 Blust (1984: 32) 認為比較語言學並無這個問題。

七、共時性的社會邏輯

（一）單系與非單系問題

　　如果人類學比較研究對象是屬於不受上述語系或地域差別局限的類型，Blust (1984: 32) 就認為在解釋時除了極端的文化傳播論，幾乎都意含獨立發明是文化類似性的基本原因。這個觀點可以解讀為：人類學有關文化社會制度

---

19 根據 Blust (1984-5: 46)，東印尼在語言上屬於「中馬玻」(CMP) 分支，與美拉尼西亞和玻里尼西亞屬於高一層的同一支系（東中馬玻，CEMP）；而印尼其他地區則與菲律賓、馬達加斯加和中南半島同屬西馬玻 (WMP)。

的研究，幾乎都會採取索緒爾所謂共時性的方法論。也就是承認文化類似性的基本原因是來自各自獨立發明的偶合現象。於此試從歷來與「馬來-玻里尼西亞」社會關聯在一起的「非單系」(non-unilineal) 社會和李維史陀的「世家社會」(house society) 等概念和臺灣案例來做一些觀察。

馬淵東一在 George Murdock (1960)《東南亞社會結構》書中有一篇簡要說明臺灣原住民九族之親屬稱謂、親屬制度和社會組織特色。在系性原則方面，臺灣諸族中，單系親屬團體只見於母系的阿美族和父系的布農族和鄒族，其他包括達悟（雅美）、泰雅、排灣、魯凱和卑南等族，在繼承制度和社會組織形態上都被歸類為英文稱作 "cognatic" 型的社會。在 1950 年代，這一類型社會也以「非單系」之名受到許多人類學家的特別關注和討論，尤其是以南島語族或馬來一玻里尼西亞社會為探討對象的 Goodenough (1955)、Firth (1957) 和 Davenport (1959)。臺灣人類學界也受到一定的影響，如王崧興 (Wang 1965, 1986) 和石磊 (Shih 1976)。"Cognatic" 這個字，衛惠林 (Wei 1964) 譯為「血親」，石磊 (Shih 1976) 則譯為「血族」。這些譯法顯然未能充分表達原有意涵，且容易跟另一個也經常出現在親屬研究中與姻親 (affinity) 相對的「血親」(consanguinity) 一語產生混淆。在中日文文獻中常見的「血族」或「血親」之用語，其原意指的就是 consanguinity。為避免混淆，本文在此暫譯為「任選型」，強調在對於父母任何一方的認親歸屬中具有自主選擇之彈性。

人類學在探討傳統社會組織型態的理論建構過程中，最早幾乎都是環繞在父系或母系這樣界線清晰的概念，很難去想像其他的可能性，因為覺得繼承制度不可能採取一個飄浮不定或無法規律化的模式，否則該社會將難以維持穩定有效的運作。衛惠林如此描寫排灣族的親屬制度：「排灣族的親族組織可以認為是臺灣土著諸族中最複雜也是最特殊的典型。因為他們的親系法則既非父系也非母系，而是建立在長系繼承與傍系分出的家氏系統制度上。」(Wei 1960: 72)「（排灣）此種制度不是以人，而是以家宅，家氏為親系的象徵；不以男女系統的取捨而以直系傍系親疏遠近為親系建立原則。」

（同上：94）他甚至注意到：「這種兩性平權的長系中心社會在過去所知的
親族組織事例中，似乎還是極少見的特例。近年來社會人類學界正在努力搜
尋雙系社會或非單系社會也非雙系的組織法則，其對社會人類學界應該具有
若干理論上的啟發性。」（同上：72）他的觀察可以說繼承了兩百年前黃叔
璥的洞察力，兩者都與下述李維史陀的世家社會論遙相共鳴。但是有時候衛
氏又不免受制於單系的世系 (lineage) 觀念，還是把一些非單系任選型社會都
生硬地納入了單系組織類型 (Chen, C. N. 1976 [1986]: 96-8)。從衛惠林和前述
黃叔璥對排灣體制的深入觀察，我們已經很容易展開李維史陀世家社會論的
精采論述。

　　上述馬淵東一所探討的布農／鄒族和東印尼社會就是以父系世系群為中
心的社會，在這個社會基礎上維持互補的母方之父系世系群的相對優位性。
李維史陀《親屬基本結構》(Lévi-Strauss 1949)一書，從自然與文化之閾限和
亂倫禁忌之緣起等基本概念開始，詳細剖析不同形式的交換婚類型，及複
雜的循環式不對稱婚盟 (asymmetric alliance) 制度，建立他所謂的「基本結
構」。這個結構的前提當然是單系社會體制。當時非單系社會好像是被視為
異類一樣，在概念上還想不出適當的方式來處理。該書 1949 年出版時完全未
提馬來-玻里尼西亞或南島民族的案例，後來在 1967 年的訂正版中還特別說明
這一類双系任選型社會在過去始終被人類學家認為是特例而暫置不論，包括
他自己。並附有這樣一個評論：「根據 George Murdock (1960) 的著作，許多
研究者已證明雙系同等認定的任選型制度事實上是存在的，尤其是 Raymond
Firth 所研究的玻里尼西亞，以及美拉尼西亞和非洲等地。Davenport 稱之為非
單系制度，而且確定遠較 1940 年前後當時所想像的要更為普遍。它們至少占
了吾人所知繼嗣 (descent) 制度的三分之一。」(Lévi-Strauss 1967: 105-6)

　　李維史陀沒有在增訂版中加上這一部分，他認為這與所謂「基本」或
「簡單」(elementary) 結構無關，因為用以凝聚社會關係的原則已涉及外在的
土地權利，而非內在的繼嗣法則。「其間（指非單系與單系社會）的不同有
若分類學上的節肢動物與脊椎動物之別」（同上：106）。他也說到有相當多

的所謂原始社會是具有複雜的親屬結構，指的就是非單系的原始社會。[20]

（二）系性與「世家社會」論

雖然在 1960 年代末已充分認知到這種非單系認親制度的重要意涵，但這個問題一直等到 1976 年起李維史陀才開始認真對待，並且是以「屋宇」（法文 maison，英文 house）這個新概念展開，先是在講課中提起 (Lévi-Strauss 1987: 151-2)。其意涵相當於一般所說的「貴族門第」(noble house)。[21] 這個課題後來李維史陀即以美洲西北海岸瓜求圖印地安人 (Kwakiutl) 的社會組織為主題做了較完整的論述 (Lévi-Strauss 1979, 1982: 163-187)。從該文脈絡看來，他所關心的還是在於人類學親屬理論的核心問題，即如何解決古典人類學在處理非單系社會所遇到的困境，因為已知無法再用傳統繼嗣理論作為分析工具。

首先是系性觀念所碰到的問題，李維史陀詳述美國人類學之父 Franz Boas (1921) 在瓜求圖社會的田野經驗，起先認為應該是個父系社會，因為婚姻為從夫居，一家之主都是由男人擔當。可是後來又覺得已經由原來的父系逐漸轉向母系，因為在這個貴族制社會中男人都從岳父那邊取得名位與特權再傳給其子女。但了解得更多之後還是放棄了這種歸類企圖，因為制度選擇不僅會隨時間而不同，有時甚至是同時雙系繼承的。鄰近的幾個族群都一樣缺乏單系繼承的組合，繼承制度和血緣關係的運用都相當寬鬆。

Boas 的觀察重點轉到他們的屋宇。有地點名號的屋宇，這似乎才是社會的支柱。人們可以發現複雜的婚姻關係和婚姻策略在不同宅第之間的往來和繼承關係扮演重要的角色。幾乎經過了半個世紀之後，Boas 決定不再用傳統人類學家熟悉的「氏族」（gens、clan 或 sib）來形容這種關係和組織，而改以瓜求圖人的土語 *numayma* 來描述這種獨特的社會體。*Numayma* 的語意就是

---

20 李維史陀雖然也用「任選型」(cognatic) 或「非單系」(nonunilineal) 等說法，但他比較一貫的用語是「未分辨的」(undifferentiated)，參見 Lévi-Strauss (1982: 170)。

21 英譯本原文：in the sense in which one speaks of a 'noble house' (Levi-Strauss 1987: 151)。

指「屋宇」(house)，其繼承既非父系也非母系，甚至繼承者可能是個沒有血緣關係的人。在他的定義中，*numayma* 不是指具體的人，而是一套具有名分和特權的位置或席位，個人在一生中可能占有這些位置或席位及附隨的名分 (Lévi-Strauss 1982: 166-7)。也就是說，「屋宇」應該像是家族、宗族、氏族一樣的範疇，是人類學對社會形態的一種認知和分類（同上：173-4）。

　　除了繼承的系性問題之外，還有不可或缺的社會階級性之存在，也就是貴族制度。貴族制與非單系傳承兩樣東西都內含在「屋宇」(house) 概念裡面。這個概念的重點並不在物性的「屋宇」本身，而是在擁有這個資產的「世家」概念。「屋宇」和「世家」都是 "house" 這個字的不同譯語。中文的世「家」，也像英文的 house 或法文的 maison 一樣，已經不是單純的家屋這個實體，它的意思比較像是具有身分地位的「宅第」了，有時候我們也說是「門第」。即使今天去到排灣族部落，還是可以深刻感覺到這種門第世家的象徵力量。[22] 屋宇不再只是房子，而是包含各種有形和無形的家業資產，是在指涉一個擁有龐大資產的家世。世家也不只是一個家族、宗族或氏族，而是「豪門」或「名門」。「門」在這裡其實是「門第」的意思。在這樣的貴族世家制度中，如何傳承經營乃成為最關鍵性的課題。為了這個目的，策略上就不能採取完全沒有選擇空間的絕對單系繼承制。非單系、屋宇和貴族制度在這個機制裡是三位一體的。

　　李維史陀的文章後半部專門探討中世紀歐洲貴族作為一種屋宇或世家社會形態的內涵和運作模式 (Lévi-Strauss 1982: 174-187)。主要的內容包括這些貴族世家擁有的有形和無形之世襲資產，個人名字和家號之來歷傳承，代表榮耀和神聖之傳說、系譜和記憶等。在社會關係上則充分活用擬親或收養關係，安排多重之高攀低就婚約以達到擴大家世名份地位資源和保有家世資產之目的。因此姻親、系性選擇或父系母系之傳承彼此互相代用且交錯不清，所有矛盾衝突的規則都在具體永續的貴族「世家」或「門第」體制中找到調

---

22 有關排灣體制和世家社會論的最新研究，參見蔣斌 (Chiang 1992, 1993, 1999)。

合解消的空間。雖然親屬語言與此體制已格格不入，但還是被借用來掩護政治與經濟的運作，並回過頭來顛覆取代親屬關係。在這樣的所謂世家社會中，原來作為一種「自然」規範基礎之親屬制度已成為幻影，進一步讓位給了第二自然，那就是為歷史提供舞台的「文化」（同上：187）。這個結論與李維史陀一向從非歷時性的角度來關注人類文化本質性的思想是一致的。

　　李維史陀用來做為案例說明世家貴族制的社會，由美洲印第安人開始，提到大洋洲三群島區，特別是玻里尼西亞酋長制或貴族制，而且中世紀歐洲和日本也是。其實古代中國也是。而我們每讀一段李維史陀在描述瓜求圖印第安人的種種制度細節時，耳邊就會不斷響起黃叔璥甚至衛惠林的排灣鼓聲（圖十二）。所以世家社會模式並無地理地點的限定，這些案例之間也無系譜發生學關係的可能。就像阿美族有世界上最典型的年齡階級制，可是我們很難在其他南島社會找到類似的案例，反而是東非洲的許多族群與阿美族有著最接近的年齡組織 (W. Chen 1989)。從一開始李維史陀就是以共時性的概念在看這些制度。這麼說來，不只古代中國和排灣或玻里尼西亞之間在這一件事情上可能毫無因果關係可尋。就是連同屬於南島語系的排灣和玻里尼西亞

〔圖十二〕兩個排灣貴族世家首長（頭目）案例

　　左圖為 Kapian（加蚌、佳平）社女性貴族頭目 Mazivziv Zingur 與其家人在屋宇前廣場，旁邊有傳世之陶壺寶物；右圖為 Makazayazaya（佳者惹葉、瑪家）社男性貴族頭目 Raotsu Baborogan 在其屋宇前廣場與象徵其地位之石雕立柱〔Mori 1915: 52, 54，森丑之助攝於 1905〕。

之間的所謂同構性可能也不代表有何系譜發生學的關連。也就是說，這個同構性的現象的確存在，可是歷時性的系譜連結可能並不存在。

八、結語——泛南島的語言與文化比較

　　近代人類學理論的發展基本上是歐洲啟蒙運動後果的一環，尤其是循著單線進化論或地理環境決定論的思考模式，也就是在不同文化社會特質之間尋找具有系譜發生關係的來源推論，或是尋求將複雜現象予以系統秩序歸類的模式。索緒爾的共時性語言學隱含了對此種因果與秩序觀點的保留，而強調語言現象的任意性 (arbitrariness) 特質。或者說，不同語言之間在音韻、字詞、語義甚至文法規則的差異，是人們集體地在他們與生俱來的無窮「智庫」資源中所做的任意選擇。這種純粹建立在符號、文本與意義關係上的語言現象，很容易就被套用到其他的社會文化現象，如李維史陀的論式。

　　歷史或比較語言學透過古語重建而建立臺灣和馬來玻里尼西亞之間的系譜發生學模式，這個豐碩的成果似乎沒有影響到臺灣原住民族的人類學研究，卻為玻里尼西亞的人類學領域帶來不少動力。主要的幾個人物都廣泛地借用同源詞和語彙的重建分析有關這一地區的歷史人類學論述。除了上述 Blust 之外，還有 James Fox (1984-5, 1993)、Roger Green (1994, 1998) 和 P. V. Kirch (1984, 2010) 等人。另一方面，世家社會論也大大影響了南島研究者的論點。自從李維史陀提出之後，接續出版的相關專輯就有 Macdonald (1987) 討論島嶼東南亞的屋宇社會，Carsten and Hugh-Jones (1995) 一書也以東南亞和玻里尼西亞社會為主，把屋宇當作是瞭解社會形態的基底概念。以考古學古代社會案例為主的有 Gillespie and Joyce (2000)《超越親屬：屋宇社會的社會與物質再生產》。不過，這些著作在某些方面已不完全扣緊李維史陀原初所強調的純粹制度性的「世家」概念，而傾向於從實體或空間建築的家屋切入其社會文化制度意涵。這種意義下的 "house society" 比較適合譯作「家屋」或「屋宇」社會，以別於李維史陀的「世家」社會。

　　歷時性的系譜發生學模式和共時性的世家社會概念，看來是兩個不同視角的方法論，我們在南島歷史社會的研究中不只看到這兩種方法論的蓬勃發展，也看到試圖結合這兩個不可能的角度之努力。Kirch and Green (2001) 以玻里尼西亞人記憶中稱為 *Hawaiki* 的祖居地為書名，提出結合考古學、比較民族誌和歷史語言學三合一的方法來重建古玻里尼西亞的社會型態，他們自己稱之為「系譜發生學」(phylogenetic) 的歷史人類學研究。文中特別提及李維史陀論述世家社會概念卻未觸及世家 (house) 概念中最顯著的特徵，即其家屋 (house) 建築本身 (Kirch and Green 2001: 202)。他們當然也沒有忘記從比較歷史語言學的角度去探索這些社會固有相關用語的意涵。然而這個評論正好顯示兩種方法論的根本區別所在。

　　Kirch 和 Green 要從「系譜發生學」角度分析玻里尼西亞歷史社會的主要課題就是他們所深入探索過的領域，特別是名為 *kainanga* 的親屬團體和名為 *ariki* 的長嗣繼承制 (Kirch and Green 2001: 226-236)。*Ariki* 同時是貴族之長嗣和酋長（頭目）之意 (Koskinen 1960; Kirch and Green 2001: 203-4; Kirch 2010: 24)。這些卻是李維史陀所說世家社會核心特質的貴族和酋長世襲制。排灣有幾乎一模一樣的體制，但用語完全不同。同樣的長嗣定位，在臺灣稱為 *vusam*，意為留做種籽的小米穗。而貴族頭目則稱為 *mamazagilan*。玻里尼西亞社會建立在 *ariki* 制度上還有一個很重要的親屬團體，叫做 *kainanga*。排灣族和魯凱族雖有同樣由貴族頭目制所形成的親屬團體，但似乎未穩定到有如此特定專用的原語 (emic) 名稱。換句話說，排灣魯凱的頭目貴族制與玻里尼西亞的酋長制之間，其同構性現象相當清楚，但兩者在相關語彙上並無明確的「同源」關係。因此我們很難在他們之間建立系譜發生學的連結。

　　雖然我們無法像歷史語言學一樣宣稱臺灣也是玻里尼西亞酋長制的原鄉，但 Kirch 的研究也明白指出，玻里尼西亞人在移入今天所見的這些島嶼之前，酋長制實際上就已存在。那就近的原鄉在那裏則仍未十分確定。具有系譜發生關係的同源字彙雖然不存在於臺灣和其他南島語族的貴族制度中，但其他制度則有不少痕跡和證據。約在李維史陀講述世家社會論的同時，澳洲國立大學的 James Fox 早在 1980 年也編了一本題為《生命來路》(*The Flow of Life*) 的民族誌研究，提到在以父系繼嗣為主要社會組織型態的東印尼地區，「屋宇」(house) 是一個基本的文化概念範疇，用以指涉一種特有的社會單位。這個社會單位的明顯特徵包括：限於一定空間或起源的概念、清楚嚴謹的建築具體結構、長幼差別的階序關係、屋宇之間有通常意指以女人作為「生命來路」的概念，但這種屋宇間的關係不必然與性別有關等等 (Fox 1980: 11-12)。而這個家屋的主要用語，*rumaq*，幾乎涵蓋包括臺灣諸族在內的所有南島語族 (Blust 1987b; Fox 1993; Green 1998)。至於 Fox 所說的這個「生命來路」，則意指聯姻與生命的傳承關係。東印尼地區「來路」的原語是 *lalan* 或 *lanan* (Fox 1980: 14; McWilliam 2006: 109; Waterson 2009: xiv)。事實上同樣的語根和語意不只見於排灣，也見於布農。排灣語說 *djaran* (Matsuzawa 1976)，布農語說 *ka-ʔdaan* (Mabuchi 1938a: 21-2, 1970a: 325)。其實這才是包括臺灣在內幾乎大部分南島民族共有的語彙。[23] Fox 所舉東印尼的例子中，Ema 人說生命之流動是透過女人來循環的，Roti 人也說姻親是生命的來路，Atoni 人說好的婚姻關係就像是把兩家屋連結起來的來路，他們也分辨男人的婚姻之路與女人的婚姻之路 (Fox 1980: 14)。而布農族語 *tain-ka-ʔdaan*，意為相通之路，據馬淵之說，乃是郡社群體表示與母方氏族關係密切之意。松澤員子 (Matsuzawa 1989: 150) 所提排灣語 *ta-djalan* 意為一條路，與 *ta-djamogan*（一種血）和 *ta-nasian*（一個生命）等說法互用，都被用來形容同一村落人與其頭目家祖先之間在家屋譜系和村落群體之系譜關係，不分父系或母系。在東部排灣的大竹社 (Tjoatjogo)，54 戶人家都可以準確地追溯其祖先與頭目家之系譜關係。他們都有意無意地選擇與頭目家有淵源的祖先來計算，如有多條線就會選擇最短的路徑。因婚姻而產生的系譜關係也算在內，收養關係也視同親生（同上：169ff）。

在南島族群中，「路徑」(*lalan, djalan*) 這個用語很顯然有特別的社會文化意涵，一如在臺灣和印尼群島的許多族群所見。此外，在阿美族社會中，叫做 *faki* 的「族舅」是個很重要的親屬關係，而在大洋洲同樣的親屬關係則

---

23 參見 Blust's Austronesian Comparative Dictionary (http://www.trussel2.com/ACD/)。

稱為 *vasu* 或 *fahu*，不只重要性一樣，而且應該也是屬於同源詞彙。這些已經知道的民族誌材料很難不讓人認為臺灣和其他地區的南島民族之間，除了語言分支上的系譜關係之外，在文化社會制度層面也有一些顯著的同構現象，這些泛南島問題都值得進一步的探索。

參考書目

Adelaar, Alexander. 1994. Malay and Javanese Loanwords in Malagasy, Tagalog and Siraya (Formosa). *Bijdragen tot de Taal-, Land- en Volkenkunde* 150(1): 50-65.

——. 2011. *Siraya: Retrieving the Phonology, Grammar and Lexicon of a Dormant Formosan Language*. Berlin: de Gruyter.

Adelung, Johann Christoph. 1806. *Mithridates oder allgemeine Sprachenkunde mit dem Vater Unser als Sprachprobe*. Berlin: Vossische Buchhandlung.

Anceaux, J. 1965. Linguistic Theories about the Austronesian Homeland. *Bijdragen tot de Taal-, Land- en Volkenkunde* 121(4): 417-432.

Anon. 1867. Formosan Vocabularies. *Notes and Queries of China and Japan* 1(6): 70-1.

Asai, Erin（淺井惠倫）. 1936. *A Study of the Yami Language: An Indonesian Language Spoken on Botel Tobago Island*. Leiden:Ginsberg.

——. 1953. 台湾言語學はどこまで進んだか。《民族學研究》18(1-2)：12-19。

Baumgartens, Seigmund Jakob . 1756. *Nachrichten Von Merkwürdigen Büchern*. Vol. 9. Halle: Johann Justinus Gebauer.

Bellwood, Peter. 1978. *Man's Conquest of the Pacific*. Oxford: Oxford University Press.

——. 1980. The Peopling of the Pacific. *Scientific American* 243(5): 174-185.

——. 1983. New Perspectives on Indo-Malaysian Prehistory. *Bulletin of Indo-Pacific Prehistory Association* 4: 71-83.

——. 1985. *Prehistory of the Indo-Malaysian Archipelago*. Canberra: Australian National University Press.

——. 1991. The Austronesian Dispersal and the Origin of Languages. *Scientific American* 7: 70-73.

——. 1995. Austronesian Prehistory in Southeast Asia: Homeland, Expansion and Transformation. In *The Austronesians: Historical and Comparative Perspectives*. Peter Bellwood, James J. Fox, and Darrell Tryon, eds. Pp. 103-118. Canberra: Australian National University Press.

——. 2007. *Prehistory of the Indo-Malaysian Archipelago* (3rd edition). Canberra: Australian National University Press.

Bellwood, P., G. Chambers, M. Ross and H. Hung. 2011. Are 'Cultures' Inherited? Multidisciplinary Perspectives on the Origins and Migrations of Austronesian-Speaking Peoples Prior to 1000 BC. In *Investigating Archaeological Cultures Material Culture, Variability, and Transmission*. Benjamin W. Roberts and Marc Vander Linden, eds. Pp. 321-354. New York: Springer.

Benedict, Paul. 1942. Thai, Kadai and Indonesian: A New Alignment in Southeastern Asia. *American Anthropologist* 44: 576-601.

Blussé, Léonard, and Marius P. H. Roessingh. 1984. A Visit to the Past: Soulang, a Formosan Village Anno 1623. *Archipel* 27 (1984): 63-80.

Blussé, Leonard, Natalie Everts and Evelien Frech, eds. 1999. *The Formosan Encounter: Notes on Formosa's Aboriginal Society: A Selection of Documents from Dutch Archival Sources*, I: 1623-1635. Taipei: Shung Ye Museum of Formosan Aborigines.

Blussé, Leonard, and Natalie Everts, eds. 2000-2010. *The Formosan Encounter: Notes on Formosa's Aboriginal Society: A Selection of Documents from Dutch Archival Sources*, II: 1636-1645 (2000); III: 1646-1654 (2006); IV: 1655-1668 (2010). Taipei: Shung Ye Museum of Formosan Aborigines.

Blust, Robert. 1976. Austronesian Culture History: Some Linguistic Inferences and Their Relations to the Archaeological Record. *World Archaeology* 8(1): 19–43.

——. 1977. The Proto-Austronesian Pronouns and Austronesian Subgrouping: A Preliminary Report. *Working Papers in Linguistics (Department of Linguistics, University of Hawaii)* 9(2): 1-15.

——. 1980a. Early Austronesian Social Organization: The Evidence of Language. *Current Anthropology* 21(2): 205-247.

——. 1980b. Notes on Proto-Malayo-Polynesian Phratry Dualism. *Bijdragen tot de Taal-, Land- en Volkenkunde* 136(2/3): 215-247.

——. 1982. The Linguistic Value of the Wallace Line. *Bijdragen tot de Taal-, Land- en Volkenkunde* 138(2/3):231-250.

——. 1984. Indonesia as a "Field of Linguistic Study." In *Unity in Diversity: Indonesia as a Field of Anthropological Study*. P. E. de Josselin de Jong, ed. Pp. 21-37. Dordrecht: Foris Publications.

——. 1984-5. The Austronesian Homeland: A Linguistic Perspective. *Asian Perspectives* 26(1): 45-67.

——. 1987a. The Linguistic Study of Indonesia. *Archipel* 34(1): 27-47.

——. 1987b. Lexical Reconstruction and Semantic Reconstruction: The Case of Austronesian "House" Words. *Diachronica* 4(1/2): 79-106.

——. 1990. Language and Culture History: Two Case Studies. *Asian Perspectives* 27(2): 205-27.

——. 1994. Austronesian Sibling Terms and Culture History. In *Austronesian Terminologies: Continuity and Change*. A. Pawley and M. D. Ross, eds. Pp. 31-72. Canberra, Australia: Pacific Linguistics.

——. 1995a. The Prehistory of the Austronesian-Speaking Peoples: A View from Language. *Journal of World Prehistory* 9(4): 453-510.

——. 1995b. The Position of the Formosan Languages: Method and Theory in Austronesian Comparative Linguistics. In *Austronesian Studies Relating to Taiwan*. P. J-K. Li, *et al.*, eds. Pp. 585-650. Taipei: the Institute of History & Philology, Academia Sinica.

——. 1996. Austronesian Culture History: The Windows of Language. In *Prehistoric Settlement of the Pacific*. Ward H. Goodenough, ed. Pp. 28-35. Philadelphia: American Philosophical Society. (Co-authored with Ward H. Goodenough)

——. 1999. Subgrouping, Circularity and Extinction: Some Issues in Austronesian Comparative Linguistics. In *Selected Papers from the 8th International Conference on Austronesian Linguistics*. Elizabeth Zeitoun and Paul Li, eds. Pp. 31-94. Taipei: Academia Sinica.

——. 2009. *The Austronesian Languages*. Canberra: Pacific Linguistics.

——. 2012. Austronesian: A Sleeping Giant? *Language and Linguistics Compass* 5(8): 538-550.

Boas, Franz. 1921. *Ethnology of the Kwakiutl*. Washington, D. C.: Smithsonian Institute.

Bopp, Franz. 1841. *Über die Verwandtschaft der malayisch-polynesischen Sprachen: mit den indisch-europäischen*. Berlin: Dümmler.

Boterbloem, Kees. 2008. *The Fiction and Reality of Jan Struys: A Seventeenth-century Dutch Globetrotter*. London: Palgrave Macmillan.

Campbell, William. 1888. *The Gospel of St. Matthew in Formosan (Sinkang Dialect) with Corresponding Versions in Dutch and English.* London: Trübner & Co.

——. 1889. *An Account of Missionary Success in the Island of Formosa.* London: Trübner & Co.

——. 1896. *The Articles of Christian Instruction in Favorlang-Formosan, Dutch and English from Vertrecht's Manuscript of 1650: With Psalmanazar's Dialogue between a Japanese and a Formosan and Happart's Favorlang Vocabulary.* London: Kegan Paul.

——. 1903 *Formosa under the Dutch: Described from Contemporary Records.* London: Kegan Paul.

Cann, Rebecca L., Mark Stoneking, and Allan C. Wilson. 1987. Mitochondrial DNA and Human Evolution. *Nature* 325: 31-36.

Carsten, J. and S. Hugh-Jones, eds. 1995. *About the House: Levi-Strauss and Beyond.* Cambridge: Cambridge University Press.

Chamberlain, John. 1715. *Oratio dominica in diversas omnium fere gentium linguas versa et propriis cujusque linguae characteribus expressa.* Amsterdam: Guilielmi & Davidis Goerei.

Chang, Kwang-chih（張光直）. 1957. On the Polynesian Complexes in Formosa（臺灣的玻里尼西亞行文化叢）《中央研究院民族學研究所集刊》3：89-99。

——. 1959a. 中國新石器時代文化斷代。《中央研究院歷史語言研究所集刊》30：259-311。

——. 1959b. 華南史前民族文化史提綱。《中央研究院民族學研究所集刊》7：43-103。

——. 1963a. Prehistoric Ceramic Horizons in Southeastern China and Their Extension into Formosa. *Asian Perspectives* 7(1/2): 243-250.

——. 1963b. *The Archaeology of Ancient China.* New Haven, CT: Yale University Press.

——. 1964. Movement of the Malayo-Polynesians: 1500 B.C. to A.D. 500. *Current Anthropology* 5(5): 359-406.

——. 1968. *The Archaeology of Ancient China*, 2nd edition. New Haven and London: Yale University Press.

——. 1969. *Fengpitou, Tapenkeng and the Prehistory of Taiwan*. New Haven: Yale University Press.

——. 1977. *The Archaeology of Ancient China* (3rd edition). New Haven: Yale University Press.

——. 1986. *The Archaeology of Ancient China* (4th edition). New Haven: Yale University Press.

——. 1989. 中國相互作用圈和文明的形成（譯自張光直 (1986) 第五章）。《慶祝蘇秉琦考古五十五年論文集》。北京：文物出版社。又載張光直 (1995: 125-156)。

——. 1995.《中國考古學論文集》。臺北：聯經。

——. 1998. 二十世紀後半的中國考古學。《古今論衡》1：38-43。另載張光直 (2010: 170-177)。

——. 2010.《考古學專題六講》（增訂本）。北京：三聯書店。

Chen, C. L.（陳奇祿）. 1958. 臺灣島的文化層和土著文化。《中國民族學報》2：1-14。

——. 1978. 臺灣山地文化的特質。《中央月刊》10(5)：71-76。又改題〈臺灣土著文化的特質〉，載陳奇祿《臺灣土著文化研究》，頁 1-10。臺北：聯經。1992。

Chen, C. N.（陳其南）. 1976. 光復後的高山族的社會人類學研究。《中央研究院民族學研究所集刊》4：19-37。又載《臺灣土著社會文化研究論文集》，黃應貴編，頁 89-110。臺北：聯經。1986。

Chen, W. T.（陳文德）. 1989.阿美族年齡組制度的研究與意義。《中央研究院民族學研究所集刊》68：105-144。

Chiang, Bien（蔣斌）. 1992. House in Paiwan Society. Paper presented at *the International Symposium on Austronesian Studies Relating to Taiwan*. Institute of History and Philology, Academia Sinica. Nankang, Taipei.

——. 1993. *House and Social Hierarchy of the Paiwan*. Unpublished Ph.D. dissertation. University of Pennsylvania.

——. 1999. 墓葬與襲名：排灣族的兩個記憶機制。刊於黃應貴主編，《時間、歷史與記憶》，頁381-421。臺北：中央研究院民族學研究所。

Churchill, A. 1704. *Collection of Voyages and Travels*. Vol. 1. London: Awnsham and

Churchill.

Commelin (or Commelinus, Commelijn), Isaac. 1646. *Begin ende Voortgangh van de Vereenighde Nederlantsche geoctroyeerde Oost-Indische compagnie.* Vol. II. Amsterdam: Joannes Janssonius.

Dahl, Otto Christian. 1976. *Proto-Austronesian* (revised edition). Stockholm: Scandinavian Institute of Asian Studies.

——. 1981. *Early Phonetic and Phonemic Changes in Austronesian.* Oslo-Bergen-Tromsø: Universitetsforlaget.

Dapper, Olfert. 1670. *Gedenkwaerdig bedryf der Nederlandsche Oost-Indische Maetschappye, op de kuste en in het Keizerrijk van Taising of Sina.* Amsterdam: Jacob van Meurs.

——. 1674. *Beschreibung des Keyserthums Sina oder Taising: Fürgestelt in den Nahmen, Grentzen, Städten, Flüssen, Bergen, Gewächsen, Thieren, Gottesdienst, Sprache, freyen Künsten &c.* Amsterdam: Jacob van Meurs.

Davenport, W. 1959. Nonunilinear Descent and Descent Groups. *American Anthropologist* 61: 557-72.

Dempwolff, Otto. 1934-38. *Vergleichende Lautlehre des austronesischen Wortschatzes.* Berlin: Dietrich Reimer.

Diamond, Jared. 1988. Express Train to Polynesia. *Nature* 336: 307-308.

——. 2000. Taiwan's Gift to the World. *Nature* 403: 709-710.

Diamond, Jared, and P. Bellwood. 2003. Farmers and Their Languages: The First Expansions. *Science* 300: 597-603.

Donahue, Mark, and Tim Denham. 2010. Farming and Language in Island Southeast Asia: Reframing Austronesian History. *Current Anthropology* 51(2): 223-256.

Douglas, Bronwen. 2008. Foreign Bodies in Oceania. In *Foreign Bodies: Oceania and the Science of Race 1750-1940.* Bronwen Douglas and Chris Ballard, eds. Pp.3-30. Canberra: ANU Press.

Dudbridge, Glen, ed. 1999. *Aborigines of South Taiwan in the 1880s: Papers by George Taylor.* Taipei: Institute of Taiwan History, Academia Sinica.

d'Urville, J. S. C. Dumont. 1832. Sur les îles du Grand Océan. *Bulletin de la Société de géographie* 17: 1-21.

——. 2003. On The Islands of the Great Ocean (Translated by Isabel Ollivier, Antoine de Biran, and Geoffrey Clark). *Journal of Pacific History* 38(2): 163-174.

Dyen, Isidore. 1962. The Lexicostatistical Classification of the Malayopolynesian Languages. *Language* 38(2): 38-46.

——. 1963. The Position of the Malayo-Polynesian Languages of Formosa. *Asian Perspectives* 7(1-2): 261-71.

——. 1965. Formosan Evidence for Some New Proto-Austronesian Phonemes. *Lingua* 14: 285-305.

——. 1971. The Austronesian Languages and Proto-Austronesian. In *Current Trends in Linguistics, Vol. 8: Linguistics in Oceania.* Thomas A. Seboek, ed. Pp. 5-54. Hugue: Mouton Press.

Eskildsen, Robert, ed. 2005. *Foreign Adventurers and the Aborigines of Southern Taiwan, 1867-1874: Western Sources Related to Japan's 1874 Expedition to Taiwan.* Taipei: Institute of Taiwan History, Academia Sinica.

Favre, J.-M. 1868. Notes sur la langue aborigene de l'ile de Formose et remarques sur le precedent vocabulaire. *Bulletin de la Societe de Geographie* 16: 495-507.

Ferguson, Adam. 1767. *An Essay on the History.* London: Millar and Cadell.

Ferrell, Raleigh（費羅禮）. 1966. The Formosan Tribes: A Preliminary Linguistic, Archaeological, and Cultural Synthesis. *Bulletin of Institute of Ethnology, Academia Sinica* 21: 97-130.

——. 1969 *Taiwan Aboriginal Groups: Problems in Cultural and Linguistic Classification.* Taipei: Institute of Ethnology, Academia Sinica.

Firth, Ramond W. 1936. *We, the Tikopia.* London: Allen and Unwin.

——. 1957. A Note on Descent Groups in Polynesia. *Man* 57: 4-8.

Fix, Douglas and Lo H. T（費德廉、羅效德）. 2006.《看見十九世紀臺灣：十四位西方旅行者的福爾摩沙故事》。臺北：如果。

Fox, James J. 1984-5. Possible Models of Early Austronesian Social Organization. *Asian Perspectives* 26: 45-67.

——. 1993. Comparative Perspectives on Austronesian Houses: An Introductory Essay. In

Inside Austronesian Houses: Perspectives on Domestic Designs for Living. J. J. Fox, ed. Pp. 1-29. Canberra: Australian National University.

Fox, James J., ed. 1980. *The Flow of Life: Essays on Eastern Indonesia.* Cambridge: Harvard University Press.

Frazer, James. 1890. *The Golden Bough.* London: MacMillan.

——. 1915. *The Golden Bough*, 3rd edition. 12 vols. London: MacMillan.

Gabelentz, Hans Conon von der. 1859. Über die Formosanische Sprache und ihre Stellung im Malaiischen Sprachstamm. *Zeitschrift der Morgenländischen Gesellschaft* 13: 59-102.

Gillespie, Susan D., and Rosemary A. Joyce, eds. 2000. *Beyond Kinship: Social and Material Reproduction in House Societies.* Philadelphia: University of Philadelphia Press.

Goodenough, W. 1955. A Problem in Malayo-Polynesian Social Organization. *American Anthropologist* 57: 71-83.

Goodenough, W., ed. 1996. *Prehistoric Settlement of the Pacific.* Philadelphia: American Philosophical Society.

Grace, George W. 1964. The Linguistic Evidence. *Current Anthropology* 5(5): 361-368.

Gravius, Daniel. 1661. *Het Heylige Euangelium Matthei en Johannis ofte Hagnau ka d'llig Matiktik ... / overgeset inde Formosaansche tale.* Amsterdam: Michiel Hartogh.

——. 1662. *Patar ki tna-ʹmsing-an ki Christang, ka Taukipapatar-en-ato tmaeuúg tou Sou ka makka si-deia.* Amsterdam: Michiel Hartogh. 重刊於《臺北帝國大學文政學部紀要》，第 4 卷第 1 號，1939。

Gray, R. D., and F. M. Jordan. 2000. Language Trees Support the Express-train Sequence of Austronesian Expansion. *Nature* 405: 1052-1055.

Green, Roger. 1994. Archaeological Problems with the Use of Linguistic Evidence in the Reconstruction of Rank, Status and Social Organization in Ancestral Polynesian Society. In *Austronesian Terminologies: Continuity and Change.* A. K. Pawley and M. B. Ross, eds. Pp. 171-184. Canberra: Department of Linguistics and Research School of Pacific and Asian Studies, Australian National University.

——. 1998 From Proto-Oceanic *Rumaq to Proto-Polynesian *fale: A Significant

Reorganization in Austronesian Housing. *Archaeology in New Zealand* 42: 253-272.

Groeneboer, Kees. 1991. *Het ABC voor Indië: bibliografie van leermiddelen Nederlandse taal voor NederlandsIndië.* Leiden: KI1LV.

——. 1993. *Weg tot het Westen.* Leiden: KITLV.

——. 1994. The Dutch Language in Malaluk under the VOC. *Cakalele* 5: 1-10.

——. 1998. *Gateway to the West: A History of Language Policy Colonial Indonesia, 1600-1950.* Amsterdam: Amsterdam University Press.

Grothe, J. A. 1886. *Archief voor de Geschiedenis der Oude Hollandsche Zending.* Vol. III. Utrecht: Van Bentum.

Guérin, M. 1868. Vocabulaire du dialect Tayal ou aborigènes de l'île de Formose. *Bulletin de la Societé de Géographie* 16: 466-507.

Happart, Gilbertus. 1840. *Dictionary of the Favorlang Dialect of the Formosan Language.* Translated by W. H. Medhurst. Batavia: Parapattan.

——. 1842. Woorden-lijst der Formosaansche taal; volgens een handschrift in de bibliotheek der Utrechtsche Academie aanwezig. *Verhandelingen van het Bataviaasch Genootschap van Kunsten en Wetenschappen* 18: 437-488.

——. 1896. *Happart's Favorlang Vocabulary.* With English Translation by W. Campbell in Campbell (1896: 122-199).

Harrison, Henrietta, ed. 2001. *Natives of Formosa: British Reports of the Taiwan Indigenous People.* Taipei: Shung Yeh Museum of Formosan Aborigines.

Haudricourt, Andre G. 1954. Les origines asiatiques des langues malayo-polynesiennes. *Journal de la Societe des Oceanistes* 10: 180-83.

——. 1965. Problems of Austronesian Comparative Philology. *Lingua* 14: 315-29.

Hawkes, Terence. 1979. *Structuralism and Semiotics.* London: Methuen.

Heidhues, Mary Somers. 2005. An Early Traveler's Compendium: Caspar Schmalkalden 's Images of Asia. *Archipel* 70: 145-184.

Heine-Geldern, Robert von. 1923. Südostasien. In *Illustrierte Völkerkunde,* II, i. G. Buschan, ed. Pp. 689-968. Stuttgart: Strecker und Schröder.

——. 1932. Urheimat und Früheste Wanderungen dez Austronesier. *Anthropos* 27(3/4): 543-619.

Hervás y Panduro, Lorenzo. 1801. *Catálogo de las lenguas de las naciones conocidas, y numeración división y clase de éstas según la diversidad de sus idiomas y dialectos.* Vol. 2. Madrid: Ranz.

Houtman, Frederick de. 1603. *Spraeck ende woord-boeck, in de Maleysche ende Madagaskarsche talen, met vele Arabische ende Turcsche woorden.* Amsterdam: Jan Evertsz. Cloppenburch.

——. 1673. Dictionarium, Ofte Woord ende Spraeck-Boeck. In *de Duytsche ende Maleysche Tale: Met verscheyde t' samen-sprekingen, in Duytsch en Maleys, aengaende de Schipvaert en allerleye Coopmanschap.* Amsterdam: Paulus Matthysz.

Huang, S. C.（黃叔璥）. 1736. 番俗六考。《臺海使槎錄》。臺北：臺灣銀行經濟研究室。

Huang, Y. K.（黃應貴）. 1985. 臺灣土著的兩種社會類型及其意義。《中央研究院民族學研究所集刊》57: 1-30。

——. 1986.《臺灣土著社會文化研究論文集》（編）。臺北：聯經。

Hulsius, Levinus. 1649. *Die fünff und zweyntzigste Schifffahrt, nach dem Königreich Chili in west-Indien, verrichtet durch H. Brawern und E. Herckemann, im Jahr 1642 und 1643. Sambt einer Beschreibung der zweyen Insulen Formosa und Japan.* Franckfurt am Mayn: In Verlegung Christophel Le Blon.

Humboldt, Wilhelm von. 1836-39. *Über die Kawi-Sprache auf der Insel Java.* Berlin: Druckerei der Königlichen akademie der wissenschaften.

Ibis, Paul. 1877. Auf Formosa. Ethnographische Wanderungen, VI. *Globus,* 31: 230-35.

Ino, K.（伊能嘉矩）. 1895. 台湾通信第一回・會員田代安定君の生蕃實查。《東京人類學會雜誌》11(107)：94-99。

——. 1896. 台湾通信第四回・生蕃と熟蕃・大料崁の蕃婦。《東京人類學會雜誌》11(120)：224-230。

——. 1898. 台湾バイワン蕃族の彫刻模様。《東京人類學會雜誌》 23(267)：315-322。

——. 1910. 台湾のツアリセン族に見らる尊長表示の標榜。《東京人類學會雜誌》286：131-140。

Josselin de Jong, P. E. de. 1977. The Malay Archepelago as a Field of Ethnological Study.

In *Structural Anthropology in the Netherlands: A Reader*. Patrick E. de Josselin de Jong, ed. Pp. 164-182. The Hague: Martinus Nijhoff.

Junius, Robert. 1645. *Soulat i A. B. C. ka patutugogniang ta Alla lack i Christang tu guma guma na D. Robertus lunius padre ki Deos tu Guma kesangang.* Delft.

Kanaseki, M.（金關丈夫）. 1943. 台灣先史時代に於ける北方文化の影響。《臺灣文化論叢》1：1-16。又載金關丈夫、國分直一 (1979: 138-150; 1990: 164-175)。

Kanaseki, M., and N. Kokubu（金關丈夫、國分直一）. 1948. 台灣先史時代に於ける大陸文化の影響。《臺灣省通志館館刊》1(2)：24-27。又載金關丈夫、國分直一 (1979: 21-52; 1990: 263-317)。

——. 1950. 臺灣考古學研究簡史。《臺灣文化》6：1。又載金關丈夫、國分直一 (1979: 2-20; 1990: 34-51)。

——. 1979.《臺灣考古誌》。東京：法政大學出版社。

——. 1990.《臺灣考古誌》。譚繼山譯。臺北：武陵。

Kano, Tadao（鹿野忠雄）. 1944. 臺灣先史時代文化層。《學海》1(6)。又載鹿野忠雄 (1952: 76-183; 1955: 110-116)。

——. 1952.《東南亞細亞民族學先史學研究》（第二卷）。東京：矢島書房。。

——. 1955.《臺灣考古學民族學概觀》。宋文薰譯。臺中：臺灣省文獻委員會。

Keevak, Michael. 2004. *The Pretended Asian: George Psalmanazar's Eighteenth-century Formosan Hoax.* Detroit: Wayne State University Press.

Kern, Henrick. 1887. Handschrift uit het eiland Formosa. *Verslagen en mededeelingen der Koninklijke Akademie van Wetenschappen, Afdeeling Letterkunde* 3(3): 360-370.

——. 1889. Taalkundige gegevens ter bepaling van het stamland der maleisch-Polynesische volken. *Verslagenen en mededelingen der Koninklijke Akademie van wetenschappen, afdeling letterkunde* 3(6): 270-290. Reprinted in H. Kern, 1917. *Verspreide Geschriften*, 6: 107-120.

——. 1976. Linguistic Evidence for the Determination of the Original Homeland of the Malayo-Polynesian Peoples. Translated by Curtis McFarland and Shigeru Tsuchida. *Oceanic Studies* 1: 60-81.

Kirch, Patrick V. 1984. *The Evolution of the Polynesian Chiefdoms.* Cambridge: Cambridge University Press.

——. 2010. Controlled Comparison and Polynesian Cultural Evolution. In *Natural Experiments of History*. J. Diamond and J.A. Robinson, eds. Pp. 15-52. Cambridge, Mass: Harvard University Press.

Kirch, Patrick V., and Roger C. Green. 2001. *Hawaiki, Ancestral Polynesia: An Essay in Historical Anthropology*. Cambridge: Cambridge University Press.

Kirchhoff, P. 1955. The Principles of Clanship in Human Society. *Davidson Journal of Anthropology* 1: 1-10.

Klaproth, Julius Heinrich von. 1822. Sur la langue des indigènes d'île Formose. *Journal Asiatiques* 2: 193-202.

——. 1823. *Asia polyglotta*. Paris: A. Schubart.

——. 1826. *Mémoires relatifs à l'Asie, contenant des recherches historiques, géographiques et philologiques sur les peuples de l'Orient*. Paris: Tome premier.

Kojima, Yoshimichi, *et al.*（小島由道等）. 1921.《蕃族慣習調查報告書》（第 5 卷 4 冊）。臺灣總督府蕃族調查會。

Kokubu, Naoichi（國分直一）. 1943. 有肩石斧、有段石斧及び黑陶文化。《臺灣文化論叢 》1。又載金關丈夫、國分直一 (1979: 151-179; 1990: 176-202)。

——. 1947. 臺灣先史時代靴形石器考。《人文學論叢》 1。又載金關丈夫、國分直一 (1979: 180-240; 1990: 203-262)。

Koskinen, A. 1960. *Ariki the First Born: An Analysis of a Polynesian Chieftain Title*. Helsinki: Academia Scientiarum Fennica.

Lach, Donald F., and Edwin J. Van Kley. 1993. *Asia in the Making of Europe, III: A Century of Advance*. Chicago: University of Chicago Press.

Lacouperie, Terrien de, and E. Colborne Baber. 1887. Formosa Notes on MSS., Races and Languages. *Journal of the Royal Asiatic Society of Great Britain and Ireland*, n.s., 19(3): 413-494.

Leach, E. R. 1989. *Claude Lévi-Strauss*. Chicago: University of Chicago Press.

Lévi-Strauss, Claude. 1949. *Les Structures élémentaires de la parenté*. Paris: PUF.

——. 1961. *Tristes tropiques*. Translated by John Russell. New York: Criterion Books.

——. 1967. *The Elementary Structures of Kinship* (revised edition). Translated by J. Bell and J. R. von Sturmer. Boston: Beacon.

——. 1979. Nobles sauvages. In *Culture, science et développement: Contribution à une histoire de l'homme. Mélanges en l'honneur de Charles Morazé*. Pp. 41-55. Privat, Toulouse.（英譯見 Lévi-Strauss 1982 第 13 章）

——. 1979. *La Voie des Masques*. Paris: Plon.

——. 1982. *The Way of the Masks*. Translated by S. Modelski. Seattle: University of Washington Press.

——. 1987. *Anthropology and Myth: Lectures 1951-1982*. Translated by Roy Willis. Oxford: Basil Blackwell.

Li, H.（李卉）. 1957. 中國與玻里尼西亞的枝族制。《中央研究院民族學研究所集刊》4：123-134。

Li, P. Jen-kuei, *et al.*（李壬癸等）, eds. 1995. *Austronesian Studies Relating to Taiwan*. Taipei: the Institute of History & Philology, Academia Sinica.

Li, P. Jen-kuei（李壬癸）. 1979. 臺灣土著民族的來源——從語言的證據推論。《大陸雜誌》59(1)；又載李壬癸 (2011: 18-54)。

——. 1993. 臺灣南島語言的分佈與民族的遷移。發表於「第一屆臺灣語言國際研討會」。又載李壬癸 (2011: 71-95)。

——. 2008. Time Perspective of Formosan Aborigines. In *Past Human Migrations in East Asia: Matching Archaeology, Linguistics and Genetics*. Sanchez-Mazas, *et al.*, eds. Pp. 211-218. London and New York: Routledge.

——. 2010.《新港文書研究》。臺北：中央研究院語言學研究所。

——. 2011.《臺灣南島民族的族群與遷徙》。臺北：前衛。

Ling, T. S.（凌純聲）. 1950. 東南亞古文化研究發凡。《新生報民族學研究專刊》4。又載《主義與國策》44：1-3 (1955)。

——. 1952. 古代閩越人與臺灣土著族。《學術季刊》1(2)：36-52。

——. 1958. 臺灣土著族的宗廟與社稷。《中央研究院民族學研究所集刊》6：1-57。

Lombard, Denys, ed. 1970. *Le «Spraek ende Woord-Boek» de Frederick de Houtman*. Paris: École française d'Extrême-Orient.

Mabuchi, Toichi（馬淵東一）. 1934a. ブヌン、ツオウ兩族の氏族組織と婚姻規定。《南方土俗》3(1)：1-46。又載 Mabuchi (1974a [I]: 21-60)。

——. 1934b. ブヌン、ツオウ兩族の親族名稱。《南方土俗》3(2)：11-46。又載

Mabuchi (1974a [I]: 61-92)。

——. 1935. 高砂族の系譜。《民族學研究》1(1)：1-16。又載 Mabuchi (1974a [I]: 221-236)。

——. 1936. ブヌン族の祭と暦。《民族學研究》2(3)：23-45。又載 Mabuchi (1974a [III]: 361-381)。

——. 1937. 中部高砂族の祭團。《民族學研究》3(1)：1-29。又載 Mabuchi (1974a [I]: 285-310)。

——. 1938a. 中部高砂族の父系制に於ける母族の地位。《民族學年報》1：1-68。又載 Mabuchi (1974a [III]: 9-66)。

——. 1938b. ブヌン族に於ける獸肉の分配と贈與。《民族學年報》2：365-310。又載 Mabuchi (1974a [I]: 93-172)。

——. 1941. 山地高砂族の地理知識と社會・政治組織。《民族學年報》3：265-312。又載 Mabuchi (1974a [I]: 237-284; 1974b: 175-220)。

——. 1948. The Importance of Maternal Clans under the Patriliny among the Central Tribes of Formosa. *Proceedings of the 7th Pacific Congress*. New Zealand. 又載 Mabuchi (1974b: 1-8)。

——. 1952. Social Organization of the Central Tribes of Formosa: An Outline. *International Archives of Ethnography* 46: 182-211. 又載 Mabuchi (1974a [III]: 67-110; 1974b: 9-38)。

——. 1954a. 高砂族の移動および分布 (I-II)。《民族學研究》18(1-2)：123-154，18(4)：319-368。又載 Mabuchi (1974a [II]: 275-460)。

——. 1954b. 高砂族に関する社会人類学。《民族學研究》18(1-2)：86-104。又載 Mabuchi (1974a [I]: 443-484)。

——. 1954c. 高砂族の分類：学史的回顧。《民族學研究》18(1-2)：1-11。又載 Mabuchi (1974a [II]: 249-274)。

——. 1956. 高砂族民族史。《現代地理講座》（第六卷）。又載 Mabuchi (1974a [II]: 503-518)。及《臺灣百年曙光：學術開創時代調查實錄》，楊南郡譯，頁 80-104。臺北：南天，2005。

——. 1958. The Two Types of Kinship Rituals among Malayo-Polynesian Peoples. In *Proceedings of the Ninth International Congress for the History of Religions*. Pp. 51-

62. Tokyo: Maruzen。又載 Mabuchi (1974a [III]: 147-162; 1974b: 39-50)。

——. 1960. The Aboriginal Peoples of Formosa. In *Social Structure in Southeast Asia*. George P. Murdock, ed. Pp. 127-140. Chicago: Quadrangle Books. 又載 Mabuchi (1974b: 51-64)。

——. 1966. Sphere of Geographical Knowledge and Socio-political Organization among the Mountain People of Formosa. In *Folk Cultures of Japan and East Asia* (Monuments Nipponica Monographs 25). Joseph Pittau, ed. Pp. 104-146. Sophia University, Japan。又載 Mabuchi (1974b: 175-220)。

——. 1970a. A Trend toward the Omaha Type in the Bunun Kinship Terminology. In *Échanges et communications: Mélanges offerts à Claude Lévi-Strauss à l'occasion de son 60ème anniversaire*. Jean Pouillon & Pierre Maranda, eds. Pp. 321-346. The Hague: Mouton。又載 Mabuchi (1974a [III]: 225-262; 1974b: 257-283)。

——. 1970b. Magico-Religious Land Ownership in Central Formosa and Southeast Asia. 《中央研究院民族學研究所集刊》29：349-384。又載 Mabuchi (1974b: 283-317)。

——. 1974a.《馬淵東一著作集》(I-III)。東京：社會思想社。

——. 1974b. *Ethnology of Southwestern Pacific: Ryukyus-Taiwan-Insular Southeast Asia*. Taipei: The Chinese Association for Folklore.

——. 1988a.《馬淵東一著作集》（補卷）。東京：社會思想社。

——. 1988b.《馬淵東一座談錄》。東京：河出書房。

Macdonald, Charles, ed. 1987. *De la hutte au palais: sociétés "à maisons" en Asie du Sud-Est insulaire*. Paris: Centre Nationale de la Recherche Scientifique.

Malthus, Thomas Robert. 1803. *An Essay on the Principle of Population*. Washington: Weightman.

Mandelslo, Johan Albrecht von. 1658. *Morgenländische Reise-Beschreibung*. Hamburg: Guth.

——. 1662. *The Travels of John Albert de Mandelslo from Persia into the East Indies*. Translated by John Davies. London: John Starkey and Thomas Basset.

Marck, Jeff. 2002. On Shutler and Marck (1975). In *Fifty Years in the Field: Essays in Honour and Celebration of Richard Shutler Jr's Archaeological Career*. S. Bedford,

D. Burley, and C. Sand, eds. Pp. 1-10. Auckland: New Zealand Archaeological Association.

Matsuzawa, Kazuko（松澤員子）. 1976. 東部パイワン族の家族と親族：*ta-djaran*（1つの路）の概念を中心として 。《国立民族学博物館研究報告》1(3)：505-536。

——. 1989. *The Social and Ritual Supremacy of the First-Born: Paiwan Kinship and Chieftainship.* Unpublished Ph.D. dissertation. Syracuse University.

McWilliam, Andrew. 2006. Mapping with Metaphor: Cultural Topographies in West Timor. In *The Poetic Power of Place: Comparative Perspectives on Austronesian Ideas of Locality.* James J. Fox, ed. Pp. 101-114.Canberra: ANU.

Meacham, William. 1984-5. On the Improbability of Austronesian Origins in South China. *Asian Perspectives* 26 (1): 90-106.

——. 1995. Austronesian Origins and the Peopling of Taiwan. In *Austronesian Studies Relating to Taiwan.* P. J-K. Li, *et al.*, eds. Pp. 227-254. Taipei: Institute of History and Philology, Academia Sinica.

Mead, Margaret. 1934. *Kinship in the Admiralty Islands.* New York: American Museum of Natural History.

Millies, H. C. 1863. Opmerkingen over de bronnen voor de beoefening der Kerkgeschiedenie van Nederlandsch Oost-Indië. *Verslagen En Mededelingen Der Koninklijke Akademie Van Wetenschappen. Afdeeling Letterkunde* 7: 12-55.

Montanus, Arnoldus. 1670. *Atlas Japannensis: Being Remarkable Addresses by Way of Embassy from the East-India Company of the United Provinces, to the Emperor of Japan.* London: Johnson.

——. 1671. *Atlas Chinensis: Being a Second Part of a Relation of Remarkable Passages in Two Embassies from the East-India Company of the United Provinces.* London: Johnson.

——. 1680. *Ambassades mémorables de la compagnie des Indes orientales des provinces unies vers les empereurs du Japon.* Amsterdam: Jacob De Meurs.

Montesquieu, Charles-Louis de. 1750. *Spirit of Laws.* Translated by Thomas Nugent. London: Nourse and Vailland.

——. 1981.《法意》。孟德斯鳩著，嚴復譯。北京：商務印書館。

Mori, Ushinosuke（森丑之助）. 1912. 臺灣蕃族。《日本百科大辭典》。東京：三堂。

——. 1915.《台湾蕃族図譜》。臺北：臨時台湾旧慣調查　。

——. 1924. 生蕃行腳。《臺灣時報》55-62。又載《生蕃行腳——森丑之助的臺灣探險》。楊南郡譯。臺北：遠流。2000。

Motte, Benjamin. 1700. *Oratio Dominica Polyglottos, Polymorphos: Nimirum, Plus Centum Linguis, Versionibus, Aut Characteribus Reddita Expressa.* Londini: prostant apud Dan. Brown, Chr. Bateman, and W. Innys.

Müller, Andreas (Thomas Lüdeken). 1680. *Oratio Orationum: SS. Orationis Dominicæ Versiones præter Authenticam ferè Centum.* Berolini: Ex Officina Rungiana.

——. 1703. *Alphabeta ac Notae Diversarum Linguarum pene septuaginta tum & Versiones Orationis Dominicae prope centum.* Liebermann: Berolini.

Murakami, Naojiro（村上直次郎）. 1933.《新港文書》。台北帝国大学文政学部紀要第 2 卷第 1 号。

——. 1970.（譯注）《バタヴィア城日誌》（三卷）。東京：平凡社。

Murdock, George. 1949. *Social Structure.* New York: Macmillan.

——. 1960. *Social Structure in Southeast Asia* (ed.) New York: Wenner-Gren Foundation for Anthropological Research.

Nakao, Katsumi（中生勝美）. 2003. Mabuchi Toichi in Makassar. In *Wartime Japanese Anthropology in Asia and the Pacific.* Akitoshi Shimizu and Jan van Bremen, eds. Pp. 239-272. Osaka: National Museum of Ethnology.

Needham, Rodney. 1985. *Exemplars.* Berkeley: University of California Press.

Ogawa, Naoyoshi（小川尚義）. 1944. インドネシアン語に於ける台湾蕃語の位置。《太平洋圈民族と文化，上卷》。頁 451-503。太平洋協會。又見《臺灣南島語言研究論文日文中譯彙編》。黃秀敏譯，頁 338-380。臺東：國立臺灣史前文化博物館籌備處，1993。

Ogawa, Naoyoshi and Asai Erin（小川尚義、淺井惠倫）. 1935.《原語による台湾高砂族傳說集》。臺北：臺北帝國大學言語學研究室。

Oosten, Jarich. 2006. A Privileged Field of Study: Marcel Mauss and Structural

Anthropology in Leiden. *Études/Inuit/Studies* 30(2): 51-71.

Oppenheimer, S. J., and M. Richards. 2001. Fast Trains, Slow Boats, and the Ancestry of the Polynesian Islanders. *Science Progress* 84 (3): 157-181.

Pawley, A., and M. Ross. 1993. Austronesian Historical Linguistics and Culture History. *Annual Review of Anthropology* 22: 425-59.

Peiros, Ilia. 2008. The Formosan Language Family. In *Past Human Migrations in East Asia: Matching Archaeology, Linguistics and Genetics*. Sanchez-Mazas, *et al.*, eds. Pp. 182-210. London and New York: Routledge.

Prichard, James Cowles. 1843. *The Natural History of Man: Comprising Inquiries into the Modifying Influence of Physical and Moral Agencies on the Different Tribes of the Human Family*. London: H. Bailliere.

Psalmanazar, G. 1704. *An Historical and Geographical Description of Formosa.* London: Wotton.

Ratzel, Friedrich. 1882. *Anthropogeographie.* Vol. I. Stuttgart: J. Engelhorn.

——. 1891. *Anthropogeographie.* Vol. II. Stuttgart: J. Engelhorn.

——. 1896. *The History of Mankind.* London: MacMillan.

Rechteren, Seyger van. 1635. *Journael, ghehouden door Zeyger van Rechteren op zyne gedane voyagie naer Oost-Indien.* Zwolle: J. Gerritsz ende F. Jorrijaensz.

——. 1639. *Iournael gehouden op de reyse ende wederkomste van Oost-Indien. Den 2en druck, van niews verbetert.* Zwolle: J. Gerritsz ende F. Jorrijaensz.

Reland, Adrian (Hadriani Relandi). 1708. *Dissertationum miscellanearum pars tertia et ultima.* Ex Officina G. Broedelet.

Rennevine, Rene Augustin Constantin de. 1706. *Recueil des voyages qui ont servi à l'etablissement (et aux progrez) de la Compagnie des Indes Orientales.* Vol.5. Amsterdam: E. Roger.

Ripon, Élie. 1990. *Voyages et aventures du capitaine Ripon aux grandes Indes: Journal inédit d'un mercenaire, 1617–1627.* Edited by Yves Giraud. Thonon-les-Bains, Haute-Savoie: Éditions de l'Albaron.

——. 2012.《利邦上尉東印度航海歷險記：一位傭兵的日誌 1617-1627》。賴慧芸譯。臺北：遠流。

Ross, Malcolm D. 1995. Reconstructing Proto-Austronesian Verbal Morphology: Evidence from Taiwan. In *Austronesian Studies Relating to Taiwan.* Paul Li, *et al.*, eds. Pp. 727-791.Taipei: Institute of History & Philology, Academia Sinica.

——. 1996. On the Origin of the Term 'Malayo-Polynesian'. *Oceanic Linguistics* 35(1): 143-5.

——. 2008. The Integrity of the Austronesian Language Family: From Taiwan to Oceania. In *Past Human Migrations in East Asia: Matching Archaeology, Linguistics and Genetics.* Alicia Sanchez-Mazas, *et al.*, eds. Pp. 161-181. London: Routledge.

Ruyll, A.C. 1611. *Sovrat ABC akan mengayd'jer anack boudack seperty deayd'jern'ja capada segala manusia Nassarany: daen beerbagy sombahayang Christaan.* Nagry Amsterdam.

——. 1612. *Spieghel vande Maleysche tale inde welcke sich die indiaensche jeucht christlijcke ende vermaeckelick kunnen oeffenen.* Amsterdam: Dirrick Pietersz.

Sagart, Laurent. 2008. The Expansion of *Setaria* Farmers in East Asia: A Linguistic and Archaeological Model. In *Past Human Migrations in East Asia: Matching Archaeology, Linguistics and Genetics.* Alicia Sanchez-Mazas, *et al.*, eds. Pp. 133-157. London: Routledge.

Sahlins, Marshall D. 1958. *Social Stratification in Polynesia.* Seattle: University of Washington Press.

——. 1963. Poor Man, Rich Man, Big-Man, Chief: Political Types in Melanesia and Polynesia. *Comparative Studies in Society and History* 5(3): 285-303.

Sanchez-Mazas, A., Roger Blench, Malcolm D. Ross, Ilia Peiros and Marie Lin, eds. 2008. *Past Human Migrations in East Asia: Matching Archaeology, Linguistics and Genetics.* London and New York: Routledge.

Saussure, Ferdinand de. 1916. *Cours de linguistique générale.* C. Bally and A. Sechehaye, eds. Lausanne and Paris: Payot.

——. 1959. *Course in General Linguistics.* Translated by W. Baskin from Saussure (1916). New York: Philosophic Library.

——. 1980.《普通語言學教程》（原著 Saussure 1916）。索緒爾著，高明凱譯。北京：商務印書館。

——. 1993. *Saussure's Third Course of Lectures on General Linghuistics (1910-1911)*. London: Pergamon Press。

——. 2007.《索緒爾第三次普通語言學教程》。索緒爾著，屠友祥譯自 Saussure 1993。上海：人民出版。

Schetelig, A. 1868. Mittheilungen über die Sprache der Ureinwohner Formosa's. *Zeitschrift für Völkerpsychologie und Sprachwissenschaft* 5: 435-464.

——. 1869. On the Natives of Formosa. *Transactions of the Ehtnological Society of London*. n.s. VII (1869).

Schmalkalden, Caspar. 1983. *Die wundersamen Reisen des Caspar Schmalkaldens nach West-und Ostindien 1642-1652*. Wolfgang Joost, ed. Leipzig and Weinheim: Acta Humaniora.

Schmidt, Wilhelm. 1899. Die sprachlichen Verhaltnisse Oceaniens (Melanesiens, Polynesiens, Mikronesiens und Indonesiens) in ihrer Bedeutung fur Ethnologie. *Mitteilungen der anthropologischen Gesellschaft*. 29: 245-258.

——. 1906. Die Mon-Khmer-Volker, ein Bindeglied zwischen Volkern Zeantralasiens uns Austronesiens. *Archiv fur Anthropologie* (n.s.) 5: 59-109.

Schulzen, Benjamin. 1748. *Orientalisch- und occidentalischer Sprachmeister*. Leipzig: Christian Friedrich Gessnern.

Shih, L.（石磊）. 1976.《臺灣土著血族型親屬制度——魯凱、排灣、卑南三族群之比較研究》。臺北：中央研究院民族學研究所。

Shutler, R., and J. C. Marck. 1975. On the Dispersal of the Austronesian Horticulturalists. *Archaeology and Physical Anthropology in Oceania* 10: 81-113.

Sijs, Nicoline van der. 2000. *Wie komt daar aan op die olifant? Een zestiende-eeuws taalgidsje voor Nederland en Indië, inclusief het verhaal van de avontuurlijke gevangenschap van Frederik de Houtman in Indië*. Amsterdam: L. J. Veen.

Solheim, Welhelm. 1988. The Nusantao Hypothesis: The Origin and Spread of Austronesian Speakers. *Asian Perspectives* 26(1): 77-88.

——. 1996. The Nusantao and North-South Dispersal. *Bulletin of the Indo-Pacific Prehistory Association* 15: 101-9.

Starosta, S. 1995. A Grammatical Subgrouping of Formosan Languages. In *Austronesian Studies Relating to Taiwan*. P. J-K. Li, *et al.*, eds. Pp. 683-726. Taipei: the Institute of History & Philology, Academia Sinica.

Struys, Jan Janszoon. 1677. *Drie aanmerkelijke en seer rampspoedige Reysen, Door Italien, Griekenlandt, Lijflandt, Moscovien....* Amsterdam: Jacob van Meurs and Johannes van Someren.

——. 1681. *Voyages de Jean Struys en Moscovie, en Tartarie, en Perse, aux Indes et en plusieurs autres païs étrangers.* Amsterdam: chés la veuve de Jacob van Meurs.

——. 1684. *The voiages and travels of John Struys through Italy, Greece, Muscovy....* London: A. Swalle.

Sung, W. H.（宋文薰）. 1980. 由考古學看臺灣。刊於《中國的臺灣》。陳奇祿編，頁 93-220。臺北：中央文物供應社。

Swinhoe, Robert. 1863-4. Notes on the Island of Formosa. *Proceedings of the Royal Geographical Society of London* 8(2): 23-28.

Taintor, Edward C. 1874. The Aborigines of Northern Formosa. *Journal of the North-China Branch of the Royal Asiatic Society* n.s. 9: 1-54.

Taylor, George. 1884-5. Aborigines of Formosa. *The China Review* 14(3): 121-6, 14(4): 191-8, 14(5): 285-290.

——. 1889. Formosa: Characteristic Traits of the Island and Its Aboriginal Inhabitants. *Proceedings of the Royal Geographical Society*, n. s. 11(4): 224-239.

Tcherkézoff, Serge. 2003. A Long and Unfortunate Voyage towards the 'Invention' of the Melanesia/Polynesia Distinction 1595-1832. *The Journal of Pacific History* 38(2): 175-196.

Thomson, J. 1873. Notes of a Journey in Southern Formosa. *Journal of the Royal Geographical Society of London* 43: 97-107.

Tiele, Pieter Anton. 1869. *Mémoire Bibliographique sur les Journaux des Navigateurs Néerlandais.* Amsterdam: Frederik Muller.

Torii, Ryuzo（鳥居龍藏）. 1897. 東部台湾に於ける各蕃族及び其分布。《東京人類学会雜誌》136：378-410。

——. 1914. 台湾の民族。《臺灣博物學會會報》15：96-99。

Tylor, E. B. 1896. *Anthropology.* New York: Appleton.

Utrechtsche Handschrift. 1842. Woorden-lijst der Formosaansche Taal. *Verhandelingen van het Bataviaasch Genootschap van Kunsten en Wetenschappen* 18: 453-488.

——. 1889. Dialogue in Formosan-Dutch. In *An Account of Missionary Success in the Island of Formosa.* Campbell ed. Pp. 207-214. London: Trübner & Co.

——. 1933. Vocabulary of the Formosan Language Compiled from the Utrecht Mss. 村上直次郎，新港文書。《台北帝国大学文政学部紀要》2(1)：154-203.

——. 1998. English Index of the Siraya Vocabulary by Van der Vlis. Tsuchida, Shigeru（土田滋），ed. *Studies of Taiwan Aborigines* 3: 281-310.

Utsurikawa, Nenozo, *et al.*（移川子之藏、宮本延人、馬淵東一）. 1935.《台湾高砂族系統所屬の研究》。臺北帝國大學土俗人種學研究室。

——. 2011.《臺灣原住民族系統所屬之研究》（原著 Utsurikawa, *et al.* 1935）。楊南郡譯。臺北：南天書局。

Valentijn, François. 1726. *Oud en nieuw Oost-Indiën, vervattende een naaukeurige en uitvoerige verhandelinge van Nederlands...*Vol.4. Dordrecht: J. van Braam.

Vertrecht, Jacob. 1888. *Leerstukken en preeken in de Favorlangsche taal (eiland Formosa).* Batavia: Landsdrukkerij.

——. 1896. *The Articles of Christian Instruction in the Favorlang Dialect of Formosa* (with English translation by W. Campbell). In Campbell (1896: 1-100).

Wang, Sung-Hsing（王崧興）. 1965. 非單系社會の研究：台湾 Atayal 族と Yami 族を中心として。《民族學研究》30(3)：193-208。

——. 1986. 非單系社會之研究：以臺灣泰雅族和雅美族為例。刊於《臺灣土著社會文化研究論文集》，黃應貴主編，頁 565-97。臺北：聯經出版社。

Waterson, Roxana. 2009. *Paths and Rivers: Sa'dan Toraja Society in Transformation.* Leiden: KITLV Press.

Wei, H. L.（衛惠林）. 1955. 屏東縣來義鄉來義村民族學調查簡報：社會組織部分。《考古人類學刊》5：22-28。

——. 1960. 排灣族的宗族組織與階級制度。《中央研究院民族學研究所集刊》9：71-96。

——. 1964. 論繼嗣群結構原則與血親關係範疇。《中央研究院民族學研究所集刊》

18：19-44。

——. 1965. 臺灣土著社會之部落組織與權威制度。《考古人類學刊》25/26：71-96。

The Austronesian Questions of Taiwan Reflections on the Ethnological Studies of Formosan Aborigines

Chen Chi-nan

Department of Anthropology, National Taiwan University

The paper tries to follow up the intellectual path based on Saussure's framework of synchronic, diachronic and geographic approaches in his *General Linguistics*, and makes a tentative comparison of some ideas and methodological issues related to the view and study of Taiwan aborigines. With a review of existing literature it will discuss the following issues: (1) the implications of the recent linguistic model of Austronesian origin and dispersal as a phylogenetic approach to the study of Taiwan aborigines in archaeology and anthropology; (2) the shaping up of the image of Formosan aborigines in Europe based on the ethnographic description and language data left by the Dutch from the early 17th century; (3) the contradiction between the Sino-centric view and Austronesian-centered view in Taiwan's prehistory as seen from K. C. Chang's archaeology; (4) examples of the synchronic approach to the comparative study of the Taiwan aborigines and other Austronesian societies; (5) relations between language and social organization in Taiwan and Austronesian societies.

Keywords: *Austronesians, Taiwan aborigines, Taiwan prehistory, social organization, kinship study*

對臺灣人類學界族群建構研究的檢討：
一個建構論的觀點

林開世

國立臺灣大學人類學系

　　雖然多數研究族群的學者都主張，我們應當超越過去的原生論與工具論的爭議，採取一種建構論的方式來理解這類的現象。然而目前族群在眾多的臺灣人類學作品中，仍然被視為一種真實的實體，作為研究時的出發點。本文嘗試提出一種所謂脈絡性的建構論觀點，除了釐清不同建構論的差別之外，並在理論上與方法論上提出更嚴格的研究策略，以避免研究者與族群運動者角色混淆的問題。並據此對當前臺灣所謂的族群研究提出質疑與挑戰。最後，本文指出當前的族群性現象呈現的極端商品化與政治化的趨向，已經更進一步在動搖目前的族群性定義與理論，我們亟需一個更具開放性與批判性的族群性理論。

關鍵字：族群性、族群、建構論、平埔研究、客家研究

一、前言

　　族群現象可說是臺灣人類學界長期以來所關注的研究課題；廣義的來說，幾乎所有人類學的研究都圍繞著族群相關的概念而進行。大部分過去有關臺灣原住民的研究都可視為一種對少數族群及其文化作分類、辨認、描述與解釋的工作。而所有的漢人研究，也可視為是在對比於非漢人（特別是西方）社會，人類學者嘗試建立起臺灣（中國）社會的一些特性與認同，來「族群化」(ethnicitization) 文化的努力。人類學知識與族群性的概念，是如此地糾葛，我們所有的有關異族的研究成果，像原住民、海外華人以及客家與漢人研究幾乎都可以被歸類在「族群研究」(ethnic studies) 的框架下。這點也是人類學與其他社會科學之間的一個顯著差異。族群議題在別的學科可能是眾多研究領域中的一種，在人類學的脈絡，它卻蘊藏在所有的研究領域之中。

　　為何族群研究與人類學有如此密切的關連？簡單地說，這牽涉兩個面向的問題：一方面人文社會科學知識的建制與分工中，人類學被安置在一個負責研究（非西方）他者與邊緣性社群的角落，也就是 Michel-Rolph Trouillot (2003: 7) 所說的「蠻荒的狹縫」(the savage slot)，而族群性概念的建構又與不平等的政治經濟結構有關，因此人類學家所被期待研究的對象，往往就是民族國家境內少數民族或弱勢社群；另一方面，這又牽涉到族群性概念與文化認同研究在許多討論中被幾乎等同在一起，讓研究文化差異的人類學者，成為族群議題的當然參與者。然而，如果族群性的概念可以被文化差異取代，那族群性是否能構成一個具有理論意義的範疇，就成了一個值得更進一步探討的問題。

　　就這個角度來說，哪些人群可以被視為「他者」來研究，牽涉到經濟與權力結構的不平等。這是人類學的知識得以生產的背景條件，人類學者無法不認真看待。因此，族群的議題與現代國家形成的議題時常糾葛在一起，它挑戰我們必須要更加地意識到國家的各種制度性的統治技術與具體施行的策略，不論對研究者使用的概念，或者對社會行動者做的族群性分類，所具有

的塑造作用；另一方面，更因為人群分類知識生產的可能條件與發聲的位置在整個族群討論中的重要性，讓族群研究的倫理意義，成為研究者難以逃避的議題。

　　然而並不是所有的人類學者都有意識到族群性的概念與他們的研究之間的關係。大部分的臺灣人類學者的田野工作，無論是漢人或原住民研究，就是抵達已經被官方的行政體系或前輩學者認定的族群（或民族）居住所在，以這群人群所形成的「社會」作為其主要的調查對象。學者往往是在既有的族群分類架構下，去觀察與描述在某個地理單位中的某一個群體的文化體系與社會組織。其研究成果的主要貢獻正是嘗試對某個族群特性進行理解，並勾繪出不同的族群之間的差異。因此，我們可以說，雖然族群性的議題蘊涵在其研究中，但大部分的人類學者並不將族群性作為一種有意識的分類概念或一種特殊的看待人群方式，而是將重點轉向族群作為一種具有實際存在內容的實體來進行研究。族群是他們研究的出發點，不是被研究的對象。他們是以族群已經存在作為前提，而進行族群性的重建或描述，而不是研究族群本身如何成為可能，或者族群如何被建構。從這個角度來說，其實臺灣的人類學真的以族群現象為其主題的著作並不多見。

　　這篇文章想要透過族群建構論的觀點，來檢討近年來臺灣人類學者對臺灣族群現象如何形成、為何形成的研究，可以有哪些理論上的意義；同時並提出一些應該要進一步修正與探討的問題。換句話說，這是一篇檢討理論的有效性的文章，不是一篇回顧成果的文章，本文只抽選一些學術著作中，有清楚地意識到族群這類現象的歷史發展與社會建構過程的作品，而避免去面對大量看似相關，可是卻將「族群」作為實存，不再將族群與族群性視為需要討論的問題的作品。讀者中對比較完整相關的回顧工作有興趣的人，可以參考徐正光與黃應貴1999年主編《人類學在臺灣的發展：回顧與展望篇》一書當中的幾篇對相關主題的研究回顧。此外，因為這些議題的產生與發生，和臺灣的政治發展與社會演進密不可分，而參與族群議題討論的學者，更不乏有來自其他學科，特別是來自歷史學、社會學、民俗學與政治學。因此，這類議題的回顧，必然牽涉到許多非人類學學者的研究成果。視討論時的需

求，我將會選擇其中重要的作品加入討論之中。

二、什麼是「族群性」？

開始討論前我們難以避免必須先釐清本文是如何了解族群性這個概念。但它的目的並不是要將族群定義清楚，排除非被定義的現象，來建立一個可供研究的社會範疇。相反的，這個討論正是要凸顯族群性概念那種同型異質的面貌，才是我們應當注意的問題。

什麼是「族群性」？或者我們應當如何定義「族群性」？一直是族群研究的難題，雖然有不少學者嘗試提出一些比較嚴謹的定義，特別是將它與其他類似的概念做出區分，來做為研究時更細緻的分析概念。[1]然而，這些嘗試往往造成更多需要澄清與定義的問題，也無法涵蓋那些在不同地區、不同脈絡與不同歷史的用法。而那些想把族群性與種族，或族群性與國族性區辨開來的學者，往往會發現這些概念在實際運作時，會因為社會行動者的政治立場差異與這些概念在不同的文化中的特定歷史意涵，而有不同的意義。[2]

在當代臺灣，這個問題特別明顯。像原本是被定位為省籍差異的「臺灣人」與「外省人」的分類範疇，在 1980 年代末被社會科學界逐漸用「族群」差異來取代（王甫昌 2003）；然而臺灣人到底要被稱為一種省籍、族群、民族還是國族？卻會因不同的政治立場，甚至不同的場合，而有不同用法。強調臺灣指涉的是省籍的人，傾向認為臺灣就是中國的一部分，一個地方省

---

1 舉個例子，有關種族 (race) 應該與族群性區分開來與否，Pierre Van den Berghe (1983) 認為沒有必要，種族只需要視為是族群性的一種特殊類別；Michael Banton (1967) 則認為必須要區分。但是仔細看他們的討論就會發現，Banton 其實定義種族為負面的人群分類，而族群性為正面的群體認同；一個是用來排除他者的外加分類，另一個則是正面的內在認同，因此他清楚地區分了兩者；至於 Van den Berghe 則假定了族群或種族，其實都可以化約為階級性的問題，既然是種族與族群都不具有其理論上的自主性，那區分與否就不重要了。而有關這個問題的討論，在 80 年代末人類學有一篇精采的回顧文章，檢討了另外三個重要學者的族群性的定義，見 Brackette Williams (1989)。

2 有關族群定義的問題，可見 Eriksen (2002) 第一章教科書式的討論。

分。認為是族群的人，認為臺灣是個多族群的社會，雖不一定對統獨問題做清楚的立場，但至少已經承認多元的政治選擇的可能；至於認為臺灣人構成一個民族的人，則已經清楚地有臺獨的傾向，但仍然保持了這個詞相對於國家之間的自主空間；至於直接稱臺灣人為一國族的人，就已經宣稱要進行打造國家的工作了。

我們知道，在一些場合，用族群來談論在當代的臺灣人群，可以讓不同立場的人，不需要直接去講出他們的政治傾向，而讓對話能夠進行。但這並不表示臺灣的所謂四大族群是個既成的實體，或者什麼是臺灣人族群性的內容是個共識。相反的，是因為在與其他種人群分類範疇的對比與競爭時的優勢，讓族群性這一個名詞在目前取得一個很高的可見度。

然而如果我們把這套分類詞彙，搬到中國大陸的脈絡中，其意義就有了重要的差別。中華人民共和國將境內的所謂非漢人群分為五十六個，而稱呼他們為民族。民族之下，顯然還有其他差異相當大的不同人群存在，但對統治者來說，再做更進一步的分類，並不重要。只要這套分類系統具有某些程度的合理性，能具體化在空間上作區分，或者能在國族歷史記載中得到文字上的印證，就有足夠的依據可以透過各種組織架構與資源分配的方式來進行對其下所指涉的人群作治理。「民族」這個字原本翻譯自 nationality，是根據史達林的民族理論而來，雖然在實際的分類時，會隨地區與政治的需求而靈活性地應用。在中國大陸的語境中，「民族」比較是一種由上而下、外加性格的分類範疇，並不太牽涉到民族內部的人自我認同為何。[3] 然而近來因為受到西方學術的影響，學者開始更加重視民族的範疇下的人群的主觀自我認同、群體分類及文化內容，並對實際存在的人群文化作進一步描述與分析時，族群這個來自西方的名詞就開始被引入，並對民族這個字原來所占據的語意空間，產生了推擠，而激起了許多辯論。[4] 族群在這個脈絡下不是要去

3　有關民族識別在地方層次如何被理解與作用，見 Rack (2005)。
4　有關這個爭議的討論，可見徐杰舜 (2006) 主編的《族群與族群文化》以及周大鳴 (2002) 編《中國的族群與族群關係》兩書。

描述省籍差異，而是在少數民族分類體系之下作進一步的區辨。在這個脈絡下，族群的出現牽涉到的是國家體制的分類範疇，如何替調整去面對地方社會的現實狀況，以及官方資源分配的問題，而參與的人也主要侷限在學術界與政治官僚。

　　總之，族群性是個持續變動而且相對性的概念。要理解它，首先應當將之與其他相關的概念，例如國族性、種族性等，放置在一起對比，它的語意位置才會比較清楚。換句話說，我以為嘗試去定義出精確的族群概念是徒勞無功的，我們能做的只是將這些變動中的概念之間的關係與所占據的語意空間範圍找出來。至於，這些概念如何被使用與看待，則是該被研究的問題，而不該是研究者的分析的出發點。因此，那些持續不斷的有關族群與種族定義的爭辯，或者哪一種族群定義最符合經驗現象，並無法幫我們釐清問題。

　　研究者能大致都同意的就只有族群性是一種分類人群的範疇，是在社會互動的脈絡下人群之間具有的某種形式的特殊關係（無論是真實的或想像的）的一個面向。就這點來說，它與種族 (race)、國族性或民族性 (nationality) 非常類似。我們拿種族來做對比，種族這個概念在當前是被用來指一種純粹嘗試用人的體質差異來作人群區別的分類概念（雖然它可能會不自覺地引入其他文化與社會的差異來作為標準）。而族群性雖然也作了某種形式的體質上的（或我們常說的血緣上的）假設，但是它常常以文化社會面向的差異作為最主要的區分標準。我們可以說，族群性這個字在歐美 1960 年代的崛起，其功能之一就是想取代容易與種族主義 (racism) 連結在一起的種族 (race) 概念。然而，問題往往不是如此單純，生物性的差異，可以被用來解釋行為與文化上的差距；文化上也可以認定哪些體質因素才是關鍵。因此，這兩個概念之間的關係，無法清楚地區分。當我們用族群談美國的非洲後裔人的處境時，它與種族概念往往難以區別。但當我們用族群談當代的愛爾蘭後裔處境時，就往往強調文化傳統的差異。

　　與其繼續嘗試去定義族群性，筆者認為我們可以採用 Comaroff & Comaroff (1992, 2009: 38) 的一個看法，主張族群性既不是一種具體可觀察描

述的客觀事物，也不該是一個研究者建構來分析現象的概念，而是一套人們
用來溝通以及建構社會關係的符號，本身是寬鬆曖昧，難以嚴格定義。透過
這些符號的使用，文化的相似性可以被賦予集體的意義，也可以讓一些公眾
的情緒可以得到具體的表達。正因為族群是不精確而且隨脈絡而變，族群的
內容會因特定的歷史條件而定，而這些歷史的條件又以各種形式影響人們對
族群的看法，進而影響人們社會實踐時的動機與意義。

　　人類普遍地透過對事物命名與分類的方式來認識世界，進而區辨出與
自己不同生活方式的人群。然而分辨出我群與他群本身，並不構成族群性概
念的成立，人們在不同的時空的確不斷地透過對文化或體質差異的辨識與強
調，建立起不同的社會關係。[5] 然而，這種區辨在近代的歷史發展中，產生了
一種特殊的面貌。在民族－國家以及殖民主義統治的框架下，某些區辨開始
有了前所未有的固定性與階序性。因此，族群性代表的是某種社會關係以及
某種看待社會關係的方式，而不是某種內在的性質。

三、什麼是社會或文化建構論？

　　目前人類學家有關族群理論的回顧，幾乎都會先檢討所謂的原生論
(primordialism) 與工具論 (instrumentalism) 或環境論的爭辯，然後再提出超越
這兩種立場的所謂建構論 (constructionism) 觀點，來作為總結，彷彿大家現在
都已是建構論者。然而問題是不同的學者對於什麼是建構論，顯然有不同的
認知。而應用建構論的概念時的方法論立場，又有很大的差距。[6] 因此，稍微
做一些釐清的工作，是討論時需要先進行的。

　　這篇文章想要以一種比較嚴格定義下的建構論角度，來看待族群議題。
所以，筆者想先把一些理論的出發點交代清楚，以避免不必要的誤解。當

---

5 Comaroff & Comaroff (1992) 用圖騰主義 (totemism) 來區分這種人群分類與族群關係。

6 很常見的一種作法就是宣稱自己是建構論者，然後又引 Anthony Smith (1986, 2008) 原生論論
　點來作為理論上的佐證，而沒有覺察到之間立場上的根本差異。

然，何謂建構論本身是一個具有爭論的議題，Ian Hacking (1999) 那本書 *The Social Construction of What?*，針對各種寬嚴不等的建構論立場，已經有了精彩的批評與釐清。[7] Hacking 指出那種弱的社會建構論，只是將某個社會現象的歷史形成的經過作出交代，而不對現象的客觀性與合理性作出質疑，其實只算得上是歷史研究，並沒有太大的理論意義。然而如果要建立一個比較嚴格的建構論立場，目前多數的研究卻又很少用比較嚴謹的標準來界定其成立的要求。因而筆者在本文則採取一種介於寬鬆與嚴格之間的建構論的立場。

　　首先，我們應當分清楚所謂的社會建構到底意謂著什麼？一般人常常會誤解研究者所說的社會建構就是指虛假的事物，例如像外星人或孫悟空。然而，社會建構論者雖然同意這些事物的確是社會建構的，但是他們與其他種社會建構，例如貧窮或酗酒，具有不同的意義與不同程度的可信度。孫悟空雖然被民間視為真神，建廟加以膜拜，但他的真實性比起我們用「貧窮」來形容社會上看到的失業勞工與瀕臨飢餓邊緣的家庭所構成的匱乏狀態，顯然是具有不同的急迫性與具體性。在目前的學術脈絡中，我們也沒有必要花時間去強調孫悟空作為一種建構的現象（雖然這種神如何被建構的歷史本身可能是非常有趣的議題）。

　　進一步說，現代化學作為一種知識體系與煉金術作為另一套體系，雖然都可以說是社會建構的，但是這兩者解釋經驗現象的能力與可以被生化科技公司應用在發明新胃腸藥的可能顯然是有很大的差距。因此，不是所有的事物都值得我們採取一種建構論的觀點來解析他們成立的過程。有些觀念或物品，像桌子或電話，明顯地經過一個社會的過程被人製造出來，但除非我們能夠證明這個建構的過程是有其重要性，透過這種解析會產生超出我們意料之外的洞識，否則採取社會建構的觀點來分析沒有多大意義。這樣的說法當然又意謂著，社會建構的意義並不在於區分真實與虛構，所以它與真實事物之間的關係不是對立的。

7　另外一篇有關社會建構論發展的歷史與議題，參見 Best (2008)。

　　社會建構論的第二個常見的質疑，是來自社會建構論自己陣營當中的學者。到底要解析社會文化現象到什麼程度，才稱得上是建構論立場？這是個相當棘手的問題。所謂的建構論的分析方式，必然是想對我們視為當然的事物作某種程度的解析，特別是透過歷史過程的框架，讓人了解事物如何透過概念與語言的出現，逐漸地被納入成為社會現實的一部分。因此沒有所謂的自然的、本質的、不經過中介的真實。然而，如果我們的現實感是建構的，被研究者使用的語言與概念與研究者所使用的概念當然都是建構的，所以研究者憑什麼認為他們研究時對現實所作的假設就比較真實？有什麼理由可以讓我們相信，研究者的假設更具有知識論上的優勢？換句話說，許多建構論者的研究計畫能否成功，其實是建立在一個策略：對某部分的社會事物之真實性予以挑戰，可是對自己的假設卻當成研究的背景，盡量地不去暴露出來。建構論者其實是在操作一種 Woolgar & Pawluch (1985) 所批評的本體論上的隨意區隔 (ontological gerrymandering)。這類現象普遍存在於許多所謂的建構論者的研究當中，例如像他們兩位指出來的一個有名的研究，Spector & Kitsuse (1977) 在《社會問題的建構》一書當中有關大麻的定義與意義在美國隨著年代的改變而不斷變動的討論時，無意間在論證過程中透露出他們其實是假設了大麻作為一種藥物，對人體產生的效果是不變的，而不是採取一種物質性與社會性互動與互塑的角度來作分析。也就是說，他們雖然指出大麻的社會意義是跟隨脈絡而建構，但卻假定大麻的藥性是客觀不變的。因此，Woolgar 兩人認為這本書並不是採取認真一貫的建構論立場。然而，這種批評卻是讓大多數的研究者更加困擾，因為對大麻的藥性穩定的假設，固然值得商議，但真的對我們所要解構的常識很重要嗎？如果我們繼續追究所有應用的觀念與概念的建構性，那研究要如何進行？

　　更麻煩的問題是，除非建構論者不再去碰經驗研究，而只關注於解構別人的作品，否則對社會現實作某種程度的假設，而不需要再作解構，必然是所有經驗調查的出發點。因此，對這種批評的回應，在筆者看來，只能被迫承認一種要能夠繼續維持其活力，具有開放性的建構論，必然是一種脈絡性的建構論 (contextual constructionism)。也就是說，建構論者的工作不是去挑

戰所有的客觀性的假設，而是先不去挑戰那些已具有相當合理基礎的社會事物，然後去探索那些具有社會重要性的實體假設。當然什麼構成「合理」本身是有其歷史性與脈絡性，不是先驗與絕對的。但是在面對我們所關心的議題討論時，只能選擇具有重要相關的部分來作分析。[8]

把建構論的觀點引入族群研究中，意謂著幾個重要的立場：

首先，族群性不能被化約為靜態的文化內容或者權力關係，也不是生物性或心智能力所決定，當然也不是將某些特性列出一個族群內容的清單就能解決這個問題。[9]族群性本身就是一種自我定義的過程，是某群人自己宣稱或被外人認定為某種範疇的動態過程，重要的是在歷史過程中，族群性如何被塑造成為重要與可信的分類範疇。而文化、語言或容貌等等，則是時常被人們在這個過程中用來描述、分類、比較與認識的工具。

第二，因為族群是一個持續進行中的計畫，族群研究必然要與歷史研究結合。這牽涉到的不只是因為族群性是動態而且具有脈絡中形成與去脈絡化的可能，更牽涉到族群性的形成與近代國家形成與資本主義擴張之間，有著重要的關聯。我們需要一個比較長的視野，才能了解這種不斷宣稱與過去的連續與起源，卻又不斷想遮掩它自身的歷史性的現象。

第三，族群研究不應該從族群作為一種已經存在的集體行動者出發，否則我們就把需要被解釋的現象，當成是真實存在的東西，而混淆了社會行動者所使用的分類觀念，以及研究者所使用的分析語彙。這也是 Brubaker 在他那本族群理論的名著 *Ethnicity without Groups* 中所不斷強調的：「我們不應該不加批判地將族群政治實踐的範疇當成我們社會分析的範疇。」(2004: 10)

---

8 筆者了解，當前的人文學科當中，有許多種不同版本的建構論，有些人明顯不是採取本文的看法。而本文所採取的立場，已經清楚地不同於以德希達為首的那種嚴格的建構論，也不贊同那些所謂的客觀建構論者，把族群當成是真的事物，而探討這段形成的歷史過程。有關何謂客觀建構論請見 Scott Harris (2008)。

9 這個論點也可見於 Berbrier (2008)。

　　然而，這個方法論上的區分不是一件簡單的工作，要如何自覺又前後一致的掌握，時常困擾著建構論的學者。前面的討論已經提到了有學者提到所謂的「本體論上的隨意區隔」的批評。但可能更難的是如何避免所謂的「群的實在主義」(groupism)，把群體當成是真實存在的事物的立場。筆者認為這是建構論提供給我們的非常重要的方法論洞識，應當認真地應用到臺灣族群性的相關研究中。

四、臺灣的四大族群？

　　當代居住在臺灣的人普遍認為自己活在一個多元文化的社會，具有開放與包容的特質。臺灣的多元文化風貌被呈現於許多層面：人群上，所謂四大族群（福佬、外省、客家、原住民）再加上來自中國大陸與東南亞的新移民齊聚於此；宗教上，世界五大宗教及其支派以及漢人社會的民間信仰，都在臺灣蓬勃發展；歷史上，歷經荷蘭、清代、日本等各種殖民政權的統治，這個移民社會不斷地被外力所宰制，也持續地吸收外來的事物；語言上，世界上的兩大語系，南島語言以及漢藏語系，都在臺灣以紛歧而多樣的面貌呈現。

　　所謂四大族群這種說法，其實出現得相當地晚。根據王甫昌 (2003) 的考據，可以追溯到 1980 年代末期。在此之前，族群這個概念幾乎不見於學術或者一般人的論述之中。即使有人嘗試著使用，也是不同於後來我們熟悉的那個相對應於英文的 ethnic group 的概念。值得注意的是，在早期的使用者中最有名的就是人類學者衛惠林先生，而他使用族群這個字，來稱呼當時的高山族九族分類下的分支部落。可見得，從事實際田野調查的人類學家，在面臨當時原住民的社會形成與文化差異時，早已覺察到政府官方的民族分類範疇的不足。

　　對於四大族群的出現，已經有學者指出，這是在 80 年代末期逐漸浮現的國家認同之爭的背景下產生，是一種強調文化差異的人群分類。但這些文化差異是一種選擇性的差異，人群分類也是一種政治妥協下的產物（李廣均

2004、2007）。這套分類原本為政經社會居於弱勢地位的臺籍人士，提出來爭取平等對待的工具。但是為了避免「福佬沙文主義」的指控，將臺灣社會內部不同的聲音與政治訴求，也一併納入到一個稱為族群的框架下。我們只要檢查這個分類下的各個族群關係，就會覺察整套分類的任意與曖昧。像外省人與本省人的差別，最重要的指標是籍貫，接著還有語言使用的差別；而福佬人與客家人的差別，則是語言為主；原住民與非原住民之間的區別，就已經不是語言可以說明。這些不同性質的群體關係與不同性質的權力關係，都被一套族群的系統來概括，而支撐這套分類的內容，則是所謂的文化差異。

　　然而這套分類系統顯然不是因為這些人群的生活內容有哪些本質上的差異，而被分類出來；它們是因為權力角力時那種對立的需求，而被創造出來。差異的內容是可以選擇性地強調，從語言、體質、血統、地緣這些看來頗為根本的差異，到穿的衣服種類、吃的醬菜、祭拜祖先的方式，這些枝末細節的佐證。雖然說，文化差異的實際內容，會製造出不同的意義與效果，有些強烈的指標 (index)，可能會激起更大的內聚認同，像二二八事件的經驗或部落的成年禮，可能會引起強烈的情緒。而有些曖昧的指標，就容易被視為牽強甚至造假，像以拜拜用的香爐有幾隻腳來做為人群區別的標準。然而重點是，這些文化差異不是當然的存在或連續的傳統，而是為了某個歷史時刻的分類所動員出來的。是在這個意義上，建構論者認為族群是建構的。所以原住民作為一個族群，與其他非原住民人群之間有高度明顯的文化差異，所以對一般人來說，這是很具說服力，甚至不證自明的；可是平埔族，不論在生活習慣上或語言使用上，都很難與居住在他們旁邊的非平埔族區分開來，因此就很難被認為是一個族群。但是無論是原住民族或者平埔族，都是建構出來的，只是建構的文化內容的形式與材料不同，而建構出來的族群性的效果與可信度有所差別。

　　過去的族群研究，受到 Barth (1969) 那篇經典文章的影響，往往把重點放在族群界線與關係的探討上，而忽略了被區分人群的文化內容。[10] 但文化的內

10 Barth 本人對這個問題，有進一步的澄清，強調別人對他當年的文章有所誤解，其實文化在

容在族群研究上，不應該被忽略。因為，族群性的可能與發展，必須要看文化上，是哪些象徵與機制產生了人與人或群體與群體之間的連結與差異。否則不分青紅皂白地將所有的族群都視為建構，而不去解釋為何有些建構是具有很高的說服力，有些卻是建構得斧鑿斑斑，讓人一下子就看穿了，其結果將不但沒有辦法顯現出建構論的優點，反而會引起其他人的質疑。

我們先從最常被我們視為當然的族群範疇入手。目前臺灣社會的族群分類中，最不具爭議的就是那些屬於與所謂漢民族不同的南島民族的後代：臺灣原住民。很少人會質疑臺灣原住民可以構成族群，他們是一群被一般人認為具有獨特的文化語言、居住在山地鄉、舉行帶有特色的年度儀式，甚至體質上也有明顯差異的人。然而，如果我們走進原住民的部落做比較認真的或長期的觀察，這些差距就立刻顯得不是那麼清楚。大部分的所謂原住民聚落，都早就有非原住民的居民長期居住，有些時候還占據多數；許多原住民的配偶或者一方的父母，並非原住民，亦即原住民與非原住民（包括漢人，特別是新移民）通婚的比例甚高；而除了年度祭儀或者文化節慶的場合，大部分原住民的日常生活、食衣住行都與臺灣其他非原住民相當地接近。換句話說，原住民不論在社會界線、文化生活、居住分佈上，都沒有一般人以為的清楚。那麼是什麼力量與條件，讓他們在當代具有這樣一種當然的「族群性」呢？

要回答這個問題並不容易，因為當下的狀況，原住民的族群性建構的條件與強度，與三十年前山地保留區尚未開放，資本主義的市場力量還沒有貫穿原住民部落的日常生活時，是相當地不同。我們目前對於不同階段形塑族群的機制，從國家到市場，還缺乏系統與細膩的研究，讓我們無法對整體原住民的狀況作一般性的描述。然而有幾個研究已經讓我們對這個問題有了初步的認識。其中最突出的應該就是鄭依憶 (2004) 的賽夏族的矮靈祭的研究。

族群研究的重要是不可忽略的，見 Vermeulen, H. and C. Govers (1994)。另外，有關文化內容的重要性，可以見 Herzfeld (1997)。

　　賽夏人自有歷史記載以來，就一直是開放性與流動性很高的人群。他們不斷地採借學習外來的文化，也不斷流失土地、文化與人。這造成他們目前的語言、服飾、住屋、生計方式等等，都與鄰近的泰雅人或客家人難以區別。[11] 到底在這樣的一種持續變動與流動的狀態下，賽夏人是如何構成一個群體，維持他們的集體認同呢？答案就在他們的矮靈祭。鄭依憶透過對該儀式細膩的象徵分析，闡明賽夏人如何透過儀式的實踐，一方面清楚區分出不同地位的家族與南北分群；另一方面又透過共聚一起，共同遵守禁忌與身體的參與，製造出一體的感覺與共享的命運。儀式的後半段，他們開放儀式給外人進入參與，透過共食、唱歌、跳舞來製造融和氣氛，並同時以傳統服裝與控制會場秩序，來將自己的地位確認下來，同時更將他們與外族接觸的歷史經驗，透過儀式實踐再度體現與繁衍。一方面接納與融合外來的力量，解決衝突；另一方面，則建構出我族與他族的區辨。

　　這個研究的意義不只是因為它讓我們知道賽夏族如何與外族區辨與連結；它更指出不同的文化，可以有不同的方式來區分「族群」。族群關係並不具有內在的必然性，反而是文化（在這個例子是一套儀式）決定了所謂族群性的特質（也見 Linnekin and Poyer 1990）。[12] 這樣的理論立場，我們還可以在其他原住民族群形成的研究上得到肯定。例如，王梅霞 (2006, 2007)，以及陳文德 (1999, 2003)。然而王梅霞的泰雅人的例子，比起賽夏人要複雜了許多，不只是因為泰雅人的人數、分布與規模都遠超過賽夏，還牽涉到兩個理論上都亟待更進一步發展的難題。一個是泰雅文化的核心概念—— gaga 與 lyutux，如何中介、調和，進而產生泰雅人 (1) 社會範疇的彈性，(2) 自我認同與社會關係的多元性與動態性，以及 (3) 文化持續的轉化與創造等三個文化展現出來的特色。另一個問題則是外加於泰雅人群之上的學術與官方的人群分類範疇，以及隨之而來的監控與再現技術，如何一方面製造出「社會」組織

---

11 有關賽夏人的這段邊區的歷史經驗，可見胡家瑜、林欣宜 (2003)。
12 對於這個理論議題的回顧與討論，在臺灣已經有不少作品，見蔣斌、何翠萍 (2003) 還有黃應貴 (2008)。

的現實與新的權力關係；[13] 另一方面，這些外來的人群範疇，如何改變泰雅人的自我意象與群體觀念？

泰雅人複雜的社會組成可能、情境式的認同重塑傾向，還有殖民政權的介入操弄與各種地方化與領域化的政策，讓族群性的建構，更難找到清楚的文化邏輯。然而，這是一個知識、地理與文化理論交會的領域，需要我們重新去組合不同性質的學科知識。這不只是泰雅研究的議題，而是一個當代所有原住民研究都必須接受的挑戰。

有關族群的發現與建構，在臺灣過去半世紀以來，大概以平埔族的研究，最為引人注目。平埔族的研究在臺灣 1980 年代中興起，而於短短的 20 多年間，從潘英海所說的「學術的雞肋」，轉變為臺灣的人文社會科學界最具活力的課題之一。研究者來自包括人類學、歷史學、社會學、民俗學、宗教學等多個領域，產出的成果也非常豐富。

平埔族原本是一個政治統治上的分類概念，它的前身是清代臺灣帝國行政治理所使用的生番／熟番分類中的熟番，它的目的在區辨哪些原住民族是接受官方管轄，哪些則是「化外」之民。又因為接受官府號令的部落，往往就居住在平地，因此有時也稱為平埔番。當然平埔番或熟番這些範疇之下，官方還會依居住區域作更進一步地區分，像岸里社、鳳山八社。但官方的論述中，並不會再去對這些群體作文化上的區辨；稱呼「平埔番」並不具有種族或文化意義上區別，只有指出該群人教化的深淺與統治的難易上的程度。

日本殖民政府接收了這個分類，繼續二分臺灣的原住民為生番與熟番。但是因為熟番一方面已經被納入以臺灣漢人為主體的社會經濟結構中，在統治上已經不具威脅性，沒有治理上的困難，也就不具研究上的急迫性；另一方面，因為他們文化上已經與漢人混雜，喪失了所謂的「原真性」

---

13 有關這個問題，有一篇非常重要的論文，洪廣冀 (2004)。這篇文章把地理學上的領域化概念、殖民知識與人群的建構，統一在一個框架下，檢討日本時期到今天我們對泰雅人族群分類的系譜，提供了我們未來對整個臺灣的各種族群形成一個有力的思考方向。

(authenticity)，熟番一直不是國家與學術界關注的對象。雖然在戶口制度當中，仍然在戶籍簿的種族欄上有做登記，但這些人群在實際社會文化生活上的改變，就不得而知。戰後 1950 年代國民政府在一般行政區內採取自行決定是否申請登記為「平地山胞」後，大部分原本分類在熟番下的人就選擇放棄「番」的身分了。[14]

因為平埔族已經不在官方認定的人口分類中被辨識出來，而平埔文化的內容又缺乏比較有系統的記載，平埔族研究一直有一個非常讓研究者困擾的問題，那就是研究的主體到底在哪裡？長期以來，平埔族被視為一群已經被漢化的早已不存在的人，然而當我們開始去他們曾經住過的地區做田野調查與訪談，卻常常發現在地多多少少有一些異於我們以為的漢人社會文化習俗的文化片段與儀式活動。然而，多數的當地人都不認為自己是「番人」，更拒絕了平埔人的身分。這樣的現象，常常讓有心從事平埔研究的人陷入困境，如果被研究的對象並沒有清楚的族群界限概念，也沒有清楚的族群認同，而他們在生活習慣與日常語言使用上也與一般的臺灣漢人無異，那我們要如何知道誰是平埔族？哪些是平埔族的文化？

於是，許多接下來的研究工作，就集中在兩個面向：

1. 去發掘出那些歷史文獻與官方檔案，來一方面證明這些人的確是平埔族的後裔，更要以過去那些已經就很破碎零落的記載，來驗證這些在地的許多文化實踐，就是當年某一平埔族文化的遺跡。

2. 透過田野調查來一方面激起在地人的回憶，找出並重建他們已經遺失或者正在消失中的族群文化。

然而就研究方法論來看，這樣的工作，其實是做了一些相當有爭議的操作。研究者一方面用某些文化元素作為平埔族存在的指標，另一方面又假定平埔族人就應當會有平埔文化或平埔意識，不論當事者承認與否，自覺或不

---

14 有關平埔族戶口認定的歷史發展，見詹素娟 (2004, 2005)。

自覺。在沒有清楚的文化認同時，用血緣作基礎來指認；而沒有清楚的血緣時，用過去記載的文化元素作基礎來證明。[15] 然而，這樣的循環論證、互相佐證卻也在短短的時間內，讓平埔族成為一個熱門的話題，也讓平埔復振運動得以如火如荼地進行。[16]

對於這個方法論上的問題，鍾幼蘭 (1995) 曾提出了一個比較有反省性的看法，她以為過去的平埔族研究過分強調族群與文化之間的連結，文化消失了就被視為族群也就不存在。然而族群並不等於文化，族群的延續不一定是要傳統文化的延續，而是一群人如何透過文化機制集體建構其族群生存意義的歷史過程。這樣的看法當然能某個程度地為平埔研究的困境提出一條出路，平埔族研究是在被研究的族群並沒有清楚的文化特性或族群認同的情況下進行，假定其後有一種 「隱藏性」的存在，須要研究者去發掘與重建才能「出土」。這群人作為一個族群也許沒有清楚的行為與文化指標，但他們的文化具有一種潛在的特質，可以經得的起時間的考驗，所以研究者的工作就是去設法找出那個隱而不顯的連結機制。也就是說，我們應該要注意的是實際存在中的人群，而不是文化（書本）內容，只要這群人繼續能維持某種程度的（非外顯的文化）認同，就可以說有族群存在。

然而，這個說法還是在實際上還是沒有解決問題，因為如果行為上、生活中的「傳統文化特質」已經不在，那麼我們要依據什麼來認定「族群」實際上是存在的呢？我們其實能根據的證據，就是日據時代學者留下的零星記載與戶口登記留下來的平埔種族分類。基本上我們無可避免地要做一種血緣上的假定連結，也就是一群人之所以會展現一些集體的特殊性，是因為他們是過去某一群人的後代。換句話說，這其實假定了同一血緣祖先的一群人是構成族群的要件，然後才開始尋找那些可能存在的機制。這不又掉入了，人類學者一直在批評的血統論與本質論的問題了嗎？也就是說，這樣的做法，

---

15 這樣的作品非常的多，只能舉幾個代表性的作品，如劉還月 (1995a, 1995b)；劉還月、李易蓉 (2001)；劉還月、陳柔森、李易蓉 (2001)；簡炯仁 (2006)。
16 這個問題可參考許懿萱 (2004) 在屏東沿山地帶的一些觀察。

基本上是一種以生物性為基礎的種族決定論。

　　另外一個與平埔族的建構有關的問題是，如果平埔族文化已經改變了如此之多，那我們應當要如何看待這個過程呢？這裡借用葉春榮 (1999：107) 的分類，將探討平埔族文化變遷的立場分為三種：(1) 同化論；(2) 涵化論；(3) 合成文化論。

　　第一種同化或漢化的看法代表了一種類似現代化理論的假設，認為平埔族人基本上已經被納入臺灣漢人社會的制度中，只要假以時日，在接受了眾多漢文化的元素後，他們就會出現國民意識，而拋棄平埔認同。這種說法的問題是它所提出的證據，往往只是一些官方調查所要求的姓氏、語言，或者民間信仰中的廟宇及神祇等等作為漢化的表徵，忽略了在地人的主動能力去吸收、接受或挪用各種外來差異的可能。另外，把漢化當成是文化變遷前進的方向，假設了漢人文化的可欲性與優越性對當地人來說是當然的。

　　第二種涵化的看法，其實有很多個版本，這裡只討論兩種重要的說法，一個是 John Shepherd (1993, 2003) 提出，另一個則是黃應貴 (1997) 提出。John Shepherd 修正漢化論的說法，主張平埔族的文化變遷，不是單方向的同化，而是兩種文化在接觸的過程中，彼此融合與吸收。至於涵化會往哪個方向以及涵化的速度，卻要看雙方之間的互動結構及權力階序脈絡而定。[17] 黃應貴的說法相當類似，但是他更清楚指出，涵化的歷史過程應當要更細膩地分析。這裡牽涉到的有接觸時的中介人物的類型，以及當時的歷史情境。但更重要的是，還要看這些新引入的文化特質是如何整合到原來的文化模式之中。換句話說，是哪些人接受或引進這些元素，他們的社會地位與人格特質會影響到哪些文化特質被選擇或接受，而新的元素如何達到某種形式的整合，也要看實際歷史過程中的各種中介因素。

　　涵化的看法比起同化論更為精緻與複雜，也避免了漢族中心主義的偏見。然而，概念上存在的族群，在實際田野中卻往往無法辨識，所謂的平埔

---

17 另外一個相當類似的觀點有 Brown (2004)。

族文化或漢人文化都是預設已經存在的概念，我們並不清楚這中間的關係是否可視為族群性的關係，也不清楚我們研究的對象中所謂的文化模式與社會群體之間的關係為何？繼續去細緻化互動過程的 agents 與機制，卻無法知道討論的現象的性質，到最後還是紙上作業而已。這個問題已經不只是理論的好壞，而是經驗現象因為模糊不定，如何探討它與研究者如何看待社會現象的性質，兩者難以分別。

合成文化論是由潘英海 (1994, 1995) 提出，他認為不同文化群體的接觸過程之中，移入者不論其地位之優劣，都必須經過「在地化」，而在這個過程中所形成的文化，也一定是一種異於原來文化的「合成文化」。這種說法，就像前面的涵化論，都嘗試突破漢化論的偏見，只是這個概念更強調地方文化的自主性與創造性，讓文化接觸過程不再是單面或雙向，也讓在地人群具有更自主的空間。但是合成文化這個概念本身就已經是個自我否定的概念：如果文化不是靜態的，自成一格的，而是不斷在接觸、採借與轉換，則沒有一種文化不是合成的。既然所有文化都是合成的，除非能證明原有文化具有獨特性與不變性，合成文化這個概念，基本上不足以突破我們研究上的難題。

許多平埔研究者的一方面進行學術研究，一方面發掘與催化出其研究對象的方法，已經不再單純是研究，也同時在幫忙塑造平埔意識，他們的研究成果往往就是平埔族群運動論述的主要根據。這種研究者與族群運動者（或反對者）的界線不明，常常是族群研究者遭遇的問題。在下面討論客家研究時，這個問題會更為明顯。比較令人困擾的問題是，很多在平埔族是否應該被官方認定為原住民族這個議題上沒有特定立場的學者，也往往在從事這種不斷去驗證與發掘平埔文化的工作。不論研究的成果肯定或否定某一群人是否為平埔族，其實他們也是在相似的假設下，把族群當成是可以被用客觀的方式來指認的實體，其結果只是加深了族群政治的重要性。

客家研究在理論上所遭遇的問題，比起平埔族似乎比較小。至少我們在當代的臺灣，客家話還是一種活的語言，具有相當清楚的辨識功效，可以當成客家人存在的指標。而客家庄的分布，又因為清代時移民的來到先後或

者追尋祖籍地相類似的生態環境，原本就有群聚的傾向；後來又因為分類械鬥的衝擊，更使得粵籍的人群的聚落分布與福佬人有顯著的分隔。許多臺灣漢人的村落之間，至今都還是有清楚的閩客區別意識。這讓客家文化又有了地理界線上支持。還有，經由歷史工作者所重構出來的客家獨特的歷史經驗與客家人的血統系譜與民俗專家所辨認出來的客家習俗，經由客委會、文建會與地方政府獎勵與推廣，已經成為社會當中普遍被接受的客家文化特質。這一切似乎都可以用來佐證：客家族群是個客觀存在，具有語言、人群、文化、土地與認同。所以研究上，至少有客觀的指標可以去尋找研究的主體。

　　然而，反諷的是正因為我們或多或少都意識到客家不是一個族群，而是一個想要成為一個族群的慾望投射，客家研究才會在當代成為值得去做的工作。這可以從客家研究的歷史看得很清楚。客家研究一般都將源起回溯到羅香林 1933 年的《客家研究導論》，這本書基本上就是透過文獻族譜來考證客家人的起源。其目的當然就是要證明客家人是正統漢族的一支，以爭取客家人在華南社會上的平等地位。這本書與接下來展開的客家研究也許關心的議題不同，但是相同的是「客家作為一個自足的研究領域的發展與客家族群運動有密切的關係，兩者互相激盪，目前仍不可分」（徐正光、張維安 2007：4）。而證明客家作為一族群存在，最重要的議題就是如何將那些具有客觀性的各種指標與客家族群認同連結在一起，也就是所謂傳統的發明或文化的建構工作。[18]

　　這個族群論述的建構能否令人信服，其中的關鍵問題是，到底這些回溯的考證與重建是一種最近的發明，還是將已經存在的客家認同元素，找到一個新的概念來辨識與描述。也就是客家認同到底是被政治需求發明出來的、斷裂的？還是已經在歷史上出現原型或雛型、連續的？目前在客家研究中，正反兩派都有。其中大部分的學者都傾向於連續性的觀點；[19] 但採取斷裂性論

---

18 有關族群的文化建構討論，可見黃宣衛、蘇羿如 (2008)。

19 幾乎所有的歷史學者都是連續論的立場，但是清楚的提出理論根據的並不多，其中最重要的應該是羅烈師 (2006) 的博士論文。

點的學者，雖是少數，也有相當的影響力。[20] 然而筆者認為參加這個辯論的學者往往沒有掌握到族群建構論想要指出的重點。歷史上客家聚落與其他聚落有沒有一種群體對立甚至不平等的關係存在？這種關係是否受到國家塑造？這些人群是否有形成我族他族的意識？這些都不構成一種人群關係成為族群關係的條件。歷史上有太多分類械鬥或異族奴役，都同樣擁有這些條件。但是在理論概念上，建構論者會將這類型的關係歸類為圖騰主義，或者將族群括弧起來，特別注意以避免混淆。族群性不是一種實體，可以用一些客觀的標準來檢驗，而是一種觀點，一種看待社會世界的方式。而歷史溯源、系譜重建與語言保存這樣的工作本身，正是族群性得以肯定、產生與繁衍的原因。換句話說，是族群政治造就了客家研究，而不是客家族群在過去的存在，給予我們從事歷史重建工作的基礎。

整個問題的關鍵，已經在前面的討論中指出：許多研究者一直脫離不了一個族群研究上的糾纏，把原來是分類的範疇當成是具體的群體，把概念當成是實存。[21] Brubaker (2004) 一直在提醒我們，族群性 (ethnicity) 是個概念範疇，而族群 (ethnic group) 則是一種被實體化或物化的現象。我們可以討論族群性，但族群卻是個需要被解釋的問題。大部分的這些學者檢討了過去的原生論與工具論的限制，提出一種兼顧兩種理論的關懷，透過歷史過程來理解的觀點。然而卻把建構論的觀點，化約為一種有關族群如何形成的歷史回顧，仍然沒有挑戰族群作為一種實存的物化現象。因而在實際的研究過程當中，繼續把像漢族、平埔族、泰雅族、客家族群這樣的概念，當成是真實存在的群體，而不去面對這些範疇為何能產生群體性、有多大的強度等這些更需要釐清的問題。這裡混淆的不只是概念與實體，在方法論上，更是未能把分析的範疇與實際的範疇作清楚地區分。

族群性概念目前在我們的學術討論中，具有一種特殊的辨別人群的假設，它假定了某種社會關係具有特別的重要性，而這種關係的區辨時常會接

20 其中最重要的學者有：楊長鎮 (2007)、王甫昌 (2003)，還有歷史學家李文良 (2011)。
21 但是有意識到這個問題，而且清楚地作出區分的作品，也有鄭瑋寧 (2009)。

連到「自然或生理」上的必然性，更能夠超越立即的社會脈絡，將位於不同地方的同類別的個人結合在一起。換句話說，這種類型的族群性理論，不是普遍性理論，而是一種西方文化的「本土理論」，與人類學上盛極一時的親屬理論異曲同工。透過殖民主義與現代國家，這種理論轉變為具體的社會現實與知識體系，逐漸成為我們看待這個世界的方式之一。這樣的一套知識系譜，如何進入臺灣、如何「地方化」、如何一方面生產出族群的主體 (ethnic subjects)，另一方面製造出族群性的實體性 (substances)，是一個歷史人類學與觀念史交會的領域。目前對這個問題，提出一個研究框架的作品有陳偉智 (2009) 對日據初期，自然史與種族知識如何在臺灣逐步地建構形成，所作的系譜學研究。這個領域的探討，牽涉到族群性的概念如何被歷史化的議題，還有殖民主義知識形式如何形成，是未來的族群研究，必然要面臨的議題。

五、其他具有前瞻性的一些族群性議題

從建構論的立場，在當代另一個族群性重要的議題，是有關最近二十年所興起的族群性商品化的問題 (Comaroff & Comaroff 2009)。族群認同與文化本來是被視為純真甚至神聖的領域，可是近年來在社區營造與部落振興的號召下，卻出現了文化不斷地商標化、產權化，認同逐漸被商業化的社群組織當成財產般的擁有的現象。這個現象挑戰的不只是我們過去對現代化的想像與假設，更對於文化與族群的定義產生巨大的衝擊。我們必須面對商品化與族群性兩者互相塑造，甚至族群性就直接應商業需求而生的可能。而這種混合了空間領域、法人觀念與外來資本的族群性，將過去的社會動員與認同政治的族群對抗形式，扭轉向有關產權與法律的論述的鬥爭，更是改變了過去我們所理解的族群政治的內容。目前我們有關這方面的研究，才剛開始，[22] 鄭

---

22 但是已有謝世忠 (1994) 先驅性的嘗試，以及不少有關原住民觀光議題的碩論，例如陳正豐 (2006)；梁炳琨 (2005)。此外，呂欣怡 (Lu 2002) 雖然不是直接探討族群議題，但是將這個議題導向國族打造與社區營造運動的脈絡，卻是提供了我們理解認同與商品化的另一個重要的理論框架。

瑋寧 (2010) 對魯凱族的研究，是一個重要的個案。[23] 但是以當代臺灣文化商品化與市場自由化的驚人程度，這個議題的重要性，絕對是不容忽視，也應當會是未來年輕一代的學者關注的議題。

　　與族群商品化議題相關的是一個備受注目的臺灣當前的現象。解嚴以後，一個又一個的新族群被動員與建構，並在官方的審核標準下，被認定為正式的族群。對這種建構過程作探討的作品雖然不少，[24] 但是能清楚區別族群性作為分析範疇與實踐範疇的，除了黃宣衛與蘇羿如 (2008) 外，其餘都很難避免分析者與運動者角色混淆的問題。然而這種正在形成與擺明的就是要建構族群的過程，牽涉到一個我們在當代不斷遭遇，可是過去族群性理論卻比較少面對的理論問題：人們可能有一種變動與流動的實質感 (substance)，以及不是本質化 (essentialized) 的自然與生物性概念。面對這樣的議題，學者可以重新去理解過去族群理論中的一些基本假設的合適性，具有相當有趣的可能。

　　當然這個問題的另外一面，就是當代族群性這個概念也同時在被「生物化」，特別是當政府的原住民辨識政策採取了以血統為主要的認定標準後，族群性有轉向以種族論的方式來堅固化他們的邊界的傾向。但諷刺的是這種傾向也同時開啟了使用新的生化科技，來重新解構目前的族群界線的可能。如果大多數的臺灣居民都有原住民的血統，那麼憑什麼原住民才能有原住民的族群識別呢？新的科技讓我們擁有前所未有的新方式來辨認以及改變基因組成，也把族群性與族群認同的意義，推向一個更加不穩定的未來。

　　另外，人類學者雖然都已經同意國家在族群建構過程中所扮演的關鍵

---

23 鄭瑋寧提出的這個個案是從一個馬克思主義的框架出發，在資本主義下的商品化脈絡下，探討兩種不同形式的物化 (reification)，商品體與商標，如何扮演凝聚價值又抽取剩餘價值的角色；以及當地魯凱人如何既合作又調節，既挪用又抗拒這種物化意識的過程。雖然不是直接處理族群議題，但是該文談論族群性的商品化所引起的議題，卻是目前臺灣人類學討論文化商品化最具有深度的作品。

24 只列幾件代表作：王佳涵 (2010)、沈俊祥 (2008)、林詩偉 (2005)、陳逸君 (2002)、郭明正 (2008)。

性角色，但是究竟在社會互動脈絡下，人們在社會生活中產生的組合與群體意識，與政府或學術界所建構的外在族群範疇之間如何產生關係，卻是另一個需要更多細緻研究的議題。我們目前的族群研究，幾乎都集中在外在的範疇如何被生產，以及透過什麼樣的機制，具體化在文化展演的場合中與再現政治的操作上。很少有作品能清楚地描述，究竟被如此分類的人，是如何接受，挪用，或抗拒這些外加的範疇。

這種類型的討論牽涉到 Richard Jenkins (2008: 55-56) 所說的族群性內在定義 (internal definition) 與外在定義 (external definition) 的過程。內在定義指的是一群人當中的成員，對其他成員或外人表達他們的自我定義之過程，例如說他們是誰，具有哪些身分與認同等。外在定義則是指外人或群體，分類或範疇化 (categorize) 這一群人的過程。這兩個定義都是在一個人群互動的脈絡下才可能，而內在定義與外在定義常常是不一致的，有些人群的自我定位，並未得到外人的認可，仍然只是自我宣稱。而在權力不平等的脈絡中，時常見到強而有力的一方，強加某種類別或性質到另一群人，而無視對方是否同意。然而，更重要的是，無論是內在或外在，任何一種族群認同必然是這兩種定義辯證的結果。

要研究這樣的議題，牽涉到個人心理與集體意識形成的過程，還有對各種不同的正式或非正式的制度性脈絡作更清楚的整理與觀察。[25]目前還沒有見到臺灣人類學家對這樣的問題提出更為精密的框架，然而卻是個理解族群性如何發生作用，必須要有的那種細緻的經驗研究。

當然，這樣的研究又意謂著族群研究，不能只觀察那些族群打造者所故意營造出來的文化展演或者戲劇性的族群衝突的場合。族群研究還需要回到日常生活的層次，去了解人們如何形成看待這個世界的方法 (ways of seeing the world)。[26] 也就是實際看待一般人如何具體地理解世界與經驗世界，並且不

---

25 可見最近的幾個個案嘗試 Dyck & Amit (2006)；Habyarimana (2009)。
26 更細緻的討論請見 Brubaker (2004: 7-27)；還有類似的見解，黃宣衛 (2010)。

再是單薄地處理社會邊界 (social boundaries) 的問題，而是更寬廣地處理人觀 (peoplehood)，以及自我認同形成相關的物質與空間面向的問題。

　　從日常生活來研究族群性，帶出筆者最後方法論上的提醒。族群研究是個非常詭異的議題。族群性看起來非常重要。至少，許多政客、學者、政治分析家、歷史學者、社會運動者、甚至你隔壁的鄰居都這樣認為。而的確族群在國家的資源分配，選舉時的選戰策略，不同幫派的火拼，觀光產業的發展等等，都扮演了重要的角色。然而，在理論的層次，我們卻發現這個概念不斷地與其他面向的力量，像親屬、階級、地緣等等糾纏在一起，而無法清楚地給它一個理論上的自主的地位。進而把它當成一種需要被解釋，而不是用來解釋別的現象的概念（或者更精確的說，一種 discursive 現象）。而麻煩的是，正是因為族群性具有這樣的性質，對研究者來說，研究「族群性」成為一種方法論上的兩難。我們一方面因為它在現象層次上的巨大作用，不得不去看它；可是把它當成一個重要的議題來處理卻間接地肯定了它的重要性。畢竟族群性就像種族，如果你相信它是存在的，那你就可以找到區別出甚至具體化它的辦法。加入尋找它的工作，就會讓它越來越像是真的。然而，族群性不是實體，是在特殊政經結構下的產物，一種 reification，一種看待社會關係的觀點。把族群性當成一回事來處理，就是加入了以這種觀點看待世界的方法。

　　筆者採取一種建構論的觀點，就是想要規避這樣的難題。除了把分析的範疇與實際的範疇做清楚地區分，從日常生活出發的意義也是避免去直接研究族群性。而是看在什麼社會情況下，族群性會出現？在什麼脈絡下，它會發生作用？也就是說，族群是必須被脈絡化解析出來，而不具有研究上當然的重要性。我們可以研究族群性，但是先要將它解體與放空，然後再想辦法看它是如何在不同的脈絡中被建構出來。這是個充滿陷阱的嘗試，一不小心就會重蹈別人覆轍，但這可能也是族群研究的迷人之處。

參考書目

王甫昌

　　2003　當代臺灣社會的族群想像。臺北：群學。

　　2006　由若隱若現到大鳴大放。刊於群學爭鳴：臺灣社會學發展史，謝國
　　　　　雄主編，頁 447-522。臺北：群學。

王佳涵

　　2010　撒奇萊雅族裔揉雜交錯的認同想像。臺東：東臺灣研究會。

王梅霞

　　2006　泰雅族。臺北：三民。

　　2007　「太魯閣族」族群文化的再創造。發表於「族群與文化的再創造」
　　　　　工作坊，中央研究院民族學研究所主辦，臺北。

李文良

　　2011　清代南臺灣的移墾與「客家」社會 (1680-1790)。臺北：臺大出版
　　　　　中心。

李國銘

　　2004　族群、歷史與祭儀：平埔研究論文集。板橋：稻鄉。

李廣均

　　2004　內外想像與族群關係：評王甫昌《當代臺灣社會的族群想像》。臺
　　　　　灣社會學刊 12(33)：249-261。

　　2007　籍貫制度、四大族群與多元文化—國家認同之爭下的人群分類。刊
　　　　　於跨戒：流動與堅持的臺灣社會，王宏仁、李廣均、龔宜君編，頁
　　　　　93-110。臺北：群學。

沈俊祥

　　2008　空間與認同：太魯閣人認同建構的歷程。花蓮：東華大學原住民民
　　　　　族學院。

周大鳴　主編

　　2002　中國的族群與族群關係。南寧：廣西民族。

林詩偉
　　2005　集體認同的建構：當代臺灣客家論述的內容與脈絡 (1987-2003)。
　　　　　臺灣大學國家發展研究所碩士論文。

洪廣冀
　　2004　林野利權、人群分類與族群：以蘭陽溪中上游地域為中心
　　　　　(1890s-1930s)。發表於「宜蘭研究第六屆學術研討會－族群與文
　　　　　化」，宜蘭縣史館主辦，宜蘭，10 月 16-17 日。

胡家瑜、林欣宜
　　2003　南庄地區開發與賽夏族群邊界問題的再檢視。臺大文史哲學報
　　　　　59：77-214。

陳文德
　　1999　「族羣」與歷史：以一個卑南族「部落」的形成為例 (1929-)。東
　　　　　臺灣研究 4：123-158。
　　2003　民族誌與歷史研究的對話：以「卑南族」形成與發展的探討為例。
　　　　　臺大文史哲學報 59：143-175。
　　2010　卑南族。臺北：三民。

陳文德、黃應貴　主編
　　2002　「社群」研究的省思。臺北：中央研究院民族學研究所。

陳正豐
　　2006　原住民部落文化觀光發展之再現與衝突：以霧臺部落為例。國立東
　　　　　華大學族群關係與文化研究所碩士論文。

陳逸君
　　2002　現代臺灣族群意識之建構：以噶瑪蘭族為例。臺北：行政院原住民
　　　　　族委員會。

陳偉智
　　2009　自然史、人類學與臺灣近代「種族」知識的建構：一個全球概念的
　　　　　地方歷史分析。臺灣史研究 16(4)：1-35。

郭明正　編

2008　賽德克正名運動。花蓮：東華大學原住民民族學院。

徐正光

1991　徘徊於族群與現實之間：客家社會與文化。臺北：正中書局。

徐正光、黃應貴

1999　人類學在臺灣的發展：回顧與展望篇。臺北：中央研究院民族學研究所。

徐正光、張維安

2007　臺灣客家知識體系的建構。刊於臺灣客家研究概論，徐正光主編，頁 1-15。臺北：行政院客委會。

徐杰舜　主編

2006　族群與族群文化。哈爾濱：黑龍江人民出版社。

梁炳琨

2005　原住民族地區觀光文化經濟與地方建構之研究：鄒族山美社區之個案。臺師大地理研究 44：35-58。

許懿萱

2004　傳統的再現與再造：以屏東加匏朗聚落的仙姑祖祭儀為例。國立清華大學人類學研究所碩士論文。

莊英章

2004　族群互動、文化認同與「歷史性」：客家研究的發展脈絡。歷史月刊 201：31-40。

黃宣衛

2005　異族觀、地域性差別與歷史：阿美族研究論文集。臺北：中央研究院民族學研究所。

2008　阿美族。臺北：三民。

2010　從認知角度探討族群：評介五位學者的相關研究，臺灣人類學刊 8(2)：113-136。

黃宣衛、蘇羿如

　　2008　文化建構視角下的 Sakizaya 正名運動。考古人類學刊 68：79-
　　　　　108。

黃應貴

　　1997　導論：從周邊看漢人社會與文化。刊於從周邊看漢人的社會與文
　　　　　化：王崧興先生紀念論文集，黃應貴、葉春榮編。臺北：中央研究
　　　　　院民族學研究所。

　　2008　反景入深林：人類學的觀照、理論與實踐。臺北：三民。

黃應貴　主編

　　1986　臺灣土著社會文化研究論文集。臺北：聯經。

黃應貴、葉春榮　編

　　1997　從周邊看漢人的社會與文化：王崧興先生紀念論文集。臺北：中央
　　　　　研究院民族學研究所。

詹素娟

　　2004　日治初期臺灣總督府的「熟番」政策──以宜蘭平埔族為例。臺
　　　　　灣史研究 11(1)：43-78。

　　2005　臺灣平埔族的身分認定與變遷 (1895-1960)──以戶口制度和國勢
　　　　　調查的「種族」分類為中心。臺灣史研究 12(2)：121-166。

詹素娟、潘英海　主編

　　2001　平埔族群與臺灣歷史文化論文集。臺北：中央研究院臺灣史研究
　　　　　所。

葉春榮

　　1999　平埔族的人類學研究。刊於人類學在臺灣的發展：回顧與展望篇，
　　　　　徐正光、黃應貴編。臺北：中央研究院民族學研究所。

楊長鎮

　　2007　認同的辯證──從客家運動的兩條路線談起。刊於國家認同之文
　　　　　化論述，施正鋒編，頁 705-44。臺北：臺灣國際研究學會。

鄭依憶

　　2004　儀式、社會與族群：向天湖賽夏族的兩個研究。臺北：允晨文化。

鄭瑋寧

　　2009　親屬、他者意象與「族群性」：以 Taromak 魯凱人為例。東臺灣研究 12：27-68。

　　2010　文化形式的商品化、「心」的工作和經濟治理：以魯凱人的香椿產銷為例。臺灣社會學 19：107-146。

劉還月

　　1995a　屏東地區平埔族群：馬卡道族的分佈與現況。屏東：屏東縣文化中心。

　　1995b　尋訪臺灣平埔族。臺北：常民文化。

劉還月、李易蓉

　　2001　認識平埔族群的第 N 種方法。臺北：原民文化。

劉還月、陳柔森、李易蓉

　　2001　我是不是平埔人 DIY。臺北：原民文化。

蔣斌、何翠萍 主編

　　2003　國家、市場與脈絡化的族群。臺北：中央研究院民族學研究所。

潘英海

　　1994　文化合成與合成文化——頭社村太祖年度祭儀的文化意涵。刊於臺灣與福建社會文化論文集，潘英海、莊英章編，頁 235-256。臺北：中央研究院民族學研究所。

　　1995　「在地化」與「地方文化」——以「壺的信仰叢結為例」，刊於臺灣與福建社會文化論文集（二），莊英章、潘英海編，頁 299-319。臺北：中央研究院民族學研究所。

潘英海、詹素娟　主編

　　1995　平埔研究論文集。臺北：中央研究院臺灣史研究所籌備處。

謝世忠

　　1987　認同的汙名：臺灣原住民的族群變遷。臺北：自立晚報社。

1994　「山胞觀光」：當代山地文化展現的人類學詮釋。臺北：吳氏總經銷。

2004　族群人類學的宏觀探索：臺灣原住民論集。臺北：臺大出版中心。

鍾幼蘭

1995　「族群」與平埔研究。中國民族學通訊 33：61-74。

簡炯仁

2006　屏東平原平埔族之研究。板橋：稻鄉。

譚昌國

2007　排灣族。臺北：三民。

羅香林

1992 [1933] 客家研究導論。臺北：南天書局。

羅烈師

2006　臺灣客家之形成：以竹塹地區為核心的觀察。國立清華大學人類學研究所博士論文。

Banton, Michael P.

1967　Race Relations. Sydney: Tavistock Publications.

Barth, Fredrik

1969　Ethnic Groups and Boundaries: The Social Organization of Culture Difference. Prospect Heights, Ill.: Waveland Press, Inc.

Berbrier, Mitch

2008　The Diverse Construction of Race and Ethnicity. *In* Handbook of Constructionist Research. J.A. Holstein and J. F. Gubrium, eds. Pp. 567-592. New York: Guilford Press.

Best, Joel

2008　Historical Development and Defining Issues of Constructionist Inquiry. *In* Handbook of Constructionist Research. J.A. Holstein and J. F. Gubrium, eds. Pp. 41-64. New York: Guilford Press.

Brown, Melissa J.

    2004   Is Taiwan Chinese? The Impact of Culture, Power, and Migration on Changing Identities. Berkeley: University of California Press.

Brubaker, Rogers

    2004   Ethnicity without Groups. Cambridge: Harvard University Press.

Comaroff, John L., and Jean Comaroff

    1992   Ethnography and the Historical Imagination. Boulder: Westview Press.

    2009   Ethnicity, Inc. Chicago: The University of Chicago Press.

Dyck, Noel and Vered Amit

    2006   Claiming Individuality: The Cultural Politics of Distinction. Ann Arbor: Pluto Press.

Epstein, A. L.

    2006   Ethos and Identity: Three Studies in Ethnicity. New Brunswick: Aldine Transaction.

Eriksen, Thomas H.

    2002   Ethnicity and Nationalism: Anthropological Perspectives. Sterling: Pluto Press.

Habyarimana, James P.

    2009   Coethnicity: Diversity and the Dilemmas of Collective Action. New York: Russell Sage Foundation.

Hacking, Ian

    1999   The Social Construction of What? Cambridge: Harvard University Press.

Harris, Scott. R.

    2008   Constructionism in Sociology. *In* Handbook of Constructionist Research. J.A. Holstein and J. F. Gubrium, eds. Pp. 231-248. New York: The Guilford Press.

Herzfeld, Michael

 1997 Cultural Intimacy: Social Poetics in the Nation-State. New York: Routledge.

Jenkins, Richard

 2008 Rethinking Ethnicity. London: SAGE.

Linnekin, Jocelyn and Lin Poyer

 1990 Introduction. *In* Cultural Identity and Ethnicity in the Pacific. Pp. 1-16. Honolulu: University of Hawaii Press.

Lu, Hsin-Yi

 2002 The Politics of Locality: Making a Nation of Communities in Taiwan. New York: Routledge.

Rack, Mary

 2005 Ethnic Distinctions, Local Meanings: Negotiating Cultural Identities in China. Ann Arbor: Pluto Press.

Shepherd, John R.

 1993 Statecraft and Political Economy on the Taiwan Frontier, 1600-1800. Stanford: Stanford University Press.

 2003 Rethinking Sinicization: Processes of Acculturation and Assimilation. 刊於國家、市場與脈絡化的族群，蔣斌、何翠萍編。臺北：中央研究院民族學研究所。

Smith, Anthony D.

 1986 The Ethnic Origins of Nations. Oxford: Blackwell.

 2008 The Cultural Foundations of Nations: Hierarchy, Covenant and Republic. Malden: Blackwell Pub.

Spector, Malcolm and John I. Kitsuse

 1977 Constructing Social Problems. Menlo Park: Cummings.

Trouillot, Michel-Rolph

 2003 Global Transformations: Anthropology and the Modern World. New York: Palgrave Macmillan.

van den Berghe, Pierre L.

　1983　Class, Race and Ethnicity in Africa. Ethnic and Racial Studies 6(2): 221-236.

Vannini, Phillip and J. P. Williams

　2009　Authenticity in Culture, Self, and Society. Burlington: Ashgate Pub.

Vermeulen, Hans, and Cora Govers, eds.

　1994　The Anthropology of Ethnicity: Beyond "Ethnic Groups and Boundaries." Amsterdam: Het Spinhuis.

Wang, Mei-Hsia

　2002　Community and Identity in a Dayan Village, Taiwan. Ph. D. dissertation. Department of Anthropology, University of Cambridge.

Williams, B. F.

　1989　A Class Act: Anthropology and the Race to Nation across Ethnic Terrain. Annual Review of Anthropology 18: 401-444.

Woolgar, Steve and Dorothy Pawluch

　1985　Ontological Gerrymandering: The Anatomy of Social Problems Explanations. Socila Problems 32(3): 214-227.

"Ethnic Studies" in Taiwanese Anthropology: A Constructionist Perspective

Kai-Shyh Lin

Department of Anthropology, National Taiwan University

Even though "social constructionist" position is now widely accepted in the ethnic studies in Taiwan, I will argue that the majority of anthropologists did not appreciate the theoretical and methodological challenges it posted to our studies. The ethnic and ethnological studies on the so-called sida zuqun (four ethnic groups) in contemporary Taiwan continue to confusing practical categories of the observed and analytical categories of the observer. Scholars involved often reproduce and contribute to the on-going struggles of "recognition politics" defined by government policies without questioning their premise.

Commoditization of ethnic heritage and racialization of ethnic identification in the recent years in Taiwan further erode our conceptions and assumptions of how to define ethnicity. A more open-ended and critical perspective of "ethnicity" study is called for.

Keywords: *ethnicity, ethnic group, constructionism, plain aborigines, Hakka studies*

地方文化的再創造：
從社區總體營造到社區文化產業

呂欣怡

國立臺灣大學人類學系

自 1990 年代中期以降，在各種國家政策的鼓勵之下（如文建會的「社區總體營造」與文化產業政策、經濟部的「形象商圈」、內政部營建署的「城鄉新風貌」等等），「社區」成為臺灣地方社會新興的治理單位，其中，鄉村社區的形成大多是以振興地域經濟為首要目標，運用社區營造計畫來重新發掘或創造文化資源，以地方文化產業做為吸引資本並製造就業機會的管道。幾年之間，眾多鄉村聚落紛紛在文化節、地方觀光、地方美食、以及工藝產業等等場域現身，成為臺灣多元文化圖象中不可或缺的元素（洪泉湖 2005），而社區研究也在 1990 年代末期成為學界顯學。

在快速擴展的「社區研究」領域之中，長期關注地方社會的人類學者提出了什麼樣的研究成果？展現了什麼樣的知識論與方法論特性？這是本文寫作的出發點。筆者將先回顧臺灣人類學者在社區營造與地方文化產業等議題上已有的研究成果與分析框架，接著將介紹自己的田野研究，記錄一群缺乏傳統連帶、既無土地祖產亦無宗親網絡的勞工階級鄉村住民，如何以社區做為新的社會連結，進行長達十多年的社區經營。筆者主張，「社區」運動開啟了臺灣常民新的社會想像，重新結構一個村落對於其整體處境以及與其他群體關係的理解框架。這個社會想像的形成，匯集了來自官方、專業菁英、與地方人士多層次的政治、想像、與知識。要追溯社區運動如何重組並創造新的地方社會秩序與文化形式，唯有仰賴民族誌式的長期田野方法，並且聯結人類學過去的漢人社會研究成果。

關鍵字：社區總體營造、社區文化產業、當代民族誌、地方社會

一、前言

　　本文以筆者本人對一個鄉村聚落的長期觀察為基礎，回顧社區營造在臺灣地方社會的發生與效應，並且反思人類學者在社造研究中可能遭逢的局限與挑戰。自 1990 年代中期以降，在國家政策的催動與民間社團的協作之下，[1]社區成為臺灣地方社會重要的組織單位，承載了各種新的地方想像，其中，遺落於前一波發展路徑之外的鄉村聚落，大多冀望藉由社區營造重建產業基礎、活化地方經濟。十多年來，社造運動從各個面向大幅影響了臺灣鄉村的地貌、經濟、與社會生活：社造帶來的建設投資，改變了許多聚落的地景與產業型態（張峻嘉 2005；呂欣怡 2009），而社造補助模式通常包括計劃書寫、審查、與績效考核程序，既拓展了專業規劃者在地方事務中的施為空間，也讓國家與地方社會的權力關係更加複雜與多樣化（李承嘉等 2010；莊雅仲 2005）。

　　對於一向以鄉村社會為主要研究場域的人類學者而言，這場目標在於「全面改造文化地貌、環境景觀和生活品質的長期工程」（陳其南 1995；引自曾旭正 2007：20），不僅意謂新的田野素材，更帶來方法論與知識論上的挑戰：首先，雖然人類學傳統上是以社群為研究單位與知識建構基礎（陳文德 2002: 7），但社群與社造中的「社區」具有不同意涵，社造是在「國家化的新社會文化情境下」（同上引）浮現的議題，受到同一空間中遇合的 (contingent) 政治經濟力量所模塑，不同時間點進行的社造模式差異甚大，人類學擅長於微觀深度田野，能否在社造研究上遵循社群研究的方法典範，以「小規模的社群作為更大社會之文化邏輯的『具體而微』的反映」（顏學誠 2007）？或者只能做到特殊個案的描述？實需再做思考。再者，社造是一項知識創新的運動，需要透過論述生產來詮釋、賦予行動的意義，對此過程的

1　如文建會的「社區總體營造」及「地方文化產業」、經濟部商業司的「形象商圈」、內政部營建署的「城鄉新風貌」、1999 年九二一地震之後的災後重建、2005 年起行政院嘗試統合各部會的「臺灣健康社區六星計劃」、2008 年「國家發展重點計劃」中的「新故鄉社區營造計劃」，都可以是廣義上的「社區總體營造」計畫。

書寫本身就是一種論述、一種創造社會事實的行動。如同林開世 (2002: 354) 在不同的脈絡中提醒：「研究者自己也往往是一個正在建構新社群的運動或思潮的一分子，他們不斷的想要給這些看似具體（他們也可能期待他們是具體）的現象，一種像真實東西的地位。」這除了有異於「在自然情境中觀察」的人類學傳統方法論，更是根本地挑戰了學術知識的性質。

　　林開世所言，相當精準地反映了社造研究的現況。自從國家開始推動社造之後，不但激勵了草根行動，也催生了大量研究社造及社區文化產業的學術著作，[2] 來自媒體、官方文件、以及官方委託的規劃評估報告，更是不計其數。以 Cresswell (2006: 85) 提出的地方研究三層次來做分類，大多數的社造文獻都可歸於前兩種取向——「地方的描述取向」與「地方的社會建構論取向」，而前者的數量又遠多於後者，多數學術著作採用個案研究法，以經驗材料的分析來闡述或評估某個地區實施社造的原由、動員方式、目標、阻礙、與成效。這類文獻固然記錄、保存了大量珍貴的社造歷史，但它們在研究對象的認識論預設上，多半依循官方論述，將「社區」定義為居住在特定地域空間之內、不具專業（規劃者）身分的民眾，而社造——包括文史、生態、產業資源的調查、保存、利用、或改造，以及公共事務的討論及參與——則是出自此群體意識的自發性行動。[3] 所謂社造的成與敗，取決於在此社區空間中「在地居民」的參與動能及比例。[4] 然而，這種理解社區的方式卻忽略了一個重要的歷史面向：「社區」概念在 1960 年代隨著聯合國的發展方案引進臺灣地方社會，是一種有別於漢人傳統組織法則（如血緣、信仰等）的新社會形構，必須經過中介者（來自外地的官員專業者、居住當地的有機知

---

2 根據于國華 (2002) 的統計，以社區總體營造為主題的博、碩士論文，截至 2002 年止已有二百多篇。

3 如前文建會主委陳其南先生所言：「社區總體營造工作，一定要由社區本身做起，而且必須是自發性、自主性的……一個計畫若是由上而下、純粹由政府主導，基本上即有違社區總體營造的原則」（陳其南 1995；引自曾旭正 2007：22）。

4 這類實例不勝枚舉。以鄉鎮公所經常委託工程公司或學術單位執行的社區營造規劃案為例，「民眾參與」幾乎是成果報告必需的內容，而何為「民眾」，則是以設籍／居住於規劃範圍內的地域空間為判準。

識分子 (organic intellectuals) 等）的引介與轉譯（楊弘任 2007），方能在地方
文化邏輯中轉化為有意義的概念。催動社區發展與社區營造行動的主要觸媒
可能大多來自官定「社區」的地域界限之外，這些「外來者」、媒體、甚至
研究者的論述文字，都可能共同構築社區的想像與內涵。換言之，社造論述
中所強調、發揚的地方認同，實非出自本質化的情感或身分，而是與國家話
語及專業知識相互建構的動態系統。

　　上述的批判性反思，出自於筆者自己的田野經驗：從 1997 年開始，我以
研究生身分踏入社區總體營造的場域，由於缺乏適當的理論工具，在田野當
中時時受困於如何定義研究對象的疑惑。從正式「進入」田野的第一天，當
地人對我的身分理解便不只是「來做研究的」，而是把我化歸為當時新興的
職稱——「做社區的」。於是，我無可避免地投入田野中的社區營造，除了
參與各種社區活動與會議之外，還協助撰寫計劃書，討論如何規劃社區、設
計社區導覽課程，甚至也曾在幾次與「外界」交流的場合中代表社區發言。
原先期望從旁觀察一個社區如何進行社區總體營造的我，很快地發現，這個
「社區」並無固定主體，而是一個正在形成 (becoming) 的過程，所有在此時
空相會的人與論述，都可能會成為它「未來的過去」(the future's past) 的一部
分。由於我所觀察到的個案中，催動社區營造的主力人物大多並不居住在官
定「社區」的地理界限內，而且，居民對於社區與社造的理解，不斷受到國
家、專業者、與學術觀點的重新型塑，因此我對 1990 年代社造現象的解讀，
是採用 Cresswell (2006) 所謂的「社會建構論」取向，認為社區營造是國家
藉由專業規劃知識／權力在地方社會施行的國族計劃，目的是為了打造以鄉
梓情感為基底的臺灣共同體（Lu 2002；類似觀點也見黃麗玲 1995；黃國禎
1998；顏亮一 2006；劉立偉 2008）。

　　然而，如王文誠 (2011) 所述，建構論式的觀點忽略了社造運動之「反身
性」(p. 6)：參與其中的行動者在社造實踐之中不斷地重新吸納、轉化來自不
同領域的知識，而反身實踐的結果，是社造論述與效應的多樣化，並不能完
全歸諸於結構條件的型塑。我在這十幾年之間也看到社區不斷變化的樣態與
意涵：在 1997 年的鄉村社會語境中，「社區」指涉的就是社區發展協會，居

民以「那是社區的」來說明社區協會在他們家園之中進行的各種建設，如活動中心、協會辦公室等等，彷彿這個「社區」並非他們所有，也不是日常生活空間的一部分；十年之後，「社區」成為民眾日常語彙的一詞，雖然在某些脈絡中仍可指稱社區發展協會，但在地理解的「社區」已具有多重意涵，幾乎與漢人慣用的「庄頭」一詞類似，「社區」事務即是「公」的事務。[5] 換言之，近廿年之間，「社區」由一個陌生新穎的概念轉化為官方、學界、規劃界、媒體、與一般民眾認識地方的尺度 (scale)。我們不能只是接受這個尺度的客觀性的存在，而應進一步詢問，社區這個做為經驗參照座標的尺度，是如何在近廿年的實踐與論述中生產出來的。[6]

　　以下章節將先回顧臺灣人類學者的社造研究成果，接著我將以自己的研究為例，說明一群缺乏傳統連帶、既無土地祖產亦無宗親網絡的勞工階級鄉村住民，如何藉由社造實踐，在原有的村落空間中創造了名為社區的新社會連結。在認識論的意義上，社區營造不只帶來新的經驗材料，更形成新的語彙及認識框架，讓常民得以藉之表達「難以言說的」的深層關懷，並且創造新的可能（參考黃應貴 2008：402）。Creed (2006: 12-13) 提出三種去本質化的書寫社區策略，以更深入地檢視社區營造 (community making) 所隱含的政治性：揭露社區的成形過程、辨識社區營造可能挾帶的權力壓迫而避免將社區視為規範性或應然概念、將社區理解為不同知識體系之組合而非自然情感的直接具現。換言之，我們不只是在「社區」之中做田野，而是要追溯社區主體的生產過程，並以一種貼近 (on the ground) 的書寫，描述長期投入社造工作的行動者如何在每一個局限與可能的交匯時刻，持續前行。

5　此處借用謝國雄 (2003: 316) 的分析：福佬語中的「公」指涉的是「跨越家的連帶」，必須在「做」中實踐的社會性。

6　事實上，這些提問實是觸碰了當代民族誌普遍遭逢的挑戰與開創契機，相關的重要著作，見 Appadurai (1996)、Biehl & Locke (2010)、Tsing (2001)。

二、既有文獻回顧

「社區」一般英譯為 community，但兩者的意涵其實並不相同，因此在本文中將 community 譯為「社群」，以便與社造中的「社區」做區分。社群是西方社會學的核心概念，既具有地域空間的面向，也隱含「共同連帶性」、「社會互動」等情感與道德意義（陳文德 2002：3）。英語學界的社群研究在 1960 年代芝加哥學派時達到鼎盛，之後較為沈寂，但到了世紀之交，又出現了幾本重要的經驗研究著作，如政治學者 Robert Putnam 所撰的 *Bowling Alone: The Collapse and Revival of American Community* (2000) 與社會學者 Suzzane Keller 的 *Community: Pursuing the Dream, Living the Reality* (2005)。Bowling Alone 分析社會資本與社群建構的關聯，Putnam 相信，美國社會中個人主義與資本主義的盛行，加深了社群內部的經濟落差，使人失去社群的聯結感，因而降低其參與公共事務的意願。他認為，社會資本（社群成員所擁有的技巧、知識、互惠、價值）是營造並維持社群感的關鍵因素。Keller 的 Community 則是作者卅年來，長期觀察一個人為設計規劃的市郊鄰坊的研究成果，包括這個鄰坊如何開發、如何運用空間規劃以培養居民的社群感、自外地遷入的新住民又如何在共同行動之中建立社群認同。據 Hyland & Bennett (2005) 的評論，這兩本書的出現與普及，反映了學界與公眾在全球化與市場主義至上的年代，對於社群營造 (community building) 的渴望（也見 Bauman 2001）。值得注意的是，在新世紀之初浮現的社群營造風潮，除了顯現地方社群面對全球化所做的適應、轉化、發展、與創造之外，卻也隱含社群被國家與資本再吸納，成為新的治理性工具的可能 (Amin 2005; Rose 1999)。

「社區」一詞，則是隨著戰後臺灣國家治理方案的不同，而經歷過幾次意義轉換：1960 年代，因為聯合國發展方案的推動，「社區」首次進入臺灣的公共政策論述（徐震 1980），這個階段的「社區」，是國家推動現代化願景的實施單位。到了 1991 年，內政部修訂「社區發展工作綱領」，將社區理事會改為社區發展協會，理監事等由會員投票選出，而不再像先前一樣，由社區理事長指派，此時的「社區」等同於地區性的志願社團，但尚未具備

地方事務的代言者身分。1994 年文建會開始推動「社區總體營造」，「社區」被視為「地方認同」的依歸（何明修 2010：3），既是國家文化建設經費的承接者，更在 2000 年之後擔負了越來越多的地方治理職責 (Huang & Hsu 2011)。

　　由於上述的歷史演變，「社區」在常民語彙與學術論述中，都具有多重意涵，因此各別的研究者可能會從不同的社會文化脈絡與不同的理論關懷切入「社區」與「社造」研究，[7] 以下就臺灣人類學者較常採用的問題意識，分項述之：[8]

1. 從「全球地方感」(A Global Sense of Place) (Cresswell 2006: 103) 觀點切入，將社區營造視為對抗全球化與資本主義的地方運動：Chuang（莊雅仲）(2005) 以臺北市永康街的社區運動為例，說明社造風潮在都會地區發生的歷史與空間成因。作者認為，1990 年代的社區，是抵抗發展主義與資本主義毀壞地方意義的集體動員基礎，在行動之中，社區成為一個新的想像場域，懷舊與未來願景相互扣連。莊雅仲 (2005) 則說明社造運動如何在永康街都市社區中催化新的權力場域、人際關係與領導方式，而社造的效應因為1990 年代後期的臺北房地產榮景而更趨複雜。作者認為，社造運動固然受到都市空間商品化的牽引，但社區不必然會被資本主義全盤吸納，他引用地理學者 Doreen Massey 的地方建構論，指出社區是「一個力量匯聚的交叉空間」 (p. 109)，雖然地方的形貌會受到全球資本主義下新興消費型態的模塑，但地方也是「內外在不同力量的總合」 (p. 110)，個人與次團體的能動性，在日常生活之中與結構力量形成持續的辯證關係，「這個辯證…保證了地方的活力，正是這個日常生活的活力，使得社區有可能成為對抗最近方興未艾的全球化慾望的有效抗衡基地」 (ibid.)。

2. 從公民社會理論切入，將社區視為公民社會的基礎：這一類文獻的提問源

7　林開世 (2002: 332) 對於「社群」概念的使用，進行了類似的批判。

8　由於某些問題意識出自其他學科（尤其是社會學與政治學），因此以下的文獻回顧雖以人類學者的著作為主，但仍不免提及其他社會科會領域的重要作品。

自社造推手陳其南先生的早期作品，認為傳統漢人社會是以血緣為基礎，缺少關心公共事務的傳統，而社區總體營造則是要在家族與國家之間建立一個新的公共領域，以此做為居民共同參與討論地方事務的平臺。這一類的研究者也關心實踐層面的問題：如何建立公民社會、如何克服阻礙等等。例如李丁讚 (2004) 指出「親密性」是良好的公共領域溝通不可或缺的因子，[9] 楊弘任 (2007) 則認為「文化轉譯」是社造成敗的關鍵機制。另外，則有一群學者在實際參與 921 震災重建的工作經驗中，清楚看到國家官僚體制的失效，民間團體取代了部分的政府職能，具備社區總體營造經驗的社區組織與地方文史團體，則逐漸成為治理地方的主體（黃麗玲 1999；夏鑄九 1999）。

容邵武 (2004) 以東勢鎮松坑村為個案，討論社造論述如何應用在 921 震災重建過程之中。該村在震災之後自發地成立了社區重建組織，在當時的法律例外狀態下，這個重建組織運用社區總體營造的語彙，以傳統農業──高接梨──所代表的客家生活方式，做為重建社區的想像基礎，客家文化特色成為界定社區界限的依據。於是原本是由行政法令劃分的社區，在討論重建相關議題的過程逐漸得到了文化內涵，而關於重建的對話與辯論則形成一個公眾參與的場域。作者也觀察到理念與實踐的落差，社造論述固然帶給社區居民賦權的感覺，讓他們可以積極介入重建機制，但公部門的績效考核制度卻桎梏了社造進程。居民自發成立的工作站與外來的建築團隊之間充滿緊張，由於專業規劃者必須迎合績核制度所要求的效率與成果，因而局限了「由下而上」的草根民主決策模式所能發揮的空間。

容邵武的另一篇英文論文 (Jung 2012) 則以災後重建的經驗批判西方的公民社會理論：臺灣民間並沒有志願參與的傳統，人們之所以參與地方上

---

9 李丁讚 (2004) 或許是首位提出公共領域與親密關係的關聯：「臺灣的公私論述裡，會有明顯的道德背反，充滿大公無私，公爾忘私等主張，但這種論述並不符應公共領域的公私論述，也與基本人性不符」(p.363)，他認為公共領域要能有效運作，必須以親密關係的建立去連結「私」與「公」的範疇。在大溪造街的例子中看到，「人與房子間所建立起來的親密關係」，是讓居民願意保存房子，進而參與「歷史街坊再造計劃」的關鍵因素 (pp.387-390)。

的公共事務，是出自社群道德感的感召。作者指出，西方公民社會理論先預設了國家與社會的分離，以及公共領域的理性，將公民社會視為經濟發展、中產階級浮現之後的產物，其實這並非普同原則，而是具有歷史與文化特殊性的現象。在災後重建過程中，「非理性」的情感、文化想像都被激起，催動災民去要求他們的公民權利，而這樣的動員之所以可能，是因為社區總體營造政策賦予傳統文化某種象徵資本，讓傳統價值得以轉化為社群增能的工具與根基。

3. 從文化商品化的批判觀點切入，檢視 1996 年開始的「地方文化產業」政策所造成的「社區展演化」與「地方文化商品化」的問題：這一類研究將社區解讀為新的利基市場，各個地方藉由所謂「地方獨特性」的建構，發展出差異化的商品，以爭取外來資本的投注。黃應貴 (2006) 以新資本主義的全球擴展，來解釋地方文化產業的興起，這也是以地理學者 David Harvey 為代表的左派學者的一貫看法：資本主義在 1970 年代之後因生產過剩造成積累危機，其運作方式自英美起始出現了根本的轉變，過去獨立於經濟活動之外的領域，如文化，逐漸被資本穿透，「商品與認同有機地結合」，構築成多元化、差異化的市場（趙剛 2001：100）。

　　Hsu (2009) 以深坑的豆腐街為例，探討商品化的地方性如何成為消費／文化資本建構的重要場域，都會中產階級藉著地方消費建立階級認同與國族知識，而地方則簡化為「消費者奇觀」(consumer spectacles)。鄭瑋寧 (2009) 以魯凱族香椿產業為例，指出地方文化產業是「國家經濟治理、資本主義範疇和在地社會文化實踐等三者⋯⋯相互作用」下的建構 (p. 107)。作者批評主流社造論述，指出地方文化產業的產品，並非「聚落成員形塑文化認同的新象徵」，而是全球資本主義在地方脈絡中的體現，源自「（以中產階級為主的）消費社群對 Taromak『族群特色』和『異國情調』的想像」(pp. 133-34)。

4. 上述的「建構論取向」研究 (Cresswell 2006: 85)，以政治經濟結構因素解析社區的成形過程，而不是把社區化約為去政治／去歷史的地方情感，在

分析精確度上已經超越了絕大多數社造文獻。不過，如 Sahlins 提醒，地方在國家與市場力量進入之前，並非空白一片，而是有其獨特的社會文化紋理，外在的政治經濟力量必須透過在地意義體系與社會關係的中介而發揮效用（Sahlins 2000，引自黃應貴 2008：260；也見鄭瑋寧 2009）。陳文德 (2012) 提供了既有文獻較缺乏的文化觀點，他以兩個發展文化產業的卑南族部落做比較，探討社造政策介入之前就存在於部落之間的社會文化條件差異，如何影響後續的文化產業形式及實踐。他指出，1990 年代中期之後受社造經費補助的社區組織，雖然位於部落但卻多為漢人主導，直到 2000 年之後，才出現以部落為名的文化組織。因此從原住民觀點而言，「社區」是漢人的概念，而「部落」才是原住民的文化根源。

在漢人社會研究部分，林秀幸 (2011) 與莊雅仲 (2011) 都以地方的本體論基礎做為探討議題。林秀幸 (2011) 考察新港基金會如何運用宗教象徵以重建地方感，她提出主觀詮釋與文化因素的重要性，以超越社會運動文獻過於著重理性化解釋與結構因素的局限。她認為，行動者的主觀詮釋在社區運動的決策方向中扮演關鍵角色，而前現代的宗教宇宙觀，則提供詮釋構框，「給予失衡的心靈一個協調、辯證的籌碼」(p. 390)。作者的結論是，社區運動勢必得在當代理性思維與土地原始情感所形成的張力之間來回辯證。

莊雅仲 (2011) 以「地方照顧」與「集體母性」兩個概念來解讀社區婦女的行動基礎。社區媽媽是 1990 年代中期之後的都市社區運動中重要的行動主體，她們將社區視為自家空間的延伸，以「集體母性」來照顧社區空間，並且在日常生活的集體作為之中實踐某種生活風格的想像。作者認為，社區媽媽的行動，「展現出某種性別化的地方照顧模式」(p. 356)。莊與林的研究都跳脫了實證論的局限，探討地方如何模塑人的存在經驗，如莊文所言，「地方不只提供事件的場景，還是人追尋存在意涵的必要元素」(p. 356)；另外，在經驗層次上兩篇論文都注意到同一個地域空間中存在不同地方想像的可能，而這些地方想像的差異（或如莊文所言，「地方照顧」方式的不同），則進一步影響了公眾參與社區事務的動能。

　　綜觀臺灣人類學的既有文獻，筆者整理出三項可再思索的現象：首先，「社區」與「社群」研究幾乎是兩個完全不同的領域，研究社區的學者甚少引用 1990 年代之前的漢人社會文獻，也沒有銜接先前關於社群概念的省思（見陳文德、黃應貴 2002）。其次，尚未出現跨文化的比較研究，將臺灣的社區營造現象放置於全球地方發展脈絡中討論。事實上，以社群為基底，強調從下而上的發展與保存計劃，是當代人類學界重要的研究課題（參考 Brosius et al. 2005）。與其他學科相較，人類學者擅長的切入點是跳開國家（或跨國 NGO）治理 vs. 在地抵抗、市場經濟 vs. 道德經濟等常見的二元對立架構，轉而採取類似「行動與結構整合」的觀點，關注的是人們在其所處的社會位置上所進行的實踐與創新活動。這樣的比較一方面可以看出新自由主義在全球的伸展地圖，另一方面，人類學的深描特色，則可以運用微觀分析，紀錄同一空間中「相互競爭的理性與生氣蓬勃的社會實驗」(Biehl & Locke 2010: 335)，以及人們如何在既定的政經形構中持續創新。第三，既有文獻中比較缺少的，是對於一個社區營造過程的長期觀察：單一「社區」如何自既有的文化習性中開始成形、其所歷經的起伏潮落、以及行動者動能如何持續等等問題 (Keller 2005)。筆者非常同意李丁讚 (2007: 16-17) 所說，社造工作，是一個「創造生命」的工程……創造的是「嶄新的『公共性』和『社會想像』」。換句話說，社區營造必然是一個持續進行 (ongoing) 的過程，由於多數論文受限於研究方法及研究時程，只能在這個持續過程中擷取片斷來做分析，甚至下定論，卻忽視了「社區」總是「正在變成」(in becoming) 但未完成的社會主體（呂欣怡 2007：1）。如陳其南先生在「重讀臺灣：人類學的視野」研討會中針對本文的口頭評論：「社區是一個流動的過程，無法被凍結或固定」(2011/11/19)，常民對於社區的認識與想像，包含現實與未來兩個層面，如何釐清這兩個層次，是以下的田野分析希望處理的議題。

三、社區營造的歷程

　　本文的田野地點是宜蘭縣蘇澳鎮白米社區，資料取自 1998、2004、

2006、2007、2008 與 2010年所做的訪談與田野觀察，以及白米社區協會所提供的會議記錄與統計數據。筆者從 1997 年開始以研究生身分結識社區發展協會成員，曾經密集式地參與當時的社區產業規劃，直到 1999 年初赴美完成學位為止。在 2001-2006 年之間每年夏季都會回去短期造訪，對社區經營方式及實況進行非正式觀察。2006 及 2007 年夏季，筆者再赴白米進行深度訪談，2008 年夏季則曾以講師身分與暑期工讀生進行焦點團體座談，2010 年夏季協助該社區進行地方文物館自評計劃。在這橫跨十多年、斷續進行的田野調查中，白米從一個沒落無聞的偏遠村落轉變為宜蘭文化觀光地圖上重要一站，筆者的身分也由參與工作團隊的研究生轉為旁觀的學者。或許是這種主客體之間相對位置的流轉，讓筆者得以思索社區形式的變化，以及變化之下的不變。

　　有關白米社區營造的過程，在過去十年間，已經出現許多論文及媒體報導，其中以張雅雲 (2003)、陳碧琳 (2006) 寫的最為詳盡，但大多數的既有文獻將「社區」視為既定的客體，沒有更深入地解析社區概念的成形與辯證意涵，本文則企圖將「社區」視為一個論述綜合體（參考 Tsing 2001），其組成元素除了居民對於自己的認識，更包括了來自國家文化政策、專業規劃者理念、訪客回饋、消費者期待、媒體報導、甚至學術研究者的詮釋。我將當事人的口述與文字歷史穿插，以呈現行動者如何因應著更廣大的政治經濟脈絡，在各個階段修訂自己的行動方式及詮釋構框。

（一）田野背景

　　白米舊名「白米甕」，位於蘇澳鎮區的東南方，北迴鐵路自此區通過，並設有永春及永樂兩站，[10] 其南端與南澳山區交界，日治時期設有隘寮、交換所及出張所。據當地老人家回憶，此地原是蘇澳主要的稻米生產地，但因山脈石礦豐富，自日治時期便開始開採石灰，原先兩百多甲的聚落耕地有三分之一在戰後陸續被變更為工業用地。1971 年省政府撥款宜蘭縣開發白米甕工

---

10 永春車站於 2002 年裁撤。

業用地，再徵收了當時尚存的農田。目前區域內佔地最大的兩個工業設施是臺灣水泥公司及中國石油公司蘇澳油庫。台泥的前身是臺灣化成株式會社，成立於昭和 16 年 (1943)，戰後與淺野水泥株式會社（台泥高雄廠）、南方水泥株式會社（台泥竹東廠）及臺灣水泥株式會社松山工廠（台泥臺北製品廠），合併成立臺灣水泥公司，1954 年由公營轉為民營，在 1963 年左右擴廠大量收購白米土地；而中油蘇澳油庫設於 1981 年，當時收購了兩個鄰的土地，將一座小丘陵（蛙仔山）鏟平並且填平了蛙仔湖。由於自清代墾殖的舊聚落幾乎都位於現今的工業設施範圍之內，住民大多遷往蘇澳其他地區，少數搬到永春里內建於 1960 年代末期的二層國民住宅，傳統連帶所仰賴的宗教或家族資源，在當地都非常缺乏。[11]

　　在 1990 年初期，白米地區是臺灣主要的石灰石產地，生產八成以上的碳酸鈣，光是永春里一個里就有廿七間生產碎石、石粉、碳酸鈣等的礦石加工廠，礦石加工產生的大量的塵埃，再加上位於永光里的台泥及信大兩大水泥工廠，使得永春里一再列名為全臺灣落塵量最高的地區。[12] 唯一的聯外道路永春路上，自礦場運輸礦石到蘇澳港的砂石車加上來自中油油庫的油罐車，每天數百車次經過，塵埃瀰漫，險象環生。居住環境的嚴重污染導致居住人口的外流與老化，守著唯一一家雜貨店的老板娘就說「年輕人都外出了，只有老人留下來」(1998/09/07)，而她們夫婦也在 2002 年時關店，遷到羅東與兒子同住。圖一是白米四里自 1970 年之後的人口統計圖，可看到人口數自 1970 中葉之後便持續下降，1980 年北迴鐵路通車之後影響更鉅，直到 2000 年之後才漸趨平穩。

---

11 根據我們的田野調查，白米社區協會所在地蘇澳鎮永春里，並沒有宗族組織，廟宇只有一間福德正神廟，該廟自 1988 年成立管理委員會，廟宇管理委員會之委員與當時之社區理事會大多重疊。
12 根據蘇澳鎮公所工廠校正調查底冊指出，永春里內生產碎石、石粉、碳酸鈣、水泥等產品的工廠，至 2003 年底減至 17 家。

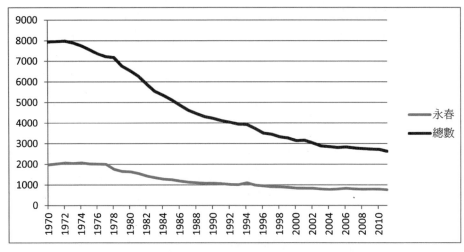

圖一、白米區四里人口統計圖（資料來源：蘇澳鎮公所）

（二）由社區理事會到社區發展協會

　　臺灣最早的社區為 1964 年年底臺北市的「示範新社區」，以改善公共衛生為主要目的（聯合報 1964/12/3）；1965 年，社區發展列入民生主義社會福利措施的重要工作項目，開始在全臺建立示範社區。1968 年 5 月，行政院通過「社區發展工作綱要」，「以有計劃地動員區域內的人力、物力、財力；配合政府各部門之施政計劃與財力支援，以增進區域內人民生活條件，提高生產效能，改善生活環境，建設民生主義新社會為目標」（1968-05-03／經濟日報／01版／要聞）。同時，省政府社會處宣佈把本省六千多個村里編併為四千個社區，進行空間改善與教育建設，工作項目「涵蓋了家戶衛生，廚房廁所整建，社區道路排水溝之修築，曬穀場堆肥場之設置等」（黃肇新 2002：52）。白米地區的第一個社區組織出現於 1987 年，由當時里長向鎮公所申請成立「永春社區理事會」，成立之後收到配合款七十多萬，用來建設道路、活動中心（購地款由理事們負責募集）、美化牆壁（漆成下藍上白）、建永春涼亭（原地為垃圾堆）、建花臺、種植路樹等等，並在永春路口設了一個水泥做的「白米甕」入口標誌。據 D3 說，「我們當時就是掃

水溝，做水溝蓋」，牆上的油漆是理事們自己去漆的，第一屆理事每人都出了一萬二千元合資購地，做為活動中心建設配合款，同時也去向居民及工廠募款，當地十幾家工廠都出錢贊助。回憶這段過程，D2 及 D9 都以建廟來比喻，D2 說，一般住民對於社區事務不見得有興趣，但對於建廟就很熱心，所以用活動中心的興建來集結大家的金錢及力量。而 D9 則說，廟及社區組織都一樣，一定要成立委員會，把它變成公事，才能興旺。世居此地的 D10 則認為，社區、義工等工作其實類似本地鄰里相互幫忙的傳統習俗，只是多了現代化的頭銜。[13]

在聯合國補助中止（1974 年）之後，以社區為名的現代化工程逐漸失去基層影響力，從 1980 年初到 1990 年初，公共建設在社區發展工作綱領所占比重大幅減低（吳明儒、陳竹上 2005），到了 1991 年，內政部頒布修訂後的「社區發展工作綱領」，將社區理事會改為社區發展協會，定位其為人民團體，由自願加入的會員投票選出理監事，而不再像先前一樣，由社區理事長指派理監事，這個法令提供了白米社區發展協會組成的法源。

1992 年 3 月宜蘭縣政府藉著台泥興建六號窯必須申請設廠許可的機會，與台泥公司蘇澳廠簽訂環境保護協議書，台泥工廠每生產一噸水泥必須繳交縣政府十元的環境使用費，[14] 其中一成留在縣政府做為全縣環保基金，其餘都交由蘇澳鎮公所統籌運用，五成應做為白米地區的基層建設，四成為全蘇澳鎮的污染防治費用（行政院環境保護署 2000：271）。以當年的年產值計算，回饋金總計約一千二百萬，但白米四里一開始並沒有收到經費，居民於是覺得，需要成立一個地方性的正式組織，做為與縣政府及鎮公所交涉的對口單

---

13 本地傳統習俗是當有喪事發生，左鄰右舍都會主動來幫忙，協助縫壽衣、抬棺材，喪家則要請三頓。但有喜事的話就不會主動來，怕人家覺得是來要紅包的。

14 根據民國八十三年八月十二日訂定的《宜蘭縣水泥業新（增）設廠環境使用費收費暫行辦法》，宜蘭縣政府全球資訊網文字版—環境保護局 http://daf.e-land.gov.tw/department/%E7%92%B0%E5%A2%83%E4%BF%9D%E8%AD%B7%E5%B1%80/%E7%92%B0%E4%BF%9D%E6%A5%AD%E5%8B%99/%E7%92%B0%E5%A2%83%E4%BF%9D%E8%AD%B7%E5%8D%94%E8%AD%B0%E6%9B%B8.htm。

位，白米社區發展協會因此成立，原初構想包括永春、永樂、長安、永光四個里。永春、長安、及永光三個里原本就有社區理事會，永春與長安社區理事會同意合併，但永光社區理事會不願加入，最後由永春、永樂、及長安三里組成白米社區發展協會。社區協會一成立，便發起罷選縣長行動，在1993年散發一份傳單要求大家拒絕參與縣長選舉投票，以抗議宜蘭縣政府未能落實環保協議書內容。事後縣政府成立監督委員會，要求蘇澳鎮公所必須將回饋金發放到地方，白米區四里每里各得到一百五十萬元補助，第一筆回饋金在1993年底撥給社區協會。

前面敘述，工業化造成居民居住空間的劇烈變動，白米地區很少有世代傳承的大宗族，尤其是離蘇澳鎮中心最遠的永春與永樂里，居民多數是因為工作機會而遷入。以第一屆社區發展協會成員為例，理監事中約三分之二並非在白米出生，而是因為工作原因自其他鄉鎮遷入白米。例如，第一屆理事長 D4 出生於花蓮，十八歲時與母親來到永春里以包裝碎石為生，後從事營造業；五位常務理事中有三位是因為從事與石礦業相關的工作而在1960年代從宜蘭縣其他鄉鎮移入，其中 H1 來自利澤簡，是砂石卡車司機，H2 來自三星，以理髮為業，主要顧客都是工廠勞工，1970年代之後因為勞工減少，改為經營石礦運輸；D5 從冬山鄉遷入，在蘇澳港務局上班。從學區為永春、永樂兩里的永樂國小家長職業統計中看到（圖二），永樂國小從1964年（該校保存之最早學籍資料年別）開始的入學新生中，七、八成以上的家長為工人。據協會理事 D5 所言，白米地區大多數居民是「賺吃人」，意謂沒有祖產，在本地沒有宗族網絡，純靠身體勞動賺取薪資的工人階級。我們藉著報導人所述推測，缺少宗族聯結的人口組成，讓社區協會等志願性社團比較容易（相較於大多數農村而言）在白米地區成為新的凝聚介面。而且，嚴重的環境污染是日常生活中的共同感受，工廠於是成了遷自不同地區的居民的共同對立面，環保抗爭成了集體意識形成的基礎。

據社區協會第一任總幹事 B1 的回述，1993年社區發展協會成立並且成功爭取到台泥的環境使用費，是他們首次看到了地方發展的希望與機會，發

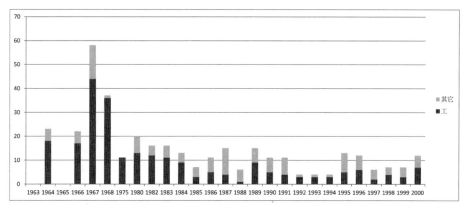

圖二、1964-2009 年永樂國小入學新生戶長職業統計

現除了「搬出去」以外還有別的可能。理監事們運用第一筆台泥回饋金，委託專業者進行社區整體環境規劃，在 1995 年完成《宜蘭縣白米區整體規劃書》，即使該規劃書的構想因為缺乏後續的建設經費而並未落實，但這是全國最早由人民團體自主發起的社區整體規劃案（當時其他的類似案子都是由地方政府出資委託）。另外，協會幹部相當熱心地解決居住環境污染，向中油、台泥、與週邊工廠陳情抗議，包括台泥貨車經過永春站時製造的噪音、砂石卡車造成的污染與道路破壞、高壓電線的裝設、中油運油車及噴砂工程造成的污染等等。常務理事 D9 更是被推舉為白米社區環保推動小組的召集人，集結理監事們、周邊兩家學校主任、以及兩家工廠負責人，共同推動綠美化、垃圾分類資源回收、社區清潔等等工作，成效斐然。以台泥為首的水泥廠願意加設大型吸塵器回收懸浮的塵埃，地方行政單位同意另外開闢連結礦石場的卡車便道。1994 年，行政院環保署評定白米為全國六個環境改善績優社區。1995 年，宜蘭縣環境綠美化競賽評選為特優社區。

由於有台泥回饋金，白米社區的經費相對較一般的社區協會優厚，迅速地擴展出數個活躍的次團體，包括讀書會、長壽俱樂部、志願服務隊、壘球

隊等等，會員超過一百人。[15] 在多樣化的實際行動之中，社區轉化為原本與在地關聯並不深厚的居民之認同基礎，其中最好的例子是讀書會。白米讀書會的成員大多數是台泥員工的配偶，她們因著婚姻及先生的工作而移居白米，讀書會成為她們建立友誼的場域。在每週一次的聚會中，讀書會集結了鄉村地區人數最眾但卻隱形的一群「外地人」，即隨著配偶遷居的已婚婦女。W3起初以讀書會成員與志工身分參與社區活動，一段時間之後成為社區協會聘用的第一位女性專職人員，她說，「沒來社區之前都以為自己是ㄙㄨㄥˇㄙㄨㄥˊ（土氣）的家庭主婦」，但因為協會人員編制小，每個人都得機動地去協助不同事項，這才發現自己原來十項全能，什麼工作都會做；B6則說，以前先生上班、小孩上學之後，她一個人面對「空蕩蕩的牆壁」，都會想哭，但經鄰居介紹到社區來以後，她快樂多了，跟很多人都可以聊天，包括同事及訪客們，不再覺得自己是沒有工作技能的「歐巴桑」。

（三）危機及轉型

　　協會蓬勃發展之際，環保與反污染的抗爭訴求，卻讓某些地方人士提出異議。B2及R2（這兩人對於社區協會往後的發展持相反立場）都回憶說，協會剛成立不久，附近廠商及台泥就已認定協會是「環保流氓」，在1993至1994年之間，協會發起了數次抗爭，目標包括台泥、蘇澳鎮公所、與宜蘭縣長。他們曾經封路禁止工廠的進料車與油罐車經過社區，在交貨的壓力下，工廠最後同意管制落塵量，並且在居民上下班交通尖峰期停止進料（謝蕙蓮1999-07-29／聯合晚報／03版／話題新聞）。或許是因為這些抗爭行動，臺灣水泥公司在協會剛成立時是團體會員，但卻於1994年10月退會，並且在該月發佈新聞稿，以「有環保流氓假借環保名義向廠方作個人需索」，「在未通知廠方的情況下，侵入礦區檢查錄影」等字眼來影射協會作為違反法令（自由時報1994/10/20）。

　　在此同時，社區協會內部也出現解組的主張。1994年，永樂里380餘

15　會員是以家戶為單位。

位里民連署要求脫離白米社區，另外成立永樂社區協會。據當時永樂里長表示，里民認為白米「幅員遼闊，社區的意識模糊」，而且因為永樂里沒有活動中心，擔心若不成立社區協會將無法興建自己的活動中心（中國時報 1994/09/11）。隨即，長安里也有五百多名里民簽名聯署要求獨立，里長指出，白米社區協會人事費過高，所以要求另設長安里的社區協會以節省開支。同年，蘇澳鎮公所便以里民提議為由，裁決永樂里及長安里可以成立他們自己的社區發展協會，在屢次抗議無效之後，白米社區協會的會員範圍縮減至以永春里設籍居民為主，不過改組之後，許多設籍於外里的原有會員仍以「贊助會員」名義繼續留在協會中。

關於白米協會在 1994 年解體的原因，雖然有人認為是因協會一開始的抗爭行動「太衝」，讓政治態度保守的部分理監事們不自在，但地方行政資源的分配方式恐怕才是主要因素，因為各里成立單獨的社區協會，才能爭取政府補助自己里內建設，白米的解組實是顯現了臺灣地方行政體系中存在諸種相互掣肘的社區政策。而對於改組後的社區協會而言，最直接的影響，應該就是可運用的台泥回饋金一下子少了三分之二了。

社區周邊的工業設施是最大的污染源，卻也是協會經費的主要提供者，尤其是台泥與中油。1995 年白米活動中心的修繕計劃中有一百萬元來自台泥的「環境使用費」，1996 年社區花了近六十萬元購置垃圾車，經費來自中油補助。換言之，社區是犧牲自身的生活環境品質以交換污染設施所提供的回饋經費，但回饋金的使用其實要視地方組織彼此互動而定。工業設施的環境使用回饋金通常是撥給鄉鎮公所與村里辦公室等地方行政單位，而非性質屬於民間社團的社區發展協會，如果村里長與社區發展協會關係良好，回饋金便得以交付協會使用，但當村里系統與社區發展協會不合時，協會便可能失去這筆經費的運用權。為了擺脫經濟上的依賴處境，自 1995 年之後白米社區協會就積極掌握國家社區政策轉型所開啟的發展契機，配合文建會所提出的社區總體營造方案，努力撰寫與社造相關的計畫書以爭取政府補助款，脫離污染者的資助。

（四）「社區文化化」──木屐產業的發展

　　在社區總體營造政策實施初期，文化行政系統與社區規劃專業者對於「社區」的規劃藍圖，往往與當地居民所理解的「社區」有極大落差。B2 以生動的語言回憶，當時大多數人聽到「營造」都以為是在蓋房子，他則是因參與 1994 年宜蘭縣文藝季的文宣設計，才學習了社區總體營造的概念。在宜蘭縣立文化中心（現之文化局）推動之下，1994 年的宜蘭文藝季是以「玉田弄獅」為主題，不少民間組織的領導者從活動中發現，政府對於舉辦這類文化活動的社區補助優厚，包括「馬路種樹也有了，沒有路燈也裝路燈了，街道掃得很乾淨」。在這些補助誘因下，次年 1995 年，當文建會宣佈舉辦文藝季的主導權將下放到全省各縣市時，宜蘭縣內很多社區都主動爭取，因為認為只要承辦文藝季活動，官方就會開始造馬路、蓋路燈，「掃地種樹都來了」。最後宜蘭縣政府決定由全縣十二個鄉鎮各選一個種籽社區參與該年文藝季，再加上已有活動經驗的玉田社區。

　　縣政府原先構想是由各鄉鎮公所全權決定該鄉鎮的種籽社區為何，各自選定「社區特色」，以展覽會方式呈現出來。蘇澳鎮公所選擇了南方澳，[16] 但是白米社區協會並不放棄這個機會，遂利用當年的一百萬元台泥回饋金，聘請一家工程規劃公司擬定總體規劃案，提出自己對於文藝季活動的想法，呈報到文化中心。這個做法因為符合社區總體營造的精神，而得到縣政府的認可，獲得 1995 年全國文藝季歡樂宜蘭年的參與資格，協會的理監事與專職人員開始參加縣政府與文建會所辦的社區研習會，他們在研習會中學習了「文化產業化」的想法，帶回社區會議討論，希望找出可以發展為文化商品的在地產業，由於當時社區協會中有兩位理事曾任木屐工匠，[17] 在 1996 年大家同意以「木屐」做為社區的代表工藝。1997 年宜蘭舉辦「全國社區總體營造博覽會」，白米以「仙履奇緣」做為展覽主軸，得到參觀者熱烈的回應，廿四

---

16 當時的蘇澳鎮長出生於南方澳，而且，南方澳具有知名的媽祖信仰與漁村海產，一向是蘇澳鎮最重要的觀光景點。

17 兩位木屐師父都是在冬山鄉出生，為了工作而遷入白米。

天的展期中賣出五、六十萬元的木屐，自此，木屐產業成為社區協會的下一階段發展主題。

B2 形容 1995 年的轉型是從「穿草鞋打赤膊」的抗爭性團體改成「穿西裝打領帶」的文化人。雖然此地區產值最高、僱用最多居民的產業是石礦工業而非木屐，但他們認為，周邊工廠即使位於社區的地域空間內，在情感認同上並不是社區的一部分。B1 說，工廠業者「把社區當成一個工廠」，而非安身立命的家園，始終排拒協會要求改善污染的建議，即使裝置灑水、塵埃回收等設備都不需要鉅資花費，因此協會無法把工廠視為社區資產，而必須藉由轉型文化產業所帶進的經費來提昇社區形象、美化社區空間，先把自己生活環境整理乾淨了，或許會影響工廠看待社區空間的態度，讓工廠不好意思再亂丟垃圾。

回憶起木屐產業的初期發展歷程，B1 說，並不是一開始就有一個清楚的意象，而是慢慢地發展。他說，社區中要做的事情太多，有婦女、老人、志工、青少年等等，很難把大家串聯在一起，必須找到一個大家願意關心、凝聚共同情感的「寶」，才能建構社區意識與社區意象。從 1995 年開始努力爭取文建會資源至 1997 年之間，協會一直在嘗試不同的主題，包括石礦、蘇花古道等等，都曾被拿來做為社區展示的主題，木屐只是其中之一。直到 1997 年的全國社區博覽會，在廿四天展期當中，白米的展館有很多人來看，賣了五、六十萬的木屐，才確定了社區產業的主軸。因此 B1 認為，「是社會大眾」而「不是我們自己」，決定了白米社區的產業走向。

B1 說，對一般大眾來說，社造的觀念很難傳達，你跟他說社造他不知道是什麼，但說到木屐，「他就說，『啊這過去我有穿過（臺語）』，有親切感。」W4 的先生也說，「我對社區是什麼『碗糕』，可說是完全『莫宰羊』，參與社區是從木屐製作開始」，因為太太先進木屐合作社工作，他從旁協助進一步去了解合作社的運作。他說「我現在至少知道『木屐』是什麼了」(1999/8/25)。D1 則說，木屐是很生活化的東西，「大官和做田的，做工的，過去都穿過木屐。這個東西比較生活化，有親切感，有的阿婆會

說，『我們會穿木屐，但從來沒看過木屐是怎麼做出來的』」(2006/08/30)。
D13 則索性將木屐比喻成社區的化身：「我要讓木屐活過來，要讓它自己會
動。」(2006/09/02) 幾位老人家都說，木屐是貧苦時代的回憶。當時資源不
足，很多是撿到的木材，加上腳踏車的輪胎皮就可以穿，所以它是共同懷念
的話題，帶動很多對那個時代的記憶。

（五）合作社的成立

　　1999年1月在經濟部中小企業處的輔導下，白米木屐產業合作社正式成
立。在它的籌備過程中，協會內部其實有相當分歧的看法，主要的質疑是覺
得做木屐與現實生活的問題相離太遠，協會的走向背離了其原先改善生活環
境的宗旨。由於木屐從來都不是白米的主要產業，一般的居民，包括協會內
部幾個重要成員，都不太能理解木屐與社區的關係在那裡。有些人則以社區
理事會時期的標準來評論，認為這麼多的經費進來，社區的硬體建設卻還是
毫無改進。另外，當時一般人對於合作社的理解，是先有產業，再由相關的
生產者組成合作社，並沒有以社區協會為基底的合作社，反觀白米，在 1997
至 1998 年之間並沒有成形的木屐產業，也沒有專業的生產者，因此生產量
不定，大多數的木屐粗胚，必須在羅東的工廠製作，於是經常碰到有人來看
木屐，卻沒東西可以呈現的窘境，必須靠著協會志工在日常工作之外無酬加
工，以做出符合訪客期待的「本地木屐」（呂欣怡 2001；張雅雲 2003）。
但是以 B1 帶頭的幾位理事們堅持籌組合作社，B1 說，合作社成立將具有兩
個層面的意義：首先，就經濟功能而言，白米地區的居民多半是在低薪與失
業邊緣游移的勞動者，因此協會的運作不可能完全仰賴無酬志工，轉型為文
化產業可以帶來收入以聘任專職人員，除了增加就業機會、減緩人口外流之
外，更可以讓社區組織達到經濟自主，減少對於政府補助的依賴。其次，合
作社提供一種超越鄰里及法令行政界限的社會結合方式：由於社區發展協會
依法只能招募設籍於永春里的居民，認同協會理念但是並非設籍於永春里的
人，便無法成為協會的正式會員，只能以贊助會員身分加入，無權投票也不
能擔任理監事之職，而合作社的組成是以合股制度，只要繳交股金就可以成

為合作社會員，也就是說，理想上合作社是一個鑲嵌於地方的經濟共同體，藉著共同的投資、生產、及銷售來凝聚居民情感。

　　合作社自 1997 年底開始醞釀籌組，1998 年底正式成立，共有八十位社員，社區協會理監事藉由人脈去邀請入股者就佔了 3/4 左右，其餘有一半來自前期培訓課程—皮雕班與經營管理班，另外一半是在讀過傳單或參加木屐活動之後自動加入，總觀社員約有三分之二來自原先的社區協會會員。在成立之始，加入白米合作社的社會意涵重於經濟意涵，在章程規定上儘量降低股金門檻，三千元就可以入股，而且每個會員家庭的股份不能超過總股數的百分之十五。B1 坦誠地說，一開始大家都是抱著「捐獻的心情」來認股，很快地招募了一百多名會員，總資本額五十萬。但後來隨著營運量增加，必須添購機具及人力，而且為了增加營業空間向銀行貸款興建新的木屐博物館，因此必須擴大資本額，除了將股金提高到一股一萬元，對於個別股份比例的規定也逐漸鬆綁，開始出現以投資心態入股的新會員。股金總額的高峰期是在 2006 年，達到 725 萬元，之後社員人數漸減，股東之間的股金差異則逐漸增大。合作社的營業額自成立之後快速成長，第一年營業額為 120 萬，到 2008 年已增加至近 1,900 萬元，年度剩餘也在 2006 年之後轉負為正，盈餘除彌補虧損及發放股息之外，其餘的 10% 做為公基金，15% 為公益金撥放給社區組織使用，10% 為幹部酬勞金，最後的 65% 分配給社員。

（六）體驗式的銷售活動與禮物式的工藝商品：白米木屐館的導覽行程

　　據陳碧琳 (2006: 10) 的描述，白米木屐館是以「參與性的消費模式」經營，「絕大部分的銷售都是參觀者在參觀互動（包括進行參與實作或部分操作）後的採購行為。而這樣的體驗式經濟最重要的就是氛圍的營造，精神的感召，透過在地體驗拉近參觀者與產品的距離」。木屐館的導覽路線是從三樓的咖啡廳開始欣賞八分鐘的社區介紹短片，再由館內解說員帶領到二樓欣賞木屐製作過程，分別分成傳統手工木屐製做和體驗、木雕工藝欣賞介紹、皮革加工與設計製作、木屐美工設計（彩繪、電燒和刮除法）。二樓並設有

造型木屐展示銷售區供遊客試穿和選購，一樓則展示傳統木屐和創意作品（如健康木屐和罰站木屐），並設立一間老師傅的工作室，遊客可以直接看到木屐製作過程。做木屐的主要步驟分成三部分，首先是白胚製作，由老師父負責，在一樓的工作室內以機械切割出木屐的形狀並且刨光，第二步驟是油漆彩繪，由客人指定花樣，藝師當場完成，或在工藝館由客人自己動手彩繪，第三步驟是釘耳，即是將木屐釘上皮製的正面寬帶，這條寬帶也可做皮雕染色。

以 2007 年 4 月 12 日為例，當天是星期四，散客不多（不超過十車），但來了三輛遊覽車，第一輛是東勢國中，第二輛是一些六七十歲以上的老人，來自臺北縣某個老人會，第三輛來自新竹縣某個客家社區團體。導覽的路線都是先到三樓看錄影帶；針對國中生團體，放映的是澎恰恰主持的《草地狀元》，以喜鬧劇手法拍攝他進入「每個人都穿木屐」的白米村，還有他學著做木屐的過程。手法注重的是這個村的奇特性，包括穿木屐的習性，還用戲劇化的方式表演過去為了做木屐而偷砍木材的事蹟；另外兩個熟齡團體，則觀看華視製作的「深度報導」錄影帶，內容強調社區營造的歷程。觀影後由導覽人員（都是社區媽媽）做問答遊戲，當天的問題是：「你們知道白米沒有做木屐前，過去是什麼第一名嗎？」答案是：「污染」。根據 B1 的說法，如此的安排是希望透過影片和導覽解說讓參訪遊客可以了解白米社區的發展過程，因為社區產業能否永續經營，取決於其產品及參訪經驗能否召喚遊客的情感，不能只是販賣商品。

上述的導覽及木屐銷售方式，是將木屐產業當成一種「禮物經濟」，而非純粹商品。據 Godbout & Caille (1998) 的分析，在當前這個被企業、消費主義及政府所主導的時代，許多人都相信「自利」(self-interest) 是當代社會主導的行為動機，而禮物頂多只是不重要的裝飾。但作者以一些具體實例——如捐血、志工、表演者與觀眾的互動——來証明，禮物經濟在現代社會仍持續地成為我們社會關係的基礎。禮物並非只是物品，更是一種社會聯結，它創造了一種讓人覺得有必要以友善態度回報的義務感，因此它可能是當代最重要的社會聯結。

　　就地方文化產業的經營而言，形成商品經濟與禮物經濟的混合是很重要的。在其中，消費者從花錢的人轉成「朋友」或「受教者」，消費過程不是商品與金錢的交換過程，而是感情與禮物（可以是工藝品或某種「經驗」）的交換。來自遊客的正面回應，讓木屐館員工得以維持希望及熱情。有一天傍晚，在經過整天的繁忙工作後，B1 神情奕奕地告訴我，他下午與一位散客聊了兩個小時，該客人曾至美國留學，目前從事高科技行業，但對於此份工作有點倦怠。他很喜歡宜蘭，覺得宜蘭是全臺灣最有風味的地方，也希望能在宜蘭定居養老。B1 說，像這樣的「新宜蘭人」近年來好像越來越多，他們對於文化產業，也會有與一般觀光客不同的要求。他們在理念上與社造工作者很能溝通，來木屐館參觀，注重的不是產品本身，而是木屐背後的故事，與社區的關係等等。他們要聽過這些故事，對社區有感覺之後才會掏出錢來買木屐。B1 說，「消費者會告訴我們他們要的是什麼，很多新的產品都是在與遊客的互動中開發出來的。」(2007/07/11)

　　只是，大多數的遊客可能看到的還是只是木屐，也不會有很大的興趣去聽或思考木屐背後隱藏的社區故事。我在 2007 年暑假的觀察中發現，只有週間來到木屐館的散客會比較有時間及興趣透過導覽和短片深入了解社區發展歷程，館內的服務人員也能夠有足夠時間解說並與遊客互動。遊覽車、旅行團和在繁忙時間（週末）進入參觀的訪客因為有時間壓力和龐大的參觀人數，一般都無法深入理解，與服務人員也無法建立深入及良好的互動，有趣的是，這些來自商業性觀光團的客源，正是最可能批評木屐館過度商業化的遊客。

（七）社區文化產業的矛盾與可能

　　社造論述將社區文化產業定義為「地場化」的產業，是以社群網絡為基底的產業發展型態，強調經濟活動的地域依存性（楊敏芝 2002），過往的研究者依循此論述邏輯，推崇白米社區產業的經營方式是「取私為公」（陳碧琳 2006），為以「社區總體營造推動社區產業」的理想典範。但實際上，即使木屐館成立之初抱持「反企業」理念（陳碧琳 2006），它的長期營運卻

無法避免成本效益考量的牽制。由於木屐產業合作社有來自投資者、銀行貸款、水電費與人事成本的壓力，它必須維持一定的營業收入，「業績」於是成了館方的常態壓力。木屐館在甄選工作人員時必須像一般企業一樣考量其勞動力能否製造足夠產值，對於大多數工作人員而言，每天所銷售的木屐數量則成為個人成就感及能力証明的依據。員工究竟應以企業受薪雇員、亦或是投入公共事務的社區志工心態來上班，是這幾年中我經常聽到的困惑與爭議。

　　Gibson-Graham (2006: 8) 主張，社區產業是在具體可能性範圍之內對於另類選項的探究 ("an inquiry into the alternatives that are contained in the horizon of concrete possibilities")，它的內容尚是一片空白，需要想像力及創意去填補。木屐產業的規劃構想起初非常接近 Gibson-Graham 所稱的社區產業，它的經營理念包括了 Gudemen (2008) 所說的「共同體」與「市場」兩種不同的思維邏輯，既要符合「取私為公」的非營利組織理想，又必須承擔自負盈虧的商業風險，是一種嶄新的經濟混合體，在當地沒有前例也沒有公式。在白米居民的理解當中，木屐館既是「公事」，也是企業，必須同時遵循道德秩序 (moral order) 與市場秩序 (market order) 的導引，十多年來這兩種秩序並沒有融合或消失，而是持續共存於同一個社區空間中，彼此摩擦擺盪，多次造成組織人事的更迭與衝突。

　　上述觀察讓我們必須詢問一個涉及終極價值的問題：社造的目的是什麼？當我們在白米以及其他類似的鄉村社區詢問時，最常得到的兩個回答是：一、美化環境景觀；二、發展在地經濟。這個答案乍聽之下似乎反映了市場邏輯對於常民生活與思維的影響，不過，再更進一步解析，我們發現，大多數人希望地方上的產業發達，並不只是為了金錢利益，而是因為這樣才能讓年輕人留下來，而非被迫離鄉就業。換句話說，發展產業，是為了讓地方能夠相當程度地與更廣泛的勞動市場抗衡，並且培育足夠的地方經濟力，以脫離隨著政府補助而來的制約。換句話說，發展產業，是為了讓地方能夠脫離市場與國家的桎梏。臺灣的常民想法非常類似 Miyazaki (2006) 對於日本證券交易商的觀察，他發現證券交易商的最終希望是能夠完全離開金融市場體系，而為了走到這個最終的出口，交易商暫時臣服於「市場的主宰性」

(p.155)，依著新經濟的邏輯去評量自我的價值，期待這種「暫時擱置」可以導向最終的解放──一個完全不受資本主義制約的退休生活。因此 Miyazaki 指出，「新自由主義的某些概念及想法，也可能被局中人視為希望的來源」(p.151)。而從木屐師父與幾位核心成員的工作史看來，經濟的自主的確催化個人不同層次的生命力，看似商業化的木屐產業提供了他們先前職業生涯中所缺少的創造可能。

四、結論

2007 年一個春日下午，我們拜訪當時的社區理事何先生，他在 1960 年代遷入蘇澳鎮永春里，白米社區協會成立之後就開始義務清掃社區環境、整理雜草、撿垃圾、資源回收等，雖然他不求回報的付出曾受到多位鄰居調侃，但從不受影響，持續做了十幾年的義工。1999 年，社區發展協會申請了文建會的美化公共環境案，整理位於金面山的太陽步道，該步道為約一公里長的坡道，從山下住家通往奉祀太陽帝君的日月宮，何先生幫社區協會畫了一張「陽光大道」的設計圖，並且帶著居民去砍除雜草、清理廢棄物、構築石階，花了兩年時間終於將太陽步道整理成美麗的休閒空間。然而，在 2006 年一戶附近人家蓋了違建，擋住了步道入口，另外一端則因日月宮的靈骨塔工程，挖了一層樓深度的地基，也挖斷了步道出口。行人無法出入的步道自然呈荒廢狀態，當我們去參觀時，步道幾乎全被雜草掩蓋，只隱約可見階梯上居民辛苦做出的磁磚拼畫。談到這條棄置的步道，何先生只是淡淡地說：「做這個步道就是居民每一個人來做一階、做一階所做起來的……因為我們是一個小小的社區，後面的路段被人斷去，前面這邊的土地也被人挖，所以就只好閒閒放在那邊……我們做社區的人，不會去跟居民爭，大家歡喜就好，有很多事情要忍下來。人在講：『東港無魚，西港撒。』這裡做了……社區一直做一直做，自然這個地方就會覺得比較好。」

何先生的話道出了許多在臺灣民間「做社區」的人的真實處境。在媒體與官方塑造的社造光環之下，有更多像何先生這樣默默做事的小人物，他們

在偶爾的歷史片刻中現身，因為某些暫時成果接受讚揚，但大多數時候他們的社造經驗就如同日常的生活世界，是繁複錯綜、一個不斷地「解決問題」[18]的過程，也是挫折與希望交替的永恆循環。自 1993 年白米社區協會成立以來，參與者一直在變動的政治及經濟脈絡中摸索前行，雖然文建會鼓勵地方執行的「社區營造」，是一套與在地社會文化原無淵源的新概念，但它在特定時空與政治框架中成為當地人希望的來源，根據這個希望，他們重新定位在地知識，發展新的行動。而且，讓「社區」得以在當地土壤生根的動力，並非出自遠大的願景，而是如 B1 所解釋，「走到那個階段，就做什麼……，雖然再過三五年，可能目標會變，但是如果堅持下去，就會看到下一個目標」(2007/04/12)。換句話說，在社區營造過程中，關鍵問題不在於「我們想要達成的是什麼」，而是「我們可以怎麼樣地繼續做下去」。這不是「回溯式」(retrospective) 的，從預設的終點（所欲達成的目標）回頭來評估及引導現在，而是如布洛赫 (Ernst Bloch) 希望哲學中提到的「預期式的意識」(anticipatory consciousness)，一種「向前看」(prospective) 的認識方式，在每一個存在的瞬間辨識潛伏的未來（洪鎌德 2003：14）。

　　本文記錄了一群缺少傳統連帶的勞工階級鄉村居民，如何藉著「社區」，在變動的政治經濟情境之中建立新的社會凝聚。我們發現，地方上的社造是先依循傳統社會邏輯而發生，居民將社區營造理解為建廟，而志工行動就像傳統喪禮時鄰居之間的相互幫助。不過，隨著社造行動的持續延展，俗民理解與菁英理論彼此互滲、相互「穿透／轉化」（楊弘任 2007：55），社區做為一種具有能動性的新共同體想像逐漸成為常民理解自身處境的框架。在前述的例子中，何先生辛苦搭建的步道雖然荒廢，他的行動卻引發更深遠的影響：比何先生年輕廿歲的 D10，出生於永春里，國中畢業離鄉到臺北做裝潢，1992 年搬回老家，剛回來時因在外地住久了，與家鄉的鄰居朋

---

18 這句話據說是前文建會主委陳其南在一些公開場合所宣示的，「社造的精神就是要不斷尋求方法去解決問題，透過社區居民共同協力解決問題的過程，凝聚社區向心力」，之後就在田野之中被不斷傳述。

友都沒有什麼往來，但何先生除草撿垃圾的身影吸引了他，漸漸地他開始跟著老先生一起拔草，進而在 1998 年加入社區守望相助隊，2007 年 D10 當選永春里長，並連任至今。D10 期許自己以共同的清掃行動「整合地方」，讓「與社區協會不合」的「那一撮人」也能改變態度，「幫忙做一些事情」。我想，就是透過這些在同一地域空間中，想法各異卻願意實作的眾人協作 (collaboration)，[19] 讓一個「社區」持續深化，讓希望的種子永續傳承。

---

19 「協作」一詞原意取自 Tsing (2005)，它並非和諧團結，而指涉的是不同立場、預設、目的、願望的激盪、辯證、相互挪用、及相互理解。

參考書目

于國華

　　2002　「社區總體營造」理念的探討：全球化趨勢下的一種地方文化運動。臺北藝術大學傳統藝術研究所碩士論文。

王文誠

　　2011　反身性的社區營造：實踐性的地理學想像。都市與計劃38(1)：1-29。

行政院環境保護署

　　2000　公害糾紛處理白皮書。

何明修

　　2010　誰的家園、哪一種願景？──發展主義陰影下的社區運動。臺灣民主 季刊 7(1)：1-30。

李丁讚

　　2004　公共領域中的親密關係──對新港和大溪兩個造街個案的探討。刊於公共領域在臺灣──困境與契機，李丁讚主編，頁 357-98。臺北：桂冠。

　　2007　推薦序：社造，一種生命工程。刊於社區如何動起來，楊弘任著。臺北：群學出版社。

李承嘉、廖本全、戴政新

　　2010　地方發展的權力與行動分析：治理性與行動者網絡理論觀點的比較。臺灣土地研究 13(1)：95-133。

呂欣怡

　　2001　「地方性」的建構與轉化。文化研究月報 6。

　　2007　「社區」的本體與方法：對於臺灣當代社區研究的人類學省思。發表於「2007 年臺灣人類學與民族學年會──人類學的應用與推廣」，臺灣人類學與民族學學會主辦，臺北，10 月 27 日。

　　2009　觀光產業與地方性形構：以橫山鄉內灣村為例。客家研究 3(2)：1-48。

吳明儒、陳竹上

　2005　臺灣社區發展組織政策變遷途徑之探討。刊於臺灣的社區與組織，
　　　　李天賞編，頁 136。臺北：揚智出版社。

林秀幸

　2011　新港社區運動。刊於社會運動的年代：晚近二十年來的臺灣行動主
　　　　義，何明修、林秀幸編，頁 363-398。臺北：群學出版社。

林開世

　2002　文明研究傳統下的社群。刊於「社群」研究的省思，陳文德、黃應
　　　　貴編，頁 331-358。臺北：中央研究院民族學研究所。

洪泉湖

　2005　臺灣的多元文化。臺北：五南圖書出版有限公司。

洪鎌德

　2003　卜洛赫及其希望的哲學。國家發展研究 3(1)：1-35。

徐震

　1980　社區與社區發展。臺北：正中書局。

夏鑄九

　1999　市民參與和地方自主性：臺灣的社區營造。城市與設計學報
　　　　9/10：175-185。

　2007　做為社會動力的社區與城市：全球化下對社區營造的一點理論上的
　　　　思考。臺灣社會研究季刊 65：227-247。

容邵武

　2004　社區的界限：權利與文化的研究——臺中東勢的個案分析。考古
　　　　人類學刊 62：93-121。

莊雅仲

　2005　巡守社區：權力、衝突與都市地方政治。臺灣人類學刊 3(2)：79-
　　　　114。

　2011　永康街社會運動。刊於社會運動的年代：晚近二十年來的臺灣行動
　　　　主義，何明修、林秀幸編，頁 331-362。臺北：群學出版社。

張峻嘉

　　2005　南庄地方的區域特性形構：竹苗淺山丘陵區新興地方產業的個案分析。中國地理學會會刊 36：29-59。

張雅雲

　　2003　穿起木屐上班去：白米社區女性的性別與空間實踐。國立東華大學族群關係與文化研究所碩士論文。

陳文德

　　2002　導論：「社群」研究的回顧：理論與實踐。刊於「社群」研究的省思，陳文德、黃應貴編，頁 1-41。臺北：中央研究院民族學研究所。

　　2012　文化產業與部落發展：以卑南族為例。發表於「第一屆臺灣研究世界大學」。中央研究院主辦，臺北，4 月 28 日。

陳文德、黃應貴 編

　　2002　「社群」研究的省思。臺北：中央研究院民族學研究所。

陳其南

　　1995　社區總體營造的意義。刊於文化、產業研討會暨社區總體營造中日交流展論文集，行政院文化建設委員會主編。臺北：文化建設委員會。

陳碧琳

　　2006　臺灣在地社區營造運動與博物館型態之轉型──蘇澳白米木屐村案例之研究。國立臺灣博物館學刊 59：1-15。

黃麗玲

　　1995　新國家建構中社區角色的轉變──社區共同體的論述分析。國立臺灣大學建築與城鄉研究所碩士論文。

　　1999　從文化認同轉向區域治理──九二一地震災後重建工作對「社區總體營造」論述的挑戰。城市與設計學報 9/10：147-174。

黃應貴

　　1991　東埔社布農人的新宗教運動：兼論當前臺灣社會運動的研究。臺灣

社會研究季刊 3(2/3)：1-31。

2006　農村社會的崩解：當代臺灣農村新發展的啟示。刊於人類學的視野，黃應貴著，頁 175-192。臺北：群學出版社。

2008　反景入深林：人類學的觀照、理論與實踐。臺北：三民書局。

黃國禎

1998　文化政策、認同政治、與地域實踐——以九〇年代宜蘭為例。國立臺灣大學建築與城鄉研究所碩士論文。

黃肇新

2002　營造公民社會之困境——921災後重建兩種民間團體的理想與實踐。國立臺灣大學建築與城鄉研究所博士論文。

曾旭正

2007　臺灣的社區營造。臺北：遠足文化。

趙剛

2001　為何反全球化？如何反？臺灣社會研究季刊 44：49-146。

楊弘任

2007　社區如何動起來：黑珍珠之鄉的派系、在地師傅與社區總體營造。臺北新店：左岸文化。

楊敏芝

2002　地方文化產業與地域活化互動模式研究——以埔里酒文化產業為例。臺北大學都市計畫研究所博士論文。

顏亮一

2006　國族認同的時空想像：臺灣歷史保存概念之形成與轉化。規劃學報 33：91-106。

顏學誠

2007　考古人類學刊中漢人研究的回顧與展望。考古人類學刊 66。

鄭瑋寧

2009　文化形式的商品化、「心」的工作和經濟治理：以魯凱人的香椿產銷為例。臺灣社會學 19：107-146。

劉立偉

　　2008　社區營造的反思：城鄉差異的考量、都市發展的觀點、以及由下而
　　　　　上的理念探討。都市與計畫 35(4)：313-338。

謝國雄

　　2003　茶鄉社會誌：工資、政府與整體社會範疇。臺北：中央研究院。

Amin, Ash

　　2005　Local Community on Trial. Economy and Society 34(4): 612-633.

Appadurai, Arjun

　　1996　Modernity at Large. Minneapolis, MN: University of Minnesota Press.

Bauman, Zygmunt

　　2001　Community: Seeking Safety in an Insecure World. Cambridge, UK:
　　　　　Polity Press.

Biehl, João and Peter Locke

　　2010　Deleuze and the Anthropology of Becoming. Current Anthropology
　　　　　51(3):317-351.

Brosius, J. Peter, Anna L. Tsing, & Charles Zerner, eds.

　　2005　Communities and Conservation: Histories and Politics of Community-
　　　　　Based Natural Resource Management. Walnut Creek, CA: AltaMira
　　　　　Press.

Chuang, Ya-Chung

　　2005　Place, Identity, and Social Movements: *Shequ* and Neighborhood
　　　　　Organizing in Taipei City. Positions 13(2): 379-410.

Creed, Gerald W., ed.

　　2006　The Seductions of Community: Emancipations, Oppressions,
　　　　　Quandaries. Santa Fe, NM: School of American Research Press.

Cresswell, Tim

　　2006　地方：記憶、想像與認同 (Place: A Short Introduction)，徐苔玲、王
　　　　　志弘譯。臺北：群學出版社。

Gibson-Graham, J. K.

    2006   A Postcapitalist Politics. Minneapolis, MN: University of Minnesota Press.

Godbout, Jacques T. & Alain C. Caille

    1998   The World of the Gift. Montreal, Canada: McGill-Queen's University Press.

Gudemen, Stephen

    2008   Economy's Tension: The Dialectics of Market and Economy. New York and Oxford: Berghahn Books.

Hsu, Ching-wen

    2009   Authentic Tofu, Cosmopolitan Taiwan. Taiwan Journal of Anthropology 7(1): 3-34.

Huang, Li-ling & Jinn-yuh Hsu

    2011   From Cultural Building, Economic Revitalization to Local Partnership? The Changing Nature of Community Mobilization in Taiwan. International Planning Studies 16(2): 131-150.

Hyland, Stanley E. & Linda A. Bennett

    2005   Introduction. *In* Community Building in the Twenty-First Century. Standley Hyland, ed. Pp. 3-24. Santa Fe, NM: School of American Research Press.

Jung, Shaw-wu

    2012   Building Civil Society on Rubble: Citizenship and the Politics of Culture in Taiwan. Critique of Anthropology 32(1): 20-42.

Keller, Suzanne

    2005   Community: Pursuing the Dream, Living the Reality. Princeton, NJ: Princeton University Press.

Lu, Hsin-yi

    2002   The Politics of Locality: Making a Nation of Communities in Taiwan. New York: Routledge.

Miyazaki, Hirokazu

    2006   Economy of Dreams: Hope in Global Capitalism and Its Critiques. Cultural Anthropology 21(2): 147-172.

Putnam, Robert

    2000   Bowling Alone. New York, NY: Simon and Schuster.

Rose, Nikolas

    1999   Powers of Freedom: Reframing Political Thought. Cambridge: Cambridge University Press.

Sahlins, Marshall

    2000   Cosmologies of Capitalism: The Trans-Pacific Sector of "The World System". *In* Culture in Practice: Selected Essays. Pp. 415-469. New York, NY: Zone Books.

Tsing, Anna L.

    2001   Nature in the Making. *In* New Directions in Anthropology and Environment. Carole Crumley, ed. Pp. 3-23. Walnut Creek, CA: AltaMira Press.

    2005   Frictions: An Ethnography of Global Connection. Princeton, NJ: Princeton University Press.

Reinventing Local Culture:
From Community Building to Community
Cultural Industry

Hsin-yi Lu

Department of Anthropology, National Taiwan University

Since the 1990s, shequ (community) has become the prominent local unit in rural Taiwan owing to the collaborative projects promoted by various public sectors such as the Council of Cultural Affairs, Ministry of Economics, and Ministry of Internal Affairs. Most community-building projects in rural Taiwan are meant to revitalize local economy through reconstructing cultural resources, creating new jobs, and attracting investments. In the subsequent years, "community culture" became an integral part of Taiwan's multiculturalism as many rural communities were highlighted in cultural festivals, local tourism, local cuisines, and craft industry. Community study also becomes a significant branch in academia.

In the fast expanding area of community studies, anthropologists have not accomplished as much as scholars of other disciplines. This lacking might be due to the nature of the discipline that does not focus on emerging phenomenon such as community building. Yet, anthropology can provide unique perspective that is lacking in other disciplines. This article will first review the literature on community and community industry previously published by anthropologists. Then I will introduce my own research that explores how a group of working class rural residents build their community without traditional network resources such as kinship and religion. My main argument is that community movements create new social imaginations of Taiwanese folks and restructure the interpretive framework of their village as well as its relations with other groups. The formation of this social imagination involves a convergence of politics, imagination, and knowledge from officials, specialists, and local people. To trace the formative process of new local social order and cultural form by community movements, we need to use long-term ethnographic method and connect to the previous results from Han society studies.

Keywords: *Community Building, Community Cultural Industry, Ethnography of Contemporary Society, Local Society*

重讀臺灣漢人宗教研究：
從「國家與民間信仰的關係」的角度

張　珣

中央研究院民族學研究所

　　本文從政治與宗教的角度，亦即國家與民間信仰的角度，來回顧以人類學為主的學界對於臺灣漢人民間信仰的研究。從日治時期的增田福太郎、鈴木清一郎、富田芳郎、岡田謙等人的經典調查著作，到二次世界大戰後，臺灣早期學者曾景來、劉枝萬，到戰後來臺的大陸人類學學者凌純聲、李亦園，及上述學者影響或教育出來的臺灣本土新一代學者，回顧他們的著作中有關國家與民間信仰的論述，其中包含研究祖先崇拜者、研究祭祀圈者和研究儀式象徵者。

　　其次，國外人類學者因為無法進入大陸研究中國民間信仰，在 1960-80 年代紛紛以臺灣做為替代地點，大量而深入地研究臺灣漢人民間信仰，累積豐富的調查成果。在歐美人類學傳統與素養之下，這些學者帶著清楚堅厚的理論架構，焦點式地、主題式地針對民間信仰作調查與分析。回顧起來，很多位均觸及或專論國家與民間信仰的關係，如阿含 (E. Ahern)、武雅士 (A. Wolf)、王斯福 (S. Feuchtwang)、桑高仁 (S. Sangren)、魏勒 (R. Weller) 等。另外，有一些研究港粵但與臺灣學界密切來往者，如華琛 (J. Watson)、科大衛 (D. Faure)、蕭鳳霞 (Helen Siu)、宋怡明 (M. Szonyi) 等人，因為其著作專論政教關係，也是本文討論的對象。總上，本文將人類學的漢人民間信仰研究鑲嵌入臺灣社會發展脈絡中來解讀，並期望在國家與民間信仰互涉的架構下，整理出一個未來可以前進的基礎出來。

關鍵字：國家、民間信仰、臺灣、漢人、祭祀圈、標準化

一、前言

　　許多本土人類學者，包括筆者自己，以往在回顧民間信仰研究著作時，因為各種因素而有意無意地避開政治層面。解嚴以後，臺灣政治的自由主義氣氛讓很多禁忌題目解禁而廣被討論，「國家」是其中的一個議題。加上，此一研討會是慶祝中華民國一百年而舉行的學術會議，在回顧過去一百年學者在臺灣所進行的民間信仰研究，改朝換代帶給學術界與學者的影響不可謂不大，多少都會表現在其著作當中。筆者也首次嘗試從國家與民間信仰研究二者之間的關係來回顧，發現其實許多著作都或多或少透露出著作者所處時代的國家的影響力，或是對民間信仰採取壓制，或是採取輔導的政策。學界也就同時感受到國家政策的鬆緊，而反映在著作中。

　　然而，人類學此一學科是來源自西方且其理論架構受到西方影響很大，因此，少數學者可能不受當時代國家政策對於宗教研究的箝制，而純粹從理論層面出發，探討國家與民間信仰的內在隱微關係。那麼，某些探討國家與民間信仰的著作，就可能跳脫當時代社會氛圍，從學術理論中做出政教關係的探討。尤其是我們從西方人類學與漢學學者對於漢人宗教與民間信仰的研究著作中，可以清楚地看到此一層面。可能是他們身處外地，可能是他們的出版比較不受限於臺灣政府的檢查制度，更可能是他們採取的「他者文化」、「圈外人」(outsiders) 研究角度，讓他們更能夠透視國家與民間信仰的關係而在著作中加以呈現出來。

　　其次，民間信仰的發展或是宗教界的呼籲可能逼迫政府被動地接納某些現象，尤其解嚴之後的選舉政治重視選票的情況之下，選民的宗教信仰需求成為政治人物或國家需要考慮的選項。也就讓民間信仰或宗教可以反過來影響國家政策，而開始有了雙向的互動。相同地，學者可能學而優則仕，或是身兼政府宗教部門的官員，或是政府主動聽取採納學者的研究發現與意見，也就讓學術研究與外在政治大環境有了雙向的溝通。

　　因此，本文回顧與討論的國家與民間信仰的關係，就可以牽涉到三個層

面，而其間的關係都可能是雙向或是多向的互動，如下圖所示：

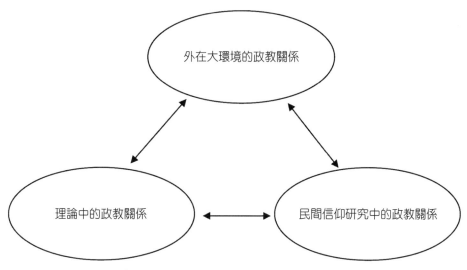

圖一、臺灣漢人民間信仰研究著作涉及的政教關係圖

　　上圖「外在大環境的政教關係」指的是臺灣百年來不同政權更替下的國家與宗教關係。清朝、日治、戰後、解嚴等不同時期的臺灣宗教受到不同的統治者的管理，此一外在政治氛圍會影響到該時期學者或文人的宗教論述。「理論中的政教關係」指的是人類學理論中對於政教關係的論述受到其所處學派與學術潮流影響，而有不同。例如 M. Freedman 著作所呈現的政教關係，是偏向結構功能論的論述，認為政治與宗教共同合作以維持社會的穩定。「民間信仰研究中的政教關係」指的是本文中所要回顧與討論到的臺灣民間信仰的研究著作中所呈現的政教關係，本文暫不涉及臺灣其他宗教的政教關係，而集中焦點在民間信仰與國家的關係。亦即，此三層面涉及到的是每一作品背後反映的當時政治環境與民間信仰的關係，學者本人有意識無意識的論述政教關係，以及筆者對作品背後政教關係的詮釋。邏輯上來說，上圖的三個層面會互相影響，但是限於時間與篇幅，本文尤其要觀察前二者對於第三者所造成的影響與表現。目的是要呼籲未來臺灣人類學家在研究民間信仰

時，對於自身所處時代環境與學術思潮更有自覺意識。

外在大環境所呈現的國家與民間信仰關係包括有幾個細項：清帝國政權與宗教政策，日本殖民政權與宗教政策，國民政府戒嚴時期政權與宗教政策，解嚴之後的政權與宗教政策。人類學理論中的政教關係包括有：結構功能論 (M. Freedman, A. Wolf)，祭祀圈（岡田謙），象徵理論 (S. Sangren)，文化權力 (James Watson, Prasenjit Duara, Helen Siu) 等不同派別與思潮。（臺灣）漢人民間信仰研究著作中，所呈現的國家與民間信仰關係包括有：投射、折射、標準化、收編、懷柔、取締、掃除、輔導等手段，比較是偏向國家對於民間信仰的影響，一種由上對下的影響。而民間信仰也可以對國家施加作用，由下對上的加強了國家威權，例如有些情況是人民自行依附、模仿、學習、認同官方所許可的民間信仰，如此一來，可以造成或加強官方許可的民間信仰的威勢。但是解嚴之後，民間信仰也可以逼迫政府做出善意的政策，例如媽祖香客到福建湄州進香帶來兩岸宗教直航政策的開放。

本文的分期為了兼顧大環境時代變遷以及重要學術思潮，在時間順序上，勉強區分為：1、清代與日治時期，2、二次大戰之後國民政府撤退來臺，3、解除戒嚴之後。其次，在戰後階段由於著作數量增多，段落分隔上，再輔以學術思潮主要區分為四部分：古代宗教與道教研究、祖先崇拜研究、祭祀圈研究、社區宗教研究。在解嚴之後的階段，由於學術交流更為自由，國外學者著作份量增大，段落分隔上，再加以區分為五部分：重訪祭祀圈、帝國象徵、用以服務國家的文化手段、國家對民間信仰的標準化、兩岸關係與認同議題。

本文行文中使用到「漢人宗教」、「民間信仰」、「民俗與信仰」、「社區宗教」等詞彙，部分是受限於所引用作品內之詞彙，部分受限於當時代學術界慣用之詞彙，尤其人類學家關心的「宗教」，通常是民間信仰而非制度宗教或教派宗教。基本上，本文要討論的是漢人民間信仰，筆者視民間信仰為儒釋道巫之綜合，也是廣義的道教。其次，本文所指一個時代之「政教」關係或「宗教政策」是廣泛指稱所有該時代之宗教，而民間信仰是該時

代宗教類別中之一類。

二、清代與日治時期（1895～1945年）的慣習調查

在進入討論日治時期學者的著作之前，我們可以先稍微回顧日治之前，清代文人所撰的地方志、遊記、雜記等，如《裨海遊記》、《淡水廳》、《諸羅縣志》、《苗栗縣志》等，這些作品中都聊備一格地對各地方的漢移民宗教習俗加以記錄。在傳統帝制中國，人民的信仰被區分為「正」或「邪」，區分標準端視其是否符合國家統治管理要求。神明得以被記載入「祀典」者，則為正神，否則為「淫祠」。因此，地方官在修纂地方志時，多會記錄地方上的正神寺廟以導引政風（林開世 2009）。從志書的記載，我們可以解讀出清代臺灣的國家對民間信仰的管理邏輯，其中又以符合儒家忠孝倫理之神祀為優先記載。以陳文達的《臺灣縣志》(1958) 為例，在〈歲時〉條下，條列民間年中重要節日及活動；〈風俗〉條下敘述漢人集會拜廟的頭家制度；〈壇廟〉條列儒家先聖先賢之壇廟；〈典禮〉敘述祭祀儒家賢聖之儀禮、祭品等，以及官方領導祭拜的城隍、社稷壇等官廟；〈寺廟〉則將道教與佛教等寺廟一併合記。再以劉良璧的《重修臺灣府志》(1977) 為例，〈風俗〉卷因成書晚，所以可綜合以前志書內容而有詳盡的漢人婚禮、喪禮、歲時祭儀等習俗記載；〈典禮〉卷下，除了有一般由官方領導舉行的祭祀儒家賢聖廟壇之敘述外，並將當時臺灣境內所有寺廟羅列備查；〈古蹟〉卷則按縣邑列有佛寺道觀。這些資料均顯示清領臺灣的國家對漢人宗教習俗的褒貶態度。亦即，清代地方志的撰寫者多數為儒學史家，渠等是站在國家教化的立場，所記多為儒道佛的壇觀寺及其禮儀。民間「小傳統」或不合法，或不合禮教的鸞堂信仰或秘密教派是不入史載的。

荷蘭人也對臺灣原住民宗教有珍貴記錄，惟大多偏於對平埔族方面（William Campell 1982；參見陳奇祿 1980：5-10）。應該是站在殖民主義與傳教立場，調查南部臺灣平埔族宗教以便傳佈基督宗教改善土著文化。接著，便是日治時代的調查，其目的最初也是為了殖民統治方便。日治時代

的有關宗教的調查大致可分三階段：一九〇〇～一九〇九年岡松參太郎負責，一九一五～一九三〇分別由丸井圭治郎與增田福太郎主持，一九四二～一九四三由宮本延人進行（林美容 1995）。這幾位調查官員的調查成果與著作，也都成為重要學術作品。

　　一九一五年八月臺南發生「西來庵」事件，[1] 日本政府警覺第一階段的調查不夠深入，因而有第二階段的調查，以便能更為有效地掌握臺灣漢人思想，防止假借宗教之名行叛變之實。此次由臺灣總督府民政部社寺課負責，針對漢人民間信仰，以防再有宗教叛變事件發生。分三次在一九一五年八月～一九一六年三月、一九一六年四月及一九一七年九月～一九一八年三月，在社寺課長丸井圭治郎領導下，全島各地的公學校教員、警察、宗教事務科員投入實際調查。其成果是各州廳的「調查書」及「宗教台帳」的完成。丸井圭治郎也綜合調查成果撰寫出《臺灣宗教調查報告書第一卷》(1919)。

　　臺灣總督府對漢人民間信仰的調查並未隨著丸井的出書而結束。一九二九年四月繼續由增田福太郎主持進行。比之丸井的普查，增田是較具學術性且有專題研究。其著作豐富，有《臺灣本島人の宗教》(1935)、《臺灣の宗教》(1939) 等，及散篇文章數十篇。其助手李添春亦有佛教及齋教方面之著述。

　　日治末期總督府推行皇民化運動，極力整理臺灣民間寺廟，手段激烈引起民怨，因而有第三階段的調查，釐清民間宮廟被破壞的情形，企圖安撫臺灣民心，恢復日本總督府威信。宮本延人時任總督府調查官，負責調查事宜。撰有《寺廟整理問題調查報告》(1988)，另有宮崎直勝的《寺廟神の昇天》(1942) 等。

　　後續又有日本年輕人員投入調查行列一直到戰後。後期的研究調查，已不只是因總督府的政治統治需要，而已進入純學術研究範圍。諸如鈴木清一郎《臺灣舊慣冠婚葬祭と年中行事》(1934, 1981)，及岡田謙有關祭祀圈的研

1　康豹 (2006) 分析西來庵事件的政治目的。亦即，余清芳假借宗教之名遂行政治革命之實。

究 (1937, 1938)，富田芳郎有關臺灣鄉鎮的研究 (1954, 1955)，及曾景來《臺灣宗教と迷信陋習》(1938)、《臺灣社寺宗教要覽》(1933) 等，均是我們研究早期漢人宗教習俗不可或缺的資料。

總合來說，日本人以外來者、殖民政府的角度調查臺灣漢人民俗與信仰，其目的是「日本帝國統治臺灣」的需求，即使該日本學者是人類學家而不是政府社寺調查官員，同樣具備國家治理之目的。日本學者的調查報告多數詳實且鉅細靡遺，參考性高，不像清朝文人遊記式的散文或方志般有「儒家」、「官書」、「史書」等封建包袱。日人論述多能遍及俗民信仰的各層面，客觀地雅俗兼容，儒佛道巫並記。

更重要的是日本學者的調查分類，已經具備有現代社會科學的思考方式，影響後來的宗教研究頗深。當時的日本學者在記錄的同時，必得有一分類以便納入紛紜的資料。以增田福太郎的《臺灣本島人の宗教》為例，在儒釋道三教之外另立一類「齋教」。[2] 齋教在大陸之名稱、性質及派別實值得進一步追溯，其為在家佛教？或儒教化的佛教？或三教合一的民間教團？至今尚莫衷一是。日本學者將齋教別立一類，使其研究性質得以突顯出來，自成一研究項目（如江燦騰等編 1994；王見川 1995）。

其次，為臺灣寺廟成立史建立一個分期階段，如渡臺期、前部落期、部落構成期、新社會成立期等（增田福太郎 1939）。分期雖粗糙且不適用於每一寺廟，但這種歷史觀，將寺廟與所在地的社區史緊密結合，是對宗教作社會史考察不可或缺的。

再其次，對全島各廟宇的主神作普查且加以辨別，確立以主神性質來決定寺廟的性質，及以主神性質為研究焦點的相關題目，諸如，將神明分類（自然神、行政神、司法神等類）、主神之傳說、主神之史實、主神與配祀神之關係、主神與部落成立淵源、以主神作為統計依據來調查其分佈範圍與成長發展等相關研究題材。後來的研究，如阮昌銳 (1982)、仇德哉 (1981)、劉

---

2 增田雖非人類學者，主要受法政學訓練，但是其所作宗教調查具人類學特色且貢獻頗多。

枝萬 (1961)、余光弘 (1983)、瞿海源 (1981) 等，均引用了日本學者的調查統計資料。

　　更其次，宗教組織的調查，如神明會、祖公會、父母會、共祭會、祭祀公業等；宗教神職人員的調查，如僧侶、道士、巫師、術士、齋友等之分佈及業務工作內容（如曾景來 1933；丸井圭治郎 1919）；民俗禮儀、歲時祭儀之記錄與描述（如鈴木清一郎 1934）。以上之研究題材均指向一個研究大類，即所謂的「漢人民間宗教信仰」。此一研究主題之確立，實與日治時期日人之研究有密切關係。

　　日治後期的研究已進入純學術及專題研究的時期，僅以著作豐富的增田福太郎為例，結合其法學訓練與宗教興趣，而探討〈青山王信仰表現出來的罪的觀念〉、〈對媽祖的崇敬與神前立誓對人的制裁力〉（見江燦騰 2005）等，均指出民間信仰具有導正人性獎善懲惡的功能，同時亦有協助國家執行法律仲裁的功能。

　　上述清朝、荷蘭時期，或日治時期，國家對民間信仰的態度都是在防止其作亂的目的之下調查並管理民間信仰。因著「清朝」、「荷蘭」、「日本」三者的「國家」性質不同，其治理臺灣的目的不同，導致宗教調查方向與成果也極為不同。後二者是殖民帝國，監督民間宗教更具有其統治目的與傳教目的。清朝為帝制中國皇朝之一，延續歷代朝廷的宗教政策，收編民間信仰神祇加以賜封，成為帝國統治地方社會的手段之一。對於宗教信仰區分正邪，也就是符合國家法律的為「正」，違反國家法律的即為「邪」。「正」與「邪」之區分，或是「祀典」與「淫祠」之區分即是符合國家法律與否之區分。同時，民間信仰的宇宙觀具有維持清帝國意識型態的功能。相對地，荷蘭與日本兩民族的宇宙觀與臺灣漢人大大不同，其對民間宗教之調查與著作相對地比較客觀，不做正邪、「淫祠」等價值區分。

　　解嚴之後，臺灣民間信仰研究中有反省國民政府的大中國思想的著作（如董芳苑 1995），卻少見反省日本殖民時期的宗教研究著作。相對於韓國學術界集中火力大力撻伐日本殖民時期對韓國宗教之壓制，臺灣學界卻對日

本殖民時代的宗教措施表現相當善意（如蔡錦堂 1994），此一現象是因為日本殖民政府對於韓國與臺灣有不同待遇？或韓國與臺灣在二次世界大戰之後分別處於不同國際局勢當中？因此導致韓國與臺灣學界對於日本殖民時期的評價態度不同？由於臺灣在後殖民或反省殖民宗教研究的作品不多，筆者在此無法完整回顧，留待後人研究。

三、二次大戰之後的民間信仰研究（1945～1987）

上述日本學者雖然隨著大戰結束，撤離臺灣的人類學相關研究領域，但他們的影響卻沒消失，而在戰後臺灣漢人宗教研究中有某種程度的作用。其次，此時期加入跟隨國民政府撤退來臺的中國人類學家們，限於篇幅，古代宗教與道教研究小節主要討論凌純聲與劉枝萬的作品。

（一）古代宗教與道教研究

首先是此一時期的靈魂人物凌純聲先生，他在《中央研究院民族學研究所集刊》及《臺灣大學考古人類學刊》陸續發表的文章，可以代表這一階段的理論取向及所關懷的主題。表面上看凌先生文章，在時間上自新石器時代到上古到現代，學科上有用史學文獻、民俗學習俗、考古學出土物、民族學少數民族材料等多方面材料，空間上自西亞—東亞—中國—東南亞—太平洋區均有涵蓋，文化項目上有帆筏、吐舌人像、樹皮布、玉石兵器、瑞圭、犬祭、嚼酒、宗廟社稷、神主性器崇拜、封禪、西王母、古王陵等。事實上，他主要關懷環太平洋區文化的傳播與變遷問題，而身為中國人又受過漢學及民族學訓練，他特別關注中國文化起源與傳播問題，想利用人類學和民族學訓練所拿到的科學資料來新解中國古史上的問題，也想利用漢學訓練得來的中國上古文獻資料，補充及減除世界人類學界的大洋洲研究總是遺漏中國部分之遺憾（凌純聲 1961a、1961b）。

凌純聲本人並未調查臺灣漢人民間信仰，但是他的研究架構影響了他的

學生，例如張光直對於中國古代祭祖儀式的研究，與李亦園對於臺灣民間信仰的研究，詳後述。此時期實際進入民間進行調查的是日治時期留續下來的臺灣學者，如劉枝萬、林衡道、陳奇祿等人。劉枝萬可以說繼承了日本學者戰前在臺調查的學術旨趣，而進行他的宗教研究，對比起當時主流的歐美人類學家視宗教為社會結構的附屬品，劉先生與另一位同方向的林衡道，可以說是視宗教本身為一獨立研究實體，來進行臺灣寺廟的普查，及清帳工作。劉先生自述原在省文獻會任職，了解日人幾次在臺宗教調查經過，及所完成「寺廟台帳」資料之可貴，而想繼續此一基本而又極富價值之工作。除了親身走訪各地採集，也透過省政府，通飭各縣市政府所轄鄉鎮區負責調查。劉先生再將彙集來的資料整理成冊發表（劉枝萬 1960、1963a）。

　　劉先生二篇瘟神信仰與瘟神廟之研究（劉枝萬 1963b、1966），主要考據瘟神傳說的起源，臺灣瘟神廟之分佈，瘟神與王爺的相近性，並替瘟神信仰演化過程作五階段說明。此後劉先生因其道士訓練背景，而對臺灣各地醮儀展開一連串記錄與研究：松山（劉枝萬 1967）、龍潭（劉枝萬 1971）、中和（劉枝萬 1972）、樹林（劉枝萬 1974）、中壢（劉枝萬 1974）、西港（劉枝萬 1979），為七〇年代臺灣道士團、醮場內外，及醮儀內容作一學術性記錄，至今仍為中外道教研究學者尊崇。一九七四年的〈中國醮祭釋疑〉及〈中國修齋考〉二文，則從歷代中國文獻，考證道教最重要的二大儀式「齋」、「醮」的文字學起源，及歷朝官方修齋記錄。一九七四年的〈中國稻米信仰緒論〉一文，則對在中國民間信仰中，在祭神、通過儀禮、辟邪、招魂、占卜、黑巫術等儀式中，用途甚多的稻米，作一基本知識的文獻考查。諸如稻作起源、五穀種類、敬穀觀念、賤穀報應、穀神崇拜等項做說明。此文寫法頗似上一期歷史學派作法，惟少了文化傳播論的包袱，因而能突顯出宗教主題本色。

　　凌純聲的歷史學派的作法有其瓶頸，在世界人類學潮流下也漸失其重要性，進行實際田野調查的功能學派漸取而代之。對中國地區的漢人宗教田野調查，除了傳教士時代作的，陸續有歐、美人類學家，及中國人類學家也有

作 (M. C. Yang 1945; C.K. Yang 1961)，即使大陸淪陷後不得進入中國本土，但香港及新加坡的華人社會也有人作 (J. M. Potter 1968; Hugh Baker 1964; Maurice Freedman 1958)，累積的人類學調查報告不可謂不多。但這些資料似未被當時的臺灣人類學家所重視。

在民族所方面如此，在臺灣大學人類學系方面亦如此。陳奇祿說「過去幾十年間中日學者從事臺灣人類學和社會人類學研究，已有了不少業績。……感到似乎過分側重於民族學而忽略了社會人類學的研究。在民族學的諸部門，則宗教方面工作最少。」（陳奇祿 1960：152）但是這樣的研究比重在一九六五年左右有了變化。一方面人類學家研究的原始社會漸漸消失，一方面社會需要人類學家研究與關心自己的社會問題。這種世界人類學潮流也影響到臺灣人類學界，而開始有了調整。

這一時期的人類學者其研究漢人宗教的著作，可以說是反映了戰後國民政府撤退到臺有如驚弓之鳥，對於涉嫌共產黨或任何批評國民政府之言論都加以監禁，宗教政策是維持既有的合法宗教，不容許成立新興宗教或民間教派等「不合法」宗教，繼續推行在大陸已經開始的「掃除迷信陋習」。戒嚴時期的臺灣，國家與宗教關係是以警察與司法機關威權的監督與取締。

同時，國民黨代表帝制中國遺緒重新取得在臺政權，強調臺灣漢人民間信仰延續帝制中國宗教，強調閩粵移民在臺灣紮根繁衍，無論在宗族或宗教習俗上均傳承自閩粵家鄉，強調民間信仰的大中國一致性，不談臺灣本土的特質或歧異。基本上，對於日本在臺五十年之宗教政策或對臺灣漢人民俗等之影響，暫時不予考慮，甚或可說漠視日人著作，述及臺灣歷史強調明鄭清代到光復，略過日本殖民時期。無論是凌純聲或劉枝萬的著作都避免討論當時民間信仰或國家社會的現實問題，前者是處理古代宗教，後者是處理道教儀式，遠離國家與宗教議題，即使二位學者應該知道當時國民政府實施的「掃除迷信」、「取締乩童神壇」等宗教政策。可見當時政治環境對於宗教研究有侷限作用。再者，當時所使用之學術詞彙亦從中國本位出發，例如「日據時期」、「光復時期」。

（二）祖先崇拜研究

臺灣大學人類學系在一九六五年開始舉行一連串臺灣研究研討會，而中研院民族所也在一九六五年，由李亦園首先在彰化縣伸港鄉泉州厝農村社區研究，王崧興也在同年，在宜蘭縣龜山島作漁村社區調查。由臺灣大學人類學系與歷史學系合辦，哈佛燕京學社贊助的臺灣研究研討會，針對臺灣漢人歷史研究中的方法、題材等各方面開了七次會議，其中第三次為「臺灣的民間宗教信仰」，可以說是臺灣學界民間信仰方面第一次的研討會。主席陳奇祿在會中指出「民間信仰」就是相當於英文的 Folk Belief，是研究社會中低階層民眾的宗教信仰。會中，並由黃得時報告臺灣民間信仰的特徵是鬼神的人格化；劉枝萬報告臺灣寺廟調查概況；陳漢光談傀儡戲與民間信仰；林衡道報告臺灣的地方性神明大都源自閩粵，但也有閩粵以外的。但是，任教於臺大人類學系的先生們，並未因為此次研討會，而有後續宗教研究工作或文章問世。在開課方面，漢人宗教的教課也一直由民族所的李亦園來擔任。

中研院民族所方面，這一時期漢人研究，據莊英章回顧主要有三個階段（莊英章 1981）：(1) 一九六五年，李亦園、王崧興分別在彰化及龜山島研究，(2)「漢人研究小組」期（1968～1970年），由李亦園帶領許嘉明、徐正光、黃樹民、李芬蓮及莊英章等從事，陳中民則於一九七〇年加入，(3) 集體計劃期，有三個主要的集體計劃，陸續展開：(a) 臺灣農村社會發展，由王崧興、陳祥水、莊英章等人進行花壇鄉、九如鄉、竹山鎮的調查；(b) 臺灣北部地區社會文化變遷，由文崇一及許嘉明、瞿海源、徐正光、許木柱、蕭新煌等，從事萬華、關渡、大溪、龜山四個社區的田野調查；(c) 濁水大肚溪計劃，張光直總主持，王崧興任執行秘書，李亦園主持民族學部門，參加者有許嘉明、施振民等十餘位先生。

民族所這一連串漢人研究計劃中，有關宗教部分的有一個焦點，即以研究漢人親屬宗族組織而延伸的祖先崇拜研究；有一個承先啟後的創見：即祭祀圈架構的提出。以下我們詳述這二個研究點的背景及成果。

功能學派的 M. Freedman 研究中國家族與親屬組織及祖先崇拜時，目的不

只是明白中國繼嗣群或稱宗族 (lineage) 與非洲繼嗣群的異同，中國的祖先認定與非洲有何異同，更重要的是想探討中國社會組成原則是什麼。在這個大架構之下，宗族與祖先崇拜研究，及祭祀圈理論，分別從二個途徑想解釋臺灣漢人社會的組成原則。當國家力量薄弱時，如 Freedman 所假設的地處中國帝國邊疆地區的廣東，或是移民時期的臺灣社會，前者是以民間的宗族，後者是以宗教組織來結合人群。地方政府是透過控制宗族與宗教組織來維持地方治安。

　　據黃應貴統計，一九六五到一九八二年之間，《中央研究院民族學研究所集刊》中，漢人社會研究論文共 46 篇，其中做「家族、宗族與親屬」的有 22 篇，「宗教儀式」的只有 4 篇。而做宗族親屬組織的，又有 14 篇直接引用 Freedman《東南中國世系組織》(1958) 一書，可見 Freedman 的重要性（黃應貴 1984：119）。 許嘉明對此背景的說明是：六〇年代美國在亞洲事務頻遭挫折，才掀起一股研究占亞洲人口四分之一的漢人社會的熱潮。然囿於中國大陸鐵幕深鎖，便轉而以臺灣為代用田野（陳紹馨 1966）。小自村落，大至鄉鎮調查，均企圖與一九四九年以前的大陸研究，作一對比，以達到了解「大」中國社會結構之目的。一九四九年以前來臺的漢人移民祖籍多屬閩粵，也就常以 M. Freedman 的閩粵研究成果作基準（許嘉明 1978）。王崧興認為漢人研究遲遲未展開，以及展開後主受 Freedman 影響，乃是因為臺灣當時的政治社會禁忌（王崧興 1991）。 Freedman 書中的主要論點，由於均屬中國社會結構及宗族結構，於此不詳載，可參見莊英章 (1971, 1975, 1978) 及陳其南 (1987, 1990)，而與祖先崇拜有關係的論點則見陳中民 (1967)、王崧興 (1971)、陳祥水 (1975, 1978)、李亦園 (1986)、吳燕和 (1986) 等人的作品。

　　此時期主要採取 Freedman 的結構功能論來討論中國宗教對於維持地方整合的作用，祖先崇拜在維繫個人與傳統上的功能，不外呼應了國家當時保守與謀求社會安定的大環境需求，作品強調每個人鑲嵌在家族與宗族中的角色，強調每個家族對於國家社會安定的重要性。透露出國家與祖先崇拜是宗法制度的表現，具有同一目標，即為維持和諧社會。其次，此一時期的祖先崇拜研究亦反映了當時的大中國意識型態，臺灣每一家族均可以回溯其來臺

祖先，所謂的「開臺祖」，而原鄉祖籍地「穎川陳」、「九牧林」等堂號更是載明於祖墳上。然而，異於前面凌純聲時期的是，臺灣新一代人類學家注意到臺灣宗族異於華南宗族之處，祖先崇拜上也出現異姓公媽等情形，而日本時代的民間信仰作品也開始被引述了，即為祭祀圈的研究。

（三）祭祀圈與村廟研究

華南地區的村落可以由宗族血緣組織形成的單姓村，作為社會構成基本單位，臺灣早期移墾因非舉族而遷，單姓村落較難組成，且由莊英章竹山的例子，可知早期地緣性村廟比血緣性宗祠出現為早。陳祥水之研究又說明中國傳統非正軌的招贅婚在臺灣特別盛行，異姓公媽牌的祭祀也妨礙單姓世系群和氏族地位的鞏固和發展。但血緣的宗族組織雖非地方組織核心，卻也常是地方主要群體，胡台麗的臺中南屯字姓戲即是氏族或宗親會介入地域組織和活動的證明。

宗族與單姓村既非早期臺灣移民聚落的主要組織原則與型態，那麼，早期移民結合群居是因貨物交換需要而形成的市集村落嗎？William G. Skinner 在四川盆地發展出的市場體系理論 (Skinner 1964)，被 Lawrence W. Chrissman 用來驗證彰化平原早期村落結構，效果並不理想 (Crissman 1972)。日本學者岡田謙在臺北士林的調查，發現不同祖籍人群祭拜不同祖籍神明來區分人群，而這祭祀範圍、婚域，及市集交易範圍重疊。岡田謙因而提出「祭祀圈」概念，來分析宗教與社會組織（岡田謙 1960）。

施振民 (1975) 與許嘉明二人便轉而以祭祀圈來解釋臺灣早期村落形成因素。許嘉明則為祭祀圈下一定義，給與四個指標，以確認祭祀圈之範圍（許嘉明 1978）。同時期稍早，王世慶也以樹林區主祭神的信仰範圍來分別人群範圍，唯他稱此範圍為「信仰圈」（王世慶 1972）。

重新拿出日本學者的祭祀圈概念使用，以及重視臺灣本土現象異於原鄉中國的民間信仰組織，並且能夠進入鄉村進行長時期蹲點調查，顯示出當時國民黨政府進入穩定統治階段，而學界也逐漸展露出比前一「祖先崇拜」研

究議題更為自由的氣氛，可以調查當下現實的宗教活動與組織。雖然「祖先崇拜」與「祭祀圈」兩個理論概念其實背後均是呼應結構功能學派所強調的社會各組成成分之間的整合與和諧。亦即，學者的研究仍然隱含著其與國家權威力量之間的妥協與默契。

（四）社區宗教研究

此階段最後一個主題，乃是屬前述漢人社區研究計劃中宗教部分的著述。其實，王崧興在《龜山島》一書中，即闢有專章討論龜山島民的宗教生活。王先生以「全社性—群體性—私人性」三層次，來說明社區內宗教活動的類別（王崧興 1967）。參與萬華社區研究計劃諸先生中，黃順二從龍山寺歷次重修捐款信徒之居住範圍，推測一九二〇年時，龍山寺已由艋舺三邑人的地方廟宇，發展為包括大稻埕，及全臺北盆地三邑人共同祭拜中心之一（黃順二 1975）。基本上，黃順二已能跳脫祭祀圈概念的同時限 (synchronic)的限制，而注意到祭祀圈的隨時代社會變遷而發展的新形態。雖然全文未提祭祀圈三個字，但頗能呼應祭祀圈的研究方向。關渡的集體調查中，許嘉明仍持續試測祭祀圈概念的可行性。惟在這次調查中與彰化平原不同的是：1. 調查範圍內的五個祭祀圈（祭祀角落）的劃分，與原來的聚落單位並不一致，2. 祭祀圈外的人家也要在該節日祭拜，只是沒有祭祀圈內人家那麼鋪張又宴客，3. 調查範圍內的五個祭祀圈，與文中介紹的五個廟宇祭祀範圍並不相應。顯然的，祭祀圈在關渡平原，無法被有效地推論為是移民初入關渡平原時的聚落範圍劃分，祭祀圈的劃分反而是社區形成後因祭典節日過多，居民負荷不了而劃分成五個（文崇一、許嘉明 1975：137）。因此，文中雖未反省祭祀圈在鄉鎮層級的適用性，但文中同時採用王崧興的社區性／群體性／私人性三階次來說明宗教活動，似也說明祭祀圈一個概念無法全面地分析整個社區的所有宗教組織與活動。

此階段後期有一重要討論會，即李亦園於一九八二年，由臺灣省政府民政廳在東海大學召開的「民間信仰與社會」研討會。此研討會無關乎Freedman 或岡田謙的理論，而是呈現當時臺灣經濟起飛之後隨之而來的宗

教變遷。會中，李亦園說明臺灣民間宗教有二項趨勢：1. 功利主義，2. 對功利主義反動的趨勢，即道德復振教派的盛行。此文，反映了當時臺灣社會脈動。

　　李亦園自一九六五年在民族所領導漢人社區研究，即著重臺灣漢人社會全面的探討，基於宗教乃社會結構重要成分，對民間信仰也多所著述。除了已提及的談冥婚的文章 (Li 1966)，及〈中國家族與其儀式〉檢討祖先崇拜等家族儀式外，依序有：從文化心理學角度分析冥婚、童乩問病、風水三項儀式的功能，是滿足個人在親族系統中，獲得一正常地位的欲望（李亦園 1972：189）。運用 Mary Douglas「群／格」向度理論，分析戰後臺灣民間信仰，及外來宗教二者產生的新興「特殊教派」的儀式行為，及信徒的心態和人格特徵（李亦園 1984a）。一九七八年的《信仰與文化》一書，包括有乩童的社會功能探討，及乩童與薩滿術 (Shamanism) 的關係，從祭拜場所、祭品與香火為民間信仰整理出一個象徵系統，及其它幾篇泛談世界宗教心理、宗教變遷、宗教問題的文章。從個人有機體系統、人際關係系統、自然關係系統三層面和諧均衡的架構，說明中國傳統信仰中的宇宙觀，及其運作原則（李亦園 1996）。一篇歸納當前臺灣宗教信仰所引起的社會問題，主要有二：1. 太強調滿足個人心理及物質立即性需求的功利主義；2. 狂熱的復振型教派的活躍，二者帶來民間信仰與傳統道德之脫節（李亦園 1984b）。一篇自宗教信仰如何回應現代化的衝擊的角度，分析臺灣目前有二個現象最具代表性：1. 神媒儀式盛行；2. 一貫道及恩主公崇拜叢等虔信教派的興起（李亦園 1985）。李先生的文章常常有提綱挈領式的觀察與歸納，且能兼顧理論與田野現實，忠實反映出臺灣宗教的變遷過程。

　　此時期的臺灣經濟起飛，政治穩定，隨著臺灣工業化與都市化程度越高，流動人口越多，人際疏離越深，個人性宗教逐漸取代傳統社區宗教，國內成立或國外輸入的新興宗教或教派宗教，紛紛浮上臺面，爭取信徒，爭取合法登記，臺灣原有的威權主義國家性質正在朝著自由主義國家性質的方向走，國家與宗教的關係朝向多元開放自由的關係邁進。而李亦園及其學生宋

光宇在一貫道、慈惠堂等新興教派的興起時，能夠跟隨並貼緊地研究，也說明此時國家威權政治氛圍的鬆動。

李亦園由於著作豐富，學生眾多，其對臺灣宗教研究的意見經常被當時臺灣省民政廳官員接納，而且經常擔任政府宗教相關部門職員的在職訓練課程的教授，以及全臺灣各宗教單位負責人受訓課程的教授。據筆者所知，戰後國民黨政府對於管制甚嚴的乩童、靈媒或部分民間信仰大型儀式活動，能夠逐漸鬆綁或釋出善意，李亦園等人類學者應該是有貢獻的。甚至，一九九〇年代臺灣各類新興宗教出現，有些衛道人士擔心造成社會亂象，法務部等政府單位也曾經向李亦園等人類學者諮詢因應之道。

宋光宇對於一貫道深入而且長期的研究，解除了戰後臺灣政府對於「鴨蛋教」[3]的不解與歧視，其著作《天道鉤沈》成為一貫道各個壇堂必備的教內典籍。讓一貫道的壇堂逐漸向社會大眾公開並且公開傳教，而有後來的立法開放，成為臺灣合法宗教之一。乃至於開啟了越來越多後輩年輕學子對於遭禁的傳統教派以及新興宗教的研究，給予解嚴以後內政部開放宗教登記合法的學理基礎。這些都說明了學界與學者和政府官員的雙向溝通，可以協助國家宗教政策的鬆綁與彈性措施。

四、解除戒嚴之後的民間信仰研究（1987～2011）

（一）重訪祭祀圈

林美容由草屯鎮誌開發史之編纂工作，深入臺灣中部鄉下社會生活，探討聚落的形成與發展，因而觸及血緣宗族組織與地緣的祭祀圈組織。在一篇會議論文〈草屯鎮之聚落發展與宗族發展〉(1986) 中，林女士首次處理祭祀圈問題，她問了二個值得反省前人祭祀圈概念之問題，一、岡田謙的祭祀

---

3 民間對於一貫道的歧視稱法。

圈包括祖先祭祀和神明祭祀，施振民的定義也同時包含寺廟神和祖先神，許嘉明則著重村廟神，鬼則從未被以上三人考慮，林女士遂問：一個合宜的祭祀圈模式應該包括那些祭祀對象？是否神、祖先、鬼等都要涵蓋？事實上，在林女士後來的研究中，均去除祖先與鬼，而只就寺廟神來談祭祀圈。第二個問題是筆者自林女士〈草屯鎮之聚落發展與宗族發展〉一文引申的：如果以往研究宗族的學者，僅重視宗族組織本身的發展，而未把宗族當作地方組織，那麼，研究祭祀圈者可否只重視祭祀圈組織本身發展，而不視之為地方組織？事實上林女士在後來研究中，兼採二個角度來處理祭祀圈，一個是視祭祀圈為宗教組織（林美容 1988）， 一個是視祭祀圈為地方組織（林美容 1987）。

　　林美容由草屯鎮地方史進入早期漢人移墾時的社會組織，進而探討藉宗教來結合地方組織的祭祀圈，繼而擴大到信仰圈概念的確立。[4] 綜合來說，紮實細密的草屯鎮田野材料，提供林女士對祭祀圈等地方宗教組織一個好的反省基礎，加上林女士關懷「臺灣民間信仰的『社會』本質」及突顯「臺灣民間宗教發展的自主性，完全是漢人在臺灣社會與歷史的特殊脈絡下，依據幾種不同的地域人群之結合原則而產生，與官方宗教無涉」（林美容 1988：97），一系列的著述，延續了社會人類學對民間信仰的研究旨趣，即從社會結構面探討宗教。但也因此而忽略了宗教性地方組織（祭祀圈）與地緣性宗教組織（神明會）之分別。地方史上二者極易互相滲透而難以分開。但一個以結合同庄人而藉宗教組成的「祭祀圈」，是異於一個以神明會為本質而要求成員共同居住在同一地區的地緣性宗教組織。先前岡田謙、許嘉明、施振民等，尚未討論祭祀圈與國家之關係，林美容將祭祀圈視為地方組織，可以說是將臺灣早期移民社會的薄弱國家力量與民間自主性呈現出來了。

　　林美容把祭祀圈視為臺灣漢族移民社會特有的歷史產物，甚至認為是臺灣民間社會自主性的發展，完全是老百姓的自發性組織，與國家的行政官僚

---

4 祭祀圈指村落層級的民間信仰組織，信仰圈指超鄉鎮層級大型地方性的民間信仰組織。

體制無關（林美容1988：120）。廈門大學歷史學教授鄭振滿 (1997) 以莆田江口平原的資料說明，大陸傳統社會的區域研究中，也發現此類地域組織的普遍存在，其社會性質未必完全是老百姓的自發性組織。他認為：1、祭祀圈不是民間自發的志願組織，而是國家里甲制度的演變，2、祭祀圈不是臺灣漢族移民社會之特殊產物，而是中國傳統社會中普遍現象，3、祭祀圈的形成需要對長時期的歷史文獻，尤其是國家的賦役制度、財政體制、保甲制度等作考察，而不只是人類學之調查，可以完全解釋清楚。鄭振滿因而呼籲希望能對臺灣與內地之祭祀圈作深入之對比研究。鄭振滿 (1997)、王銘銘 (Wang 1995)、或劉永華 (1994) 等大陸學者會對臺灣祭祀圈研究有興趣，多半是著眼於宗教組織及其活動僅為社會結構，或說社會組織原則與活動之反映的論點。而大陸學者也多半強調國家對於地方社會的各種控制與滲透方式。綜合來說，大陸學者對於臺灣方面祭祀圈研究的爭論，主要集中在三個問題：1、市場、村廟、宗族三個模式應該分開或並用考察？2、祭祀圈是民間的志願組織或歷史上曾受官方行政制度影響？3、祭祀圈是移民社會才有或帝國時期中國即有？

鄭振滿與劉永華之文指出，因為明初法定的里甲制度與祭祀組織的同一與配套作用，使得村廟因而負起了各種經濟、政治、文化祭祀、法律仲裁等之任務。二人之論文也指出宗族與地方祭祀組織有不同層面之互動過程。王銘銘之文更可以看到村廟也負責有調查戶口與人口之責任，村廟對丁口錢之收取也才有其法定給予之權力。筆者以為這些探討多少解釋了何以村廟具有各種社會功能，尤其是收取丁口錢之權力。這些讓我們對臺灣祭祀圈之理解有相當大助益。即使在國家勢力薄弱的臺灣移民社會，祭祀圈仍然帶有歷史上（明清）國家的影子。

而林美容強調祭祀圈的民間自主性的一面，大陸學者強調祭祀圈的國家治理性的一面，似乎也透露出學者身處不同政治大環境之下，其作品帶有的不同側重面。正可說明本文前言圖一所示，大環境的政教氛圍與國家性格無形中影響了學術作品。

（二）帝國象徵

　　從 Skinner、Freedman 以及社區層面的祭祀圈研究，要提升到下文所討論的視民間信仰為全國性質的文化權力層面之間有一個轉折階段，有幾位國外人類學家對臺灣民間信仰的研究作了一個重要的橋樑轉接工作，讓後來的中國研究者可以視宗教為一種文化象徵，或一種意識型態。首先，是 A. Wolf 著名的文章〈神、鬼、祖先〉，將民間宗教中的神靈結構視為帝國時期中國社會結構之投射。神、祖先、鬼三個類別分別反映官員、親屬、陌生人三個俗世人間社會類別。神明既然有如人間的官員，則一般人在膜拜神明時，是否有如在與官員互動時之心態與模式？在向官員求情時是否有如向神明祈求時之意識？E. Ahern 針對這一組「官員—神明」之對應，做進一步的衍生討論：如果民間宗教中祭拜媽祖或祖師公的宗教儀式與排場，是以政治官僚體系的禮儀與排場為藍本，則一般中國老百姓當他們在行使或參與宗教儀式時，他們其實也同時學習了一套政治遊戲與來往規矩 (Ahern 1981)。可以說 Ahern 將民間信仰視為帝國官僚體系與其權威展現方式之模仿。

　　S. Feuchtwang 在他 1974 年出版的文章已經顯示他對政治與民間信仰之間關係的興趣。他注意到清代、日據以及民國政府對地方廟宇的管制政策有所不同。臺北市廟宇在 20 世紀多了幾個大型廟宇，如孔廟、行天宮、覺修宮、指南宮、省城隍廟，它們的共同特質為神明形象是具備比較普遍道德教化的，與舊社區無關，而可吸引來自各地的信徒；它們並非一般香火廟依賴信徒香火收入，而是有政府經費支持；最後，它們也不是某個老廟的分支。作者認為這幾個大廟之成立或推展應該與國民黨政府合法化其為外來政權的政策之一有關。1977 年的文章藉著傳統中國在許多城市舉行的城隍祭祀與信仰說明國家宗教 (state religion) 或說官方宗教 (official religion) 是政府治理民眾的一套工具，兼由意識型態與官僚體制來控制民眾。1992 年的書更進一步討論並修正了 Emily Ahern 的架構，提出他的「帝國隱喻性的統治」(imperial metaphorical domination)。認為民間信仰不純粹是模仿官僚體制，民間有其自己的版本，有時甚至相反於官方說法。然而無論是城市內城隍信仰，或明朝頒佈的保甲制度要求村里按月祭祀、宣讀鄉約管束行為、組織團練保衛村里

等，帝國上下內外均有行政官僚體制可以透過宗教信仰來達到管制人民之目的。民間信仰仍然很大程度反映了中央權威、以及帝國官僚體制的意識型態邏輯。

Feuchtwang (2006) 更是將他自己對於國家與民間信仰的關係清楚呈現，認為民間信仰可以是漢人民間表現民主的一個場域，建醮或選取爐主頭家時，個別村落，個別家戶，都有其自主性，展現民間的獨立個體運作方式。建醮時候每一個村落或社區，更是透過道士等儀式專家營造出個別村落作為宇宙中心的圖像，迥異於平日的村落或地方服膺於帝國的制式想像。

我們可以說一般學者均同意村廟與地方政治有密切關係，但是這幾位學者更關心村廟與更大範圍之政治，或說全中國帝國政治之間之關係。尤其是經由一般小民可以參與的村廟祭儀，長久以來被滲透了濃厚的帝國統治所需的意識型態。雖然是邊疆臺灣，或石碇的山區村落仍然在意識型態上接受了帝國——透過民間信仰——的統治，而使得中央—地方之間有了一個看不到的象徵層面的連接。

另一位將社區內的地方祭祀活動的重要性提升到解釋社會文化層面，將民間信仰視為文化中重要價值觀的象徵表現 (symbolic representation) 的人物是 S. Sangren。他的最初疑問是仔細看每個人，或每個村莊舉行的祭祀活動，或對宗教信仰的詮釋均不相同，那麼總加起來如何成其為一個中國的宗教信仰？Sangren 認為在實際行為層面，經由進香將不同村莊聚合，信徒透過互相比較與互動而形成一體感。而在信仰層面，彼此之間共同的陰陽宇宙觀將所有人納入同一宗教體系內，他稱之為具有支配性的宇宙觀 (hegemonic cosmology)。因此，即使在地方或社區層面似乎差異性很大，但是整體來說，整個中國文化區域內的宗教相似性仍很高。此外，Sangren 的桃園大溪田野讓他理解到民間信仰的核心觀念「靈驗」，而提出民間的邏輯「靈」迥異於國家的「正邪」控制邏輯 (Sangren 1987)。2003 年的文章更明白指出，多年來他研究村落的儀式象徵目的即在找尋那張看不到的連結中國成一個文化的網。村落進香在超越社區的同時也建構社區之認同，而認同是多面向而且複雜的

(Sangren 2003a)。

　　Sangren 和 Feuchtwang 兩人在發展他們的理論時期均受惠於 Skinner 市場理論，注意到地區與中央如何銜接的問題。然而臺灣的田野又都讓他們觀察到祭祀組織與信仰符號對社區界定之不可或缺性，讓他們嘗試在政治 (Feuchtwang) 經濟 (Sangren) 之外，增加了宇宙觀與地方象徵體系（神明崇拜與進香活動）之間關係的探討。也都能在更細膩的田野調查基礎上，補充原先 Freedman 或 Wolf 架構中的對於帝國控制民間信仰的單向與靜態的作用力，提出歷史面向的重要性，提出民間邏輯「靈」不同於國家「正邪」邏輯，提出民間信仰實際操作時候的自主性質等。都說明了越來越詳細的調查，可以針對單向的國家與民間信仰關係提出辯證性的討論。

（三）民間信仰為服務國家的文化手段

　　有了 Wolf、Ahern、Feuchtwang 和 Sangren 等人一步一步地鋪陳、釐清並建構了民間信仰背後的政治意識型態、以及文化象徵系統的理論之後，漢人的國家與民間信仰之研究可以說開始進入另外一個階段。視野更廣、層面更多、分析也要求更深。漢學家杜贊奇 (Prasenjit Duara 1988) 主要研究華北而非臺灣，自稱受解構分析者和後現代主義者之影響，身為文化研究者之一的他開始探討文化與權力之間的關係。他認為象徵符號、思想意識和價值觀念本質上都是政治性的。它們或是統治機器的一部分，或是反叛者的工具，或是二者兼有。象徵符號（如宗教）之所以具有權威性，正是由於人們為了控制這些符號和象徵而不斷地爭鬥。作者利用日人的滿鐵調查資料中，華北農村的經濟水利以及關帝信仰等等資料來說明他的論點。[5]

　　作者用了一個新創的詞彙「權力的文化網絡」(cultural nexus of power) 指一切非正式的人際關係網，以及其象徵與規範，而宗族與民間信仰是其中最

---

5 有讀者以為 Duara 書談中國政治非關宗教。筆者以為民間信仰並非只限於表面可見之儀式或信仰，而尚可包括存在於不可見之宇宙觀、社會生活準則、政治哲學等等之觀念。

重要的成分。文化網絡是小民賴以生活的準則，也是小民據以抵抗國家權力的憑藉。因此，國家常要馴服並收編文化網絡以便滲透入小民的世界，進入村莊，徵稅徵糧徵勞力等等。長期以來，國家在宗族與民間信仰的信仰觀念層面均已經取得某種和諧，例如，在宗族內的是士大夫科舉價值觀與服務天朝的觀念；在民間信仰內的是神明階層與官僚體制互相增強，官僚體制藉著祭孔或祭拜關帝天后等神明來籠絡小民，也合法化此些民間信仰。國家與宗族或民間信仰之間的和諧還有另一個媒介，就是透過鄉紳，作為一個上情下達，下情上傳之媒介。Duara 認為中國就是這樣藉著國家的正式權力以及文化網絡的非正式權力二者之協調，進行中央與地方，國家與社會之間的制衡與統治。然而，民眾也不是任由國家蹂躪的順民，國家固然在宗族與民間信仰上千方百計籠絡民眾，但是每當暴政或苛稅無度時，民眾也會利用宗族或民間信仰來反抗國家。因此說宗族與民間信仰等文化權力是制衡國家正式權力之利器。

不只 Freedman 的宗族成為 Duara 文化權力網絡之一部分，Skinner 的市場網絡也被他吸納成為其中一部份。Duara 強調市場體系的確左右村民很多社會經濟活動之範圍，但是若沒有村民個人的人際關係紐帶，市場網絡是起不了作用的。所以從文化網絡來看比從市場網絡來看視野更廣。亦即，市場體系加上村民自己的各種人際關係紐帶聯合起來共同決定鄉村之經濟。

Duara 明白表示現代化後的中國大陸新政權把社區廟會與宗族都解散了，此舉在表面上是現代化的措施，其實不僅削弱鄉村民眾與鄉紳之間的關係，也疏遠了民眾與國家政權之間之聯繫。在國家來說，其實損失大於收穫。Duara 認為民間信仰在中國不是如馬克思說的亞細亞帝國統治模式的鴉片，或韋伯說的以儒教為主的一套意識型態與科舉制度。Duara 以水利會的龍王祭祀與村莊內的關帝信仰為例，說明中國民間信仰是農民信仰加上儒家思想交織而成。在 Duara 詮釋下，民間信仰不只有其主動性，他賦予宗教更民間化，更非正式化，更滲透性的權力觀點，因此稱之為「文化的網絡」，是一個小民賴以維生的準則與宇宙觀。最後，他並提出鄉村民間信仰組織與國家政權之間可以有三個關連：1、村廟組織經常是村民討論公共事務之地點，也是最

開放的公共空間。2、村廟組織也是小民利用來晉升仕紳，取得地方政權，或甚至亂世時奪取政權的工具。鄉村廟會中的香首通常是鄉紳，鄉紳也是經常被委派成地方領袖，或青苗會等組織之領導人，以服務國家並滿足地方政府的需要。民間信仰活動與廟會因此也常是地方領袖進身仕途之最佳場合與機會。3、通過關帝等信仰使鄉紳在文化意識和價值觀層面與國家以及上層士大夫理念一致。因此民間信仰與政權的和諧存在是傳統中國帝國統治成功不可或缺之因素。

關於「村廟組織是小民獲取地方政權的途徑」這點，蕭鳳霞 (Helen F. Siu) 有更精彩之說明。她的《南中國的代理人與犧牲者》(1989) 一書也是想從「文化肌理」(cultural tissues) 與「權力的區域網絡」(regional nexus of power) 來說明無論是馬克思的階級鬥爭論，或 Skinner 的市場理性論均只是看到「經濟人」。蕭氏希望同時處理「政治人」、「經濟人」以及最重要的「文化人」。她企圖說明清朝帝制中國鄉民與毛澤東的社會主義改造下的中國鄉民有何異同，而其中文化更是作為一個判準。文化是什麼？如果村子是一個個的社會細胞，鄉土中國的文化就是由無數細胞組成的肌理，而鄉土中國的豐富文化意涵尤其是呈現在村子的儀式行為中 (Siu 1989: 10)。過去學界重視中國鄉民社會制衡國家政府的一面，蕭氏要指出其實中國社會與政府雙方是互相滲透影響的，尤其是透過早期的鄉紳或現代基層幹部。她強調中國鄉民不是社會主義下的無辜順從的受害人，而是經過選擇決定的參與人。雖然改革開放後的民間信仰儀式或進香活動逐漸恢復，並有揮霍之傾向，蕭氏認為這些並非舊日民間信仰之復甦，而是經過社會主義洗禮後之民間儀式與信仰。雖如此，親屬宗族與社區宗教仍然是鄉民手中握有的最重要的文化權力資源，以之與舊日文化接續，也以之與國家政府互動。

Siu 以她的中文名字蕭鳳霞出版的 (1990) 的文章，則是針對廣東省中山市小欖鎮的菊花廟會做的分析。此文更能展現她對民間信仰儀式之解讀。作者表明儀式行為的解釋可有三方面：1、它是某些人世界觀的一種反映，2、可將其視為一種文化展演，通過這種展演使該文化進一步影響其參加者，3、也可把它看成是一種政治活動，是參與者為了達到某種政治目的而採取的一

種文化手段。作者指出菊花會與寺廟的拜神活動有一定關係，但它主要不是一種宗教活動，而是地方菁英利用來達到某種政治目的的手段。他們舉辦菊花會，利用宗族組織和士大夫的價值觀，在國家與地方社會之間展開政治對話。作者並指出她原先受 Skinner 和 Freedman 模式影響，試圖以二人之理論來解釋菊花會為「市鎮建立過程中以聚集共有財產來擴展宗族的一種功能方式」。後來發現小欖地區的宗族在十八世紀首次舉行菊花會時尚未發達到高峰，菊花會也不單純是宗族活動，而是更豐富地結合宴請親朋好友、廟會演戲活動、以及文人墨客吟詩聚會等的一種文化活動。

可見 Helen Siu 和 Duara 兩人均有意識地使用，並反省 Skinner 和 Freedman 的模式，以更符合田野資料之複雜性。兩人均強調市場與宗族在架構地方社會組織上之力量，但是鄉民生活揉合有更加屬於精神文化層面之成分，諸如民間信仰儀式、娛樂戲劇乃至道德教化等之成分。這些瑣碎龐雜的生活機能及其組織，二人均統稱為「文化網絡」。既可包含市場網絡與親屬網絡等等一切非正式權力，以與國家正式權力區分，也可以不包含市場經濟，只是指稱比較鬆散的信仰與精神層面的力量與組織。

王銘銘 (1997a) 認為 Helen Siu 和 Duara 兩人均超脫傳統人類學處理村莊模式，而能對國家、地方社會、區域文化之間作社會史與人類學之探討，強調超地方的歷史、觀念、關係網絡、國家力量等因素。Barend J. ter Haar (1995) 也認為 Helen Siu 將親屬宗族與地方廟會在結構地方社會時的重要性呈現出來。

另外，王銘銘 (1997b) 一文，關心的是地方權威（宗教權威）與政府權威之間的關係。一般來說，宗教權威可以也是政府權威的來源，也可以是民間權威的來源。而此文的地方權威以民間信仰為主。臺灣雖然進入現代民族—國家，國家權力也已經進入村里鄰，但是傳統中國的民間權威永遠不會被國家權威完全取代。作者在文章中想問的是民間權威指的是甚麼？以甚麼形體（形式）出現？從石碇村實際訪問村人「誰是當地最有威信的人」，作者發現民間的權威以地方頭人形式出現，他們被公認為「公正、無私、有魄

力」，他們不惜與官方政府作對而為民請命、為民作主。這些人有一些共同
點：1、離不開官僚體制，他們或是先做官後再被接受為民間頭人，或是先被
公認為民間頭人再出任為官。2、他們的權威塑造與文化中的象徵體系密切相
關，是村神（保儀大夫、呂洞賓、媽祖）在世的化身，為民謀福利。3、他們
都當過村廟的頭人，無論是自任或是被選，可見村廟不只是儀式地點，也是
民間意識和公共意見的表述點。因此，作者認為民間權威來源主要是文化象
徵體系（民間信仰）。而民間權威可以和官方權威對立制衡，主要是民間文
化有其「假借前代帝國權威以創造他世神界權威，來反抗現世政府」之信仰
傳統。

如此說來，王銘銘應該是反對 Freedman 認為的「中國宗教是一個而不是
多個」的論點。Freedman 認為民間服從官方政治制度，而官方的科層體制又
反映在宗教體系上，所以民間—官方，神界—人界，四者是同一的統一。但
是王銘銘 (Wang 1995) 認為民間認同的可能不是現存政治制度，而是過去的制
度以及其所投射出的神界體系。王氏並未針對此與 Freedman 的觀點作進一步
討論，但是提供了我人在反省 Wolf、Ahern、Feuchtwang 以來的帝國與神界關
係時，應該將時間因素納入，考慮到傳統帝國與現代政府之區別。

（四）國家對民間信仰的標準化

Duara 與蕭鳳霞雖非研究臺灣，但是其研究漢人宗教與國家關係的成果足
以提供後續研究臺灣宗教的學者參考，同樣地，華琛 (James Watson) 與科大衛
(David Faure) 雖非研究臺灣，但是其理論影響臺灣學者對於漢人民間信仰與國
家關係的研究，在此也加以簡述。

Watson (1985) 以香港天后信仰來說明，中國帝國雖然地廣人多，各地對
於某一神明（天后）的信仰卻能達到某一程度的一致性，因為背後有帝國的
力量在有意無意地，有形無形地進行「標準化」儀式的作用。信仰內容或許
有地區性差異與解釋，對於一位神明的神能、神格、神話等等，或許有地區
性的歧異與變異，但是只要符合官方祀典的要求進行季節性儀式活動，基本

上官方並不嚴格取締信仰內容的殊異。Watson 以天后為例，說明香港祀奉天后的廟宇，其原先奉祀的為一地區小女神，沙江媽，因為清代天后信仰盛行而被收編成為國家允許的信仰，沙江媽也就被改成媽祖來奉祀。藉著收編邊疆土著神祇，清帝國勢力也同時進入邊疆地區。天后信仰的背後是清帝國統治力量，接受清帝國合法的天后等於接受清帝國的國家統治權力。Watson 寓意深遠地展現其論點，宗教往邊疆地區進行標準化的過程，等於政治標準化的過程，等於邊疆民族一一被納入清帝國的過程。

Watson 所提出的「標準化」(standardization)，含意相當豐富，呼應人類學家關心的文化與宗教的關係，中國文化的融合是如何透過宗教的標準化而達到，尤其是國家文化權力與地區民俗權力之間的關係，其次是透過士大夫來儒家化鄉村社會的過程，再來是國家推行的信仰收編地區小信仰，國家承認的神明與儀式是地區神明正統化的依據。Watson 之後，有 Duara (1988) 與 Szonyi (1997, 2007) 繼續討論。

Duara (1988) 以華北關帝信仰的資料來說明關羽成神經過與被國家賜封，進入祀典，官廟祭祀等過程，說明了國家對於一個神明的傳說有最大操縱權，地方版本都需要逐漸修正以符合國家版本。官方版本通常也是儒家士大夫修飾過的版本，以將神明轉型成為對國家效忠，擔負起全國人民的福祉，而不只是某一階層（士農工商）的福祉。但是，以社會結構來說，不同社會群體與階層的人對於關羽神話有不同的偏重與傳說，不同版本彼此之間互相競合。以時間來說，某一時代某一階層的版本的勝利不會是絕對地，也不會取消別的版本，而是突出關羽某一特殊象徵，版本之間是互相搓挪，互相妥協，層層堆疊，因此，Duara 用了「加題」(superscribing) 一詞，說明象徵的堆疊。也因此官方對關羽神話標準化的表面，其實隱藏了民間不同版本之間的競合。Duara 以此來增衍 Watson「標準化」理論。

Szonyi (1997) 以福州五帝信仰來說明國家並未標準化境內各區的信仰，反而標準化結果其實只是讓地區性的差異得以隱藏起來而已，強烈質疑先前 Watson 標準化的考察可能是一個錯覺。地區與跨地區（國家）之間一直互相

來回影響，來回妥協，調整，表面上的跨地區的統一，經常只是掩蓋了底層的歧異而已。若是研究者仔細地掀開底層，進入地區，貼近本土，觀看儀式的不同版本，例如來自傀儡戲劇本，或道士科儀本，就可以看到形形色色的差異。這些（對於鄉土粗俗的五帝信仰）卻在文人地方志書的記載中加以整合，集大成，並且附會到國家認可的五通（五顯）信仰。所以，所謂的標準化（將福州的五帝信仰貼上官方核准的五顯信仰），其實只是集大成，其間的差異仍然歷歷可追。或者說標準化只是外地人（文人、官方，有如人類學所謂的 etic）的稱呼（五顯）詞彙，當地人（有如人類學所謂的 emic）一直是用另一個稱呼（五帝）詞彙，而且其神明造型仍然是面目猙獰的動物精怪。

所以 Szonyi 比較同意 Duara，認為國家為了控制或整合，而對某一神明或信仰的提倡，可能只是給予一個官方封號，對地方神明淫祠加以「加題化」，給予認可。或是官方與民眾的神祇與象徵之間是互相滲透，其實是互相反射與反響的 (reverberation)。或是所謂的標準化只是在五帝的廟內增加奉祀關帝，即可以逃過官方追查或破壞。事實上，官方與民眾大家都知道睜一眼閉一眼，陽奉陰違。只要將五帝廟取名為關帝廟，即可以不被取締。

Szonyi 於 2007 年出版的文章降低火藥味，表示 Watson「標準化」的理論在大原則上是正確的，僅是在小地方需要修飾，尤其是需要注意帝國不同地區，不同時代的發展與差異。Szonyi 強調信仰與儀式是不可分隔的，雖然 Watson 強調官方只要求儀式標準化統一，不追究民間荒誕的信仰版本。但是 Szonyi 反駁，儀式其實是根據信仰來進行的，二者無法嚴格區分。Szonyi 並且將其與 Watson 的對話，提升到研究方法的差異，認為研究者注意到的可能只是文人記錄的史料的標準化，而不一定是人民信仰史實的標準化。筆者以為這樣的區分當真進入中國研究的精髓了。

Szonyi 二〇〇七年的文章是在 *Modern China* 33 卷第 1 期 Ritual, Cultural Standardization, and Orthopraxy in China: Reconsidering James L. Watson's Ideas 專號裡的一篇，其他四篇文章分別由 K. Pomeranz、P. Katz、Melissa Brown、D. Sutton 撰寫，並且有 James L. Watson 寫了一篇簡短回應。專號主編 D.

Sutton 在導言中，說專號主要由五位學者從不同地區的案例討論了 Watson 的「標準化」將行為與信仰分開，標準化過於注重行為 (orthopraxy) 而忽視信仰 (orthodoxy)，質疑國家的標準化的效度，而有提出「偽標準化」，或「準一標準化」，或稱標準化是虛幻 (Sutton 2007)。Watson 的簡短回應並未正面與五位學者交鋒，而是說明人類學家的研究成果主要受到田野調查的時間與空間決定，其次受到當時學術氛圍左右。Watson 當初重視「正統行為」(orthopraxy) 與他 1960 年代進入香港調查的時空與報導人熱衷的活動有關，以及當時英國人類學界都在談論儀式行為與理論。如果是現在情形會不一樣 (Watson 2007)。

對於 *Modern China* 33 卷第 1 期這一專號，David Faure（科大衛）與劉志偉合寫一篇文章澄清 Watson 的「標準化」理論提出的背景與脈絡，認為 *Modern China* 專號裡的五篇文章並未真能挑戰 Watson 的「標準化」理論，而僅是提出帝國內部的歧異性。David Faure 與劉志偉二人認為不要將討論放在中國是否有大一統的結構，而應是將討論放在形成其結構的複雜歷史過程，尤其需要對不同地域歷史演變做比較研究（科大衛、劉志偉 2008）。

之前，David Faure 闡揚發揮 James Watson 的「標準化」理論，討論中國帝國的邊疆民族（尤指閩粵）藉著宗教（宗族禮儀）來「文明化」自己，靠攏漢文明。1980 年代，Faure 以香港廣東地方社會史研究為開始，觸及國家與宗教關係的探討。明代以前，珠江三角洲仍為蛋家、傜族、客家等少數民族的聚居地，佛教寺院是地方上最大地主。中央政權如何進入此一地區？首先，透過戶籍登記，以取得稅收與徭役。接著，為了確保穩定的土地與人口稅收，明代政府以儒家官僚與意識型態來治理珠江三角洲，將原來限用於士大夫的宗族規矩施用於一般百姓，一套以宋代大儒朱熹為宗的儒家祭祖與宗族規矩，引起華南士民一陣模仿，紛紛建立大型宗族，購置族田，撰寫族譜。由國家簡化與標準化的宗族禮儀施用到華南各地村落，大型宗族逐漸成為村落中心，而非原先的寺院。也才出現如 M. Freedman 等人類學家所認識的華南大型宗族組織所組成的社會結構。亦即，Faure 將國家與宗教的關係往前推到明清時代，人類學家調查的華南大型宗族經濟共作團體並非無中生有，

或民間自行出現的，而是國家有意藉著新儒家意識型態來治理華南邊疆社會，藉著標準化的家族與宗族儀式來治理華南村落。

　　Faure 著作豐富，在一篇與劉志偉合寫的中文文章中，將其論點表現得最為簡潔。華南在明代之前，儒家士大夫並未在鄉間取得優勢，嘉靖年間的禮儀改革，才使以《朱子家禮》為主的宗族禮儀、宗族建築，與宗族管理成為一套逐漸制訂下來的規範。Watson 說國家賜封的神祇具有對地方神明統一化的影響作用，同樣地，祖先崇拜與祭祀的正統化也需要等待國家給予法定地位。嘉靖十五年「品官家廟」成定制，並於萬曆《大明會典》中確立下來，之後，閩粵規模較大的聚居宗族中，祠堂家廟已經成為不可缺少的統治工具。宗族利用建家廟，修族譜來附麗官僚身分，是明清鄉村社會仕紳化的過程（科大衛、劉志偉 2000）。此一過程也可見於廣東蛋家上岸，建家廟，修族譜，附麗漢人身分的文明化過程 (Faure and Liu 1996)。科、劉兩人，加上蕭鳳霞、鄭振滿、陳春聲、蔡志祥等人被稱為華南學派。他們與臺灣學界多所交流，帶來的華南學派研究取向也引起臺灣人類學界重視。其影響是對 Maurice Freedman 宗族親屬重新反省，加入更多文化儀式與歷史縱深。宗族不只是人類學家所謂的血緣團體，也不只是一般意義上的祖先與血脈關係，宗族是國家禮儀改變並向地方鄉村社會滲透的表現。華南學派同時也對臺灣歷史學界注入一股活力，重視對跨地區與跨時代研究的理論議題（參考詹素娟2007）。

　　影響所及，李豐楙也運用標準化理論來探討臺江內海王船祭典，說明此區域存在有道士的「行瘟王醮」與禮生的代天巡狩兩種禮儀，雖在分歧名義之下，對於迎送的王爺，及其所實踐的儀式結構，卻有相當的一致性：空間佔有、儀式主導等，只要不違背這一基本結構，細節上容許各適其宜，盡情發揮。李豐楙懷疑「臺江內海例是否已經標準化？亦或批評標準化為幻想？」不管是 James L. Watson 所研究的香港地區喪禮、天后信仰，亦或是 Michael A. Szonyi 觀察的福州、福建地區的五帝信仰，都會觸及「標準化」與否的問題，乃是國家權力（官僚、官方）或仕紳階層（士大夫、知識菁英）之間存在錯綜複雜的關係。李豐楙表明不想介入此一課題，而想檢討「為何

臺南例會出現一致化的現象：神祇神格與儀式結構？」（李豐楙 2008）

最近的一篇檢討標準化的文章是 Katz (2007)，Katz（康豹）認為 Watson
引出尚未解決的兩個重大問題，1. 宗教操作如何標準化？亦即宗教標準化的
因素未明，康豹認為標準化可能是諸多團體共存且互相作用引起的多個進
程，而不是一個單一的進程。2. 甚麼人負責執行標準化？Watson 認為是政府
與地方的中堅分子，康豹則提醒即使是地方中堅分子其動機不一定與政府同
一。同一文章中討論更多英文文章對於中國（大陸）政府與宗教之間的複雜
關係的不同角度的探討。筆者估計華南學派與 Watson 標準化之討論的影響力
還會持續多年，臺灣學界或許可以提出更多臺灣經驗與其對話。

（五）兩岸關係與認同議題

自臺灣解嚴，大陸改革開放之後，兩岸關係進入官方與民間，公開與
私下雙重的交流熱絡時期，各類宗教也隨著兩岸關係變遷而更加活絡。臺灣
民間信仰回大陸進香，大批媽祖信徒到福建湄州島，臨水夫人信徒到福建古
田，王爺信徒到福建集美，關公信徒到山西臨汾，軒轅教黃帝信徒到祖陵，
儒宗神教到山東孔府孔林等等。神明回鄉謁祖，信徒也乘機觀光重新認識大
陸。大陸各地方政府或廟宇為了歡迎臺灣信徒，不得不有程度地恢復廟宇重
建，准許信徒舉辦慶典儀式，大陸沿海地區民間信仰取得大幅度復甦與成長。

隨之而來的是兩岸認同議題，如果民間信仰信徒紛紛回去大陸祖籍地，
可以說反映他們的國家認同嗎？多數學者研究認為，不然，宗教認同不等於
國家認同。前輩學者認為民間信仰反映帝制中國，「民間信仰」與「帝制中
國」兩個概念都太單一同質了，把二十一世紀的臺灣民間信仰與中國民間信
仰並置一起看，會發現一百多年的隔閡 (1895-2011) 使得臺灣民間信仰有了異
於大陸民間信仰的發展與變異，臺灣民間信仰不再能被當作是單純地反映帝
制中國的國家意識了。

以三本英文書籍為例，第一本書是 Meir Shahar 與 Robert P. Weller 合編的
Unruly Gods (1996)，第二本是 Philip Clart 與 Charles B. Jones 合編的 *Religion*

in Modern Taiwan: Tradition and Innovation in a Changing Society (2003)，第三本是 Paul R. Katz 與 Murray A. Rubinstein 合編的 *Religion and the Formation of Taiwanese Identities* (2003)。三本書的共同點是：1. 編輯者均是臺灣各類宗教研究專家[6]，長期在臺灣做調查或是關注臺灣各類宗教研究動向的學者。2. 三本書均結合不同學科的學者撰寫，有人類學、歷史學、宗教學等等學者的參與。3. 尤其是第二、三本書更是針對臺灣各類宗教現象為全書的探討宗旨。三本書的差異處是三本書依序分別以變異、變遷、認同為各書之主旨，在民間信仰與國家關係上面，呈現出正統與變異、發展與變遷、認同與變異等，三個觀察重點。

　　此時期的重要作品呈現臺灣民間信仰有更複雜的內容，尤其是第一本書編者之一的 Weller 雖然是 Emily Ahern 的學生，但是透露出他對於原先靜態的「民間信仰是官僚體系投射」架構的修正，他提出民間有自己的解釋版本異於國家對於鬼或淫祀的解釋 (Weller 1985)。他從三峽地區的鬼節信仰注意到石門鄉的十八王公信仰，認為國家並未成功地掌握民間信仰的解釋權，民間基於生活需要或不同認知而崇祀國家取締的神祇，尤其在偏遠地區或帝國邊陲地區，或帝國力量薄弱的朝代，民間對於各類神祇的崇祀常常超乎帝國控制的版本 (Weller 1996)。

　　此時期著作同時呈現出新興宗教的大量出現，傳統祭祀圈的崩解，城市移民對於救贖宗教的需求，不再能單純地反映帝制中國的概念或國家意識，也呈現迥異於大陸民間信仰的發展與變遷。以第三本書為例，除了各類宗教認同不等於國家認同 (Sangren 2003b)，臺灣民間信仰也反映出不同層次的認同，例如，南北地域、族群、性別、城鄉差異、社群等，均可顯示當代民間信仰具有豐富的認同意涵，已經超出本文焦點的國家認同或兩岸認同的討論範圍。顯見傳統國家對於各類宗教與民間信仰的宰制力逐漸減小，各類宗教對於當代個人認同形塑過程中扮演的角色更行重要。

---

6 Meir Shahar 的研究領域比較以傳統中國宗教為重。

Richard Madsen 的書 (2007) 雖然不是討論民間信仰與國家的關係，卻指出解嚴之後，臺灣民主政治突飛猛進，其中有來自新興宗教或新興教派對於臺灣民主政治提出養分，尤其是佛教的慈濟功德會。這也可以用來說明宗教團體可以主動影響國家或政治的走向，二者關係是雙向互動的。

另外，康豹有一篇期刊文章，敘述戰後臺灣政教關係，認為政府對民間信仰的政策上有極大改變，從戰後視之為迷信加以管制，到 80 年代之後保存發展民間信仰。民間信仰受到重視，重新成為凝聚地方認同的中心，也成為地方選舉爭取的民意中心。民間信仰對地方選舉、對兩岸政策、對司法裁判（斬雞頭）都有了影響。這是很大的迥異於傳統中國民間信仰的地方。以前民間信仰只可能在小地區範圍內發揮影響力，當代臺灣的地方層級很快可以上升到國家政策層級，或是全臺性的影響層級 (Katz 2003: 411)。

張珣討論大甲鎮瀾宮 1987 年前往大陸湄州島進香謁祖之後，提升其在臺灣島內媽祖廟的排行位置，也帶來臺灣島內一窩蜂地前往湄州島的進香風潮，解構舊有的媽祖廟排行位置，重新組合臺灣各地媽祖廟的地方勢力。大甲自雲林北港分裂出來而納入嘉義新港。媽祖信徒追隨媽祖回湄州島，但是宗教認同並不等於政治認同或國家認同。尤其，大批媽祖香客前往福建湄州謁祖進香，公開反對政府的保守政策，要求兩岸宗教直航，直接開啟了後來兩岸的「小三通」與「大三通」的政策（張珣 2003；Chang 2012）。如果再加上中國大陸近年為了統戰臺灣香客而開放沿海省分的媽祖信仰活動與建設，更可以說明民間信仰與國家的雙向互動。此外，張珣討論歷史時期以來大甲地方信仰與國家力量的關係。大甲地區的形成是清代地方行政區化的結果，大甲土城建立於道光七年，日治時期明治四十年日本政府實施市區改正，之後幾年逐漸拆除四個城門。鎮瀾宮歷經清代、日治時代、戰後，到解嚴時期，不斷地因應國家與地方政府的政策，隨之調整其信徒範圍。目前是開放給全臺灣所有民眾都可以來參拜隨香。雖說民間信仰的廟宇完全由信徒管理，國家不干涉其信仰或儀式內容，但是我們還是可以看到國家政策或組織（文建會）對於廟宇管理組織與地方勢力的輔導（張珣 2011）。

　　解嚴後，臺灣各類宗教比之前獲得更為自由的發展，國家對於宗教採取輔導與協助的軟性方式，而非以前的取締或糾正的強硬方式。可以見到特別是國家的文化政策對於民間信仰有輔導或誘導作用。林瑋嬪 (2005) 以臺南縣北門鄉王爺廟為例，說明社區如何爭取國家經費建造文化中心。文建會推行的「社區總體營造」讓臺灣各社區的頭人能夠自行設計自己的社區文化中心，而行政院於 1994 年提出十二項建設計畫，其中第三項「充實省縣市鄉鎮及社區文化軟硬體設施」，有充足預算可以補助各地方的文化建設，卻同時也修改了地方頭人的設計初衷。

　　戚常卉的博士論文 (Chi 2000) 直接處理國家與民間信仰的關係，她以金門為田野，處理漢人民間信仰內國家主義與軍人靈魂崇拜之間的關係，以薛光前將軍及其他金門前線戰死軍人的死後被崇拜為例。戚常卉運用 M. Bakhtin 的理論「多元聲音與單元聲音」來說明金門前線的愛國將軍崇拜有官方、軍方的解釋，也有民間村民的說法。古寧頭戰役之後，軍方馬上有愛國將軍的頒奉，以薛光前將軍為首，奉祀那些古寧頭戰役戰死的軍人，一方面以軍事管制居民生活，全民皆軍事化，五家為一單位，男女均受槍擊訓練，以保衛國家。一方面在信仰上提出國家崇拜的祭祀，把戰死的軍人當作保家衛民的英雄來崇拜，引導民眾仇恨對岸的共產黨。但是在民間觀念卻有不同想法，人民認為戰死孤魂為鬼，豈能當神來奉祀？何況薛光前的死因尚有可疑。

　　民間信仰缺乏統一的神職人員來解釋其俗民神學，也缺乏統一的儀式，但是這正是民間可以抵抗官方訓令的地方，民間信仰往往透露出民間真正的生命力，民眾利用民間信仰來表達他們的內心世界。解嚴之後，金門取消軍事化生活，愛國將軍的名稱如同需要被重新認可的國民黨政權一般，顯得相當曖昧。需要被合法化的鬼或陰神崇拜，如同需要被國際社會認同的臺灣。作者相當前衛地處理臺灣地位問題與臺灣國家認同問題 (Chi 2004)。

五、結論：國家與民間信仰的關係不再單純

本文從國家與民間信仰的關係，來重新回顧百年來以人類學為主的相關學科對於臺灣民間信仰的研究。論文從兩條路線來觀察國家與民間信仰的關係，一條是學術史的路線，一條是學者所使用的理論。學術史的路線觀察到，當國家力量鮮明或威權的時代，學術界討論的「國家」比較偏向是「政權」，其概念比較統整一致，卻也可能比較不能暢所欲言，而當國家處於民主自由時期，學界的討論比較開放明白。至於理論的路線，可以看到 1974 年以來，Wolf 的架構成為研究臺灣漢人民間信仰的準則與指導，「國家」被當作是一種意識型態或象徵隱喻。

多年來，人類學與相關學科在不同細節方面修正增補 Wolf 的理論，如前述 Meir Shahar and Robert Weller (1996)、Philip Clart and Charles B. Jones (2003)、Paul Katz and Murray A. Rubinstein (2003) 三本書，雖都不脫離 Wolf 的架構，但是重視變遷、重視邊疆地區、重視佛教道教等非儒家宗教，在 Wolf 靜態停滯的架構上增補了變遷與歧異，也在象徵隱喻上增加行動者的權力觀點與實踐操作。顯示後續各種研究已經有了不同的理論關懷與議題。可以說，後續研究雖然仍舊持有 Wolf 所談的神靈結構的關懷，為了分析當代快速變遷的宗教與社會，以及本文主題的國家性質，所謂的中國，無論是臺灣或大陸，解嚴之後，受到新自由主義經濟以及全球化思潮影響之後，均非傳統的帝制國家性格，學者必須結合其他理論才能充分分析當代複雜多變的宗教實踐。

不以臺灣民間信仰為研究主題的華南學派（以 David Faure 為領導）比較可以跳脫 Wolf 的架構，華南學派的宗教是邊疆民族升格成漢人的文明化的手段。James Watson (1988) 的宗教是國家標準化與教化民間社會的手段。這是避開 Wolf 的架構，關注國家與宗教之間的關係來看宗教。至於宗教是什麼，宗教內部結構是什麼，則比較不是重點。其對「國家」的觀念，融合有文化權力、象徵隱喻、地方政策等多重意涵。

　　1987 年大陸改革開放之後，大陸宗教人類學或宗教研究的新起之秀，多數不再挑戰 Wolf 的架構，而是注意大陸宗教復興現象 (J. Pas)，或認為復甦之宗教不等於以前的宗教 (Helen Siu)，或討論宗教觀光 (D. Sutton)，兩岸宗教往來 (D. J. W. Hatfield 2010)，宗教的教化與權力（Adam Chau 2013 研究惜字亭）等。

　　Wolf 的架構可以說是結構功能論對漢人宗教研究的典範之作。而另一套左右臺灣人類學的民間信仰研究的理論是，岡田謙、許嘉明、與林美容的祭祀圈研究，可以說是宗教組織與地方社會的功能論研究的極致，同樣地，過度使用二者的結果，無法突破瓶頸。唯有避開上述二者，從其他路徑下手，才不會繼續內捲 (involution)。筆者〈祭祀圈研究的反省〉(2002) 一文出版之後，臺灣學界注意到祭祀圈研究的氾濫，也紛紛節制，或另尋其他研究角度。從最近的幾次大型研討會觀察，受到全球化與兩岸新興趨勢影響，漢人宗教研究開始有新的議題。加上臺灣政治解嚴之後爆發出來的民間熱力，宗教與文化力量持續發燒，國家與宗教關係不再只是一對一的單純關係，而會增加許多來自民間團體，非政府組織 NGO，各種跨國團體與全球性團體的中介力量，發展出繽紛複雜的關係。民意高漲的當代臺灣，筆者以為不應該是表面上的國家力量的減弱，而是國家退居二線，官方各級指導人員結合民間團體或商業企劃團體主辦民間信仰活動，國家是以隱形的方式、低調的方式來輔導民間信仰。越來越多的民間信仰廟宇結合觀光休閒、文化創意產業、社區總體營造、地方特色等等議題來行銷。那麼，未來臺灣漢人民間信仰如何呈現其與國家之關係？國家還會扮演重要的意識型態角色嗎？筆者樂觀地期待未來臺灣人類學的漢人民間信仰研究會更加精彩。

參考書目

丸井圭治郎　編

1919　臺灣宗教調查報告書第一卷。臺北：臺灣總督府。

仇德哉

1981　臺灣廟神傳。嘉義：FU-LO。

文崇一、許嘉明

1975　西河的社會變遷（中央研究院民族學研究所專刊乙種之六）。臺北：中央研究院民族學研究所。

王世慶

1972　民間信仰在不同祖籍移民的鄉村之歷史。臺灣文獻 23(8)：1-38。

王見川

1995　臺南德化堂的歷史。臺南：德化堂。

王崧興

1967　龜山島——漢人漁村社會之研究。臺北：中央研究院民族學研究所。

1971　中日祖先崇拜的比較研究。中央研究院民族學研究所集刊 31：235-252。

1991　臺灣漢人社會研究的反思。考古人類學刊 47：1-6。

王銘銘 (Wang, Mingming)

1997a 村落視野中的家族、國家與社會——福建美法村的社區史。刊於鄉土社會的秩序、公正與權威，王銘銘與王斯福合編，頁 20-127。北京：中國政法大學出版社。

1997b 民間權威生活史與群體動力。刊於鄉土社會的秩序、公正與權威，王銘銘與王斯福合編，頁 258-332。北京：中國政法大學出版社。

江燦騰等　編

1994　臺灣齋教的歷史觀察與展望。臺北：新文豐出版社。

江燦騰　主編

2005　臺灣宗教信仰，黃有興譯，增田福太郎原著。臺北：東大圖書公司。

余光弘

　　1983　臺灣地區民間宗教的發展——寺廟調查資料之分析。中央研究院
　　　　　民族學研究所集刊 53：67-104。

吳燕和

　　1986　中國宗族之發展與其儀式興衰的條件。中央研究院民族學研究所集
　　　　　刊 59：131-142。

李亦園

　　1972　從若干儀式行為看中國國民性的一面。刊於中國人的性格（中央研
　　　　　究院民族學研究所專刊乙種之四），李亦園、楊國樞編，頁 175-
　　　　　199。臺北：中央研究院民族學研究所。

　　1978　信仰與文化。臺北：巨流圖書公司。

　1984a　社會變遷與宗教皈依——一個象徵人類學理論模型的建立。中央
　　　　　研究院民族學研究所集刊 56：1-28。

　1984b　宗教問題的再剖析。刊於臺灣的社會問題，楊國樞、葉啟政編，頁
　　　　　385-412。臺北：巨流出版社。

　　1985　現代化過程中的傳統儀式。刊於現代化與中國化論集，楊國樞、李
　　　　　亦園、文崇一編，頁 73-91。臺北：桂冠出版社。

　　1986　中國家族與其儀式：若干觀念的探討。中央研究院民族學研究所集
　　　　　刊 59：47-62。

　　1996　文化與修養。臺北：幼獅文化事業公司。

李豐楙

　　2008　巡狩：一種宣示與驅除性的禮儀模擬。刊於臺灣民間宗教信仰與文
　　　　　學學術研討會論文集，李進益、簡東源主編，頁 5-36。花蓮：花
　　　　　蓮教育大學民間文學所、勝安宮管委會。

阮昌銳

　　1982　莊嚴的世界（上、下冊）。臺北：文開出版公司。

岡田謙

　　1937　村落と家族——臺灣北部の村落生活。社會學 5(1)：38-55。

1938　臺灣北部村落於祭祀圈。民族學研究 4(1)：1-22。

1960　臺灣北部村落之祭祀範圍。臺北文物 9(4)：14-29。

林美容

1986　草屯鎮之聚落發展與宗族發展。刊於中研院第二屆國際漢學會議論文集（民俗與文化組），頁 319-348。臺北：中央研究院。

1987　由祭祀圈來看草屯鎮的地方組織。中央研究院民族學研究所集刊 62：53-114。

1988　由祭祀圈到信仰圈——臺灣民間社會的地域構成與發展。刊於中國海洋發展史論文集第三輯，張炎憲主編，頁 95-126。臺北：中央研究院三民主義研究所。

1995　臺灣民俗學史料研究。刊於中央圖書館臺灣分館慶祝建館八十週年論文集，中央圖書館臺灣分館編，頁 625-646。臺北：中央圖書館臺灣分館。

林開世

2009　方志的體例與章法的權力意義：傳統與現代間的斷裂。國史館館訊 2：8-25。

林瑋嬪

2005　臺灣廟宇的發展：從一個庄廟的神明信仰、企業化經營以及國家文化政策的影響談起。考古人類學刊 62：56-92。

科大衛 (Faure, David)、劉志偉

2000　宗族與地方社會的國家認同。歷史研究 3：3-14。

2008　「標準化」還是「正統化」？從民間信仰與禮儀看中國文化的大一統。歷史人類學學刊 6(1/2)：1-21。

施振民

1975　祭祀圈與社會組織——彰化平原聚落發展模式的探討。中央研究院民族學研究所集刊 36：191-208。

范純武

2007　近五十年臺灣民間宗教研究的回顧與前瞻。刊於臺灣宗教史學術研討會會議論文集，頁 251-272。嘉義：中正大學歷史系。

凌純聲
　　1961a　匕鬯與醴柶考。中央研究院民族學研究所集刊 12：179-212。
　　1961b　中國古代的樹皮布文化與造紙術發明。中央研究院民族學研究所集刊 11：1-28。

宮本延人
　　1988　日本統治時代台　における寺廟整理問題。天理市：天理教道友會。

宮崎直勝
　　1942　寺廟神の昇天。臺北：東都書籍株式會社臺北支店。

康豹 (Katz, Paul R.)
　　2006　染血的山谷：日治時期的礁吧年事件。臺北：三民。

張珣 (Chang, Hsun)
　　2002　祭祀圈研究的反省與後祭祀圈時代的來臨。考古人類學刊 58：78-111。
　　2003　文化媽祖。臺北：中研院民族所。
　　2006　變遷、變異與認同：近年臺灣民間宗教英文研究趨勢。刊於臺灣本土宗教研究：結構與變異，張珣、葉春榮合編，頁 61-86。臺北：南天書局。
　　2010　臺灣民間信仰研究的現況與展望。刊於宗教人類學第二輯，金澤主編，頁 287-312。北京：社會科學文獻出版社。
　　2011　歷史視野中的媽祖信仰與臺中縣大甲地區的發展。成大宗教與文化學報 16：301-334。

莊英章
　　1971　南村的宗族與地方自治。中央研究院民族學研究所集刊 31：213-234。
　　1975　臺灣漢人宗教發展的若干問題——寺廟宗祠與竹山的繁殖型態。中央研究院民族學研究所集刊 36：113-140。
　　1978　臺灣漢人宗族發展的研究評述。中華文化復興月刊 11(6)：49-58。

1981　臺灣鄉村社區研究的回顧。思與言 19(2)：120-134。

許嘉明

1975　彰化平原的福佬客的地域組織。中央研究院民族學研究所集刊 36：165-190。

1978　祭祀圈之於居臺漢人社會的獨特性。中華文化復興月刊 11(6)：59-68。

陳中民

1967　晉江厝的祖先崇拜與氏族組織。中央研究院民族學研究所集刊 23：167-194。

陳文達

1958　臺灣縣志（全二冊）。南投：臺灣省文獻會。

陳其南

1987　臺灣的傳統中國社會。臺北：允晨文化出版公司。

1990　家族與社會──臺灣和中國社會研究的基礎理念。臺北：聯經出版社。

陳奇祿

1960　臺灣人類學研究和中美學術合作。考古人類學刊 15/16：149-153。

1980　臺灣的人類學研究。中華文化復興月刊 13(4)：5-10。

陳祥水

1975　「公媽牌」的祭祀──承繼財富與祖先地位之確定。中央研究院民族學研究所集刊 36：141-164。

1978　中國社會結構與祖先崇拜。中華文化復興月刊 11(6)：32-39。

陳紹馨

1966　中國社會文化研究的實驗室──臺灣。中央研究院民族學研究所集刊 22：9-14。

富田芳郎

1954　臺灣鄉鎮之地理學的研究。臺灣風物 4(10)：1-16。

1955　臺灣鄉鎮之研究。臺灣銀行季刊 7(3)：85-109。

曾景來

　　1933　臺灣社寺宗教要覽。臺北：臺灣社寺宗教刊行會。

　　1938　臺灣宗教と迷信陋習。臺北：臺灣宗教研究會。

黃應貴

　　1984　光復後臺灣地區人類學研究的發展。中央研究院民族學研究所集刊
　　　　　55：105-146。

黃順二

　　1975　萬華地區的都市發展——萬華地區社會變遷研究之一。中央研究
　　　　　院民族學研究所集刊39：1-18。

董芳苑

　　1995　臺灣民間信仰之正視。刊於第一屆臺灣本土文化學術研討會論文
　　　　　集，許俊雄主編，頁809-828。臺北：國立臺灣師範大學文學院。

鈴木清一郎

　　1934　臺灣舊慣冠婚葬祭と年中行事。臺北：古亭書屋。

　　1981　慣習俗信仰。臺北：眾文圖書公司。

詹素娟

　　2007　從地域社會出發的華南研究——與臺灣區域史研究的比較。發表
　　　　　於「族群、歷史與地域社會學術研討」，中央研究院臺灣史研究
　　　　　所主辦，臺北，12月20-21日。

鄭振滿

　　1997　神廟祭典與社區空間秩序——莆田江口平原的例證。刊於鄉土社會
　　　　　的秩序、公正與權威，王銘銘與王斯福合編，頁171-204。北京：
　　　　　中國政法大學出版社。

劉永華

　　1994　文化傳統的創造與社區的變遷——關于龍巖適中蘭盆勝會的考
　　　　　察。中國社會經濟史研究3：57-69。

劉枝萬

　　1961　臺灣省寺廟教堂調查表，臺灣文獻11(2)：37-236。

1963a　清代臺灣之寺廟。臺北文獻 4：101-120；5：45-110；6：48-66。

1963b　臺灣之瘟神信仰。臺灣省立博物館科學年刊 6：109-113。

1966　臺灣之瘟神廟。中央研究院民族學研究所集刊 22：53-96。

1967　臺北市松山祈安建醮祭典（中央研究院民族學研究所專刊之十四）。臺北：中央研究院民族學研究所。

1971　臺灣桃園縣龍潭鄉建醮祭典。中國東亞學術研究計劃委員會年報 10：1-42。

1972　臺灣臺北縣中和鄉建醮祭典。中央研究院民族學研究所集刊 33：135-163。

1974　中國民間信仰論集（中央研究院民族學研究所專刊之二十二）。臺北：中央研究院民族學研究所。

1979　臺灣臺南縣西港鄉瘟醮祭典。中央研究院民族學研究所集刊 47：73-169。

劉良璧

1977　重修臺灣府志。南投：臺灣省文獻會。

蔡錦堂

1994　日本帝國主義下臺灣の宗教政策。東京：同成社。

增田福太郎

1935　臺灣本島人の宗教。東京：財團法人明治聖德紀念學會。

1939　臺灣の宗教：農村を中心とする宗教研究。東京：株式會社養賢堂。

蕭鳳霞 (Siu, Helen F.)

1990　文化活動與區域社會經濟的發展。中國社會經濟史研究 4：51-56。

瞿海源

1981　臺灣地區基督教發展趨勢之初步探討。刊於第一屆歷史與中國社會變遷（中國社會史）研討會論文集，頁 485-501。臺北：中央研究院三民主義研究所。

Ahern, E.

　　1981　Chinese Ritual and Politics. Cambridge: Cambridge Univ. Press.

Baker, Hugh

　　1964　Aspects of Social Organization in the New Territories. Hong Kong: Royal Asiatic Society.

Campell, William

　　1982　Formosa under the Dutch: Described from Contemporary Records.（影印本）臺北：南天書局。

Chang, Hsun（張珣）

　　2012　Between Religion and State: Dajia Pilgrimage in Taiwan. Social Compass 59(3): 298-310.

Chau, Adam Yuet

　　2013　Religious Subjectification: The practice of Cherishing Written Characters and Being a Ciji Person. 刊於漢人民眾宗教：田野與理論的結合，張珣主編，頁 73-114。臺北：中央研究院民族學研究所。

Chi, Chang-hui（戚常卉）

　　2000　The Politics of Deification and Nationalist Ideology: A Case Study of Quemoy. Ph.D. dissertation. Department of Anthropology, Boston University.

　　2004　Militarization on Quemoy and the Making of Nationalist Hegemony, 1949-1992. 刊於金門歷史文化與生態國際學術研討會論文集，王秋桂主編，頁 523-544。臺北市：施合鄭民俗文化基金會。

　　2009　The Death of a Virgin: The Cult of Wang Yulan and Nationalism on Jinmen, Taiwan. Anthropological Quarterly 82(3): 669-689.

Clart, Philip, and Charles Jones, eds.

　　2003　Religion in Modern Taiwan: Tradition and Innovation in a Changing Society. Honolulu: University of Hawaii Press.

Crissman, Lawrence William

　1972　Marketing on the Changhua Plain, Taiwan. *In* Economic Organization in Chinese Society. E. W. Wilmott, ed. Pp. 215-259. Stanford: Stanford University Press.

Duara, Prasenjit

　1988　Culture, Power, and the State: Rural North China 1890-1942. Stanford: Stanford University Press.

Faure, David（科大衛）, and Tao-tao Liu, eds.

　1996　Unity and Diversity: Local Cultures and Identities in China. Hong Kong: Hong Kong University Press.

Feuchtwang, Stephan

　1974　City Temples in Taipei under Three Regimes. *In* The Chinese City between Two Worlds. M. Elvin and W. Skinner, eds. Pp. 263-302. Stanford: Stanford University Press.

　1977　School-temple and City Gods. *In* The City in Late Imperial China. G.William Skinner, ed. Pp. 581-608. Stanford: Stanford University Press.

　1992　The Imperial Metaphor: Popular Religion in China. London: Routledge.

　2006　Center and Margins: The Organization of Extravagance as Self-government in China. 刊於臺灣本土宗教研究：結構與變異，張珣、葉春榮主編，頁 87-126。臺北：南天書局。

Freedman, Maurice

　1958　Lineage Organization in Southeastern China. London: The Athlone Press.

Fustel de Coulange, N. D.

　1980 [1864] The Ancient City. Baltimore: John Hopkins University.

Gates, Hill, and Robert Weller, eds.

　1987　Hegemony and Chinese Folk Ideologies. Modern China 13(1): 1-16.

Harrell, Stevan, and Huang-chun Chieh, eds.

　　1994　Cultural Change in Postwar Taiwan. New York: Westview.

Hatfield, D. J. W.

　　2010　Taiwanese Pilgrimage to China: Ritual, Complicity, Community. New York: Palgrave MacMillan.

Katz, Paul R.（康豹）

　　2003　Religion and the State in Post War Taiwan. The China Quarterly 174: 395-412.

　　2007　Orthopraxy and Heteropraxy beyond the State: Standardizing Ritual in Chinese Society. Modern China 33(1): 72-90.

Katz, Paul R., and Murray Rubinstein, eds.

　　2003　Religion and the Formation of Taiwanese Identities. New York: Palgrave Macmillan.

Li, Yih-yuan（李亦園）

　　1966　Ghost Marriage, Shamanism and Kinship Behavior in a Rural Village in Taiwan. *In* The 11th Pacific Science Congress, Tokyo, proceeding.

Lin, Kai-shyh（林開世）

　　1990　The Eternal Mother and the Heavenly Father: Two Deities of Rebellion in Late Imperial China. Bulletin of the Institute of Ethnology, Academia Sinica 69: 161-181

Lopez, Donald S.

　　1994　Religions of China in Practice. Princeton: Princeton University Press.

Madsen, Richard

　　2007　Democracy's Dharma: Religious Renaissance and Political Development in Taiwan. Berkeley: University of California Press.

Murray, Stephen O., and Keelung Hong

　　1994　Taiwanese Culture, Taiwanese Society: A Critical Review of Social Science Research Done on Taiwan. NY: Lanham.

Overmyer, Daniel L., ed.

　　2003　Religion in China Today: Introduction. The China Quarterly 174: 300-

316.

Pas, Julian F.

　　1989　The Turning of the Tide: Religion in China Today. H.K.: Hong Kong
　　　　　Branch Royal Asiatic Society.

Potter, Jack. M.

　　1968　Capitalism and the Chinese Peasant. California: University of California
　　　　　Press.

Rubinstein, Murray, ed.

　　1999　Taiwan: A New History. New York: M. E. Sharpe.

Rubinstein, Murray, ed.

　　1994　The Other Taiwan: 1945 to the Present. New York: M. E. Sharpe.

Sangren, P. Steven.

　　1983　Female Gender in Chinese Religious Symbols: Kuan Yin, Ma Tsu, and
　　　　　the Eternal Mother. Signs 9: 4-25.

　　1987　History and Magical Power in a Chinese Community. Stanford: Stanford
　　　　　University Press.

　　2003a American Anthropology and the Study of Mazu Worship. 刊於媽祖信
　　　　　仰的發展與變遷，林美容、張珣、蔡相煇主編，頁 7-24。臺北：
　　　　　臺灣宗教學會出版。

　　2003b Anthropology and Identity Politics in Taiwan: The Relevance of Local
　　　　　Religion. In Religion and the Formation of Taiwanese Identities. P. Katz,
　　　　　and M. Rubinstein, eds. Pp. 253-287. New York: Palgrave Macmillan.

Shahar, Meir, and Robert Weller, eds.

　　1996　Unruly Gods: Divinity and Society in China. Honolulu: University of
　　　　　Hawaii Press.

Shih, Fong long

　　2009　Re-writing Religion: Questions of Translation, Context, and Location in
　　　　　the Writing of Religion in Taiwan. In Re-writing Culture in Taiwan. F.
　　　　　L. Shih, Stuart Thompson, and Paul Francois Tremlett, eds. Pp. 15-33.

New York: Routledge.

Siu, Helen F.（蕭鳳霞）

　　1989　Agents and Victims in South China: Accomplices in Rural Revolution. New Haven: Yale University Press.

Skinner, William G.

　　1964　Marketing and Social Structure in Rural China. Journal of Asian Studies 24(1): 3-43.

Sutton, Donald S.

　　2003　Steps of Perfection: Exorcistic Performers and Chinese Religion in Twentieth Century Taiwan. Cambridge: Harvard University Press.

　　2007　Ritual, Culture Standardization, and Orthopraxy in China: Reconsidering James Watson's Ideas. Modern China 33(1): 3-21.

Szonyi, M.

　　1997　The Illusion of Standardizing the Gods: The Cult of the Five Emperors in Late Imperial China. Journal of Asian Studies 56(1): 113-135.

　　2007　Making Claims about Standardization and Orthopraxy in Late Imperial China: Rituals Curriculum Vitae and Cults in the Fuzhou Region in Light of Watson's Theories. Modern China 33(1): 47-71.

ter Haar, Barend J.

　　1995　Local Society and the Organization of Cult in Early Modern China: A Preliminary Study. Studies in Central and East Asian Religion 8: 1-43.

Wang, Mingming（王銘銘）

　　1995　Place, Administration, and Territorial Cult in Late Imperial China: A Case Study from South Fujian. Late Imperial China 16(1): 33-78.

Watson, James L.

　　1985　Standardizing the Gods: The Empress of Heaven (Tianhou) along the South China Coast, 960-1960. *In* Popular Culture in Late Imperial China. David Johnson, et al., eds. Pp. 292-324. Berkeley: University of California Press.

1988　The Structure of Chinese Funerary Rites: Elementary Forms, Ritual Sequence, and the Primacy of Performance. *In* Death Ritual in Late Imperial and Modern China. J. L. Watson and E. S. Rawski, eds. Pp. 3-19. Berkeley: University of California Press.

2007　Orthopraxy Revisited. Modern China 33(1): 1-5.

Weller, Robert

1985　Bandits, Beggars, and Ghosts: The Failure of State Control over Religious Interpretation in Taiwan. American Ethnologist 12(1): 46-61.

1996　Matricidal Magistrates and Gambling Gods: Weak States and Strong Spirits in China. *In* Unruly Gods: Divinity and Society in China. Shahar Meir and Robert Weller, eds. Pp. 250-268. Honolulu: University of Hawaii Press..

Wolf, Arthur P.

1974　Gods, Ghosts, and Ancestors. *In* Religion and Ritual in Chinese Society. A. Wolf, ed. Pp. 131-182. Stanford: Stanford University Press.

Yang, C. K.

1961　Religion in Chinese Society. California: University of California Press.

Yang, M. C.

1945　A Chinese Village: Taitou, Shangtung Province. New York: Columbia University Press.

State and Folk Religion:
Rethinking the Studies of Han Chinese Folk
Religion in Taiwan

Hsun Chang

Institute of Ethnology, Academia Sinica

This paper will review the studies of Han Chinese folk religion in Taiwan over the past one hundred years with an emphasis on the relationship between state and folk religion. The first part of the paper will start from the Japanese occupation period due to the fact that Japanese scholars had conducted island wide investigation and had left abundant records. The second part of the paper focuses on the literature produced by the Chinese anthropologists who had retreated from mainland China after World War Two and continued their career in Taiwan and by the Taiwanese scholars who were trained as folklorists during the Japanese period. The third part of the paper will review writings by a younger generation of local anthropologists. Western scholars such as Arthur Wolf, James Watson, Steven Sangren, and David Faure, etc. will be reviewed as well since their works have discussed the relation between state and religion and have significant influence on the local anthropologists.

Keywords: *State, folk religion, Taiwan, Han Chinese, ritual sphere, standardization*

第三篇
博物館與文化資產的人類學視野

導　讀

林開世

　　這個單元的主題是博物館及文化資產與人類學知識發展的關係，有兩篇文章分別從臺灣人類學學科發展的歷史，以及臺灣的博物館作為一種社會文化制度的觀點，來探索人類學知識與民族誌收藏品，在當代所興起的新課題以及這些課題所衍伸出來的理論挑戰。在進入文章導讀前，我想先簡單地談一下人類學研究與博物館在西方作為一種知識對象的歷史背景，讓讀者比較能夠理解這兩篇文章背後的學術脈絡。[1]

一

　　人類學與博物館的關係，可能比大多數的人類學家所以為的還要深遠。從十九世紀的學科形成期開始，人類學知識的發展，就與博物館的設立與展覽有緊密的關連。這不但反映在當時人類學者的研究經費往往來自博物館或私人收藏家的贊助，而且研究的成果評估往往與他們對博物館蒐集的貢獻不可分離。人類學家除了書寫民族誌，還要負責採購收藏品，並加以分類與解說。博物館應當要收集哪些材料與收集而來的材料應當如何展示，當然也都是人類學家的工作。像 Franz Boas 對紐約美國自然歷史博物館的展示廳規劃與 A.L. Kroeber 對加州大學柏克萊分校的人類學博物館長期的經營與奉獻就是最有名的例子。在這段時期，我們可以從展覽的分類方式與內容清楚地看到人類學發展中的文化概念，如何透過具體的物品與標示呈現在觀眾面前。有

---

1 透過臺灣的人類學博物館對原住民展示形式的變動的探討，來檢討這段歷史過程中，標本採集、人類學知識生產、和展示再現三方面複雜的互動關係，我們已經有胡家瑜 (2006) 一文，我就不再贅述。

名的 Boas 與演化論者 Mason 的辯論，就是有關博物館展示民族誌材料應當採取什麼形式，才能有效地表達文化面貌而引起。博物館中的不同區域與不同範疇的收藏室也成了訓練人類學不同領域專家的教室與練習場。此時的人類學不論在工作上或理論上，可說是與博物館有著不可分離的關係。

　　然而這樣的關係，在 1940 年代開始逐漸發生變化。這可以從兩個方面來看，首先就研究經費來源的因素來談，二次大戰後，在冷戰的氛圍下，英、美等資本主義國家除了大量投資國防工業以及科學技術來確保武力對抗的優勢外，也需要仰賴社會科學知識與文化意識形態來對抗共產主義的擴張。因此學術界被整體的動員起來。科學研究的經費以及研究型大學開始急速地擴張，但擴張的同時也由政府介入重新規劃與設計研究議題，主要的研究經費除了幾個重要資本家的私人基金會資助之外，轉由國家科學委員會統籌監督，大學作為學術發展的中心地位確立。博物館不再是人類學研究經費的主要來源，博物館文物的收藏與展示也與學術研究逐漸脫鉤。

　　但更重要的是在學科的理論層面，在 1940 年代以後，不論是英國的社會人類學或是美國的文化人類學，都將學術專業定位為一種以人類行為為中心的社會文化研究，以長期的經驗調查作為方法來完成民族誌。物質文化的收集與展示不再是學科評鑑的重要標準，撰寫專業的學術論文與報告佔據了人類學者大半的時間與精力 (Stocking 1985)。過去人類學博物館的工作逐漸交給行政管理人才與展覽規劃的專門人員。博物館學成了一種應用性的技術，負責收集、整理、分類與展示標本，只剩下少數的人類學家還會嚴肅地將博物館視為一個值得研究的領域。

　　這樣的現象，到了 1980 年代末開始有了重大的轉變，殖民主義的研究以及新民族誌論的學者對民族誌書寫的反省，挑戰了人類學家再現他者的權威，質疑了文化概念所蘊含的那些分析範疇的知識基礎，並對收集其他民族文物與知識的倫理基礎展開了一連串的反省。博物館以及其收藏的物質文化，再度成為人類學者關心的議題，文化展示方式與展示的權力意涵成為一個新的研究焦點。

　　1980 年代以後人類學對博物館的研究可以簡單地劃分為兩種類型：第一種集中在關於博物館的收藏品的歷史性的問題，試圖去再度脈絡化人類學研究中的物；第二種則是超越博物館本身，將博物館所有的作為視成一個動態的過程，以一種民族誌的方法來加以考察。

　　第一種類型的研究，廣見於人類學史或歷史人類學的作品中，例如 George Stocking (1985) 編輯的 *Objects and Others*，James Clifford (1988) 的名著 *Predicament of Culture*，這些研究關注人類學知識以及田野工作所收集到的藏品誕生的背景，以及這些物品所經歷的各種社會與制度性的過程，試圖將使這些藏品固著化在博物館背後的各種權力與社會關係揭露出來。

　　接續這種觀點的還有一些有名的研究，像 Sally Price (1989) 的 *Primitive Art in the Civilized Place*，透過原始藝術這個概念如何產生的過程，讓我們看到西方的藝術界與博物館如何將在各種可議的脈絡中蒐集來的物品，去脈絡化後重新安排分類，再建構出一個可以與現代對比的新範疇。而 Nicholas Thomas (1991) 的 *Entangled Objects: Exchange, Material Culture and Colonialism in the Pacific*，更進一步透過民族誌收藏品的生命史，讓我們跨越殖民者與殖民地，收藏者與原使用者，被觀看的與觀看的等等的範疇，去認識到這些無法被固著的物，如何繼續反映、製造出各種社會與權力關係，讓我們必須面對它們的殖民歷史，持續地詮釋與再詮釋。

　　第二種類型的研究，是將民族誌的研究方法應用到對博物館的各種面向的運作的考察。這些面相可以包括：

(1) 有關收藏過程與結果的研究，像 Michael O'Hanlon (1993) 在新幾內亞高原西部的 Wahgi 區所做的一系列有關他自己如何代表英國的人類學博物館在當地蒐集購買民族誌收藏品的研究。對這種蒐購展品的民族誌調查，會讓我們注意到這些過程當中的各種中介力量與社會關係所扮演的角色，以及收藏單位與標本製造群體各自內部的潛在規則與習性；不同時期的各種物質接觸與交換，可以觀察到博物館所在的社會與提供民族誌標本的部落，各自在文化品味與再現政治上的變遷。

(2) 展覽如何形成的研究，也就是打開博物館本身，對它進行民族誌式的考察。對於各種博物館的展示，如何從紙上作業，經過各種討論與談判，受到哪些法規與制度上的牽制，到最後如何透過既有的經費與技術來完成一套展覽，這樣複雜的過程，我們幾乎都無所知。一場展覽所牽涉到的人、物與知識，會跨越不同學科，不同專業技術，不同知識論立場；而不同性質的展物不但需要不同的空間、光線與溫溼度條件配合，還要能適當地表達出策展人的意圖。究竟這些問題如何暫時地湊在一起，讓博物館這個機構將展覽的物品轉換成一段能傳達某種固定訊息的敘事？現存的民族誌研究能提供我們一些深入完整的描述其實並不多，Sharon Macdonald (2002) *Behind the Scenes at the Science Museum* 一書至今還是一件先驅性的作品。

(3) 第三個面相是有關展示形式的研究，也就是到底博物館是如何透過種種安排將展覽物與觀眾連結在一起的問題？這個面向的研究主題相當地多，在展覽再現的面向，特別是有關展示的權力如何呈現與再現的問題，有兩本重要的論文集：Ivan Karp & Steven Lavine (1991) 編輯的 *Exhibiting Cultures: the Poetics and Politics of Museum Display*，以及 Sharon Macdonald (1998) 編輯的 *The Politics of Display: Museums, Science, Culture*。在有關開放性的展覽形式的探討，像 1980 年代後興起的戶外或互動式的展示，實際常民文化生活的導覽，觀眾親身參與儀式與慶典的活動等等，這些形式打破了展覽與日常生活、博物館與社會的界線，讓傳統靜態的物質文化研究，轉向從象徵分析與文化展演的角度來看待展示。代表性的作品有 Dean MacCannell (1992) *Empty Meeting Ground: the Tourist Papers*；Michael Ames (1992) *Cannibal Tours and Glass Boxes: the Anthropology of Museums*；Carol Duncan (1995) *Civilizing Rituals: Inside Public Art Museum* 等。除此之外，對展示的過程作細緻地民族誌考察，更是人類學的專長。透過對展覽過程中的物質擺設，周圍的地景與環境，展覽內容的說明，解說員的展演方式等等組合成分的描述與分析，來理解展覽所要控制與傳達的訊息為何？又透過哪些設計來襯托出其效果？舉幾件代表性的作品：例如 Tamar Katriel (1997) *Performing the Past: A Study of Israeli Settlement Museum*；M.A.

Staniszewski (1998) *The Power of Display: A History of Exhibition Installations at the Museum of Modern Art*。至於展示過程的接受面，觀眾的反應與觀看的效果，這方面的研究雖然多，但排除那些簡單的問卷與浮面的觀察性的作品後，其實細緻完整的民族誌研究仍然相當少見。

雖然人類學提供了博物館研究重要的方法與理論，但博物館作為一種文化現象與社會制度，也同樣引導出人類學或者其他相關的學科提出一些新的理論議題。特別是在各種殖民主義與批判理論的影響下，一些當代的重要人類學議題，更是透過博物館研究被重新發現與重視。

來自國族主義的研究，特別是 B. Anderson (1991) 的《想像的共同體》一書的第二版，指出了一個博物館研究的新面向，即它是國族形成過程中一個重要的而具體的場域，世界各地的統治者會因其個別所需的政治想像，發展出不同應用方式。幾乎所有新興起的民族國家，都使用它來做為教育與引導新的政治文化菁英朝向愛國意識與國家統一的工具。這讓博物館（還有戶口、地圖、小說、報紙等）成為了解近代國家如何透過對過去的重建來建立起新的權威與理想的重要制度。博物館的近代建構與意識形態意義遂成為新的一批博物館研究者的重要議題。

受到殖民主義批判影響的 Sleeper-Smith (2009)，不僅看待博物館為近代國家建構其權力的工具，更把它視為一個以進步、科學、全世界為名的剝削場域，製造及挪用原住民的文化與歷史，來合法化各種形式的文化掠奪以及確立西方文明的優越性。而受 Foucault 影響的 Tony Bennett (1995)，則把博物館視為一種類似監獄、瘋人院、醫院那種「展現式的叢結」(exhibitionary complex) 的一環，是國家用來把那些需要規訓的國民暴露在 hegemonic gaze 的技術，現代治理的一個新場域。

這些來自多方面的理論反省，使得博物館（包括美術館與各種公共展覽廳）作為一種制度，遭到前所未有的檢視與反省。特別是在展示的形式與內容上，1980 年代後的幾個重要的爭議，動搖了過去視為當然的展示假設與分類的範疇，挑戰了博物館傳統的自我定位。人類學研究中對所謂現代藝術中

的「原始主義」的批判，更揭露出這種名稱範疇背後的剝削與歧視的思維。而所謂原始藝術，更是一種將他者異國化、情慾化，來肯定自己優越與宰制地位的概念。

在實際執行展覽的現場，博物館展示的分類權威，更被藝術家用各種創作作品來挑戰。像是什麼是藝術？什麼是工藝品？為何民俗或民族工藝品會被擺在博物館，不是藝術館或畫廊？為何非洲人的藝術創作，被歸類為原始？而類似的藝術元素，出現在紐約藝術家的作品中，就變成了現代藝術？藝術收藏（特別是原始藝術與部落的工藝品）與殖民掠奪的差距在哪裡？誰決定了哪些物品的商品價值？誰劃分出藝術的範疇？挑戰者不只是在論述的層次進行批判，前衛的藝術家們也不斷製造新的作品跨越不同美感領域，跨越展示空間的分類，以及展示與觀賞者的界線。

1980 年代後的政治社會運動，也將原住民長期遭受的人權與文化權上的迫害，抬上檯面，原住民族群開始透過一系列民族自決與文化自覺的努力，奪回一些自我發聲、自我展現的空間。許多歐美的博物館，開始在原住民文化的展示中，引入了在地的觀點，與不同的聲音。對在博物館與美術館中原住民的聲音與觀點如何被呈現的觀察與反省，以及對其特殊性與效果的檢討，遂成了人類學家一個重要的關懷（例如，James Clifford (1997) 一書中有關四個加拿大西北海岸原住民博物館展示的觀察與反省就是最有名的例子）。

而過去的被殖民者與種族主義的受害者與被歧視者，當他們開始取得了發言權，的確也帶給博物館的展示一些刺激與不同的面貌。像美國的非洲裔的學者 Spencer Crew，所策畫的有關奴隸歷史經驗的展覽，不但從被迫害者的角度出發，發掘與應用了過去被忽略的物質材料，重建出震撼人心的奴隸的生活經驗與日常生活的細節；更發展出一些展覽的技術，讓參觀者透過參與過去的權力符號與分類空間（像區分白人區與黑人區），達到親身感受的效果。

總之，因為再現政治的抬頭，族群意識的提昇，博物館的展示不論在展

示的空間，展示的手法，展示的分類，以及展示的權力關係上都遭受前所未有的質疑與挑戰，也讓展覽出現了前所未有的多元面貌。我們今天熟悉的博物館，特別是不同的主題與任務的展覽館的出現，像自然歷史博物館、科學與技術博物館、人類學博物館、美術館、地方文物館、常民生活館等等，還有各種不同的新穎展示手法，像開架式、手動式、互動式、錄音導覽、現場展演等等，都是直接或間接對這些力量的回應。

這些新的展示方式與展示背後的各種意識形態與權力關係，持續成為人類學的物質研究的議題。人類學一方面透過將博物館的收藏品重新歷史化與脈絡化來研究殖民主義與國族主義方面的議題，另一方面運用民族誌的方法與人類學理論來檢視博物館的展示過程。這兩個知識領域從形成到分開，繞了一大圈，又再度找到了合作與對話的空間。我們期待在這兩個領域的學者，能在這樣的空間中，繼續激勵出更多美好的成果。

二

本單元的兩篇文章，代表了臺灣人類學近年來對這過去二十年的博物館研究新發展的在地反省。一篇是將博物館收藏物歷史化與脈絡化的研究，另一篇是探討最近臺灣博物館在展示形式上的一系列的突破與實驗與人類學知識的關係。

童元昭的〈物的旅程：從臺灣大學人類學博物館排灣族展品談起〉一文處理的是知識史的問題，她以臺灣大學人類學博物館在二次大戰後初期的排灣族收藏品為例，透過這些展覽品在當時如何被收藏的過程之重建與考據，讓我們認識到前輩學者如何從事田野，如何取得收藏品；更重要的是在什麼樣（權力與語言）中介的脈絡下，產生出戰後第一個世代的人類學知識。而這套知識生產的模式又因為臺灣人類學理論典範的轉變，到了 1960 年代中期而停止，另外開啟了一種不同類型的物質文化研究，同時也宣告了臺灣人類學博物館收藏時代的結束。

　　這篇文章的貢獻可以從幾個方面來看，首先在最實際的層次，作者將人類學博物館內的藏品重新地帶回到它們被收藏時的脈絡，讓博物館藏品原有的功能與意義有了更清楚的根據，對未來的博物館展覽提供了更為豐富的材料。第二，配合半個世紀後對田野地的訪談，我們更清楚地掌握到過去人類學知識生產是在哪些不平等的權力與經濟脈絡中進行，而原住民的中介階層又在這段過程中扮演了哪些角色與功用。這是我們反省臺灣戰後人類學的知識與權力關係的一個具體個案。第三，由物質文化研究在臺灣人類學發展不同階段中的不同地位，我們可以進一步理解反省，不同時期的臺灣人類學知識典範，各有哪些基本的前提與假設，又可能有哪些限制與盲點，幫助我們更清楚地定位當前的人類學知識狀態。

　　除此之外，這篇文章對一段戰後臺灣人類學形成時期歷史的重建，不但讓我們比較清楚地認識到學科的過去，同時也是對前輩先驅的致敬。他們留下來的那些字體端正的筆記、細緻手繪的地圖、小心臨摹的圖案以及彌足珍貴的照片，讓後來者了解他們是如何在當時那種困難的物質條件下，兢兢業業地進行他們所知道的民族學工作，替臺灣的人類學奠下了初步的基礎，也替我們保存了一批快速消失中的文物。今天我們來閱讀與欣賞這個時期留下來的成果，當然非常容易看到前人在研究視野上與蒐集藏品時的限制，然而人類學實踐的倫理要求與理論典範也許在變動，但追尋知識時需要有的熱誠與面對真實所必須擔負起的責任，繼續將不同世代的人類學者連結在一起。我們透過回顧過去、理解過去，才有心胸與智慧去穩健地邁向未來。

　　王嵩山的〈展演臺灣：博物館詮釋、文化再現與民族誌反思〉一文則是一篇針對臺灣近年來博物館展示與展演所做的理論回顧。作者關注的是如何重新定位博物館文化展演意義的問題。臺灣近年來在博物館的展示技術與形式上已經有了重大的改變，社會大眾對博物館的要求與期許也大異於前。在這樣的多重知識形式與多樣使用消費方式的衝擊下，博物館已經從一種對普遍性知識累積與傳承的制度，逐漸成為一種讓不同的群體或作者，展現其差異，表達其理念的場域。展覽的形式也從靜態的傳遞，走向強調動態的展演

與親身的體驗。也因此，作者透過這篇回顧性的文章，指出臺灣近年來的展演形式與密度的蓬勃發展，應當被視為一種新的民族誌研究領域，人類學者既可以對這個現象做更細緻與深入地探討與反思，也可以運用他們在理論與民族誌上的知識專長，對博物館的展示做更進一步的貢獻。

　　這篇文章同時也反映了臺灣人類學當代的一個新的處境。在新自由主義經濟當道的時代，社會福利與公共支出持續被削減，各種學術研究經費不斷在縮水，每一門學科都被迫要向大眾證明它們存在的應用能力與市場價值。在這樣的社會壓力下，臺灣人類學與博物館的關係在若即若離的半個多世紀後，再度產生了一個新的交會點；人類學透過物質文化的研究，重新脈絡化民族誌收藏物的意義，並試圖從這種考察來生產出新的文化價值；而博物館吸收人類學的理論與知識，替他們的展覽活動創造出新的展示形式以及發掘出不同於昔日的文化內容。人類學從過去那種以社會文化行為為重心的研究取向，開始轉向重視文化資產與物質文化這些具有產值與價值的領域，並試圖透過這些新的材料與議題，重新去打造人類學的面貌。博物館研究也因為人類學知識的介入，讓他們的展品內容有了更為清楚的脈絡與分析的框架，也讓他們更能有效地去呈現與創造出更具有文化意義的展示。換句話說，學術理論的發展固然提供了臺灣人類學新的視角去重新看待博物館的收藏與展示，但是經濟壓力與社會氛圍，也是當前博物館再度成為焦點的原因之一。

　　在這樣的處境下，臺灣人類學有了新的議題：如何重新將物質文化整合入當代的人類學理論，並重新定位人類學知識的當代意義？又如何透過我們的收藏與展示，重新詮釋過去的研究傳統？遂成為博物館與文化資產研究必須面臨的挑戰。

參考書目

胡家瑜

　　2006　博物館、人類學與臺灣原住民展示－歷史過程中文化再現場域的轉
　　　　　形變化。考古人類學刊 66: 94-124。

Ames, Michael

　　1992　Cannibal Tours and Glass Boxes: The Anthropology of Museums.
　　　　　Vancouver: University of British Columbia Press.

Anderson, Benedict R. O'G.

　　1991　Imagined Communities: Reflections on the Origin and Spread of
　　　　　Nationalism. New York: Verso.

Bennett, Tony

　　1995　The Birth of the Museum: History, Theory, Politics. New York:
　　　　　Routledge.

Bouquet, Mary, ed.

　　2001　Academic Anthropology and the Museum: Back to the Future. New
　　　　　York: Berghahn Books.

Bouquet, Mary, and Nuno Porto

　　2005　Science, Magic and Religion: The Ritual Processes of Museum Magic.
　　　　　New York: Berghahn Books.

Clifford, James

　　1988　The Predicament of Culture: Twentieth-Century Ethnography,
　　　　　Literature, and Art. Cambridge, Mass.: Harvard University Press.

　　1997　Routes: Travel and Translation in the Late Twentieth Century.
　　　　　Cambridge, Mass.: Harvard University Press.

Duncan, Carol

　　1995　Civilizing Rituals: Inside Public Art Museum. New York: Routledge.

Henare, Amiria J. M.

　　2005　Museums, Anthropology and Imperial Exchange. New York: Cambridge

University Press.

Henare, Amiria J. M., Martin Holbraad, and Sari Wastell, eds.

　　2007　Thinking through Things: Theorising Artefacts Ethnographically. New York: Routledge.

Karp, Ivan, ed.

　　2006　Museum Frictions: Public Cultures/Global Transformations. Durham: Duke University Press.

Karp, Ivan, and Steven Lavine, eds.

　　1991　Exhibiting Cultures: the Poetics and Politics of Museum Display. Washington: Smithsonian Institution Press.

Katriel, Tamar

　　1997　Performing the Past: A Study of Israeli Settlement Museum. Mahwah, N.J.: Lawrence Erlbaum Associates

MacCannell, Dean

　　1992　Empty Meeting Grounds: The Tourist Papers. New York: Routledge.

Macdonald, Sharon, ed.

　　1998　The Politics of Display: Museums, Science, Culture. New York: Routledge.

Macdonald, Sharon

　　2002　Behind the Scenes at the Science Museum. New York: Berg.

O'Hanlon, Michael

　　1993　Paradise: Portraying the New Guinea Highlands. London: British Museum Press for the Trustees of the Britishm Museum.

O'Hanlon, Michael, and Robert Louis Welsch

　　2000　Hunting the Gatherers: Ethnographic Collectors, Agents and Agency in Melanesia, 1870s-1930s. New York: Berghahn Books.

Price, Sally

　　1989　Primitive Art in Civilized Places. Chicago: University of Chicago Press.

Sleeper-Smith, Susan, ed.

    2009　Contesting Knowledge: Museums and Indigenous Perspectives. Lincoln: University of Nebraska Press.

Staniszewski, Mary Anne

    1998　The Power of Display: A History of Exhibition Installations at the Museum of Modern Art. Cambridge, Mass.: MIT Press.

Stocking, George W., ed.

    1985　Objects and Others: Essays on Museums and Material Culture. Madison, Wis.: University of Wisconsin Press.

Thomas, Nicholas

    1991　Entangled Objects: Exchange, Material Culture, and Colonialism in the Pacific. Cambridge, Mass.: Harvard University Press.

物的旅程：
從臺灣大學人類學博物館排灣族展品談起*

童元昭

國立臺灣大學人類學系

　　臺灣大學人類學博物館的收藏，集中在 1920 到 1960 年代。本文將從目前臺灣大學人類學博物館的排灣族展品談起，以 1945 年起的「臺大時期」所收藏的排灣族藏品為對象，追溯這些物件脫離部落生活脈絡，如何成為教學、研究資料／標本的過程。藉由臺灣大學人類學博物館中排灣族藏品的收藏過程，來探究物的採集與人類學知識生產的關聯。

　　人類學史在近年成為人類學科裏的一個重要學問，樸素的重讀、書寫與再評價學史，是每一代後來者認識自己處境的一項使命。我參考當年採集標本時所留下的文獻，並藉助訪談以摸索採集過程中的有意與偶然，嘗試理解人類學與博物館之間的糾結。

　　這些研究文獻包括物質文化重要的研究者陳奇祿的田野筆記、人類學系 1955 年衛惠林帶隊的來義實習與 1956 年芮逸夫帶隊的牡丹實習，另外藉由 1966 年唐美君提出的對來義民族學田野課程的構想，對比他與衛惠林兩個世

---

* 數位典藏國家型科技計畫「牡丹排灣族老照片說故事」自 2010 年 10 月起到 2011 年 9 月執行期間，將 1956 年拍攝的近百張照片帶回牡丹，逐漸摸索出了當年以臺大人類系師生為主的神鷹大隊在牡丹兩周田野的情況。本文感謝計畫助理吳欣怡小姐協助田野與資料庫搜尋，巫化・巴阿立佑司牧師協助排灣語翻譯，卜正宜小姐提供人類博物館收藏的數據資料；牡丹的高加馨老師與楓林的阮嬪長老的接納，分享他們對地方事的熱情與認識，並經由他們獲得了更多人的協助。前輩喬健老師慷慨出借保存半世紀的《排灣族研究資料集》。本文的最初想法曾以〈排灣族印象：藏品與展品之間〉為題，於 2010 年 12 月 12 日發表在臺東國立臺灣史前文化博物館主辦的「人類學知識與博物館之收藏與展示」工作坊。

代對田野實習課程、人類學的目標與研究方法的不同觀點。唐美君在衛惠林帶隊的來義田野實習中曾擔任助教，負責物質文化的主題小組，也順應的出版了一篇關於標本的文章。而幾乎同時，他搭配陳奇祿一起進行了三次、共四十天的田野調查。他在將近十年後很清晰提出了自己對人類學的目標與研究方法的觀點，從他的學生時代到主持田野課程，物質文化研究不再是人類學內重要的主題，臺灣人類學也出現了階段性的轉變。

關鍵字：標本採集、人類學史、民族學藏品、排灣族、臺灣大學人類學系

一、前言

人類學在發展之初，便與博物館關係密切。以影響臺灣人類學最深的美國人類學來看，F. Boas（鮑亞士）在規劃西北美洲印第安人的器物展出上，參與頗多。他的弟子輩，M. Mead（米德）在東岸的自然史博物館任職，A. Kroeber（克魯伯）在西岸大學博物館督導，都是經典的例子。臺灣人類學的發展上，也可以看到類似的情況。從物的收藏與展示，可以提供一個認識臺灣人類學不尋常的觀看角度。本文將藉由臺灣大學人類學博物館中排灣族藏品的收藏過程，來探究物的採集與人類學知識生產的關聯。臺大人類學博物館的收藏，集中在 1920 到 1960 年代，本文將以臺大時期（1945 年起）所收藏的排灣族藏品為對象，追溯這些物件脫離部落生活脈絡，成為教學、研究資料／標本的過程。人類學史在近年成為人類學科內的一個重要學問，樸素的重讀、書寫與再評價學史，是每一代後來者認識自己處境的一項使命，而不只是一個「競技舞臺」。[1] 我參考當年採集標本時所留下的文獻，並藉助訪談以摸索過程中的有意與偶然。

下面我將以物質文化重要的研究者陳奇祿的田野筆記，[2] 回溯他收集資料的過程並配合他日後的出版，分析標本採集與他的知識建構之間的關聯。再由人類學系「民族學田野實習」課程的脈絡，探究物質文化在研究訓練上的位置。這一部分主要是 1955 年衛惠林帶隊的來義實習，與 1956 年芮逸夫帶隊的牡丹實習。兩次的田野課都購入並入藏了當地的生活器物，其中部分藏品並納入為展品。我將藉由正式與非正式出版的報告，分別探索兩次調查對

---

1 丘延亮 (1997: 169) 用語。他在文章中感慨「人類學歷史的機構化已經成為一個競技舞臺，又變成另一個受人囊括的學術擺飾」，看不到「自身定位的反省與質疑」。

2 2010年臺大人類學系標本與師生相繼搬出洞洞館，細瑣的整理過程中，我偶而由工作人員戴瑞春小姐處得知系上存有幾頁陳奇祿先生手寫的田野筆記。筆記起自 1957 年 2 月 13 日為期不到一週，路線包括獅子鄉與春日鄉，也正是我近年走訪的地點。依據陳先生的筆記，我與助理吳欣怡再訪春日鄉南三村，並獲得陳昭忠鄉長一家人協助。也經由春日鄉鄉長夫人的介紹，我們認識了楓林村的阮嬪長老，第一次見面就在他的辦公室裡，楓林標本掀開了家族想說與不想說的故事。

物的理解。另外藉由 1966 年唐美君提出的對來義民族學田野課程的構想，對比他與衛惠林兩個世代對田野實習課程、人類學的目標與研究方法的不同觀點。唐美君在衛惠林帶隊的來義田野實習中曾擔任助教，負責物質文化的主題小組，也順應的出版了一篇關於標本的文章。而幾乎同時，他搭配陳奇祿一起進行了三次、共四十天的田野調查。他在將近十年後很清晰地提出了自己對人類學的目標與研究方法的觀點。從他的學生時代到主持田野課程，物質文化研究的重要性不再，臺灣人類學也出現了階段性的轉變。

二、臺大人類學博物館的排灣族收藏與展示

臺大人類學博物館於 2010 年 11 月 12 日遷入新址，完成布展後更名開幕。[3] 民族學展示廳內以臺灣原住民的器物為主題「臺灣原住民映像：跨越時空的物質軌跡」，其中主要的展示方式是依族群安排的大型展櫃與 T 型展櫃。臺灣原住民相關展品總數為 514 件，其中展出的排灣族器物總數為 118 件，分別出現在木雕／石雕區，陶甕展示櫃以及展櫃。

表 1、排灣族藏品與展品入藏的年代

	展品總數	帝大時期	%	臺大時期	%
排灣族藏品	*649	518+35= 553	85.2	96	14.8
排灣族展品	**114	83+7=90	78.9	31－7=24	21.1

*排灣族藏品為 692 件扣除收藏年代不詳的 43 件，為 649 件。
**排灣族器物展出有 118 件，扣除收藏年代不詳的 4 件，為 114 件。

臺灣大學人類學博物館所有的排灣族藏品共有 692 件，扣除其中 43 件收藏年代不詳，1945 年臺大成立以後入藏了 96 件，另外有 35 件雖然在臺大時期入藏，但推測標本來自於當時離境日本人的早期收藏。尾崎秀貞、佐藤文

---

3 為配合文學院新建人文大樓的需求，2010 年暑假人類學系遷出洞洞館。標本陳列室遷往舊總圖的西翼並更名為人類學博物館，民族學標本的搬遷與展示規劃由人類系胡家瑜老師負責。

一與山中樵等幾位日本人在 1947 年離境前，將歷年收藏的 35 件排灣族器物轉給了臺灣大學人類學系的前身，土俗人種學研究室。[4] 考慮到這一點，表 1 便將 1947 年所入藏的標本調整後，納入帝大時期的收藏來計算，從臺北帝國大學建立後到更名為臺灣大學之前入藏者（1928 年－1945 年）共有 518 件。以收藏年代來看，整體藏品中約有 14.1%[5] 出自臺大時期，排灣族同期藏品佔有 14.8%，兩者極為接近。但由展出的排灣族器物看，臺大時期入藏的展品為 21.2%，高於藏品中的比例。

排灣族器物在帝大時期最大的一批入藏是在 1933 年的 216 件，全數來自鑽研原始藝術的宮川次郎。其次是 1930 年的 140 件。1937 年以後，進藏的數量逐漸減少，1937 年到 1945 年的八年間，只在兩年分別進藏了七件的物件。帝大時期的標本如宮川次郎的藏品，只交代了物件來自排灣族，但並未能提供郡（鄉鎮）層次的訊息，遑論聚落的細部資料。1933 年土俗人種學講座入藏了宮川次郎一批共 280 多件的收藏。其中，以排灣族的各種木雕、木梳及織繡最具特色（芮逸夫 1953：17）。由於宮川次郎個人收藏的興趣在於原始藝術，這一批 200 餘件藏品多數並未註明來源地。而大量的同類型的生活用品，如其中木匙與木梳的收藏重點，都偏向在其上之裝飾性雕刻的藝術表現。展出的巫師的占卜箱與含鞘刀子上，也都有著精緻雕飾。帝大時期的排灣族藏品共有 553 件，當中 113 件沒有任何採集地點的資料，另外有 299 件得自臺北，其中包括了來自宮川次郎的多數藏品。臺北不是排灣族傳統的居住領域，僅是器物交易的地點，但原有的聚落也已無可追溯了。也就是說，帝大時期入藏的排灣族器物當中，約僅四分之一的採集來源留有清楚的記錄。這些視覺訊息豐富但缺乏製造、使用脈絡與採集過程的標本，便在展示時所佔的比重下降些許，而臺大時期的排灣族展品比重相對便提高。

目前排灣族展品，宮川的藏品在展示的物件中佔有 49 件，超過了四成，

---

4 如，佐藤文一曾於 1944 年出書《臺灣原住種族的原始藝術研究》，其中引用了 1947 年入藏臺大的資料。參見陳奇祿 1961 年《臺灣排灣群諸族木雕標本圖錄》。
5 感謝人類學系卜正宜小姐協助提供數據。

又以木匙與木梳最為顯著。臺大時期的排灣族收藏集中在 1955 年到 1957 年的三年間，分別採集了 41、26 與 19 件（表 2）。相對於帝大時期，藏品中有四分之三無法得知原有使用的社會脈絡與取得的過程，臺大時期三次主要的入藏，都是教學或研究活動的一部分，留下了採集的紀錄與採集過程的調查研究成果。這一個階段 87 件的藏品中有 23 件納入了展示。[6]

表 2、臺大時期與標本採集相關的學術活動

年代	件數	地點	教學／研究活動	主持人
1955	41	36 件來義村 5 件古樓村	第三次民族學田野實習課程	衛惠林
1956	26	26 件牡丹村	暑期救國團活動神鷹大隊	芮逸夫
1957	17	17 件楓林村	個人研究計畫	陳奇祿

　　臺大考古人類學系於 1950、1960 年代持續有老師個人或師生利用寒暑假以團體的形式赴各地做短期調查，並購入當地器物成為臺大人類學博物館的收藏。衛惠林在 1955 年率系上「民族學田野調查」課的學生去來義，並在來義購買了 35 件，鄰近的古樓購買了 6 件，共 41 件的標本。而 1956 年救國團暑期活動「神鷹大隊人類學研究隊」在牡丹村也購入了多樣的生活物件，其中多件是農具等生活用品，包括木碗 (1)、木杓 (1)、竹編種子籃 (1)、竹編魚簍 (1)、簍 (1)、嚼食檳榔相關器具 (4)、貝板項鍊 (1)、木車輪 (1)、喪帽 (2)、連杯 (1)、杵 (1)、臼 (1)等共 15 件。另外還購入了服飾。

　　臺大時期的收藏多與清楚的研究議題有關，織繡、木雕、或紋身都是好的例子（表 3）。當時研究的目的引導收藏的方式，以紋身與檳榔用具來說，是以整組器物入藏，這個觀念也延續到展品的陳列方式。而帝大的收藏如宮川次郎的收藏，以藝術欣賞為目的，相對不強調單一器物的社會脈絡，以至於在展示時並列大量同一功能而紋飾各異的器物。

6　三年一共收入了 87 件標本，但其中一件來自臺東加津林，兩件來自春日，似都是個人短期調查所得，沒有清楚的記錄，故此處討論主要針對三次調查的 84 件標本。

<h3 style="text-align:center">表 3、出自臺大時期的排灣族展品</h3>

年代	田野地點	展品	數量
1955	來義、古樓	小木雕（蛇）	1
		人偶（女）	1
		紋身用具	7
1956	牡丹	貝珠項鍊	1
		檳榔用具（刀、石灰盒與檳榔袋）	3
		男、女衣	5
1957	楓林	男帽	1
		女帽	1
		女衣	1
		腳絆	2

　　臺大時期所收藏的服飾在展品中所佔比重較大，跟當時老師所專注的議題有關。目前展品中的服飾共有 14 件，分別來自來義、楓林與牡丹三個聚落（表 4）。

<h3 style="text-align:center">表 4、服飾展品的來源</h3>

地點	數量	內容
來義	3 件	衣、裙、肩掛 (1930)
楓林	5 件	衣、帽、腿絆
牡丹	5 件	男、女衣、1 件檳榔袋
地點不明	1 件	喪帽 (1936)
合計	14 件	

　　其中十件來自楓林與牡丹的衣飾，均出自於臺大時期在 1956 年與 1957 年的田野調查。另外四件是帝大時期的收藏，但其中並不包括芮逸夫所讚美的宮川次郎的收藏。陳奇祿可以說是 1960 年代臺灣原住民物質文化研究的代表人物，他的著作對後代從事臺灣原住民工藝與藝術的人類學者與藝術研究者而言，是重要的參考典範（許功明 2004：80）。他與唐美君在排灣族部落

進行研究期間，也購入了一些器物。他們所收集的藏品中，唯有楓林的衣飾被納入展出。

三、陳奇祿物質文化的研究

　　為了窮究排灣群木雕之類型與文樣，除了博物館的藏品，陳奇祿在 1957 至 1958 年間，曾以三次共約 40 天的時間拜訪排灣群部落。他與同事也是妹夫的唐美君教授走遍了屏東與臺東各個排灣族、魯凱族與卑南族的聚落，搜集木雕以及織繡相關的資料，並購入了數十件衣飾及木雕標本。1957 年 2 月寒假，陳奇祿與唐美君走訪歸化門（歸崇）、力里、老七佳、春日、士文、獅子鄉的楓林村與草埔村（唐美君 1957）。楓林村是由內文社群中的內麻里巴社與阿遮美薛社遷徙後所建立的村落。展品中有五件來自楓林村，都是衣飾。陳奇祿與唐美君多次、多地點的調查結果於 1958 年起在《考古人類學刊》逐年刊出，並於 1961 年集結成冊出版了《臺灣排灣群諸族木雕標本圖錄》（陳奇祿 1961）。圖錄中對標本有詳細的描述，還配有陳奇祿所畫的插圖，與唐美君所拍攝的照片輔助說明。許功明 (2004) 認為不同於日本學者帶有進化論與現代美學的價值判斷，陳奇祿視器物或標本為「文化史研究對象的科學『物證』」(2004: 192)。全書注重對器物類型與文樣等物質面的研究角度，而非脈絡與意義。

　　這一節先藉由陳奇祿的筆記來呈現他們在地方上的工作內容，接著再以 2010 年至 2011 年我與助理順著他們兩位的行程，將標本相片與當時所拍的相片帶回聚落，由地方人士辨識，過程中對陳、唐兩位先生 1957 年田野脈絡的一些補充。

（一）楓林村

　　陳、唐於2月13日下午到了位於楓林村的獅子鄉鄉公所。楓林村的訪談

對象主要是劉田玉。[7] 劉田玉雖然不屬於頭目家系，但他與頭目家系有相當淵源。他的母親的姐姐，嫁給了內文社頭目 Tjuleng，[8] 作為第二個妻子。劉家在他亡故兩年後，曾向頭目贈禮而取得了使用頭目家紋飾的權利。因而約從 1940 年起，開始製作有紋飾的衣服。陳奇祿記錄了物件製作人與所有人的相關資料，包括簡單的系譜、性別、排行、紋飾的來源與製作工序的排灣用語（圖一）。

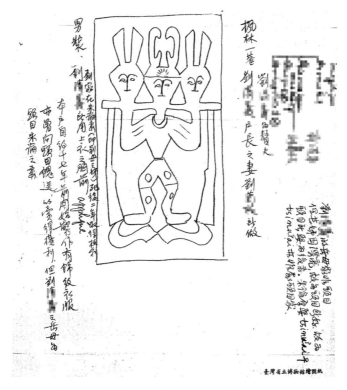

圖一、陳奇祿先生楓林村田野筆記的一頁

---

7 田野中涉及的人名，均為假名。

8 Tjuleng（陳先生譯為糾冷，家族本身採用酋龍）是內文社群的二股頭目，與大股頭目邏發尼耀家 (Ruvaniau) 分別與內文群其他 22 社有結盟的關係。

　　他同時以排灣語拼音與中文記下物件各部位的名稱，訪談筆記中也註明了服飾穿戴的場合。陳奇祿繪下男上衣胸前的貼布繡圖案、頭飾、一件女長衣的正、反面。也記錄了幾個剪、縫動作的排灣詞彙。他另外也繪製了手藝好的黃秋水母親所縫製的長衣，並拍攝數張當年十八歲的黃秋水穿著長衣的相片。在楓林村他們分別跟不同的七家人購買了十七件服飾，包括男、女用頭飾五件、精緻程度不等的女長衣與裙五件、腰帶兩件、一對腳絆與男上衣與裙四件。陳奇祿並未購置他所繪製的劉家與黃家的衣服與頭飾，而是以圖、相片與測量數據作為記錄。

　　楓林村是長形的村落，陳奇祿與唐美君所拜訪的家戶中有四戶集中在兩排四棟房子的間距（圖二）。這四家所提供的十三件器物，是他們在楓林購入器物總數十七件的大多數。1950 年代中期，當多數道路還是泥土路，腳踏車還不是人人可以負擔，多數人依靠雙腿行走，牛車僅是偶爾的交通工具，交通條件多少也限制了行動的範圍。訪談這四戶人家也並非偶然，其中三戶有親戚關係，關鍵人物曾任村長，他的叔父在日本時代擔任警察，隨後擔任村長，在陳奇祿與唐美君拜訪後的次年順利當選為第四屆的縣議員。關鍵人物的父親賣了一件製作精美的背心，他妻子的父親賣了一套男性的上衣與裙，妻子的外婆也賣出一些衣飾。住在鄰近的妻子的阿姨母女也賣出了三件頭飾。在楓林收集的十七件物件當中，十一件出自這關係緊密的三家親戚。

　　部落的人把衣飾賣了，意味著什麼？陳奇祿在研究過程中，也留下了購買標本的記錄。在一切匱乏的民國 40 年代，30 元、50 元的價格，不是小錢。而賣出衣飾換取現金，顯現原有衣飾不再是生活中渴欲的對象了。楓林的一件男上衣被原主人賣了，為的是給看重的女婿買一件工廠出品的夾克。傳統貼布繡男上衣的美麗已不如新式成衣。一件女短裙，與一件原是巫師施術時所穿全紅的女用長衣，也賣給了臺大。巫師年輕時學巫後，成巫的儀式在當時還是部落的大事，但在陳奇祿等人到訪一年半之後，長老教會進入村落，而村中曾經是禁忌的地方，在教會進入的次年成為新建教堂的基地。

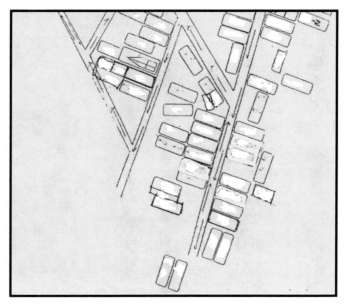

圖二、楓林村局部地圖

（二）草埔村

　　楓林的文字資料最為豐富，其後的草埔、春日、古華與士文相對留下較少的背景資料。2 月 15 日他們到了草埔，接觸了兩家人，各有關注的重點。一家的重點是室內的木雕與壁畫，另一家二位研究者的興趣主要在一件有綴珠的男上衣。他們在草埔並未購入任何標本，而是以相片與繪圖盡可能地記錄下當地獨特之處，引起他們注意的服飾與雕刻。在他們所拍攝草埔的 17 張照片中，包括聚落 (1)、建築 (2)、男裝（側面遠近各一）、女裝（正、背、側、近共四張）、男裙 (3)、婦人 (3)、廚房雕刻（同一件兩張）。他們以相片記錄下一家廚房壁面的浮雕人像，也留下文字說明及其所繪之人像。

　　相片在現在的橋西部落拍攝，相片中的兩位婦人是當家的弟婦與婚入夫的姐姐，兩人都是巫師（相片 1）。

　　1954 年時，循理會戴永冕牧師的妻子戴永和沿著南迴公路積極的傳教，

同年草埔已有人接受了基督宗教。兩年後，1956年聖經學院的第二屆學生中已有兩位草埔人。他們兩人在八月開學前，安排了三個月有音樂、有圖畫的佈道會，引起了草埔人大規模的改宗（林淑清 2004）。循理會草埔的禮拜堂在1957年落成。當家的弟婦在循理會進入後改宗，而夫姐至死都維持其巫師的角色。雖然信仰不同了，但兩人仍然常往來。文獻與田野訪談呈現出，1957年正是基督宗教在草埔迅速發展的年代。

相片 1、國立臺灣大學人類學系提供，編號：039-6-5。

（三）春日村

陳奇祿與唐美君於 1957 年 2 月 16 日拜訪春日鄉春日村。同樣的，陳、唐兩位以服飾為主，他們在兩戶人家停留較久。在其中一家細看了六件衣飾，針對服飾做了繪製與測量。六件服飾包括了女裙、女童衣、男上衣、女上衣、腳絆與頭巾各一件，其中女裙與女童衣留有測量數據，還有繪圖說明。第二家也簡單記錄了五種物件，並測量了其中四件，分別是男上衣、女裙、男裙、以及兩件女用頭飾。他們在頭目家中見到了這些物件，也留下了頭目身著紋飾上衣與黑裙的相片（相片 2、3）。頭目的相片有正面與背面，另外有上衣的正、反面相片。他們在春日村所拍的 14 張相片中，服飾是唯一的重點。除了頭目盛裝正式的主題，還有 5 張是村裡活動時村人牽手圍圈跳舞唱歌的相片。5 張近拍同一群人的相片，重點在其中五位女人身上所穿的傳統服飾。

頭目生於 1940 年，由於父母過世的早，他從十二歲起便在不同的親戚家度過。父母因為只有一個孩子，便由鄰近的平埔聚落收養了一個女孩子，後來嫁給了平地人。頭目是惜物的人，雖然成長的過程並不安定，家中依然還

相片 2、頭目身穿他所珍視的服飾。（國立臺灣大學人類學系提供，編號：040-2-1）

相片 3、拍攝頭目上衣的背面，還可以看到拍攝者的鞋尖。（國立臺灣大學人類學系提供，編號：040-2-4）

保留有父母在昭和 11 年去日本觀光的相簿與頭目章等。

　　陳奇祿與唐美君拜訪的另外一家在日本時代末期已經開始種植水稻，當土地改革政策實施時，家中開墾的田地面積已高達了 40 甲。陳奇祿與唐美君到春日的時候，天主教已經早他們兩年（1955 年）到了春日村，1957 年開始正式傳教。長老教會則早在三年前（1954 年）便到春日宣教，次年已有五戶信徒，並且購置了聚會場地（春日社區發展協會 2010）。

（四）土文村

　　2 月 17 日他們到了古華村，當天又趕到了土文村。土文一共拍了 32 張相片，部分集中在服飾，部分在木雕，也留下了雕刻師夫妻的名字。服飾為重心的相片，分男裝一人、男女共同三人，與中年婦人兩人的合照。多數的服飾相片都包括了正面與背面。陳奇祿的筆記記載了相片中人物的排灣名字

與中文名。特別的是，有七張照片是眾人圍在可能是在陳、唐拜訪家戶的外面，看著，也做著自己的事，但人群的照片並未留下在場人物的名字。

　　土文的相片以女頭目與她的表妹為主，另外一個系列是穿著她所縫製的傳統衣服的男子。男子日後婚入頭目家，為頭目的女婿，也接替了頭目擔任鄉民代表。頭目擁有附近知名的手藝，當時男子所穿的衣服是頭目所做。男子穿著傳統服飾，單純是為了方便學者拍攝，而由頭目提供穿戴。另外一位出現在多張照片中的男子，穿著同樣由頭目借出同一件的傳統男上衣，兩人僅有頭飾部分不同（相片 4、5）。兩名男子可能是擔任模特兒的角色，為頭目向他的客人展示他的手藝。頭目女兒家中至今仍保存有多套傳統服飾，她自己也不斷創新製作新衣。

相片 4：國立臺灣大學人類學系提供，編號：041-4-3。

相片 5：國立臺灣大學人類學系提供，編號：041-4-4。

　　士文拍攝的木雕作品的製作者，曾經有兩年去 Amawan（萬安）日本官方的工藝所學習木雕，同行的妻子學習刺繡，孩子就留在日本人的家中教養。雕刻師在士文駐在所當「工友」，傳送與枋寮兩地的公文之餘，就是雕刻。作品多賣給了日本人。

　　陳奇祿在這個階段的研究有木雕與織繡兩個重點，木雕部分以排灣族、魯凱族與卑南族為對象，研究成果於 1958 年起陸續出版，於 1961 年集結成《臺灣排灣群諸族木雕標本圖錄》一書。織繡的部分見於 1968 年出版的 *The Material Culture of the Formosan Aborigines*， 書中有關物質文化描述，部分於 1961 年已經完成。第五章中 Textile design (pp. 182-201)，對織繡有較集中的整理。這一節中所採用的彩色圖版 (5-14) 共有 10 張，排灣族便佔了其中一半。五件中的三件是在 1950 年代購自牡丹或楓林。陳奇祿將服飾製作方式分為四類：夾織 (in-woven)，刺繡，貼布繡與綴珠。排灣族的服飾製作上，分別可以展現四種工藝的技巧，而其中一件，更兼採了貼布繡與綴珠兩種工藝（相片6）。

相片 6：楓林男背心（國立臺灣大學人類學系提供，標本編號：4014）

　　陳奇祿的研究過程裡有不同的人參與，反應出他的親屬關係、學校的同儕與師生關係及其與學會的來往。陳奇祿南臺灣大範圍的調查研究之所以可能，充足的經費有一定的幫助。唐美君 (1957) 在《考古人類學刊》的〈考古人類學界消息〉報告了他與陳奇祿的工作近況。由於獲得「東亞學會」的資助，他們得以在 1957 年 2 月走訪春日鄉與獅子鄉。陳奇祿在 *The Material Culture of the Formosan Aborigines* (1968) 的前言，交代他在 1961 年獲得 China Council for East Asian Studies 的經費，而進一步寫出該書的主要部分，而 1966 年國科會的經費，終於促成全書寫就。陳奇祿的調查活動與人類學系民族學調查實習課時有重疊，如 1956 年 2 月衛惠林、何廷瑞等率領學生在臺東知本實習，陳奇祿也同時在當地參與活動。

　　陳奇祿自 2 月 13 日到楓林，中間停留草埔、春日、古華，於 17 日抵士文，在五日內拜訪了五個部落，移動快速，顯然他的目標極為明確。以陳奇祿當時的研究方向，不論是木雕或織繡，紋飾的形式與製作方法都是他主要的研究對象。排灣族是階序社會，紋飾的使用上有清楚的規定，尤其在太陽、人形與百步蛇三種圖案上明確的保留給高位的階層。他在 2 月 13 日這一趟旅程的開始，在楓林村的訪談中，記錄下贈禮作為紋飾流通的機制。而他在幾個地方的拜訪，也集中在頭目或巫師，但他的筆記僅零星出現關於選擇拜訪對象的依據。他在楓林較詳細的資料分別來自於三家人，主要的圖示與說明來自劉家。他們在草埔的工作速度加快，拜訪了兩家，春日村、古華村與士文村也各拜訪了兩戶。由於拜訪對象中多是頭目與巫師，而得以見到紋飾講究的服飾與木雕。相片的角度以服飾為主，相片中的人往往有正面、側面與背面的角度。而當地人也是刻意換上節慶或儀式才穿戴的盛裝，展示給來客拍攝，甚至安排了展示製作手藝的模特兒。其中也有開墾許多水田的平民，或是新的行政制度下的領導人物，多少反映了當地人覺得外人應該認識的重要的地方人物。1957 年當時幾個部落早已栽培水稻，正經歷著基督宗教的洗禮與市場的鍛鍊。1957 年 2 月的調查旅程中，除了楓林劉家，其他聚落多僅是交代名字或地址，雖然留下了清楚的基本記錄與索引，但進一步的有關人的背景、人與物的關係、售出生活用品時的社會情境等脈絡相關的訊息

可以說微乎其微。

四、田野課程訓練中的物質文化研究與標本採集

　　人類學系自成立起，便有「民族學田野調查」、「考古學田野發掘」與「人類學標本整理」三門特殊課程的設計（陳奇祿等 2002：39）。師資有與中研院史語所合聘的研究人員，也有自歷史系轉任的教師（如陳奇祿）。在講師與助教的協助下，任課教師帶領學生到原住民部落進行短期 2-3 週的「民族學田野調查」。人類學系早期學生極少，有時參與課程的老師人數多於學生。

（一）1955 年的來義田野

　　1955 年 2 月，由衛惠林帶隊，同行有兩位助教唐美君、何廷瑞與一位學生去了來義鄉，拜訪來義兩週。來義當時正逢遷村。助教何廷瑞另外也調查了鄰近的古樓。來義田野實習以部落組織與頭目制度為主，也納入了物質文化與宗教面向上與部落組織以及頭目制度有關的部分（衛惠林 1955）。調查工作分為三組，衛惠林負責箕模與排灣二部組織、階序、繼嗣與婚姻規則、部落領袖分工與階層相關之權利義務；助教何廷瑞負責宗教習俗；助教也是第一屆畢業生的唐美君負責物質文化方面；大四學生協助社會組織的調查，另外負責技術性的聚落測繪與木雕拓片的工作。

　　當時人類學者從瑞岩泰雅族調查開始建立了一個很好的規範。每一次的田野調查一定會寫出調查簡報，並且出版在 1953 年發刊的《考古人類學刊》。《考古人類學刊》當時的編輯範例中接受的文類在論文外，包括了「田野調查簡報」、「原始資料」、「標本圖說」與「考古人類學界消息」。「田野調查簡報」也是早期建構臺灣原住民知識的一種重要的累積形式（謝世忠 2006）。1955 年來義的田野過程與成果，便出版在當年的《考古人類學刊》內，收在「田野調查簡報」的類別下。在田野紀錄中，交待了參與的成員、主題、分工以及所倚重的當地翻譯與報導人（衛惠林 1955）。

衛惠林交代了翻譯人的排灣名字、中文名、年紀與簡單背景，如頭目或女巫等。報導人多年長，具有某些特殊知識權威，報導人在研究發展上的影響力，以往未受到充分的重視。這一次的實習課程，老師與助教們留下了豐富的文字、影像記錄，也購置了一些標本。

分工的各組也盡責地陸續發表文章。以 1955 年來義的田野調查而言，當時分工的三組便出版了歸納在「原始資料」的文章，題目觸及了文身與獵首（何廷瑞 1955）、或是歸在「標本圖說」關於槍與矛的文章（唐美君1955a）。唐美君在學刊第五期將他負責的物質文化的心得整理出版，〈臺灣高山族的槍與矛〉，屬於學刊體例下的「標本圖說」。他針對臺大所收藏的 14 件槍與矛，加上來義田野實習課所購入的兩件標本，分別描述後，再分類。來義採集的標本，他可以清楚說明是獵山豬的武器，對於鏢中山豬後，簇與桿脫離，矛各部分如何作用，有生動的描述。相對的，14 件帝大時期的藏品，多僅能對其結構做靜態的描述。

何廷瑞在學刊第六期 (1955) 發表了〈屏東縣來義鄉排灣族之文身與獵頭〉，屬「原始資料」，文章中便附上了當時已入藏的五件紋身工具的插圖。衛惠林的論文中在階層特權上也涵蓋了文身的權利，他主要在強調文身是貴族的特權。相對於衛惠林的文章，何文對文身的處理提供許多細節，包括施作程序、工具、十二種文身圖形與謝禮等。文身與社會階序的關係，他認為在女性的圖紋上更明顯區分出等級。衛文雖然未提獵首，但在部落分工上，他提出軍事行動由平民負責，軍事指揮的權力完全在平民手上。獵首相關的祭儀也由特定的平民家族世襲擔任。何廷瑞同樣的描述更為細緻，他的資料主要來自古樓與來義。

日本時代土俗人種學研究室入藏的來義物件共有 26 件，分別來自三個人，其中最多的是山本寅吉（17 件），其次是增田善造（8 件），松岡平次郎只有一件。山本寅吉的收藏反映出排灣族雕刻受矚目的程度。他收入的連杯等木製品，都有可觀的雕飾，另外，他也收入約十件常見的生活用品，包括了編製的盛具、器形簡單的農具與烹調用的廚具。增田善造的收藏也都著

眼於雕工，八件中有六件是木盾，興趣很專注。三人採集的時間集中在 1930年代，最晚的松岡在 1936 年。近 20 年後，衛惠林等人在來義購買與受贈的35 項物件中，類別繁多，最特別的是一共十件的織布用具，包括了經卷、布卷、理線架等，另外還有兩件刺繡時用的蠟板。織布工具與刺繡工具都與傳統服飾的生產有關，工具賣出，是否意味著 1950 年代中期在來義已經有了其他取得服飾的管道？在老人的記憶中，戰後初期山地管制不似日本時代嚴格，部落的人會拿著小米等農產到平地去與人交換成衣。[9] 服飾的需求可以經由物的交換取得，自行織布與刺繡不再是服飾唯一的來源。大量湧入的成衣可能模糊了頭目、貴族與平民之間的界限。無以控制的外來物品，不像清朝或日治初期，以布、帛、鐵鍋等作為禮物，贈送給頭目，以為撫育的手段，而外來物也在頭目或貴族家系的支配下，支撐或強化了他們所代表的階序（邱馨慧 2001）。

　　衛惠林也買了一支獵山豬用的脫簇矛，與三件的弓與箭，並獲贈一件雕工精緻的骨角材質的火藥筒。一方面是狩獵的限制越來越多，一方面也是有新的材料可以取代原先的製作方法了。他們也買了一件木盾，對照 25 年前增田善造可以在來義一地就收集到 6 件木盾，反映出國家對秩序的控制已深入了來義。個人之間的武裝對抗被壓抑，既已對政府解除武裝，防衛用的木盾也就沒有作用了。唐美君完成的〈槍與矛〉一文中，將 1955 年田野中購入的脫簇矛與系上已有藏品一併考慮，重新分類。他的器物採集在適當的形態學分析取向下順理成章。若參考他同時拍攝的近 200 張相片，考慮到調查物質文化的需要，他的相片中多是只有物件，其中服飾的數量又更為重要，其次是編器。服飾的拍法中，一類是頭目家系或貴族家系盛裝的相片，另一類是裝飾較為簡單的衣服，平放拍攝。

　　這一次的田野實習中，何廷瑞有非常清楚的目標，他雖然原先分配要負責宗教生活的主題，但在田野過程中他聚焦在文身。他在來義買了一件文身

9　2010 年在來義與佳平一帶聽到類似的經驗。

用的刺針與刀，同一個時間他也拜訪古樓，他的訪談對象之一是古樓的文身師 (Jigars Surup)，並跟他買了包括一組四支的刺針與一把文身用的小刀。由於古樓在戰後 (1946) 一口氣有 13 個人文身，文身在長久的禁制下乍然復甦。何廷瑞意識到了古樓文身在歷史上的獨特意義，而在田野期間專注於研究古樓的文身。他進而以比較的框架，納入了來義與三地門，藉以呈現排灣族文身的內在歧異。1955 年實習課的田野，何廷瑞共拍攝了 39 張來義村與古樓村的相片。拍攝主體集中在聚落，表現社會階序、頭目地位的頭目服飾與家屋建築特色，以及雕飾、石柱、祖先人像石雕、文身與墳墓。聚落、頭目服飾、頭目家屋的相片配合了衛惠林 (1955) 的文章，說明頭目特權。何廷瑞本人也在文身與獵頭的文章中採用了文身相關的四張相片。

（二）1956 年的牡丹田野

1956 年初，衛惠林在何廷瑞的協助下，率學生去臺東知本進行課程。1956 年 8 月的暑假，由芮逸夫帶隊，教授杜而未與講師何廷瑞的協助下，帶領了考古人類系學生喬健、王崧興等去牡丹與滿洲兩鄉做排灣族調查。中文系與歷史系賈士蘅等數位學生一併同行，他們去了屏東旭海、東源、牡丹與滿州。二月份的田野活動屬於「民族學調查實習」課程，八月份的課程當時用了救國團「神鷹大隊」的名稱，在名義上屬於「救國團臺灣大學支隊人類學研究隊」的暑期活動。雖然如此，參與者基本上是人類學系師生與歷史系學生，活動的要求與調查的過程與二月份的「民族學調查實習」課程極為相似，師生依然分組做研究。牡丹的調查留下了學生撰寫的《排灣族研究資料集》、老師們的正式出版、影像記錄，另外也購置了 26 件標本。喬健負責匯整其中一組的報告，三組共同完成了手抄的《排灣族研究資料集》。杜而未也以歲時祭儀與曆法 (1958)、經濟生活 (1959) 為主題發表了文章。當時收集的器物，目前正在展示的包括了 5 件衣飾，與兩種與嚼食檳榔有關的小刀與石灰盒，另外還有一件貝板項鍊。

分三個主題撰寫的報告書，由領隊教師芮逸夫作序，說明分工。此次活動，原本預計分六組，最後調整為三組，另外新創了一組。兩組分別是芮逸

夫領隊的社會組織，成員有三位學生丘其謙、施碧倫、管東貴，講師何廷瑞帶隊的是生命禮俗組，成員有三位學生，包括了楊景鸘、喬健、賈士蘅。報告第三部分是新創的生命史主題，由一位中文系學生陳恩綺就一位巫師的生命史，寫出了文情並茂長達 37 頁的傳記。另一組歲時祭儀與經濟生活由杜而未負責，成果另行出版，報告書中僅包含了三個組的成果。三組寫作風格各有特色，第二組「生命禮俗」最能呈現田野的過程，對於資料的不完整或者矛盾最為敏銳，並且在報告中清楚的敘述、提醒。

第二組的報告（頁 26-67），包括了十個主題，另加一件附錄。第一個標題是前言，其中又含有調查經過，翻譯人與報導人，關於本報告的三個小標題。調查經過中逐日交待 8 月 8 日抵達到 8 月 18 日離開，期間 11 天的行程，訪談了什麼人，討論的主題，主辦或參與的活動等。行文可以看出有些活動是禮貌性的拜會，有些是較長時間的訪談。也有事先安排的聯歡，也有偶然得知而參加的婚禮。事前的規劃與田野本身難於規劃的特性充分反映在牡丹的行程上。在影像記錄上，也有相近的情況，「八月十日在村長家召集村中老人攝影」；「八月八日上午赴公墓攝影」。由於官方語言政策，翻譯人勢必都是年輕人。第二組的報告列出了當時分別只有 18 歲與 21 歲的兩位翻譯人，高春香與李文來。牡丹國小教師高春香是主要翻譯人，當時自臺中師範畢業不久，回到家鄉服務。由於 8 月 16 日當天未能陪同翻譯，鄉公所職員李文來 17 日加入幫忙。

第二組的報導人在牡丹村有 8 位，東源村 1 位，列出了每個人的基本資料，包括排灣名、漢名、性別、出生年、地址、職業、訪談日期與主題。由職業來看，牡丹村八人中有六位女性全是巫師，其中一人是「女巫領袖」。八人當時的年齡在 48 歲與 66 歲之間，排灣語是主要的溝通媒介。

第一組的報告，分為七個部分，雖然沒有一個段落專門交待研究過程，但在段落之間，也說明了資料來源。由於第一組的研究主題是社會組織，親屬是一個主要的部分。他們收集了九家的系譜，除了東源的一戶外，都是牡丹村的家戶。九家的系譜包括了村長，亦是牡丹社（下牡丹）頭目家系

的林吉牡家、副頭目、幹事；馬拉地社（上牡丹）頭目家、幹事與東源村
Ruvaniau 頭目家系外，其他三家屬於平民背景。九人中只有一人與第二組的
報導人重複，是當時 66 歲，年紀最長的報導人。

　　三組的學生報告與老師的文章都未涉及他們所購入的生活物件。26 件標
本中，有十一件服飾，五件是捕魚、狩獵或農作的日常器具，四件與食物準
備或進食有關，四件與檳榔嚼食有關。另外兩件分別是木車輪與貝板項鍊。
田野當時師生拍攝了近百張的照片，除了一場連續紀錄的婚禮，農村生活是
相片較集中的一個關注點，照片中有打穀機、不同的犁、整地的工具，與曬
稻子的月桃編席等。即使者老集合拍照的背景就在村中碾米廠的前面，這些
相片與入藏的生活器物所反映的牡丹長久種水稻的農耕經歷，並未在報告中
出現，遑論討論。杜而未在〈排灣族經濟生活的探究〉(1959) 中由神話理解經
濟活動，從遊獵到農業的變化。雖然他在〈排灣族的歲時祭儀〉(1958) 中注意
到小米漸不受重視，牡丹也已耕作水稻，但他僅依賴者老對儀式的回憶，文
中缺少對牡丹當下生活的觀察，當然也不會注意到生活中的器物了。

　　在牡丹的三組調查中，對於研究對象的界定並不相同。第一組將牡丹
社、內文群馬拉地社與東源村內文群外麻里巴社的系譜並列，同等看待其中
所反映出的親屬關係等。跨越三個聚落的系譜收集的重點在頭目、副頭目與
幹事等高位的階層，也就是說，社群之間的可能差異不若階層差別值得關
注。第二組則以牡丹社的資料為主，而將東源與馬拉地的訪談以附錄的形式
納入。

五、田野：部落與外界往來的特定脈絡

　　臺大師生進入了來義、牡丹與楓林等村落，多是經由鄉公所的協助再進
入村子。同一個鄉之下最後如何選擇去來義或牡丹，陌生人在一個村莊內，
百戶或更多的人家，怎麼決定去拜訪哪一些家戶，都有一些線索可尋。地方
上怎麼接待這些外來的客人，已有一套逐漸發展出來的辦法。什麼人應該對

外、適合對外似乎有一套行之有年的因應規範。

（一）報導人與翻譯

報導人與翻譯在人類學研究的位置上很關鍵，因為他們提供外來學界一窺地方社會的取徑。然而不論是《考古人類學刊》上的田野簡報，或油印的學生報告，雖然真實的交待了報導人與翻譯的名字，但我們空有名字，卻依然不知道他們的社會位置與社會關係。20 世紀 80 年代人類學界掀起的反省風潮，部分出於研究者與被研究者間權力不對等的倫理考慮，部分實涉及了知識的生產過程。外來研究者依賴地方人脈與地方的善意，才可能生存並學習，但這一現實卻未受到充分的重視。學者進入地方所借助的特定人物與社會關係，往往也是學者接觸與認識的框架或局限。

來義的報導人與翻譯中，有兩人實際上是母女，來自頭目家的巫師家族。[10] 在第三代的辨認下，赫然發現多數的人物照（15 張）其實來自同一 Caljas 家族。三代的影像有多種組合，母親獨照、母女合照、女兒獨照、女兒帶著不同的孩子合照、小孩間不同的組合等。實際上外來師生長時間停留在報導人與翻譯的家，他們的家就是他們認識部落的立足點。相片中報導人與翻譯家人的靜態照、變換穿著、家人工作、準備食物、編席等反映了師生認識地方的管道。也有照片是從 Caljas 家的前庭看村落，看鄰人穿越。一些器物的相片，由地板石片的拼貼也可以推知同樣是在 Caljas 家前庭所拍攝，雖然不能確認是否是他們家所有的器物。

牡丹也有相似的情形，外人與地方的接觸有特定的脈絡。在牡丹購買的器物中，有一件是喪帽，向林吉牡所購買。林吉牡當時擔任村長，家族原

---

10 衛惠林 (1955) 文中，列出報導人 Tsalas Tsankim（本文拼為 Caljas Cankim），當時 53 歲。根據 Cankim 當家女兒的兒子於 2007 年告知，他的母親，也就是 Cankim 當家的女兒在臺大田野課時擔任翻譯。衛先生曾留日，在謝繼昌老師的記憶中，衛先生在埔里田野便以日文與田野地的老人直接交談。或許這是為什麼他在文章中未列出翻譯人（2011 年訪談謝繼昌老師）。

是牡丹社頭目家的巫師，牡丹社事件中，頭目家系中斷，日本之後重塑了頭目系統，由四家分擔，其中包括了村長林吉牡的家。他本人婚入了妻子家，妻子的父母曾收養一個平地女兒為他們的第一個孩子，也就是林吉牡妻子的姐姐。田野課留下的相片中有妻姐頭戴喪帽的身影。林吉牡在喪帽的入藏登錄中被記載為製作使用者，但物件原主實際上是妻姐。經由他的代理，喪帽成為臺大的藏品，但記錄中卻僅留下了代理人的名字。即使是妻姐頭戴喪帽的照片，原記錄眼光聚焦在喪帽、肩掛與裙子等物件，竟未留下相片中的人名。少數的人物如村長林吉牡或翻譯，他們所處的位置使得他們在與外界的往來上扮演了社群守門人的角色，維持了接觸的可能，但適度的管理流入與流出的訊息與物件的內容。

　　牡丹的翻譯主要是牡丹國小老師高春香，下牡丹部落的人。他平時帶領師生訪談報導人，以牡丹社、女乃社的人居多。另一位支援的華阿財老師，也是才剛畢業，分發到牡丹國小教書。華老師雖是高士人，但在牡丹也有親戚。他在牡丹國小教書當時住在村長林吉牡的家中。他後來與同校老師高春香結婚，並曾擔任鄉長。鄉公所來協助的職員李文來也是高士人，後來擔任醫生並出任省府公職。第一組九家的系譜都是由李文來協助翻譯，第一組由系譜中，整理出婚姻規則與命名原則。親屬稱謂則是由李文來、華阿財與高春香三位協助提供資料。

　　公務員與教師都是大社會所認可的領袖人才，他們雖然不一定是地方子弟，但是他們在大社會系統中的位置與所具備的語言能力，使得他們成為引介外人的中介。他們的背景，在內部部落社會的位置便提供了外人順勢認識的特別視角。特別的視角是特權也是限制，[11] 外來師生必須經過翻譯與報導人溝通，三位翻譯具有語言能力，得以順利溝通。但三人所擁有的公務員或教師的身分，在當時的部落是否構成社會距離？或是在新型態的教育與行政權

---

11 老照片計畫中，來義、牡丹、楓林與草埔我們所接觸到的第一個地方上的人，也都正是照片中人物的後代、當年翻譯人的後代，或是臺大標本的源頭家族。這顯示直到目前，地方與外人的交往仍有一定的規範。

威的基礎上，而被接納？研究者在語言能力的限制下，依賴翻譯，但他們並未意識到翻譯人共同參與了文化的轉譯。當時的研究者擔心的僅是田野實習課程時，能不能找到地方上具中文能力的學生來協助訪談。十年後唐美君帶田野課時，在來義也有近似的安排，翻譯人部份是內埔農校與屏東師範的學生。

（二）空間關係

如同陳奇祿在楓林的情況，空間關係在外界學者建立的地方關係上，有一定的影響。牡丹所購入的器物，除了來自上述村長林吉牡以外，主要集中在三個來源，他們的住家分別是 31 號、35 號與 37 號，集中在四間屋子的距離內。全數屬於下牡丹的第九鄰，居民以牡丹社人為主，上牡丹部落的德文社與馬拉地社的居民則完全沒有參與。空間關係具有兩個意義，一是本街區在牡丹村發展上的獨特位置，一是翻譯人家庭的淵源。四家人分別住在臨街的前排與後方一排。他們所居住的地方，據傳是牡丹社遷村後最早定居的地點，地方上稱為 qaringiqing，意為吵鬧之地（圖三）。qaringiqing 這裡有一條小溪由山上流下，穿過住家，是牡丹村的水源。年長者仍有挑水的記憶，現在則有水塔連接管線通往各戶。當初這塊土地是由擔任警手的人家，在日本遷村政策的鼓勵下率先居住，他的親戚也一起遷入。其他遷入的人也有如後來開設雜貨店的老闆夫妻，他們是沒有土地的餘嗣，在成立新家時，雖然他們與警手的親屬關係較遠，警手也接納他們共用土地。臨街的三戶人家中，有一家自日本時代便開設雜貨店，賣煤油等。商店不只販售外來商品給村人，平地人對山產或農產品的需求，也透過臨街的商店收購。平地人中意的山產，包括平地慣用的藥草與蛇，便由店家四處收集後，集中賣給平地人。店家與平地收購商的往來延續至今已有兩代，關係也由生意延伸為友誼。

臺大跟另外一戶買了十一種生活用品，這一戶雖然住在後排，但也與平地人維持有交易關係。村中僅有少數人家捕猴，他是其中的一人。捕猴的獵人先剔除了肉，只留下了猴頭與骨，當有平地人來收購時便賣出。臨街的另一戶賣給臺大三件衣飾，登記的製作／使用者賣出父親的腰裙與母親的貝板項鍊。母親是巫師，也是報導人之一。如同來義的情況，短期田野調查的

▲牡丹部落族群分佈圖

圖三、牡丹村圖。（來源：高加馨、黃瓊如著，2006，《靠近部落寄寓者
pulingau——文史採集・巫師篇》，頁21。牡丹鄉公所編印。）

師生依循報導人的個人關係購入標本。早期牡丹雖然人人會磨貝板，但貝板
項鍊與巫師似乎有種特別的關聯。在老人家的記憶中，貝板項鍊多是巫師所
有，而治病儀式中巫師也會將經儀式處理過的貝板項鍊，交由求助者佩帶，
永不離身，具有護身符的意味。

　　首先遷入的一家是基層警察，家名 Punanang，也就是主要翻譯高春香老

師的父親 Kuliu。外人的接觸集中在第九鄰，這不是牡丹空間上的前緣，而是地方上接待外人的空間。高春香的家族與臺大標本來源在地緣上重疊，而他個人在牡丹田野上的影響可能也不只是特定空間而已。他在出外接受師範教育以前，也已經接受過巫師訓練。《排灣族研究資料集》列出的報導人中，六位女性都是巫師。高春香在牡丹諸多巫師報導人的尋找與訪談過程上，可能也有影響。

在現金經濟與基督宗教多重的力量影響下，傳統服飾逐漸離開了部落，成為臺灣原住民物質文化中服飾篇章下織品圖飾段落的具體實例 (Chen 1968: 194, 197)，主要用來說明貼布繡的技術，以及貼布繡與綴珠並用的手法。陳奇祿在 1957 年 2 月的調查行程中，購入的十七件標本全部是來自楓林的服飾。牡丹所購入的 26 件標本中，有十一件是服飾。牡丹的服飾雖然由「神鷹大隊」選擇購入，但在參與老師的文章與學生的報告中卻完全沒有討論或引用。

這些收藏在陳奇祿 (1968) 的檢視下，充分展現了它們的重要性。貼布繡的工藝在臺灣原住民社會中，以魯凱族和排灣族採用最多。綴珠則在魯凱與排灣外，還有泰雅，但圖紋差別明顯。服飾鮮明的反映出了排灣族的內部差異，南排灣常見貼布繡的製作方法，顏色上常見強烈的黑色與紅色。以紅色或黑色的布料為底，再縫上黑色或紅色布料剪出的圖紋。北排灣與魯凱的服飾在形式、製作方式與圖紋上都很接近，但南排灣與北排灣的風格可以明顯的區別出來，自然也不同於魯凱的典型。換句話說，南排灣服飾的展示具有快速區別排灣與魯凱服飾的效果。

六、一個地點，兩位學者，兩種觀點

1950 年代中期時，衛惠林認為來義的文化複雜，材料豐富，必須再做一、二次的補充調查才能完成全面的工作。唐美君自 1964 年起教授「民族學田野調查方法」一課，1965 年初帶學生回到來義，暑假自己再回到來義

補做田野，1966 年寒假再一次將實習課帶去來義。唐美君 (1966) 認為之前的田野課程，時間短，難以深入。所以自他接手課程之後，便主張選擇一個地點後，連續數年前往。這樣的安排下，老師可以發展深入的認識，有利於個人的研究，而學生在老師的基礎上，也才可能在短時間內達到學習效果。在他的規劃與哈佛燕京學社的資助下，兩週的田野實習，還增加了其他方面的變革。唐美君主張「記音技術為民族學田野工作必要條件之一」（唐美君 1966：56）。田野的第一天便安排了全天的記音練習，他自己則在口語藝術的方向下，收集了六則故事。唐美君在來義安排師生全部九個人住在全村最寬敞的村長哥哥家中，再僱用當地女性準備三餐。現在看來理所當然的安排，在當時是根據「現代田野工作之理論認為不論工作之目的為何，其工作必須著重於現代之觀察」（唐美君 1966：59）。之前的師生限於時間，以至於馬不停蹄的訪談，而極少參與當地人的生活。在收集資料時偏重訪談，而不重視直接觀察。唐美君認為早期訪談的地點常是師生借住的地方如警察宿舍、學校等，是既在地方又不屬地方的官方權威的代表。特殊的空間，不但影響談話的性質，也剝奪了與地方人來往的機會。在他的安排下田野課師生借住在當地人家，可以提供一個自然的、直接觀察的機會。對照於衛惠林 (1955) 與芮逸夫 (1953) 前輩學者視社會組織為了解一地的主軸，唐美君縮小到親屬範疇與稱謂，以研究模式行為 (patterned behavior)（唐美君 1966）。

　　衛惠林去來義，先是考慮來義是排灣中部群中具代表性的大社，也是箕模系的中心。到了來義以後，衛惠林發現來義有做為研究地點的另外四個條件。一是，頭目家系有 12 家，部落組織具有特色。另外三個條件彼此相關，由於來義的氣質偏向「保守」，使得日本與國民政府的影響有限，而保留了較多的「原始文化」的特質（衛惠林 1955：20）。是以舊部落的建築保存完整，連帶的也保留了豐富的物質文化。對衛惠林而言，他尋找的是受外界影響程度較小的「正統文化」。唐美君接手實習課之後，他對研究的目的提出了極不同的看法。雖然是回到相同的來義做田野，相隔了 11 年，來義的處境快速變化，而新的境遇，卻正是吸引唐美君回到來義的理由。同一個地點，兩位學者，兩種觀點。唐美君回到來義是因來義在 1955 年遷村後，新的地點

距離平地只有 8 公里，在家戶多有單車的方便下，生活容易受到平地影響，是研究文化變遷的理想地點（唐美君 1966）。變遷是原住民社會的現實，唐美君採取的研究方向也出自他對「民族學」研究的看法。他認為民族學田野工作的目的，分別在研究現狀、涵化、重建文化史，與建立通則。既然是身歷其境的田野方法，應該加強觀察作為收集資料的方法訓練。唐美君清楚的提出了自己對於來義田野實習課的想法，對於之前前輩老師課程規劃的不同，他只簡單歸因到老師要教書，沒有辦法在田野太久，或財力有限，師生田野時間短暫，只能快馬加鞭的訪談。

經濟是一個敏感的議題，在研究者與地方人士彼此還不熟悉的時候，觀察現代化設備的有無，有助於了解來義人當時的經濟活動。唐美君注意到經濟作物的出現，而平地需求的成長影響作物價格，也因而使得房屋改建的速度加快，與聘金額度在兩年內驟增。他提到研究變遷、研究歷史，都需以現狀為基礎（唐美君 1966）。

唐美君所指導的實習課，依然分組，1965 年 2 月的實習六位學生分為兩組，分別是戶口傳記與家庭生活。戶口傳記組負責記錄每戶人口之基本資料與家中現代化之設備，包括縫衣機、自行車與傢俱等；家庭生活組負責觀察、記錄選定數家的生活內容。一個學生負責測繪家屋的分布，家屋建築結構與雕飾，助教則集中收集婚姻資料。學生在大範圍的粗略分組下，研究主題發展出生命禮俗、巫師與歲時祭儀以及生產方式。1966 年田野實習分為五組，分別是經濟、農業、婚姻、物質文化與文身。唐美君認為人口、社會組織與經濟三者關係密切。學生收集家戶資料，釐清家戶內的親屬關係，並由觀察家戶中的現代化設備可以估計其收入。唐美君的分組著眼在文化變遷的方向，特別是經濟生活方面。他的觀念反映在學生的報告方向上，如生產方式、經濟與農業的主題，田野調查的重心明顯不同於 1950 年代中期。婚姻雖持續是一個重要的主題，但唐美君 (1966) 具有清楚的問題意識，由繼嗣原則來解釋來義的高離婚率。學生分組中物質文化的重要性降低，轉而關注經濟生活。唐美君在 1960 年代的田野課程已不再購買地方的器物為系藏標本。1955 年的田野調查中，物質文化是三組之一，也購入了標本。其後出版的

文章，以標本圖說的形式發表或以其他形式發表，並附有標本插圖。1956 年牡丹田野也已不再針對物質文化收集資料，在學生的報告中，物也不具有關聯，但仍然維持了收集標本的傳統，連續兩年的課程共購入 67 件的生活物件。但近 10 年後，物質文化的主題雖隱隱存在，已不再購置標本。

　　唐美君個人在這一段十餘年歷史中的位置，極適合做為一個指標來審視人類學系在物質文化研究上與標本採集上的改變。唐美君在 1953 年以學生身分參與了民族學田野實習的課程，1955 年初擔任助教，執行物質文化主題的探究。他於 1953 到 1958 年間，陸續發表過四篇標本圖說類別的文章 (1953, 1955a, 1955b, 1956)，一篇研究動態 (1957)，以及一篇物質文化相關的論文 (1958)。唐美君在初任教職之時，除合著外，在其個人的發表中，物質文化的重心相當顯著。在這個階段，他也負責攝影協助同事／妻兄陳奇祿在 1950 年代後半的田野調查，於 40 天當中拜訪了排灣、魯凱與卑南等族的部落。陳奇祿在三次 40 天的田野中，偶爾也購置物件，成為人類學系的收藏，唐美君則在 1958 年以後所發表的文章，不曾再出現過物質文化的課題。1965 年，從他開授文化田野課程一開始，便關注在陌生語言環境下田野研究所必須面對的雙重翻譯問題 (1965)，而嘗試以收集口語文學資料做為學習語言的方法(1965, 1966)。唐美君對長時間、深入的田野的想法，逐漸在他自己的研究上呈現出來。奠基在兩年的來義田野課程與他自己在暑期的田野工作，他以來義所累積的資料，針對財產與婚姻以及喪葬儀式，陸續發表了數篇英文論文 (Tang 1966, 1973, 1975)。

　　在他所設計的田野課程中，唐美君強調經濟生活的變化，在 "Han and Non-Han in Taiwan: A Case of Acculturation" (1970) 一文中，唐美君以來義為例，說明來義社會生活的變與不變。他總括經由現金作物捲入平地市場在來義所引動的變遷，遠較當時政府山地平地化政策的影響還要深遠。他要求學生觀察並記錄下家戶中縫衣機、自行車與傢俱等的現代物品。在他的文章中，物質文化的重要性已經轉變。這些從平地市場購入的大量生產的生活物件，已經失去人造物的特質而沒有收藏的必要了。他清楚的提醒家戶中的縫衣機、時鐘與熱水瓶是不具實用價值，但與位階有關的現代物品。他以市場

經濟的角度收納了生活物件的改變，而物質文化的研究還要再過數十年後，才以不同的面貌再次成為人類學研究的重要課題。

七、結語

臺大人類學系由於歷史使然，持有始於土俗人種學講座時期所累積的標本收藏。李濟在臺大《考古人類學刊》發刊詞中，說明發刊的初衷也是提供這些藏品與田野實習課程新近採集的標本，一個整理後發表的機會（胡家瑜 1996）。人類學系的藏品因為採集的時間早自帝大時期，而受到一定的重視。但以排灣族藏品為例，實際上帝大時期的藏品中四分之三並未紀錄採集地或僅註明得自臺北，而臺大時期藏品的數量雖然少，但採集活動紀錄與研究發表豐富，足供藉以一探當時研究、人才培養與標本採集的關連。

黃應貴 (1999: 62) 在回顧二次大戰後臺灣人類學南島民族研究的變化時，刻劃 1945 年到 1975 年這一時期是著力於社會復原與文化傳統的建構的階段，具全面性累積研究資料的貢獻，但這全面性並未觸及社會文化的整合與運作，更忽視了社會的現時性與內部歧異。本文嘗試探究 1950 年代標本採集活動與物質文化的研究主題在臺灣人類學知識發展上的重要性，其中陳奇祿與衛惠林兩位都將物質文化放置在社會文化的整體中考量。陳奇祿 (1961: 2) 認為排灣、魯凱與卑南社會所共同具有的階序的性質，與其木雕藝術的存在具因果關係；衛惠林則因對階序與相對應的特權的研究進而關注文身、家屋雕飾與服飾特色等。衛惠林的田野課程團隊盡責的發表調查的初步心得，也在文章中運用了標本以說明文身技藝，而稍後牡丹田野的師生，雖然依舊購買標本，但標本已與他們的研究無關。陳奇祿則是潛心投身物質文化的研究，專注在文樣形式的細緻描繪與分類，偏向理解製作的技術與過程，「視器物或標本為文化史研究對象的科學『物證』」（許功明 2004：192）。衛惠林、陳奇祿與芮逸夫帶領的牡丹團隊的分析中都缺乏了時間的深度，對地方採一種橫切面式的靜態呈現。田野過程中，研究者在當地社會的位置，以及被當地社會接待的脈絡，在當時也並未被敏銳的意識到可能影響知識的形

成。即使受限於當時的眼光與現實，五十年代一輩的學者積極的拜訪田野，訓練學生，師生都盡責的將田野所得轉為文字以公開流傳。

　　經歷過 1955 年的田野課程訓練與隨後陳奇祿的調查活動，唐美君變革了田野課程所反映的學科目標與所示範的研究方法，轉而關注社會變遷，他對物的興趣也由手工的器物移向了自行車一類工廠製造的現代生活用品。陳奇祿關注器物的製作，他則傾向理解標準化機器製品的不同消費形式。即便如此，在僵硬的「正統」或「真品」的概念下，面對急速變化的原住民社會，物質文化的研究沉寂了。將近 20 年後，才再次成為人類學的議題 （胡家瑜2006a, b；許功明 2004）。在新生的潮流中，來義、楓林與牡丹的標本仍佇立在人類學博物館古典的展示櫃中，而化為平面的標本圖像則再返聚落，與無限衍生的數位化訊息，銜接了代間的記憶，也具像化了排灣族的文化傳承。

參考書目

丘延亮

　　1997　日本殖民人類學「臺灣研究」的重讀與再評價。臺灣社會研究季刊 28：145-174。

杜而未

　　1958　排灣族的歲時祭儀。考古人類學刊 11：100-103。

　　1959　排灣族經濟生活的探究。考古人類學刊 13/14：86-88。

何廷瑞

　　1955　屏東縣來義鄉排灣族之文身與獵頭。考古人類學刊 6：47-49。

邱馨慧

　　2001　家、物與階序：以一個排灣社會為例。臺灣大學人類學系碩士論文。

林淑清

　　2004　戴家在臺灣。中華福音神學院神碩科個別指導報告。

芮逸夫

　　1953　本系標本搜藏簡史。考古人類學刊 1：16-22。

胡家瑜

　　1996　從民族學研究到異文化展示：由臺大人類學系「原住民物質文化」特展談起。考古人類學刊 51：148-171。

　　2006a　博物館、人類學與臺灣原住民展示——歷史過程中文化再現場域的轉形變化。考古人類學刊 66：94-124。

　　2006b　文化調查、標本採集與攝影——19 世紀中葉起的臺灣調查採集動力與歷史脈絡。刊於臺灣史十一講，國立歷史博物館編，頁 152-169。臺北：國立歷史博物館。

春日社區發展協會

　　2010　春日鄉春日村部落誌。屏東：春日社區發展協會。

高加馨、黃瓊如

　　2006　靠近部落寄寓者 pulingau——文史採集‧巫師篇。牡丹鄉公所編印。

唐美君
　　1953　本系所藏臺灣土著族弓箭標本圖說。考古人類學刊 1：26-31。
　　1955a 臺灣高山族的槍與矛。考古人類學刊 5：59-63。
　　1955b 本系所藏阿美族盾牌之又一例。考古人類學刊 6：46-47。
　　1956　本系所藏高山族之弩。考古人類學刊 7：52-55。
　　1957　本系調查排灣魯凱二族之木雕與織繡。考古人類學刊 9/10：161。
　　1958　臺灣土著民族之弩與弩之分布與起源。考古人類學刊 11：534。
　　1965　民族學田野工作知翻譯問題與口語文學之採集。考古人類學刊
　　　　　25/26：61-70。
　　1966　屏東縣來義鄉來義村民族學田野調查之步驟及方針。考古人類學刊
　　　　　28：53-62。

許功明
　　2004　原住民藝術與博物館展示。臺北：南天。

楓林教會
　　2008　臺灣基督長老教會楓林教會設教 50 週年紀念：再創宣教新紀元。
　　　　　（未出版）

陳奇祿
　　1961　臺灣排灣群諸族木雕標本圖錄（國立臺灣大學考古人類學專刊第二
　　　　　種）。臺北：國立臺灣大學考古人類學系。

陳奇祿等
　　2002　從帝大到臺大。臺北：國立臺灣大學。

黃應貴
　　1999　戰後臺灣人類學對於臺灣南島民族研究的回顧與展望。刊於人類學
　　　　　在臺灣的發展：回顧與展望篇，黃應貴、徐正光合編，頁 59-92。
　　　　　臺北：中央研究院民族學研究所。

衛惠林
　　1955　屏東縣來義鄉來義村民族學調查簡報：社會組織部分。考古人類學
　　　　　刊 5：20-28。

謝世忠

　2006　認識、理解與建構——《考古人類學刊》的半世紀原住民研究。
　　　　考古人類學刊 66：25-52。

Chen, Chi-lu

　1968　The Material Culture of the Formosan Aborgines. Taipei: Taiwan
　　　　Museum.

Tang, Mei-chun

　1966　The Property System and the Divorce Rate of the Lai-I Paiwan in
　　　　Taiwan. Bulletin of the Department of Archaeology and Anthropology
　　　　28: 45-52.

　1970　Han and Non-Han in Taiwan: A Case of Acculturation. 民族所集刊
　　　　30：99-110。

　1973　A Structural Analysis of the Burial Custom and Funeral Rites of
　　　　Lai-I, An Aboriginal Village in Taiwan. Bulletin of the Department of
　　　　Archaeology and Anthropology 33/34: 9-35.

　1975　Death of Sin--A Case of Ethnological Religion of Taiwanese Aborigines
　　　　as Manifested in Burial and Funeral. Bulletin of the Department of
　　　　Archaeology and Anthropology 37/38: 101-108.

Journey of Objects: Rereading Collection History of Paiwan Artifacts at Museum of Anthropology, National Taiwan University

Yuan-chao Tung

Department of Anthropology, National Taiwan University

The Museum of Anthropology at National Taiwan University is known for its rich collection constituted by artifacts largely gathered between the 1920s and 1960s. This article focuses on the Paiwan artifacts collected in the 1950s, and traces the transformative processes that decontextualized objects from Paiwan social life and how it was recontextualized as objects of university research. The reflection of past trajectories partially reveals the relationship between the collection of ethnographic artifacts and the production of anthropological knowledge in the 1950s.

Valuable resources include 1957 field notes from Professor Chi-lu Chen, a major scholar of material culture, formal publications resulting from Laiyi field school in 1955, final student reports by Mudan team in 1956, and reflections on fieldwork methods and other publications by Mei-chun Tang a decade later. In less than two decades' time, the subject of material culture and the practice of collecting ethnographic artifacts lost their appeal to scholars. Culturally-rich handmade artifacts were replaced by manufactured objects – visible signs of success in market economy. In the late 1960s, surveys of purchased household items became an inseparable part of research of economic change.

Keywords: *ethnography of collecting*; *history of anthropology*; *ethnographic artifacts*; *Paiwan*; *Department of Anthropology, National Taiwan University*

展演臺灣：
博物館詮釋、文化再現與民族誌反思

王嵩山

歷史與文物研究所
亞太博物館學與文化研究中心
逢甲大學

　　博物館的文化再現不但以展示上場，不同形式的表演也成為博物館表徵重要的領域。文化展演的再現與創造固然有其普同性，但是不同類型的文化機構和博物館，因其性質與其所引發的事件的社會文化差異，往往使其各自呈現特殊的、自成一格的文化展演之學術的與社會的論述。文化展演及其相關的節慶活動的議題，既隨著各地方性的不同而有所差異，更因新的文化遺產的發現與再現，以及不同的能動的主體所扮演的角色等幾個面向的互動而更加複雜。文化展演與節慶所涉及的博物館再現，已經成為文化場域表現「全球在地化」的獨特形式，通過博物館詮釋的「展演臺灣」就是一個例子。

　　本論文以幾個臺灣的博物館文化展演現象為例，採用既有的展演研究文獻，嘗試處理「普遍的」博物館展示技術所產製的「差異的」文化展演與民族節慶的再現形式，及其在不同社會文化體系中所造成之衝擊；也討論博物館與文化展演在不同層次的場所、地方和地域所驅動的文化政治與文化經濟效應。本研究指出，博物館中的文化展演形式呈現兩種不同的類型：其一是「人類學博物館」的展示，以及相關卻有所差異的「民族誌博物館」展示。前者關心學科通論的結果、發表普遍的文化理論建構，後者較專注於爭辯中的議題、描述獨特的文化觀念的展現；前者關心相同與一致性，後者呈現差異與多樣性。前者是常設展所採取的模式、傾向於教條式的訊息傳達，後者

則較常見於特展、傾向於啟發式的學習。前者的性質較為靜態，後者則留意動態。博物館的文化展演創造新的民族誌文類。作為一個新的嘗試，本文在社會文化的脈絡中分析博物館場域中的文化展示和表演的方法、觀念與知識，討論文化展示和表演和社會文化體系的關係，並分辨科學的與文化的展演行動架構之意涵，藉以探索博物館文化展演如何詮釋臺灣。

關鍵字：博物館詮釋、展示、文化展演、民族誌文類

一、導論

　　近三十年來，臺灣的博物館發展蓬勃，與人類學知識的發展之關係也日漸緊密（王嵩山 1991、1992）。除了大學與研究機構如臺大人類學博物館、中研院民族所博物館、史語所博物館、臺灣博物館，1980 年代幾個國家博物館發展出人類學實踐的新場域。[1] 再說，伴隨著對於物質文化研究的興趣與社會需求，博物館的研究日趨熱絡，[2] 其中包含博物館人類學（the anthropology of museums 或稱 museum anthropology）的興起。人類學家通過人類學的方法、人類學的文化觀點，將博物館作為一個可研究的對象，博物館中的文化展演形式正在建構新的民族誌文類。

　　展示是博物館直接與觀眾面對的重要管道。大部分的觀眾通過展示認識博物館。一座博物館的經營，往往要投下龐大的經費製作常設展與特展，以便於吸引觀眾、達成促進大眾對文化與科學之理解的目的。不僅如此，博物館展示也成為一種知識的對象，不論是基於理論或實務上的興趣，近年來吸引許多學科以探討展示為其學術研究主題。展示因此作為博物館學的重要分支領域。[3] 博物館追求展示呈現之精進，不只依賴具想像力與實踐力的能動主體，也期待於深刻的展示認識與批判。展示既可以為博物館的發展披荊斬棘，也有可能違反促成科學與文化發展的基本價值；既可以是著重主體詮釋的，也可能因壟斷與排他而稀釋文化民主的需求。當代的博物館必須衍生出一些新的關懷、開發新的展示技術與途徑、以及時常保持如何讓觀眾真正的理解展示的警覺。博物館展示的結構與意義受到社會文化體系的形

1　興起於 1980 年代的博物館例如：國立自然科學博物館、國立臺灣史前文化博物館、國立臺灣文學館、國立臺灣歷史博物館，國立臺灣美術館、臺北市立美術館、高雄市立美術館，北市十三行博物館，以及屏東的臺灣原住民族文化園區。

2　臺灣不但有許多系所（特別是歷史系、人類學系、社教系所、成人與繼續教育研究所）開設相關課程，亦有博物館學研究所（國立臺南藝術大學、輔仁大學）、博物館研究所（國立臺北藝術大學）、文化資產維護研究所（國立雲林科技大學）、歷史與文物研究所（逢甲大學）的創立。

3　形成中的博物館學 (museology) 涵蓋五個整合的分支領域 (sub-fields)，包含：博物館蒐藏、博物館展示、博物館教育、博物館管理、博物館觀眾。參見王嵩山 (2005a)。

塑，也因時間與空間的差異而有所不同，涉及展示之作為「表徵或再現」(representations)、「創作」(creations) 或二者細密互動的理論爭議。換言之，相對於過去博物館展示被視為一種價值中立的或中性的場域，Karp 和 Lavine (1991) 指出：任何展示都不免偏向某些文化假設以及製作展示者所擁有的資源，這種展示性質使強調多元文化主義的美國博物館之展示成為一種被爭論的地界。Staniszewski (1998) 也認為，展示的實踐涉及藝術史學家、設計師、建築師與博物館研究專業人員 (curators)，展示裝置被視為顯露價值、意識形態、政治與美學的各種「創作」(creations)。[4] 正如 S. Macdonald 等人 (2007)[5] 所討論的：當代的展示實踐亦是實驗性的實踐，展示是衍生 (generation) 而非再製 (reproduction) 知識與經驗的場址，展示是「製造意義的實驗」(experiments)。文化的展示和表演作為一種特殊的文化機制，是社會文化建構的結果；而誰來對文化的展示和表演及其性質下定義，不但是文化政治的重要議題，也產生了文化經濟的後果。文化的展示和表演的再現與創造固然有其不可化約的一致性，但是不同類型的文化機構，因其性質與其所引發的事件的社會文化差異，往往使其各自呈現特殊的、自成一格的文化展示與表演之學術的與社會的論述。

在博物館的場域中，文化的展示和表演機制通過其獨特的學科與知識基礎（物件與文獻、標本、收藏品）以及博物館保存、詮釋與溝通技術進行論述與社會實踐，其所涉及的是文化再現的動態性本質。Turner 曾嘗試通過表演場域的探索，突破當時人類學所呈現的穩定的、去人性化、由結構所控制的社會現實，而強調人的主動性與創造性，以及在認知之外，人的情感以及違反結構的層面 (1988: 72-73)。何翠萍指出該書「最主要的主旨在強調『體驗』所造成的差異，『表演』所造成的共鳴的有效性」(1992: 303)。在展演進行的

---

4 實際上，Staniszewski 的論述關心幾個基本問題：不同種類的展示設置「創造」何種觀者 (viewers)？展示設計如何影響被展出的特別物件、圖像、器物和建築物之意義與感受 (meanings and receptions)？展示設置如何型塑博物館參觀之文化儀式的觀眾經驗？關於被作為展示設計的健忘症 (amnesia) 如何影響藝術史、藝術世界和集體的文化記憶？

5 包括：博物館研究人員、藝術家、人類學家、文化研究學者、藝術史學家。

過程中，透過口語的以及非口語的象徵行動而有所溝通，不管是展演者或是觀眾皆因親身體驗而有了改變。何翠萍認為：「在儀式、朝聖、慶典等的中介或交融狀態的體驗不僅僅是在意識上的了解、認知或加強，甚至是反省，還是身體各部分的感官上、聽覺、味覺、嗅覺、觸覺、視覺及動感上的整體經驗的一種浸滲、再現、回味及提升。這些全面性的經驗是促成人們行動的最大動力。」（同前引）因此，博物館的文化展演是一種經驗的超越並具有轉化的力量。1999 年洛杉磯藝術節以 the Pacific Rim Festival 作為主題，來自太平洋沿岸國家的展演者為洛杉磯的觀眾帶來家鄉的樂舞、戲劇等表演活動。策展人 Peter Sellars 主張不以怪誕、奇風異俗、異國情調或是大量的民族學知識的解說來包裝這些觀眾所不熟悉的文化展演。Sellers 認為美感經驗來自於沒有媒介的相遇，提供過多知識的闡釋，反而將該表演藝術去神秘化、消減了展演的力度。他希望觀眾能藉此打開心胸，單純地與不熟悉的文化相遇，享受因不了解所產生的迷人經驗，感受其藝術性。換言之，讓觀眾感受他們所看到的、而不是詮釋他們所看到的 (Kirshenblatt-Gimblett 1998: 203-248)。

再說，Turner 將表演 (performance) 分為兩種類型：包含「社會劇」的社會表演，以及包含了美學、舞臺、戲劇的文化表演；對 Turner 而言社會生活本身就是一種展演 (1988: 81)。「各種形式的文化展演，包含祭儀、典禮、狂歡節、劇場以及詩歌，都是生活本身的解釋與闡明。一些總是密封於社會文化生活深處、難以在日常生活中予以觀察以及推論的面向，往往在展演過程被引導出來。」(Turner 1982: 13) 人們運用口語的或非口語的象徵，自我展演，與他人溝通，此展演本身是具有反思性的，一方面演員透過對自我的揭露演出，可以更了解自己，另一方面，透過參與及觀察他人（群體）所演出的展演我群也能更了解自己 (Turner 1988: 81)。Milton Singer 首先提出文化展演作為一個「分析單位」的概念（胡台麗 2003：426）。文化展演由文化媒介所組成，這些溝通的形式不只包含了語言還有非語言的媒介（例如：歌曲、舞蹈、演出、平面藝術與造型藝術等）(Turner 1988: 23)，Singer (1959) 在印度 Madras 地區進行調查發現當地人在日常生活中充斥著各式各樣的文化活動，

包含了戲劇、歌舞、講演、祝禱、吟誦、典禮儀式、慶典等等，這些文化展演行為構成了一個分析文化的重要而根本的觀察單位，文化即被濃縮地包裹在這些展演活動中，即使不是文化內部成員也可以直接觀看並加以分析理解。胡台麗 (2003) 的研究指出文化展演的形式，除了包含臺灣原住民部落中實際的祭儀樂舞，還包含視聽方面表現的文化活動，特別是民族誌紀錄片以及原住民祭儀歌舞的舞臺化展演。事實上，「每一個進入藝術活動領域的人（創造者、表演者、參與者、旁觀者），都共同的使用象徵轉換的能力，跨越實用功能的目的來使用符號，或通過理解領會象徵符號的意義，去創造、闡明精神世界和物質世界」（王嵩山 2001：9）。Cohen 提出權力關係與符號（象徵）系統間的雙重面向，即權力往往會影響著符號的呈現（運作），而符號系統運作的過程中也產生了新的影響（權力)(Parkin 1996)。因此，文化再現不是被動的反應現實，也在該文化的現實生活中發揮影響力。例如，阿里山鄒人所實踐的儀式展演活動，便在實踐過程中涉及到文化內部對於象徵的運用與社會關係中的權力關係，傳統的象徵在儀式和展演活動之中的動員與實踐中更加具體化，動態地再製並確立了鄒人的社會真確性（王嵩山 2003a：88）。

　　動態的文化展演及其相關的節慶活動的議題，遭遇特定時間與空間的事件正在發生的過程。隨著都市、社區、原住民部落等區位特性的不斷改變，文化展演在都市中的社會功能與地位持續的變化。這個轉變結果不但隨著各地方性的不同而有所差異，也因有形與無形文化遺產的發現與再現，以及不同的能動的主體 (agents) 在此過程所扮演的角色等幾個面向的互動而更加複雜。而文化展演與節慶的博物館再現，已經成為博物館場域中的獨特形式。地方性與族群性的文化產品一方面出現商品化的傾向，另一方面其性質與內在邏輯又迥異於其他商品，文化產品自成一格的力量流動地穿透當代的社會生活。透過地方文化的多稜鏡式的詮釋，新的技術創新與多媒體、廣泛的全球工業化與市場化的發展，以及因之而茂盛的文化工業（也就是 Adorno 與 Horkheimer 所使用的 "cultural industries" 一詞，其內容包括：電影、電視、攝影、廣告、表演、大型展示、大眾旅遊等），不但具有殊異的、不同的面

貌，也引發不同社會文化體系（族群）之積極或消極的回應。正如人類學家 Appadurai (1990) 所提出的，文化的展示與演出不但創造資金和貨幣的跨國流通的財經地景 (financescapes)，也涉及地方性的文化政治，以及差異性極大的民族地景 (ethnoscapes) 與意理地景 (ideoscapes) 的議題。因此，全球化現象是複雜的和變動的政治經濟樣態，其核心問題是「文化同質化與異質化之間的非互斥關係」；文化展演與博物館技術的全球化現象，隱含為數不少的社會文化運動和不穩定的游動社群所營造的行動空間和地方性的文化。正因為如此，我們必須處理的是「全球化與地方化的過程」。而地方性 (locality) 的建構與全球化作為一個綜合的過程，不只在於西方世界的國家政策的介入，更通過具有獨特知識、技能與權力的社會文化實踐者而得以確立。換言之，全球化過程中，視覺藝術與表演藝術的表達與其他社會機制（政治與經濟、國際的與國家的文化政策等）的累積 (articulation) 方式更為複雜，我們必須持續地反思文化之地方性、產製與繁衍的性質。

二、展演臺灣及文化再現的多義性

　　文化是一個夠複雜的詞彙，但是其面貌與結構尚在不斷的被摸索。文化既型塑出自成一格的個體，個體又用不同的命題賦予文化生生不息的骨架與血肉。不論文化是在我們的身體，或是我們在文化的身體，主體與客體加上二者隱而未顯的目的性，都涉及文化的再現及其創造 (representation and creation of culture) 的論辯。人們在不同的時空中，既受文化的綑綁，也參與了定義、操縱、與生產文化，文化的重要性顯示在政治經濟領域，也是非西方世界抗拒滅絕和抹拭、以「記憶」抵抗「遺忘」的方法 (Harrison & Huntington 2001; Said & Barsamian 2003)。展演文化或「文化如何又為何被展示」成為一種關鍵性的社會文化議題（王嵩山 2007）。

　　公開場合中的歌唱與音樂現象，其旋律、節奏、歌詞及歌唱，反映著社會與生活意義。呂鈺秀 (2007) 研究蘭嶼達悟文化中公開展示的落成慶禮中，吟唱 *"anood"* 的音樂現象及其社會脈絡，發現：在今天的達悟社會中，仍常

見新船與新屋的落成慶禮。部落內的落成慶禮中的歌唱，幾乎都應用著被稱為 "anood" 的音樂形式。參與歌會的達悟歌者，是詩人、作曲家也是演唱者。在音樂現象上 anood 有著短小窄音域旋律及自由朗誦節奏，並由兩句歌詞構成。同一位歌者，為了表達歌唱意念，會有多句歌詞；利用著 anood 的簡單旋律，歌唱者在每次旋律重複時，採納前一段旋律的後句歌詞為新旋律的前句歌詞，並在新旋律的後句加入新詞（頂針唱法 nakanakanapnapan）。落成慶禮歌會多半應用著較快速度演唱。歌唱時，則每唱完一次 anood 旋律，眾人大聲複唱這位歌者的歌詞。達悟的音樂以歌詞為主、旋律為輔。短小簡單旋律以及自由朗誦節奏，是為了讓歌者透過歌詞表達意念，而非為純粹藝術表達。此外，anood 速度表現，以及眾人大聲複唱的歌唱行為，則展現了達悟社會中人與人之間頌揚勞動與自謙互相涵蘊的相互尊重。再說，口頭傳承的達悟社會，歌詞不以文字記載，而在反覆念誦之間學習，複唱提供了口耳反覆的練習機會。在怕忘詞的壓力下，達悟人會以較快速度演唱 anood；而頂針唱法，則是口傳形式下具有安定歌者情緒並給予思考下句歌詞的功能。換言之，展示的過程中，社會文化觀念內在的決定展演的形式與意涵。蔡政良 (2007) 以臺東都蘭阿美人的歌舞實踐為例指出：過去關於阿美族歌舞的研究，大多將其進行「神聖的」與「世俗性的」歌舞二元區分，而研究的焦點多聚集在神聖性的祭儀性歌舞上。這種觀點並無法瞭解「阿美歌舞的性質」。蔡政良指出，歌舞在當代都蘭阿美人的生活實踐中，再現了儀式生活與日常生活的連續性；而這些祭儀與日常歌舞生活的連續性，都蘭阿美人以 makapahay 的認知概念，作為框架與再框架其歌舞實踐的基準，使日常與儀式性的歌舞得以動態地在時間與空間的流轉中，交錯出如同網狀 (calay) 般的景象。這一網狀的歌舞實踐，也被都蘭阿美人視為其文化代表性的展演。當代都蘭阿美人的歌舞實踐，一方面反應出社會文化的框架系統，另一方面也重新形塑社會文化的展現。都蘭阿美人的歌舞作為一種文本與隱喻，有其事件與意義之間的辯證關係；歌舞的初始具有事件的屬性，一旦該歌舞事件被儀式固定之後，則該歌舞就有了意義，而新的歌舞（事件與意義）也不斷地被建構。歌舞中事件與意義交錯辨證的過程，來自於都蘭阿美人的 makapahay 概念與都

蘭傳統代表性的認知有關。歌舞的呈現具有網子一般的交錯關係與動態的創造性質，在未來的時間與空間以及各種力量中，得以內在的交織出阿美文化的美麗之網 (*makapahay a calay*)。

　　事實上，展示文化中的客體（內容），一向是被某一個主體刻意的選擇出來的。江柏煒 (2007) 運用「金門戰史館」的展示討論「誰的戰爭歷史」的議題。他指出：自 1949 年以降，金門成為國共軍事對峙與世界冷戰衝突的前線，軍事統治下的社會控制及身心教化，壓抑了原來傳統宗族的社會力量，切斷了與海外僑居地的密切聯繫，直到 1992 年解除戰地政務為止，長達四十三年。在這段期間，除民間社會被高度動員，成為民防自衛的武裝力量外，更建立許多「作為反共復國、軍事教化的意識形態之工具」的「精神地標」，例如戰史館、紀念碑等。作者描述「金門戰史館」為主的文化展示與民間社會的集體記憶之斷裂，而在時空環境劇烈改變的今日，現有戰史館作為觀光資源是矛盾與困窘的。金門的戰史館、戰役史蹟等機構的敘事結構，不同於民間社會的集體記憶，呈現不同主體的歷史詮釋、國族歷史與個人歷史（特別是非常多樣化的個體生命歷程史 autobiographical memories）的衝突。前者以國族想像、愛國主義或「歌頌領袖」的展示作為主軸，後者重視民間集體記憶的微觀歷史、呈現被壓抑的諸社會主體的聲音。作者指出，從前者轉向後者，是身處後冷戰時代、中國大陸觀光客到訪的當前，金門戰爭歷史書寫與文化展示的可能性與新方向。這種轉變的目的，在於以反思人類的無知、權力的支配與戰爭的荒謬和追求和平為基調，通過展示讓金門民間社會有機會重新看待、發表其自身無可取代的歷史。

　　展示不僅處理過去或傳統，文化實踐如今已捲入更大的範疇，文化性質的不同定義左右我們對於產業與市場的認知。駱鴻捷 (2007) 關於臺茶博覽會的研究指出：自 1970 年代末期以來，「茶」逐漸發展成為臺灣人與民族情意結合的媒介物，並在民間茶藝業者的努力下，日常生活中的飲茶行為漸漸的發展成為一套精緻文化。近年在全球化的氛圍下，茶文化更有機會成為本土與外來文化競爭的文化資本，一種全球化下的識別符碼。以「2006 臺北茶文化博覽會」為例，展示中的「茶文化」內容，是被選擇、組織並重新呈現

的，僅呈現「茶文化」的某一部分，或創造了新的部分（如「茶都」與「茶藝」）。駱文藉由「茶文化展示」與「茶文化本身」的關係之討論，不但尋找傳統文化展示的可能與想像，思考傳統文化如何在當代再現，也呈現一種「茶」與「藝」結合之後，創造日常生活消費與獨特的臺灣內在社會（如：上與下、中心與邊緣、精緻與常民生活）之區辨等課題。

　　目前所見的阿里山鄒族文化形式的再現與創造，與博物館場域互動密切。但是有些文化形式的擴展備受推崇，例如：男子會所 (kuba) 作為族群文化的表徵，宗教儀式（戰祭 mayasvi）歌舞的展演嘗試追求美學的成就，山美村的達娜依谷河川生態保育樹立臺灣社區營造的一種典範，著有特色的茶山村「涼亭文化」顯然脫胎於過去的傳統「類會所」公共建築；有些新出現的文化形式，則廣受注意但也出現不同的聲音，例如：鄒族的藝術家嘗試復古雕刻內容，創作民族風味的個人作品與公共領域的「鎮山之寶」，[6] 後者甚至作為與姊妹市（臺南市）交換的重禮。[7] 而崛起於 2002 年秋天的「生命豆祭 (me houna)」展演活動，固然引起廣泛的傳播媒體報導，卻也引發社會內部的爭議（朱惠如 2002）。[8] 鄒人在國立自然科學博物館「原貌重建男子會所」，不論是組織、過程、工法、材料與知識內容，複製社會文化的真實性。相對的，「生命豆祭」的例子則顯示，受到外來政治經濟力量與觀光旅遊叢結的左右，建構出一種由內部的文化實踐者所創造的「混同的真實與新傳統」。製作「生命豆祭」展演活動所顯現的挪用文化內涵、族人從抗拒到接受、原住民文化商品化等現象，實為鄒文化的內在邏輯、阿里山地區旅遊事業由生態觀光轉向族群觀光的歷史發展、政治操弄原住民文化三者互動的結果。因此，具地方性的族群舊文化形式的再現與新傳統的創造，一方面是一種社會的建構，由獨特的內在文化知識來加以界定與複製，牽涉傳統材料與工法的正確運用，而是否與特定的宗教儀式結合更決定了文化的體現方式；另一方

6　一種高約一百五十餘公分、直徑約四十公分的男性生殖器雕刻。
7　雖聳立於市政府，但以紅布遮蓋。
8　朱惠如／嘉義報導，2002。〈鄒族：不要生命豆祭／鄉所集團結婚將登場／頭目：侮辱女性遊戲！三大祭典沒這項！〉。

面，具影響力的社會組成原則之運作、累積外在社會的政經強力操弄，亦扮演關鍵性的角色（王嵩山 2005b：131-165）。

　　國立臺灣史前文化博物館在開館之初的「來自部落的聲音：微弱的力與美」特展，即由原住民藝文工作者帶動部落的參與，和博物館共同發展展示，以視覺藝術、表演藝術等方式展現原住民的部落文化，體現族群藝術的價值。2004 年由館長所提出的「與社區作伙：史前館的藍海策略」，強調臺東地區豐富的原住民文化以及原住民社區就是史前館發展特色的主要資源，因此持續藉由合作發展展示、部落巡迴展、工作坊、館校合作以及文化展演等方式，加強與原住民社區之間的互動與合作。其中，「南島樂舞 Show」活動，曾自 2004 年起，固定於每周六、日邀請原住民部落團體或學校團隊到館展演原住民樂舞。此外，於 2007 年史前館配合「聽・傳・說特展」設計一個「原住民想像劇場」教育活動，也嘗試以劇場方式，由排灣族人帶領觀眾通過角色扮演介紹原住民族群的文化。在博物館與原住民族之間的合作方面，除了展示之外，演出或表演已經在史前館成為原住民族訴說族群故事、進而自我表徵的舞臺，也是社會大眾接觸原住民文化並參與互動與詮釋的媒介。在臺灣原住民部落面對部落傳統文化的迅速流失的困境，族人們皆體認到部落文化傳承與復振的急迫性，而史前館作為東部唯一的國家級博物館，以持續關注原住民教育與文化資產，並加強與部落之間的互動作為近年來努力的方向。史前館所舉辦的常態活動「南島樂舞 Show」，強調由部落組成演出團隊，由部落策展（展演）人來規劃節目內容，並且由部落成員擔任展演者，期許博物館能夠成為臺東地區各部落展現部落歌舞、祭典或是創新樂舞的舞臺（許善惠 2010）。「表演藝術的實踐除了有美學的成分與滿足個體心理需求的功能之外，更是以集體知識與社會文化本體作為其基礎，受到社會制度性的約束。」（王嵩山 2001：84）然而，「臺灣原住民的藝術表演活動，一方面是由外引入，另一方面是自發性的；一方面採取外在的形式，另一方面則強調內在的詮釋。臺灣原住民的表演活動，特別是舞臺上的表演活動，大部分屬於前者，這種情形使得外在文化的影響力，進入社會內部。」（同前引：90）明立國曾在〈臺灣原住民族歌舞的傳統與現代〉(1994) 文中指出現

代社會中的歌舞注重表演，臺灣社會對於表演的觀念也大多來自於西方，但是傳統臺灣原住民族的歌舞，則與該文化固有的精神有關，以祭典儀式為主體，而有凝聚族群意識、溝通人際關係的作用，應注重其社會性的意義，因此在當臺灣原住民樂舞搬上舞臺後，能夠讓觀眾或甚至表演者了解原住民樂舞與文化之間密切關聯的意義就很重要，以免造成誤解。此外他也對原住民的文化展演提出幾項反省，認為將原住民舞蹈舞臺化，在不違背文化精神的前提下，應注意選擇適合展演而沒有禁忌的樂舞，配合重要祭典期間舉行使儀式情感得以獲得合理延伸，並應以歌舞的內容與特性來考量應於室內舞臺演出，或是在室外以大眾參與的方式演出（明立國 1990）。

　　在傳統與創新的議題上，從表演形式來看，將祭儀搬上舞臺，就是一種創新，因為原住民並沒有在舞臺上表演祭儀的傳統。而若將「傳統」與「創新」以過程的角度來看，看似對立、實是一體兩面。1995 年劍橋大學博物館推出的一展示「活躍的傳統：延續與轉變，過去與現在」，企圖挑戰一般認為「傳統是靜滯的」的概念，宣揚不同文化的原住民藝術家以及他們所處的社群所表現的適應力與創造力，Anita Herle 在與這個展示同名的專書 *Living Traditions: Continuity and Change, Past and Present* 的導言中，也提醒我們傳統的動態性，以及應去理解一個文化在面對社會快速改變下，是如何地轉變並維持內在固有的認同。就藝術性的創作而言，其材料、形式、風格等等或許會受到外在社會的影響，然而個人的以及文化的選擇仍是持續具有主動性，而使得固有的與創新的元素能合宜地在文化的脈絡下被運用出來 (Herle 1994: 1-3)。臺東的史前文化博物館的「南島樂舞秀」，便由部落團體所設計演出，是文化內部者根據所身處的部落文化與生活來取材，而具有展示與表演的意涵，除了包含展示之外也涉及了許多教育性質的詮釋活動，例如：文化表演、導覽活動、教育活動等等（許善惠 2010）。Stuart Hall 指出博物館的展示與表演可以被視為是一種語言，它們透過物件產生與主題相關的特定意義；[9]

---

9 Stuart Hall 就廣義的「語言」進一步舉例─音樂就其使用音符表達情感和意念而言，也像是種語言，而足球比賽場上的旗幟、標語，球迷塗抹在身上的顏色與圖樣也可以被看作像一種

換言之，廣義的語言是透過象徵實踐而能夠給予意義與表現 (Hall 1997: 5)。對 Hall 而言「再現是一個過程，透過再現，一個文化的成員使用語言、生產意義」(ibid.: 61)，因此「對於文化實踐的強調是重要的，因為正是文化的參與者賦予了人、客觀物及事件意義」(ibid.: 3)。雖然博物館中的文化展示與表演被視為一種文化再現，然而文化再現並非對真實的模仿，而是文化的參與者透過「語言」的運用，對意義的賦予與創造。

　　陳茂泰曾在〈博物館與慶典：人類學文化再現的類型與政治〉曾提出相關的討論。他將博物館展示與慶典視為兩種不同的人類學文化再現的類型，相較於博物館中所呈現的固定的、物質的民族誌文本，以及其具有權威的、訓誨的色彩，慶典則能以溝通性的實踐，自由表達的藝術性，更有效地來再現文化。而博物館與文化展演的結合，以史密森機構 (Smithsonian Institution) 屬下的 OFP (The Office of Folk Life Program) 每年舉行的 FAF (Festival of American Folk Life) 為例，OFP 擺脫傳統及一般所承認的博物館展示對文化再現的方式，而強調以慶典的表演方式來保存及慶祝民俗文化的豐富性與多樣性，並通過長期的努力生產美國各地各式各樣草根性的文化再現。陳茂泰進一步指出，該活動試圖傳遞觀眾一個訊息：「博物館基本上是個歷史文獻的博物館，但是慶典的體現方式，可以把這一座博物館化為一座活生生的體現的人間劇場。」（陳茂泰 1997：140）在劇場的脈絡中，展演者以肢體語言的方式告訴觀眾「人」的存在。Kenneth Hudson 也曾對民族誌博物館展示提出批判：文化如何能夠被展示出來？光憑視覺上吸引人的物件標本，就能呈現一個群體的文化與生活嗎？尤其是標舉著所謂的「傳統」文化的展示，在跨文化、跨年代的情況下，觀眾以偏蓋全的經驗學習並不可靠，從而指出了展示的侷限性。換言之，博物館展示中所呈現的物件以及背後所傳達的專業知識，並非人們在學習與了解一個文化上的唯一保證；因為，在人們生活與學習的過程中，不只依靠眼睛和心智，而是靠著身體以及所有的感官來同時接收，兩者對學習或者在生活、文化與行為上有著莫大的影響。Hudson 進而

語言 (like a language)。

提出民族誌博物館不應過於專注「傳統文化」，因為這樣的方向往往鼓勵了人們以援助或是逃避主義的態度看待原住民；對當代的原住民來說，重要的是如何適應當代生活、如何保護自己生存權利不受剝奪等問題 (Hudson 1991: 457-464)。因此，民族誌博物館的文化展示與表演，應該關注不同文化的人們如何關切上述的問題，並將文化傳統要素如何持續發展與變遷的方向呈現出來。

Lynda Kelly 與 Phil Gordon 曾以雪梨的澳洲博物館，作為博物館主動積極參與原住民社群的一個例子，他們說明了博物館在推動和解運動時所涉及的幾項議題以及博物館應扮演以及持續扮演的角色——透過公眾學習與原住民社群合作來扮演社會變革與社會包容的媒介。文中提到 1978 年聯合國教育科學文化組織 (UNESCO)「保存原住民文化：博物館的新角色」區域研討會，是首次博物館與原住民以平等的地位共同參與討論，博物館必須尊重並實踐原住民對於其文化遺產的權利 (Kelly and Gordon 2002: 153)。除此之外，博物館也應從專注於物件本身，轉向關注物件在文化脈絡中的、以原住民（或非原住民的當地人）角度去訴說的意義。郭佩宜便曾從物的製作者（展演者）如何看待「展演製作」這件事出發，探究所羅門群島 Langalanga 人的文化（如：物觀）如何去影響當地人呈現自我文化的方式。許多提供族群觀光 (ethnic tourism) 的場所，例如博物館、文化中心、民俗村等地，往往會請該文化的族人展演工藝的製作，希望能在靜態展示之外，提供多種文化活生生的面向（郭佩宜 2004：8）。

筆者的研究也發現，臺灣 1999 年 921 地震之後的博物館與美術館的特展論述，呈現出專業者與掌控重建資源分配者、非專業者與一般社會大眾，科學的、歷史人文的兩種不同的展示建構模式。前者以知識分子或科技官僚（特別是負有重建責任者）的理性思維為主軸，不但著重地震的科學分析、傳達自然知識的普遍訊息，甚至期望操作出一套因地震而出現的（文化、觀光）產業；後者則以民間的日常生活的思維為主軸，強調對地震的人文理解、詮釋災難經驗的獨特形貌。正由於其關懷面向的差異，使兩者的展示內涵有所差異。前者充滿科學的、理性的解釋話語，突顯地震前後的各種如何

(how) 應付的層面；後者則操作情緒與意識性的語彙，關懷詮釋為何 (why) 如此的議題。再說，博物館的展示與教育不但以一個既有的文化對於人與社會之性質的基本假設為基礎，對於知識的態度與文化組織和社會相關性也成為影響博物館教育的重要因素。與九二一地震有關的特展中的科學與人文教育，便維持著一種由策展者、教育文化機構、知識分子所建構的說教式的、甚至是具有教訓意味的論述，而非由參觀者角度、強調經驗發抒與重視自發學習的內涵（王嵩山、董靜宜 2000）。

這些研究提醒我們：除了以博物館展示規劃者、或是滿足目標觀眾需求的角度，也就是能動態呈現的、能吸引觀眾的、以及使展示物件再脈絡化的角度看待博物館的展演之外，在研究取向上我們更應關注的是文化內部的人如何看待博物館文化展演、博物館展演對該文化的人所具有的意義，以及他們是如何透過展演來再現自己的文化。正因為如此，博物館的文化展示和表演介入民族誌文類反思的範疇。

三、博物館展演與民族誌文類反思

博物館專業工作有兩種關懷的立場，一方面是注重物件與觀念的客位 (etic) 立場，過去被視為過去，並以歷史學、人類學、工藝學等學術主題貫穿展示。而另一方面則將保存與關懷的焦點置放於「以人為展示觀點」，過去及現在是通往未來的指引，「體現物件確立其主體價值的過程、與文化內在的意義 (emic significance)」。博物館展示含攝於更大的範疇之中。博物館展示與人的處境和社會文化的需求對話（王嵩山 1992：4-6）。博物館對外呈現其自我的方式是展示和教育的詮釋與溝通行為，而蒐藏與研究為確認其存在的實體。我們從展示及其相關的教育實踐，探測一座博物館蒐藏與研究的深度與廣度。要追求獨特的博物館學的成就、要實踐文化關懷，蒐藏品及其所內涵的行為與社會性無疑是最重要的基礎。不論是常設展或臨時性的特展，一個吸引人的博物館展示往往是通過其特殊的藏品來建構的。凝聚的、被凍結的、結構化的、去脈絡的博物館藏品，卻往往被用來發現動態的世界。例

如，國立自然科學博物館的整體展示訴求，便是在自然史與文化史的「演化」、「分類」、「生態」等角度進行詮釋與溝通的工作，不止省思建館目標的獨特性、更持續的反應社會的需要，敏銳的維護展場與展品，通過蒐藏品（物件）、發現世界、促進社會大眾的科學與文化理解能力。而以自然史與文化史為標的博物館展示行動，反映了科學與社會文化的生命脈動，也被視為文化創意產業的基地（王嵩山 2005c）。

博物館的展示可以分為特展與常設展兩種類型，二者雖然功能、性質有異卻又是互補的。博物館的常設展呈現其自我認同，標誌一座博物館基本的任務、方向、蒐藏研究興趣，由一群任務導向的館員細心照護 (curation)。一般而言，常設展論述的是自然與人文知識中的一些定論、由穩定的組織與資源維持；相對於特展常設展示是長時間存在且靜態的，特展則探索知識中的可能面向、由暫時性的組織與資源來建構，是較為動態的。特展的原形是：某些人、在有限的時間與空間、意識性的陳列某些物件。持續的推出吸引人的特展是所有的博物館經營的重任；特展的性質趨向於社會中的儀式現象，具有多面向的功能。

首先，許多特展持續的推銷館藏、藉以彌補鉅量館藏不見天日的缺憾，這是一座博物館的基本責任。以館藏物件為基礎的展示，源源不絕的書寫一座博物館的豐富，這種傳統意義之下的特展，大致是以館方的立場出發的、是描述性的、也是灌輸的，展示內容具有權威性質。與此類似的，特展可以是新的學術、藝術創作的發表，通過特展挑戰過去的發現、發表藝術家的創造力，支持一個特定社會中的理性與想像存在的基本價值。近代以來，特展被期待為一種動態的「論壇」，展示論述偏向「評論」、「批判」的文類，具有適時的且主動的迎向社會議題、關照不同主體的特徵，特展成為博物館參與社會文化實踐的一部分。這種特展形式，強調詮釋的主體觀點、採取嶄新的展示手法，且使族群、前衛、實驗藝術的領域者增加提出新觀念的可能性。正因為如此，原住民族的展示便有顛覆既有族群分類觀念、爭取政治經濟資源、凝聚社群認同的功能。

　　特展也常與文化產業相連接，其目的在於將某種商品推銷出去，特展因此捲入市場體系，展示公司、策展人、展示製作、展示設備、媒體經營者成為互相連結的系統。由於特展可以吸引大量參觀者，便被視為一種生財的機制。一項獨特精采的特展，的確可以成為博物館開拓收入的管道。但是，近幾年來，幾個國家博物館「超級大展」(blockbuster) 的現身，卻預示了臺灣的博物館經營受市場機制操控的現象。新自由主義 (neo-liberalism) 所引發的負面衝擊，正在殘害臺灣的博物館性質。促銷既由手段轉變為目的，大眾媒體對展示的操控便不可避免。一旦博物館的經營者陷入將展示以市場需求的假設來定位，其商品化終將危害其自身的生存環境。至少，在資本主義體系中博物館自成一格的存在價值將被邊緣化。很顯然的，特展具有一刀雙刃的性質，既可以為博物館的發展披荊斬棘，也有可能違反促成科學與文化發展的基本價值；既可以是著重主體詮釋的，也可能因壟斷與排他而稀釋文化民主的需求。呂紹理的研究便曾指出：二十一世紀最初十年間，日本、中國和臺灣相繼宣稱要舉辦萬國博覽會。「博覽會」之名的活動在今日社會中早已俯拾皆是，然而，回顧過往此類展示活動卻也只有短短一百五十餘年的歷史。1851 年英國首度舉行「萬國博覽會」之後，歐美列強即競相仿效。在進步主義的大旗下，雖然「追求和平與人類福祉」是列強舉辦萬國博覽會的初衷，但是卻無法掩飾其間所流露的帝國誇富與殖民主義。流風所及，亞洲的日本也不甘人後，不僅在其國內舉行一系列的勸業博覽會，更在其所領有的殖民地（尤其是臺灣）大力推行此一展示體系。五十一年間，臺灣參與島內外所舉辦的博覽展示活動超過三百餘次，米、茶、糖、樟腦等農產品因此成為國際上認知臺灣的「特產品」。展示活動不僅止於各種臨時搭建的會場，更擴延到整個臺灣，伴隨旅遊活動逐漸普及，整個臺灣的地景與社會都被納入到展示體系之中（呂紹理 2005）。

　　當代的博物館衍生出一些新的關懷，開發新的展示與表演途徑，以及時常保持如何讓觀眾真正的理解展示的警覺，這些都涉及「展演臺灣」之博物館展示性質的掌握。我們不但要體會人類學家 M. Sahlins 在《文化與實踐理性》(1976) 一書的啟示，涉及「事物分類概念」的展示活動之性質的了解，不

但應該處理更大的文化脈絡，也應從事展示之實證的、精確的、反思式的、主體異置的研究工作。短程而言，有效的評量也許是辨識文化展演雙刃的利弊、檢驗其意義與價值的重要途徑（王嵩山 2003b）。

二十一世紀初，許多大型的博物館持續的開疆闢土，不只依舊擁有不可動搖的科學的或美學的知識權威，更通過其自成一格的蒐藏品、運用與時俱進的博物館展示與教育技術，發展成無可取代的博物館或美術館。伴隨民眾對場所與文物的可及性 (accessibility) 和公民文化權 (cultural rights) 之要求，地方博物館巧妙的回應大型博物館的中央化與集中化的策略，轉而採取分散的、論壇的角色；相對於過去博物館對文化保存、形塑知識的興趣，目前這些博物館（與文化遺產之產製）更關心如何增加經濟的收益，也更在意地方的、社區的、部落（與族群）的主體性如何可以更加的突顯。全球化的過程中，不可避免的在地的或社區的博物館（及其所處理的文化形式）之重要性增加，並參與了社區或部落的賦權行動 (empowerment of tribe or community)。雖然如此，以受法國生態博物館概念啟發規劃設計行動的宜蘭縣立蘭陽博物館為例，我們卻發現依然受到臺灣文化性質的深刻影響，因而呈現一種採取微形中央階層化的組成模式，依靠政治力而非市場原則來處理博物館事務與資源。

當代博物館的表徵一方面是博物館實體自我發展的結果，博物館社群已不只將問題圈限在收藏、教育、展示之實務；另一方面，博物館呈現的方式受社會文化定義，是一種獨特的建構。英國社會學者 John Urry (1996) 指出：英國博物館在其所處的社會脈絡中，威權式的傳統逐漸瓦解，單一的英國文化不再存在，目前英國有許多「文化」同時運作。而越來越多新的遺產地點出現，許多是由挑戰過去統治傳統的熱情份子所建構的；這些熱情分子有助於市民社會的再造。所有的博物館／文化遺產都受到市場均質化力量的影響，並被攏絡到全球化與快速變遷的市場機制中。國家的收藏品，以及熱情分子所發展的地方收藏，成為全球休閒工業相互競爭的要素；在這個領域中，流行隨時、快速地改變。正積極發展的臺灣博物館事業，「國家型博物館」的建構尚在持續，對於「地方館」的想像已成為下一波博物館運動的主

軸。而地方視野（local visions，或者異他性 otherness）的興起，使大社會與博物館社群本身，得以從過去被忽略的觀點重新檢視博物館實踐的意義。「展演臺灣」中的地方館想像，很難脫離活的歷史與傳統 (living history and traditions)，並刻意強調本土文化（不同於外來文化）、多元性（不同於單一性）、複雜（不同於化約）、美麗小世界（不同於數大為美）、地方生活（不同於菁英生活）、實用的（不同於理論的）、情緒的（不同於理性的）、民主論壇（不同於權力與教條場域）……等等意像。人文展示自然也呈現出這種社會相關性的關懷。許功明 (2003) 便曾針對「臺灣的博物館如何展示原住民文化的現象與脈絡」，檢討現有博物館等展示機構與臺灣原住民族的合作關係，其目的是希望爾後能開啟更多「互為主體性展示之平等發聲機會」。她提及：當人類學與博物館界皆展開自省的同時，被展示的對象（原住民本身），是否充分意識到爭取其展示發聲的重要性，而有更積極的行動？王志弘、沈孟穎 (2006) 以故宮博物院 2003 年舉辦的「福爾摩沙：十七世紀的臺灣、荷蘭與東亞」特展為例，探討展示政治、史觀塑造、國族工程與象徵經濟等議題。作者指出：展覽及其鑲嵌所在的博物館，是塑造與規範歷史再現的真理體制，也是權力規訓的操演場域，體現為特殊的展示技術和觀看之道。這個展覽做為文化治理機制的一環，企圖發揮正當化和排除特定歷史詮釋的作用。然而，做為象徵經濟的一環，該特展也無法免於營利與市場邏輯，顯現於媒體集團的宣傳操作及週邊紀念品販售。最後，該文藉由分析這項展覽，來反身（再）定位臺灣，呈現當代臺灣社會與文化場域的多重矛盾特質。這樣的議題亦引導我們進一步的思考文化與展演的關連性。

　　展演受社會文化性質影響，博物館異質性論述的主要問題是：博物館所建構出來的自然、科學與人文知識，到底是誰的？結論是通過何種過程獲得的？博物館學知識的目的是什麼、又有什麼意義？這些挑戰不但涉及詮釋權、所有權、權力與自主等觀念，也突顯出學院知識與地方知識的複雜關係。[10] 地方知識最重要的特徵，便是其在現實生活中的「實用取向」，要求知

---

10 參見 Borofsky (1987)。本書論證學院知識和地方知識（例如波里尼西亞的 Pukapukan 人）兩

識運用於某種目的之上。地方的世界中，重視的是知識的實用性、對生存的意義，而不是追求和真實相符。由於對脈絡有感覺，所以他們的行為時常在改變、隨時勢而發展。地方知識的重點不會是「什麼意思」，而是「該怎麼做」。也因為知識的意義是存在於知識的目的裡，方法或手段便很重要。在地方的知識中，由於其認識問題及解決都是在某一種時間與空間的脈絡中運作，因此不但具有動態性、也展現對脈絡的敏感度；更因為重視事情如何發生，因此事情之間的關係和連續性便有其重要性。簡言之，其知識態度呈現出對於具體性及對意義的追求。相對的，學院的研究者排除掉時間變數而注重穩定性，所以他必須假設博物館社群是沒有時間的、不會變化的；同時，為利於掌握組織的特性，所以他必須要假設博物館組織是結構化的。此外，由於忽略變異及意義含糊的情況，早期博物館學更不去考慮個人的差異。

即使地方知識具有高的等質性實用特質，可是因為不同的社會文化傳統和歷史經驗，使不同的社會系統裡的集體知識具有其獨特性。相對而言，學院或博物館研究者的歷史知識，則是對一般知識進行廣泛的、意識性的、累積性的考慮。關於此點，Paul Connerton (1989) 有關社會如何記憶的研究可以給我們一些啟示。Connerton 區分兩種記憶的操作機制：合併的 (incorporating) 與銘刻的 (inscribing)，藉以處理一個社會傳遞過去的方式。合併的操作機制是透過身體的活動傳遞訊息，也就是說訊息傳遞只能產生於身體同時出現的時刻。相反地，銘刻的操作則是儲藏和搜尋訊息的機制（例如：照片、印刷、字母、檢索表、錄音帶和日期等），這些機制捕捉、儲藏訊息，且即使在人類身體器官停止接收訊息很久之後還能留存。依照 Connerton 的概念，訊息傳遞的方式，從口語到書寫的身體技術（或從「地方知識」轉向「學院知識」），都是由合併機制轉換到銘刻機制，也都必須依賴不同的新知識能力。博物館可能通過不同的主體建構出個人記憶、文化記憶、社會記憶等不同層次的地方史知識。因此，在展演臺灣的場域，探索博物館與地方史知識的關係，我們不只要深入追究不同地域之博物館實踐樣貌與地方史的性質，

者之間雖然相關，但卻是很不一樣的範疇。

也應理解不同類型的博物館社群，如何通過其既有的思考模式與技術關懷，詮釋地方觀點、資本主義和國家體系互涵的歷史性 (historicity)。文化、知識體系與展示之間的關連性也呈現在身體觀的體現上（王嵩山 2003c）。

　　身體向來是知識、審美與倫理活動的重心。不論是飲食起居、健康醫療、宗教儀式、身心錘鍊、性別認同、科學研究、紀律與秩序、美學呈現、與博物館實踐等，人的身體都是主題與主體。博物館實踐中的展示、教育、蒐藏、研究與觀眾服務，無不涉及身體的觀念與技術。博物館對於身體的知識與其體現，不但牽涉科學的與文化的不同觀點，也牽涉肉體與精神、集體與個人、內與外的互補性對立。國立自然科學博物館 1989 年 8 月開幕的「我們的身體」常設展示室、IMX 全天域影片「人體的奧秘」，採取科學解釋模式，表達西方生理系統下的功能的身體概念。新的科學技術，如核磁共振掃描器，容許我們以新的視野觀看舊的（傳承自遙遠的過去的）身體之細節，呈現世界上最複雜的生物工學。雖然如此，根據生物學家劉德祥的研究：博物館展示中的科學身體觀，實有兩種不同的呈現方式。前述由德國人 Gunther von Hagen 於 1997 年組織的「人體世界」(Body World) 特展，代表以解剖學為主的展示方式，其學習過程傾向於記憶性（王嵩山 2005d：41-43）。另一種以生理學為主的展示，則以失儀學為概念，透過放大的模型說明人體器官系統的運作機制，學習過程強調原理的了解及因果關係的建立。[11] 然而，這兩種同樣基於分析概念的展示方式，無法呈現身體在解決生命受挑戰時的反應，特別是人作為一個不可替代的主體之道德上的關懷（張世龍 2003）。博物館的身體展示不但需要一個整體觀 (holism)，也必須關懷因文化而來的世界差異面向。

　　依據 M. Mauss〈身體技術的觀念〉(1979 [1950]) 一文的意涵，既有的文化觀念與社會關係影響身體技術的存在與表現；因此，雖然人的存在開始於身體自然的具形化，但多樣化的（傳統）文化卻耕耘出不同的身體。整體

---

11 如國立自然科學博物館「我們的身體」展示。目前，這個展示廳已轉移到彰化秀傳醫院（彰濱工業區）。參見劉德祥 (2003)。

論的身體展現與個體的日常生活實踐結合在一起。身體技術所產生的各類經驗，源源不絕的鑲嵌到每日思維，成為一種習性 (habitus)。人們雖以不同的身體形式來展現其集體情感，身體卻也同時接受社會倫理所施加的塑模與管理。此外，人雖然是自然的一部分，但是許多文化的人都相信，人和世界上其他的自然物存在著神聖或神秘的聯繫。因此，早在史前時代法國西南與西班牙交界處的洞穴壁畫中，人們意識性的模仿動植物的形象與其軀體的律動，藉以嘗試建立、強化和自然界的聯繫，更期待獲得非人為的力量。因此，某些宗教儀式的「恍神」動作 (in trance)，儀式參與者進入快速地抖動肢體的狀態，被認為是神靈附體。許多文化都強調，一旦身體律動與表達臻於完美之境，受限囿的精神將獲得解放。不只如此，人類藉著延伸或改變身體的形式，嘗試超越自然的侷限。比方說，中國太極拳，流動的拳式體現有無相生、陰陽互用、剛柔相濟、動靜相依、虛實互換的寓意。「太極」的觀念衍生為武術或修身之道的律動法則，氣功更是漢文化由外在形體的修練、邁向內在氣的體會與運作的精進過程。國立自然科學博物館「中國人的心靈」[12]展示區中有關「人與自我 (self)」的主題，以及「中國醫藥」展示區，都採取「文化詮釋模式」；展示（與表演）銘刻中國文化對個體的自然身體改造的結果，以及脈絡性的、內與外、規訓倫理及其解構互為主體的身體概念。

　　不過，人不純然是被動的。創作者以其處於自然與社會文化脈絡中的體驗與想像，發表一個具有影響力的身體思想。位於臺北的朱銘美術館便是一個例子。哲學家廖仁義指出：朱銘雕塑的基底是草根性與對形體之內的精神性的關懷。「太極系列」表達「由內而外的的生命力」。大刀闊斧地呈現身體，抽象的運動性與定型化的、凝聚性的形象同時存在。而「人間系列」的造型具有明確的個體性，是人間世的某種真實樣態，體現在木雕、不銹鋼、海綿翻銅的不同材質上（王嵩山 2003d）。我們從勞動者之於工作博物館，醫生與病人之於醫學博物館，水手之於海事博物館，軍人之於武器博物館，印象畫派的大師之於奧賽美術館，米開朗基羅、達文西與埃及文化之於羅浮宮

---

12 展示主題與架構實為「臺灣民間信仰、宗教儀式與社會」。

……等博物館事實 (museum facts)，照見不同的博物館形式與其藏品所論述的身體本質。知識、審美與倫理的辯證關係，形塑出一座座有待探索的博物館身體（林穎楨 2011；李冠瑩 2009）。

　　博物館的文化展示與表演既創造新的民族誌文類，博物館多樣化的展示技術便內捲於文化再現的模式之中。

四、博物館展示技術與文化的再現與創造

　　展示是博物館直接與觀眾面對的重要管道。觀眾通過展示認識博物館。一座博物館的經營，投下龐大的經費製作常設展與特展，以吸引觀眾、達成文化與科學的目的。但是，好的展示詮釋與溝通涉及效度與信度之精進，不只依賴具想像力與實踐力的能動主體 (agency)，也期待於深刻的展示認識與評論。一般而言，博物館展示包含常設展與特展，二者都是藝術與科學作品。展示的研究是一個複雜的整體，涉及不同人、在不同的時空、運用某種特定的標準、某種理想型態或典範對於一個既存的展示從事判斷。依據 G. Marcus 和 M. Fischer (1986) 的意見，批判 (critique) 的行為致力於概念的澄清，以及評價邏輯性和效度間的關係。但是，展示研究與批判所指涉的不止於知識與美學有效性的情況，亦是一種直接去評估社會和文化（多面向）實踐的調查與書寫方法。從事博物館展示研究與批判研究的工作，必須探究與展示相關的思想與事物之基本前提和存在理由 (raison d'être)。再說，展示的研究有形式論與實質論兩種不同途徑；前者關心展示的構成條件，後者關懷展示與人和社會發展的關係，二者都因主體性的差異而呈現不同的判斷。對博物館人而言，展示設計必須服從下列幾個條件：以獨特的物件為主體，設計令人樂於接受的空間形式，以能夠令人明瞭的圖片、文字來呈現，妥善的處理聲音、並運用合理的設備與燈光。相對的，觀眾判斷展示的秩序卻是反轉的。人們漫遊到博物館，先看到並聽到展示。展示呈現必須能精確的銘刻展示主題與展出物件，界定展示的活動範疇，綿密其內在形式之間的關聯性。

　　舉例而言，1993 年開幕的臺灣的國立自然科學博物館「中國人的心靈廳」，使用一些支持展示主題的額外物件；例如，特定時代的家具、模型及舞臺佈景、機械設備。雖然這些物件強化展示氛圍，卻須與展示概念或主題有關，而且也不能讓觀眾從主要的展示單元中分心。這種要求不容易達成。因此，國立自然科學博物館「恐龍廳」2003 年更新後的母子機械恐龍，一反過去對結構性的、外在形式的追求，轉而強調變動的、內在的力量。雖然受到民眾的好評，也卻無法免於論者的強烈批評。栩栩如生令許多幼童信以為真的古生物教育輔助道具，挑戰知識傳達與博物館本位的基本論者。實質論者的展示研究與批判，留意展示所揭露的和塑造的觀看世界的方式。此外，創造於新世紀之初的，如法國巴黎的原初藝術博物館，知道空間是由其使用情況來界定的。展場呼應人們近距離觀看及使用展品的渴望，所有非凡的標本、藝術品及美學元素都得到足夠的被觀看空間；更重要的是將博物館藏品，從藝術的附庸或演化序列中抽離出來，賦予作品獨立的、尊崇的地位。民族學者退位、美學家上場。這也正式目前文化部在新竹、彰化、臺南、臺東建構「生活美學館」的意圖：通過博物館的展示技術，在臺灣推動現代性的美學素養。

　　研究博物館的展示應揭示其核心問題、意義與價值。作為藝術與科學作品的博物館展示，不僅帶有獨特的意義，甚至本身就是一種獨特的價值結構，顯示某一個能動的主體的選擇性的思想與注意力。法國的國立自然史博物館的「大演化廳」，將末世的方舟意象、劇場表達手法與圖書館形式三者結合起來，而微光黯淡的「滅絕室」，潛伏生命暫時停頓、過去等待甦醒的動物，共同創造出物種的紛繁、多樣與生命演化的不可預測。故宮博物院的「發現十七世紀的臺灣」特展，雖有知名文化學者在媒體撰文支持，但是被批評的偏頗的歷史主義內容隱涵原住民強烈批駁的將原住民邊緣化、且表露出「去原住民歷史」的傾向（尤稀・達袞 2003）。事實上，許多以原住民族為對象的展示，往往弔詭的重視「過去」而忽視「當前」原住民作為「人」的生存現狀（West 2000；盧梅芬 2005；許功明 2004）。再說，來自德國的「人體的世界展」，空有挑戰學院壟斷觀看人體的權威之名、卻缺乏大眾教

育實踐之實，標榜科學與藝術的結合、卻無法跳脫美學相對論的漩渦；而塑化技術的發明與身體展示，更不可避免的隱含大量生產與將人體商品化的消費取向。

　　由於科學技術的發展，博物館（與特殊的文化遺產之產製）打破了館際與傳統博物館功能的限制，創造出自成一格的現代混血博物館與文化遺產，既擴張博物館傳統的蒐藏與保存的資料庫功能，[13] 也發展出擁有強大吸引力的詮釋與溝通的多媒體呈現方式，更延伸出自成系統的電子商務。[14] 博物館的組成 (museum formation) 產生變化，一方面繼續執行傳統藝術與科學教育的功能，另一方面則改變其非營利事業的形象、跨入市場的場域。全球化脈絡中的博物館之定位、管理及其社會文化服務，非但不趨向一致性反而更為複雜。從 1980 年代至今，受新自由主義的影響，臺灣的政府機構急切地推動博物館的行政法人化、委外經營、公辦民營，一方面來自於中央政府財政短絀的壓力，另一方面也是臺灣技術官僚對文化全球化「合理性」的反應之一。不只如此，以去地域化為邏輯的博物館全球化，也嘗試跨越國與國的邊界，創造博物館認同與參與機制，積極的吸收會員、博物館之友、贊助者的數量，建構一個以支持博物館之生存為目的社群。例如，美國華盛頓的史密森機構 (the Smithsonian Institution)、紐約的現代藝術博物館，英國的大英博物館、日本大阪民族學博物館都是著名的例子。這些在國際上赫赫有名的博物館，通過定期刊物、電子郵件、以及郵購圖錄創造文件以建構共同體。因此，過去單獨存在的博物館，現在有可能採取連鎖博物館的組成形式。美國古根漢美術館便以美國為基地、以全球為舞臺，極大化藝術與藝術品的市場價值。不過，全世界幾座古根漢美術館的成功與失敗，實受限於其地方條件。西班牙畢爾包古根漢美術館得以聚集大量觀眾，本質上是在西班牙既有的文化遺產與觀光產業之結合的基礎上發展出來的。因此，雖然創造新形式的展示空間，塑造新的美術館體驗（有時甚至是「去收藏」的，例如日本東

───────────────

13 近十餘年來臺灣更發展出耗費鉅資的「數位典藏國家型計畫」。
14 文化部也著眼於這一個區塊，在其網站中提出「創意媒合王平臺」。

京的國立新美術館就完全不作蒐藏，而以經營展場為其策略），展示、消費娛樂與城市發展的結合等經營策略，已經是二十世紀末博物館的新思維。但是，在臺中設立古根漢美術館的行動，卻也連帶引伸出地方思考方式與地方政治力的抗衡，終究不得成功。正如 Appadurai 所正確指出的，古根漢美術館的籌建雖然創造資金和貨幣的跨國流通的財經地景（financescapes，資本的分布），實則涉及地方性的文化政治，要處理的是差異性極大的民族地景（ethnoscapes，流動性個體的分佈）與意識形態地景（ideoscapes，政治觀念和價值的分布）的議題。博物館與對文化遺產態度之全球化，體現博物館觀念及其社群的變動與混同。透過地方文化的多稜鏡式的詮釋，普遍的博物館與文化遺產產製之全球化不但具有不同的面貌，也引發不同社會文化體系之積極或消極的回應，驅動不同地域的政治、經濟面貌 (Appadurai 1990; Water 1995: chapter 6)。

　　博物館（以及更大型的、涉及多樣技術的世界博覽會）、相關的文化展演活動與文化遺產的產製已是現代社會的重要現象。包含文物與傳統 (artifacts and traditions) 之文化形式的理解與呈現更為複雜；文化既是動態的，不同文化與情境中的文物，與族群意識、文化認同（以及因此產生的差異）、集體記憶重建產生不同方式的連結。原住民社會文化普遍面臨存在與發展的困境，雖然以觀光旅遊和博物館（文物館）為基地的經營管理已被期待成為文化保存與發展的可行方式之一，但是這個社會實踐工作卻隱藏許多需要反省的觀點。至少涉及了一個重要的議題：文物（傳統）、觀光、個人之詮釋與實踐之間的關係。事實上，原住民的文物與傳統持續的發展其影響力，關心與興趣於原住民的個人與團體增加不少，意圖迥異的、多樣化的不同能動主體，有些參與「舊文化」的保存與維護，有些則建構出「新傳統」或「新歷史」。[15] 前述的現象使我們對於原住民族文化的理解，並不因臺灣政治經濟的類同西方化、或一致性的要求保存與發揚傳統文化而趨向於單純。舉例而言，將全球化視為一個過程 (King 1997: 1)，阿里山鄒族在廣泛原住民觀光與

---

15 一個南島社會文化研究的例子參見 Borofsky (1987)。

文化保存領域中的「博物館中男子會所的展示再現」與「生命豆祭的表演創造」等行動，便涉及獨特的價值、意義與族群觀點的詮釋。面對持續生產的（可預期仍將大量出現的）文化展示與表演，博物館（保存、詮釋與溝通）技術的演變對於社會文化發展產生的衝擊，社會組成原則與文化知識如何影響前述場域，原住民族或地方文化社群如何詮釋博物館全球化現象等，目前並沒有足夠的理解。

　　文化展演的場域中，博物館展示與表演所吸納的人數差異極大。許多博物館大門是空曠的。相對的，整個臺灣四季都瀰漫著文化展演的熱烈氣氛。屏東縣墾丁的（恆春）半島藝術季，花蓮國際石雕藝術季，一南一北、創意不同、風騷各領。事實上，近十年來各式各樣的藝術季的確是興旺異常的，各地流行「慶典式的活動」，[16] 此外尚有一些獨特的藝術季，[17] 即使大學的學術殿堂，以藝術季為名的活動也蔚為風潮。[18] 藝術季的廣泛流行與行政機關的偏愛與經費挹注有絕對的關係。行政機關喜歡辦熱熱鬧鬧、聚人氣邀新聞的活動。交通部觀光局也曾積極的嘗試將臺灣打造為所謂「節慶之島」，方法之一便是補助上述的活動，藉以使每個月都有代表性的活動。這只是其中一個例子，相關的文化機構更不待言。

　　藝術季的概念雖然有傳統廟會的影子，卻是學步歐美各國，特別是著名的英國愛丁堡藝術節。藝術季的消息往往強有力的透過媒體放送到社會大眾的眼前，人們眩惑於出現在藝術季的洶湧人潮。這種情況羨煞門可羅雀的博物館展示。許多經營困頓的博物館，因此躍躍然的想要依樣畫葫蘆。藝術

---

16 例如，臺北市的傳統藝術季，淡水藝術季，新莊藝術季，鶯歌陶瓷藝術季，新竹的迎曦東門藝術季、夏之舞藝術季，桃園縣的蓮花藝術季，苗栗三義木雕藝術季，嘉義舊監藝術季，我愛民雄藝術季，臺南市的七夕國際文化藝術季，高雄市的愛上天河藝術季，高雄縣的夏日童吹：兒童藝術季、舞蹈藝術季、花果藝術季，高雄國際貨櫃藝術節，屏東墾丁風鈴季，新光三越兒童藝術季，臺東南島文化節等。

17 如臺灣視障藝術季，宜蘭國際童玩藝術節，臺中市的二十號倉庫兒童藝術季。

18 比方說，臺灣大學的藝術季、交通大學的荷花藝術季、清華大學的法國藝術季、臺北師院的藝術季、東海大學的藝術月、文化大學的藝術季、靜宜大學的藝術季、中山大學的陽光藝術季、臺南師院的藝術季等都是。

季與博物館展示，不但標誌著與不同文化機構結合的展示與表演的冷、熱型態，二者各有一片天；一熱一冷、一動一靜的不同，也來自於文化展演在性質上的差異。

藝術季的表達追求的是直觀的、感性的、開放的參與行為；博物館的實踐則傾向於強調思考的、智性的、有保留的觀看。大型的藝術季往往以立體的表演藝術作為訴求，活動的時間是短暫的，但具有動員的爆發性，演出體系的組織較為複雜，參與者昂揚的、熱烈的、易於被挑動的情緒反映了文化展演的「熱性再現」。相對的，博物館展示的呈現是較為平面的，展示的時間較長，因場所的獨特秩序而規約觀眾的參觀行為，展示的組織是較為簡單的，觀看者思考的、探索的、趨於拘謹的凝視型態正是文化展演的「冷性表徵」。在一年的時間中，藝術季的舉行是跨地域化的、非常態的，是一劑興奮的強心針，用來攫獲大眾的注意力、提供獨特的享樂內容。相對而言，博物館因其館址的固定性、地域性，展示是較為常態的，是一種持續的滋養，用來維持社會正常知識與休閒上的需求（王嵩山 2005d：5-7、83-85）。

文化展演與其相關的節慶不但與藝術的表現形式有關，其儀式性更是節慶的本質。文化展演與其相關的節慶與藝術的處理，至少涉及了儀式所隱含的三個基本性質：一、儀式作為抒解個體壓力、協助個人通過生命關口的方式。二、儀式處理了許多個體的疑惑因此而有（認知、解釋、建構世界等）文化意涵的研究。三、儀式作為社會認同、社會記憶的載體，因而具有社會凝聚的力量。而這三者都涉及個體「被社會規範」的「創造性潛力」。因此，Turner 便曾指出：雖然慶典的範圍及其涉及的層面大小差異非常之大，但是慶典框架中的活動都能使參加者的創造性潛力得以發揮出來。每一種儀式、慶典或典禮都包含特定的服飾、音樂、舞蹈、食品和飲料、財產、表演形式、物質與文化氛圍，往往還包括面具、紋身、頭飾、器具與神聖的祭壇。這些足以顯現出個人（作曲、編舞、服裝設計、慶典空間的建構與使用、文字或圖案、儀式中戲劇腳色的扮演等）創作才能的具體證據，彰顯了慶典場域的能動性 (Turner 1988, 1993)。

　　節慶與文化展演呈現獨特的時間觀。節慶與文化展演不但受到「自然時間」或「時間的物理性」的制約，有科學的「時間單位與標準」之體驗，更有「文化時間」的議題。事實上，時間觀是由獨特的社會文化所創造出來的。時間不但有「循環時間」與「線性時間」之別，相對於科學的時間，人類學家黃應貴《時間、歷史與記憶》(1999) 一書區辨「歷史時間」、「社會時間」、「神聖時間」、「制度時間」、「系譜時間」等「文化時間」。臺灣的蘭嶼達悟人以飛魚為曆法的基礎創造出人為時間，小米則是其他原住民族農曆的來源，布農人甚至因此發展出「曆版」。此外，不同的社會組成方式體現不同的時間觀，例如平權社會樂於站在現在凝視世界，階層化社會則傾向於重視不可逆的過去。再說，臺灣的民間節慶，除了顯示宇宙觀、人觀和社會觀等三方面的整合性，表現出古代人們將天、地、人視為一體的理想建構之外，更表達中國人認為不但「自然時間」與「人為的時間」必須互相配合，人生各階段與社會過程也都必須盡力的求得均衡、和諧的狀態之集體知識。時間性因此不是一個單獨存在的現象，許多標誌符號都表達空間（宇）和時間（宙）的互補概念。時間與空間互為主體之觀念，由節慶與文化展演體現其時間性，細密的滲透到漢人社會體系的其他面向。節慶運作隱涵某種特殊的時間，而文化展演再現了或創造了某種特殊的時間意識與時間的價值，而這又與空間的形塑有關。例如，楊凱成研究德國魯爾區 (Ruhr Area) 區域轉型的文章 (2007) 便指出：閒置的廠房、機器設備、鐵道運輸、供電設施等，一旦不再具有生產的功能便往往被視為「無用」、棄之而後快。從 1980 年代以來，產業遺產 (industrial heritage) 的保存與再利用逐步受到重視。德國魯爾區將原本計畫的、封閉的廠房空間，改建為開放的、市民的日常生活空間，過去「工業地景」的沈重負擔，轉變為魯爾區可以跟其他全球文化城市區隔的「文化獨特性」。不僅如此，以展示的模式而言，魯爾區的城市形象工程與文化行銷策略首先是「回溯魯爾區文化自主創造的根源」，其次是「將閒置工業廠房變成是世界獨一無二的文化展演空間」，最後再藉由具世界水準的「魯爾鋼琴季」與「魯爾藝術節」銜接上全球的文化（藝術）市場。正因為表演空間的獨特性與表演內容的創新，魯爾區被型塑成文化產業

的新典範（楊凱成 2007）。

伴隨西方強勢的政治與經濟的擴展，全球化的社會趨勢除了突顯出西方的企圖也引發不同的理論觀點；[19] 而文化傳統之維持及其創新，不但是全球化歷程中人們關心的焦點，[20] 更成為挑戰全球化必然性觀點的議題。[21] 近代以來，不但民族國家興起，原住民族文化形式的發展越來越積極，觀光事業更加的蓬勃，以展示和演出為工具性手段的旅遊、文化保存與維護的多面向發展及其社會文化的關連性也已成為一個見之於全世界的社會現象。西方社會之外的文化表現因傳播與觀光的全球化進展而顯得更加複雜；而文化形式、族群主體性與個人的意識性操作的交相滲透，特別呈現在與博物館關連的文化的再現或創造的多樣化表現過程之中。

從早期的私人珍奇貯藏櫃、十九世紀的國家博物館、到龐大的美國史密森博物館群，從私人收藏庫到公共博物館，從學徒式的學習到網路的博物館教育，從立基於市場邏輯的產業博物館到生態博物館，從西方的資本主義體系到東方的社會主義體系，從集體化的機制到個體性的論壇，作為一個獨特的文化組織之新博物館運動，由西方社會開始繁衍，終而席捲了全球。上述的趨勢，顯現了某種博物館及其所涉及的相關的文化形式之再創造的共同傾向正在形成。世界性的博物館建構行動，不但催化觀光客、跨國展示仲介、設計家與建築師、收藏家、研究學者等的人員流動，也引發了博物館學知識和技術的全球投資、研究發展和轉移（包括各種研討會與研習營），造成收藏品、資金和貨幣的跨國流通，最終通過支配性的傳播媒體之操控擴張西方

---

19 例如被反全球化人士視為頭號敵人的前紐西蘭總理、世界貿易組織秘書長 (1999-2002) Mike Moore 的樂觀看法與詮釋：全球化是日益互賴的金融與貿易所掀起的大浪潮，也是人和觀念流通的趨勢，有助於提升全球生活的水準。參見 Moore (2004)。

20 John Tomlinson 認為，「從文化面向去思考全球化，可以幫助我們從極活潑的表象中發現全球化本質上的雄辯性格。反思性使個體行為和社會組織的活動相互關連，全球化不僅『單向的』受龐大全球結構的影響，也受全球化過程中各地區的參與，因而可能產生變化。」(1999: 26)

21 M. Castells (1997) 便曾正確的指出，全球的「新社會運動」也許就是一股更強大的反抗全球化的開始。

的世界觀與物觀。雖然如此，Appadurai 提醒我們，全球化現象是複雜的和變動的政治經濟樣態，其核心問題是文化同質化與異質化之間的非互斥關係，因此全球化現象尚隱含為數不少的社會運動和不穩定的游動社群所營造的行動空間和地方性的文化，我們必須關注的焦點是「全球化與地方化的過程」。由於資本、移民、商品、技術、文化媒體的全球流量龐大而複雜，任何個人即使充分的掌握資訊也無法呈現其面貌。Appadurai 認為，實際流量和個人與群體多少屬於想像成份的表徵之間往往是分裂的 (disjunction)。一方是與政治關聯的（國家的及個別利益者之間的仲裁的），另一方是至關重要的認同（文化遺產、語言、民族) (Appadurai 1990; Warnier 2003: 147-148)。這便涉及地方、族群和個人所具有的主體性與能動性，以及全球文化流動中地方性之生產的問題之深入研究 (Appadurai 1995: 204)。特別是 1980 年以來，新自由主義對不同社會的博物館實踐（特別是文化的傳承與創造）所產生的影響。

五、結語

　　博物館展演之研究分別地採取特定的社會文化定義，通過各式各樣的展演模式，處理了展演文化所涉及的集體知識與價值的再現、認同的賦與、歷史與集體記憶的敘述、文化政治、文化產業等議題。這些議題已經邀請不同的理論的介入。例如，受 Émile Durkheim 影響者認為展示文化（及其相關聯的儀式實踐）跟社會（集體意識）延續其自身有關；對 Max Weber 的追隨者而言，展演文化的細膩操作涉及（組織）理性化的過程、並增進人們對意義的理解；而根據 Karl Marx 的觀點，解釋展演文化實為權力掌有者的經濟資本的一部分；Pierre Bourdieu 的服膺者將展演文化（特別是教育場域）視為擁有文化資本者再生產的實踐過程；Michel Foucault 的同伴則以為釐清展演文化所涉及的各種意識形態的裝置與權力性質是關鍵。

　　博物館在非西方社會是一個新的文化現象與社會事實，來自西方的博物館實踐也與社會文化的性質產生不同的互動。比方說，大洋洲的博物館便較為重視文化而非物件 (Kaeppler 1994)。而多民族的東南亞與大洋洲的博物館之

組織殊異、博物館意識與思維模式不同；其類型較多歷史、文化遺產、族群藝術、族群文化的博物館，少見自然史或科學工藝類型的博物館。此外，東南亞社會普遍存在「國家博物館 National Museum」模式，大洋洲則採「文化中心 Cultural Centre」模式。前者偏重國家再現的文化治理、揭露歷史建構的文化假設及邏輯；後者意識性的處理族群認同的邊界、標舉去殖民文化遺產重建的政經意涵。前者如新加坡國立博物館、越南國家博物館、印尼國家博物館等；後者有夏威夷玻里尼西亞文化中心、新喀里多尼亞的堤堡文化中心等。位於大洋洲與大陸東南亞之間的島嶼東南亞（菲律賓、印尼、紐西蘭、澳洲）則兼具這兩種類型。正因為博物館與文化中心作為地方文化遺產的表達、保存、再現的基址，也具經濟資源價值，東南亞與大洋洲原住民族的博物館實踐，除了承接西方社會對於藝術與文化遺產的概念，也正以其文化的獨特性挑戰英美、歐陸的博物館傳統。

　　文化既是多樣化的、動態的，不同文化與情境中的文物，與族群意識、文化認同（以及因此產生的差異）、集體記憶重建產生不同方式的連結。例如，1980 年代以來臺灣的博物館運動，幾座新興的博物館與族群意識緊密結合，其中以宣稱「榮耀臺灣」的國立臺灣歷史博物館為代表；此外，原住民族的社會文化普遍面臨存在與發展的困境，雖然以觀光和博物館（文物館）為基地的經營管理已被期待成為文化保存與發展的可行方式之一，卻產生不同的社會實踐方式，例如意圖迥異的、多樣化的不同能動力，有些參與「舊文化」的保存與維護，有些則建構出「新傳統」或「新歷史」。[22] 再說，大部分博物館的專業工作，明顯的呈現出下列的客位 (etic) 立場：保存與展示的工作中往往無視於死亡，男子會所（廟宇、宗祠）等聖地被視為「物件」，保存與展演的焦點擺在物件與觀念之上，過去也僅被視為過去，展演與保存中不見情緒性與險惡性的表現，貫通展演內涵的往往是歷史學、人類學、工藝學等學術主題，不追求被界定為隸屬於教堂墓地等事物的靈性 (spirituality)。相對而言，以人（people 或獨特的族群）為主體的保存與展演觀

---

22 一個南島社會文化研究的例子參見 Borofsky (1987)。

點，則蘊含下列主位的 (emic) 終極關懷：死亡與我們如影隨形，傳統的屋宅如男子會所（廟宇、宗祠）被視為等同於「祖靈或祖先 (ancestors)」，保存與展演關懷的焦點是人（或是族群），過去／現在是未來的指引，保存與展演的經驗與內容不只是情緒性的、也興趣於人性和靈性的追求。這種文化展示與表演情形，意味著文化形式的再現 (representations)，不但涉及物件（或客體 objects）性質的定義，從物件本位轉為經驗本位 (Hein 2000)，也涉及物件確立其主體價值的過程、與文化內在的意義（王嵩山 1999）。事實上，這兩種不同的博物館觀點，顯示出自然與文化遺產再現本身所涉及的真實性的議題並不相同。不僅如此，關於框架式的與流動式的文化展示與表演，也隱含空間（內與外，公領域與私領域）、時間（過去與現在）、狀態（神聖與世俗）、社會群體（上階層與下階層）、建物（家與會所）結構的與動態遊行的展示等面向的對立與銜接。而透過文化的多稜鏡式的、主位的詮釋，「普遍的」博物館技術所產製的「差異的」文化展演與民族節慶的再現形式，及其在不同社會文化體系中所造成之積極或消極的衝擊，和在不同場所、地方和地域所驅動的文化政治與文化經濟效應。

　　博物館人類學應進行博物館誌 (museography) 的建構與比較研究，從事展演的研究與批判的過程應盡可能客觀的觀察、分析、詮釋與評價。近三十年來，儘管臺灣的博物館展示與演出繁花似錦，但是展演的深入研究與展演批判研究卻是少見且不深入的。我們應該如何從事這方面的研究呢？M. Sahlins (1976) 曾指出人類學與「文化研究」的關係或許可供參考。接受 Sahlins 的觀點，博物館文化展演的基礎研究與批判的任務是「生產關於展示與演出的深入報導，以便揭露展示與演出的獨特意義結構」。展演臺灣的例子中，博物館的文化展演呈現兩種不同的類型：其一是「人類學博物館」的展示，以及相關卻有所差異的「民族誌博物館」展示。前者關心學科通論的結果、發表普遍的文化理論建構，後者較專注於爭辯中的議題、描述獨特的文化觀念的展現；前者關心相同與一致性，後者呈現差異與多樣性。前者是常設展所採取的模式、傾向於教育式的訊息傳達，後者則較常見於特展、傾向於啟發式的學習。前者的性質較為靜態與結構，後者則留意動態與變化。

　　此外，博物館的文化展演不但關懷人的處境，也和社會文化的需求對話，因此是思想、設計、內容與政治經濟互為主體的複雜整體，既涉及多義的文化再現也產生各類文化創造，博物館展演建構新的民族誌文類。藉由文化展演與博物館技術研究，有助於揭露博物館技術的社會性本質，連結人類學民族誌與文化研究、科學與人文、理論與實務尚未發展的灰色地帶。而多樣化的比較研究，以及從學問的哲學基礎來討論文化展演、博物館技術與社會文化本質之企圖，亦將有助於廣義的文化再現與創造研究之發展，發現博物館實踐的縱深程度，與其指導行為的方式。這不但有助於我們了解如何通過博物館技術協助整體的與分殊的（如臺灣、原住民、東亞、大陸東南亞和島嶼東南亞、大洋洲）社會文化體系的發展，也將使我們更具反省力地從人類學的文化比較視野，探索博物館展示技術存在的目的及其社會價值 (Kreps 2003)。

參考書目

尤稀‧達袞

2003　被不知不覺地遺忘：「福爾摩莎文物展」觀後感言。網路
　　　資源，http://www.abohome.org.tw/index.php?option=com_
　　　content&view=article&id=219：viewpoints-219&catid=65：
　　　2008-10-22-22-01-21&Itemid=60。

王嵩山

1991　過去的未來：博物館中的人類學空間。臺北：稻鄉出版社。

1992　文化傳譯：博物館與人類學想像。臺北：稻鄉出版社。

1999　變形與文化：社會範疇中的真面與假面。刊於一九九九苗栗假面藝
　　　術節專刊，頁 17-24。苗栗：苗栗縣立文化中心。

2001　當代臺灣原住民的藝術。臺北：國立臺灣藝術教育館。

2003a　過去就是現在：當代阿里山鄒族文化形式的社會建構。臺北：稻鄉
　　　出版社。

2003b　特展雙刃。博物館學季刊 17(1)：5-6。

2003c　博物館與身體觀。博物館學季刊 17(4)：5-6。

2003d　仲夏、在博物館遇見林懷民與朱銘：關於「身體、律動與文化」的
　　　科學與文化想像。國立自然科學博物館簡訊 186：2。

2005a　掀開臺灣博物館研究的新頁。博物館學季刊 19(4)：101-109。

2005b　阿里山鄒族的「舊文化」與「新傳統」。民俗曲藝 148：131-
　　　165。

2005c　導言篇：通過物件、發現世界。刊於漫遊在想像與知識的國度：展
　　　示雙年報 (2003-2004)，王嵩山主編，頁 8-9。臺中：國立自然科學
　　　博物館。

2005d　想像與知識的道路：博物館、族群與文化資產的人類學想像。臺
　　　北：稻鄉出版社。

王嵩山　編

2007　展示文化專輯 I、II。民俗曲藝 156，157。

王嵩山、董靜宜
　　2000　博物館與地震論述：一個教育人類學的觀點。發表於「2000 博物館教育國際學術研討會」。國立暨南國際大學成人與繼續教育研究所主辦，南投，2000 年 10 月 23 日。

王志弘、沈孟穎
　　2006　誰的「福爾摩沙」：展示政治、國族工程與象徵經濟。東吳社會學報 20：1-58。

朱惠如
　　2002　鄒族：不要生命豆祭／鄉所集團結婚將登場／頭目：侮辱女性遊戲！三大祭典沒這項！。聯合晚報，19 版，10 月 31 日。

江柏煒
　　2007　誰的戰爭歷史？金門戰史館的國族歷史 vs. 民間社會的集體記憶。民俗曲藝 156：85-155。

何翠萍
　　1992　比較象徵學大師：特納。刊於見證與詮釋：當代人類學家，黃應貴主編，頁 282-377。臺北：中正書局。

李冠瑩
　　2009　博物館中身體。國立臺北藝術大學博物館研究所碩士論文。

林穎楨
　　2011　博物館展示中的健康觀。國立臺北藝術大學博物館研究所碩士論文。

呂紹理
　　2005　展示臺灣：權力、空間與殖民統治的形象表述。臺北：麥田。

呂鈺秀
　　2007　達悟落成慶禮中 anood 的音樂現象及其社會脈絡。民俗曲藝 156：11-29。

明立國
　　1990　從瓦解的邊緣躍出。中國時報，9 月 2 日。

1994　臺灣原住民族歌舞的傳統與現代。山海文化雙月刊 3：70-73。

胡台麗

2003　文化展演與臺灣原住民。臺北：聯經。

許功明

2003　臺灣博物館展示中原住民主體性之探討。科技博物 7(2)：11-27。

2004　原住民藝術與博物館展示。臺北：南天。

許善惠

2010　博物館、展演與文化：以南島樂舞秀中之排灣新園部落展演為例。國立臺北藝術大學博物館研究所碩士論文。

陳茂泰

1997　博物館與慶典：人類學文化再現的類型與政治。中研院民族所集刊 84：137-182。。

張世龍

2003　展示中的教化。博物館學季刊 17(4)：7-16。

郭佩宜

2004　展演「製作」：所羅門群島 Langalanga 人的物觀與「貝珠製作」。博物館學季刊 18(2)：7-24。

黃應貴　主編

1999　時間、歷史與記憶。臺北：中央研究院民族學研究所。

蔡政良

2007　Makapahay a Calay（美麗之網）：當代都蘭阿美人歌舞的生活實踐。 民俗曲藝 156：31-83。

駱鴻捷

2007　形塑茶藝：臺茶博覽會之展示建構與想像。民俗曲藝 157：65-100。

楊凱成

2007　產業遺址製造與城市形象工程：以魯爾區 (Ruhr Area) 區域轉型為例。民俗曲藝 157：145-183。

劉德祥

2003　博物館展示中的科學人體觀。博物館學季刊 17(4)：17-22。

盧梅芬

2005　人味！哪去了？博物館的原住民異己再現與後殖民的展示批判。博物館學季刊 9(1)：65-78。

Appadurai, Arjun

1990　Disjuncture and Difference in the Global Cultural Economy. *In* Global Culture: Nationalism, Globalization and Modernity. Mike Featherstone, ed. Pp. 259-310. London: Sage Publications.

1995　The Production of Locality. *In* Counterworks: Managing the Diversity of Knowledge. Richard Fardon, ed. Pp. 208-229. London and New York: Routledge.

Borofsky, Robert

1987　Making History: Pukapukan and Anthropological Constructions of Knowledge. Cambridge: Cambridge University Press.

Castells, M

1997　The Power of Identity. (The Information Age: Economy, Society and Culture. Vol. II) Oxford: Blackwell.

Connerton, Paul

1989　How Societies Remember. Cambridge: Cambridge University Press.

Hall, Stuart

1997　Representation: Cultural Representations and Signifying Practices. London: Sage Publication.

Harrison, L. E. & S. P. Huntington, eds.

2001　Culture Matters: How Values Shape Human Progress. New York: Basic Books.

Hein, Hilde S.

2000　The Museum in Transition: A Philosophical Perspective. Washington and London: Smithsonian Institution Press.

Herle, Anita and David Phillipson. eds.

　1994　Living Traditions: Continuity and Change, Past and Present. Cambridge Anthropology (Special Issue) 17(2).

Hudson, Kenneth

　1991　How Misleading Does an Ethnographical Museum Have to Be? *In* Exhibiting Cultures: The Poetics and Politics of Museum Display. Ivan Karp and Steven Lavine, eds. Pp. 457-464. Washington and London: Smithsonian Institution Press.

Kaeppler, Adrienne L.

　1994　Paradise Regained: the Role of Pacific Museums in Forging National Identity. *In* Museums and the Making of "Ourselves": the Role of Objects in National Identity. Flora E. Kaplan, ed. Pp. 19-44. London: Leicester University Press.

Karp, Ivan and Steven D. Lavine, eds.

　1991　Exhibiting Cultures: The Poetics and Politics of Museum Display. Washington: Smithsonian Press.

Kelly, L. & Phil Gordon

　2002　Developing a Community of Practice: Museums and Reconciliation in Australia. *In* Museum, Society and Inequality. R. Sandell, ed. Pp. 153-174. London: Routledge.

King, Anthony D.

　1997　Introduction: Spaces of Culture, Spaces of Knowledge. *In* Culture, Globalization and the World-System. Anthony D. King, ed. Pp. 1-18. Minneapolis: University of Minnesota Press.

Kirshenblatt-Gimblett, Barbara

　1998　Destination Culture: Tourism, Museum, and Heritage. Berkeley: University of California Press.

Kreps, Christina F.

    2003   Liberating Culture: Cross-cultural Perspectives on Museums, Curation and Heritage Preservation. London: Routledge.

Macdonald, Sharon & Paul Basu, eds.

    2007   Exhibition Experiments. Oxford: Blackwell Publishing.

Marcus, George E. and Michael M. J. Fischer

    1995   Anthropology as Cultural Critique: An Experimental Moment in the Human Sciences. Chicago: University of Chicago Press.

Mauss, Marcel

    1979 [1950] Sociology and Psychology: Essays. London: Routledge and Kegan Paul.

Moore, Mike

    2004   A World without Walls: Freedom, Development, Free Trade and Global Governance. Cambridge: Cambridge University Press.

Parkin, David

    1996   Introduction: The Power of the Bizarre. *In* The Politics of Cultural Performance. David J. Parkin, Lionel Caplan, and Humphrey J. Fisher, eds. Pp. xv-xl. Oxford: Berghahn Books.

Said, E. W. & David Barsamian

    2003   文化與抵抗 [Culture and Resistance: Conversations with Edward W. Said]。梁永安譯。臺北：立緒。

Sahlins, Marshall David

    1976   Culture and Practical Reason. Chicago: University of Chicago Press.

Singer, Milton, ed.

    1959   Traditional India: Structure and Change. Philadelphia: The American Folklore Society.

Staniszewski, Mary Anne

    1998   The Power of Display: A History of Exhibition Installations at the Museum of Modern Art. Massachusetts: The MIT Press.

Tomlinson, John

　　1999　Globalization and Culture. Oxford: Polity Press.

Turner, Victor

　　1982　From Ritual to Theatre. NY: PAJ Publications.

　　1988　The Anthropology of Performance. New York: PAJ Publications.

　　1993　慶典。方永德等譯。上海：文藝出版社。

Urry, John

　　1996　How Societies Remember the Past. *In* Theorizing Museum: Representing Identity and Diversity in a Changing World. Sharon Macdonald and Gordon Fyfe, eds. Pp. 45-65. Oxford: Blackwell.

Water, Malcolm

　　1995　Globalization. London: Routledge.

Jean-Pierre Warnier

　　2003　文化全球化 [La Mondialisation de la Culture]。吳錫德譯。臺北：麥田。

West, W. Richard Jr.

　　2000　The Changing Presentation of the American Indian: Museums and Native Cultures. Seattle and London: University of Washington Press.

Exhibiting and Performing Taiwan: Museum Interpretation, Cultural Representation and Reflection of Ethnography

Sung-Shan Wang

Graduate Institute of History and Historical Relics

Centre for Asia-Pacific Museology and Culture Studies

Feng Chia University

Cultural performance and festivals usually involve museum representation. The cultural field of Taiwan has become a unique form of "glocalization." In this paper, I will focus on museum cultural exhibits and performance in Taiwan, and use existing research literatures to deal with the issue of how "universal" museum exhibition technology produced different representations of cultural performances and ethnic festivals, and its impact on Taiwanese cultural and social systems.

This paper also discusses the political and economic effects of museum exhibitions and performances at different administrative levels. It demonstrates that cultural exhibitions and performances of museums in Taiwan were presented in two different types: 1. Anthropological museum and, 2. Ethnographic museum. The former concerns general theory of anthropological issues while the later focuses on the issues in dispute and describes the presentation of specific cultural concepts. The former emphasizes similarity and consistency while the later highlights difference and diversity. Anthropological museums adopted permanent exhibition and tend to convey didactic information; the ethnographic museum, on the other hand, commonly presents special exhibition and tend to stress "inspirational learning."

Furthermore, anthropological museum is relatively static in nature while the ethnographic museum is more dynamic.

　　Cultural exhibition and performance of museum has created a new ethnographic genre. As a new attempt, this article analyzes the method, concept and knowledge of cultural exhibition and performance in the museum field of Taiwan and discusses the relationship between cultural exhibition, performance and the socio-cultural system as well as distinguishing the implication of action framework for scientific/cultural exhibition and performance to explore how Taiwanese museums interpret Taiwan.

Keywords: *museum interpretation, exhibition, cultural performances, ethnographic genre*

國家圖書館出版品預行編目（CIP）資料

重讀臺灣：人類學的視野——百年人類學回顧與前瞻
／ 林淑蓉、陳中民、陳瑪玲 主編.
—初版.—新竹市：清大出版社，民103. 12
440 面；17x23 公分
ISBN 978-986-6116-50-6 　（平裝）
1.人類學　2.文集　3.臺灣
390.933　　　　　　　　　　　　　　　　103022616

重讀臺灣：人類學的視野——百年人類學回顧與前瞻

主　　編：林淑蓉、陳中民、陳瑪玲
發 行 人：賀陳弘
出 版 者：國立清華大學出版社
社　　長：戴念華
編輯委員：林淑蓉、林開世、陳中民、陳瑪玲
中文編輯：陳中民、薛熙平
英文編輯：陳中民
行政編輯：王小梅、薛熙平
地　　址：30013 新竹市東區光復路二段 101 號
電　　話：(03)571-4337
傳　　眞：(03)574-4691
網　　址：http://thup.web.nthu.edu.tw
電子信箱：thup@my.nthu.edu.tw
其他類型版本：無其他類型版本

展 售 處：水木書苑 (03)571-6800
　　　　　http://www.nthubook.com.tw
　　　　　五楠圖書用品股份有限公司 (04)2437-8010
　　　　　http://www.wunanbooks.com.tw
　　　　　國家書店松江門市 (02)2517-0207
　　　　　http://www.govbooks.com.tw
出版日期：中華民國 103 年 12 月 (2014.12) 初版
　　　　　中華民國 104 年 7 月 (2015.7) 二刷
定　　價：平裝本新台幣 480 元

ISBN 978-986-6116-50-6　　　　　　　　　GPN 1010302225